Peter Knapp (Hrsg.)

Konfliktlösungs-Tools

Klärende und deeskalierende Methoden für die Mediations- und Konfliktmanagement-Praxis

managerSeminare Verlags GmbH, Edition Training aktuell

Peter Knapp (Hrsg.)
Konfliktlösungs-Tools
Klärende und deeskalierende Methoden für die Mediations- und Konfliktmanagement-Praxis

Endenicher Str. 41, D-53115 Bonn
Tel: 0228-97791-0, Fax: 0228-616164
info@managerseminare.de
www.managerseminare.de/shop

Printed in Germany

ISBN: 978-3-941965-42-3

Herausgeber der Edition Training aktuell:
Ralf Muskatewitz, Jürgen Graf, Nicole Bußmann

Lektorat: Ralf Muskatewitz, Michael Busch, Jürgen Graf
Cover: Fotolia
Druck: Kösel GmbH und Co. KG, Krugzell

Inhalt

Phase 4: Handlungsoptionen und Lösungsmöglichkeiten

Phase 5: Vereinbarungen und Überprüfungstermin

Das nebenstehende Symbol verweist auf eine im Rahmen der beschriebenen Tools verwendete Arbeitshilfe, Checkliste o.Ä., die im Internet heruntergeladen und als Vordruck genutzt werden kann. Der Link hierzu lautet: www.managerseminare.de/tmdl/b,218297

Vorwort

In Zeiten von Ressourcenknappheit, Wirtschaftskrisen und Wertewandel sind Konflikte häufig Ausdruck unserer Lebensweise. Meinungen werden offener und deutlicher vertreten. Dies kann große Planungsprojekte oder auch nur das Verhalten im Arbeitskontext betreffen. Konflikte treten überall dort auf, wo Auseinandersetzungen geführt werden. Die Austragung von Konflikten ist ein Gradmesser für die Emanzipation der Mitglieder einer demokratischen Gesellschaft. Hierarchien lösen sich auf, an deren Stelle treten Diskussion und Auseinandersetzung.

Dieser positive Aspekt von Konflikten als Chance für Veränderung und Wachstum ändert wenig an dem relativ schlechten Ansehen von Konflikten. Keiner möchte Konflikte haben und wer doch mit einem Konflikt konfrontiert ist, ist froh, ihn schnell wieder loszuwerden. Um Konflikte nicht wahrhaben zu müssen, werden sie ignoriert, vermieden oder ausgesessen, auch aus der Angst heraus, dass alles nur noch schlimmer wird, wenn man sie offen anspricht. Gerade diese Verzögerung, Konflikte nicht sehen zu wollen, erschwert deren Bearbeitung. Die Zeit des Leugnens und der oft hilflosen Versuche der Konfliktlösung treibt die Konfliktdynamik voran. Aus Differenzen im Denken, Handeln und Fühlen werden handfeste Konflikte. Die Fronten sind verhärtet und ein gegenseitiges Verstehen ist erschwert. Jede Situation wird genutzt, um den Gegner in ein schlechtes Licht zu rücken, Kollegen und Freunde werden einbezogen, um Rückendeckung gegen den Konfliktpartner zu erhalten. Schwarz-Weiß-Denken macht sich breit und jeder versucht, den anderen zum Verlierer zu machen, um selbst als Gewinner aus dem Duell hervorzugehen.

Diese Sammlung von 50 Konfliktlösungs-Tools soll ermutigen, sich Konflikten zu stellen und zu wissen, mit welchen unterschiedlichen Methoden eine Konfliktlösung erreicht werden kann. Die Anzahl und Buntheit der Tools zeigt die methodische Vielfalt, mit welcher Konfliktmanager, Klärungshelfer oder Mediatoren heute arbeiten. Dazu hat auch die Verbreitung der Methode der Mediation geführt, die Anfang der 1980er-Jahre nur Pionieren bekannt war. Seit mehr als dreißig Jahren wird Mediation in Deutschland gelernt und praktiziert. Die Verbreitung der Mediation hat wesentlich zur wachsenden Bedeutung des Themas Konfliktmanagement im Allgemeinen beigetragen. Schulen bilden Konfliktlotsen aus, Unternehmen haben interne Mediatoren, in Trennung und Scheidung sowie in Wirtschafts- oder in politischen Konflikten wird vermittelt.

Der Aufbau des Buches orientiert sich an den Phasen der Mediation: vom Kontakt über die Sichtweisen der Konfliktklärung hin zu den Hintergründen und Emotionen, um dann zukunfts- und lösungsorientiert zu Ideen einer Konfliktlösung zu kommen, die schließlich in einer Vereinbarung festgehalten werden.

Das Buch ist für alle Menschen geschrieben, die in ihrer Tätigkeit oder ihrem Beruf mit Konflikten konfrontiert sind und Konflikte lösen müssen oder wollen. Das sind Projekt- und Teamleiter, Führungskräfte, Trainer, Coachs, Supervisoren ebenso wie Lehrer und Ausbilder. Sie werden in den Beschreibungen der Einfachheit halber pauschal als Mediatoren bezeichnet, die Konfliktparteien dementsprechend als Mediananden – auch wenn es sich hierbei ebenso um Klienten, Kolleginnen, Mitarbeiter oder Schülerinnen handeln kann. Die „Konfliktlösungs-Tools" verstehen sich als Nachschlagewerk für all diese Personen und jene, die sich für das Thema Konfliktlösung interessieren. Die Beschreibungen der Tools sind sehr übersichtlich und anwendergerecht, sie folgen immer der gleichen Struktur und können leicht eingesetzt werden.

Sämtliche Autoren der „Konfliktlösungs-Tools" sind erfahrene Mediatoren, Konfliktmanager und Klärungshelfer, die ihr praktisches und theoretisches Wissen erstmalig in einer solchen Sammlung zur Verfügung stellen. Die „Konfliktlösungs-Tools" wollen einen Beitrag dazu leisten, die Arbeit mit Konflikten attraktiver und vielfältiger werden zu lassen.

Zur Vereinfachung und Erleichterung des Leseflusses haben wir in der Regel darauf verzichtet, die männliche und weibliche Form zu wählen.

Berlin, Peter Knapp

Zum Aufbau dieses Buches

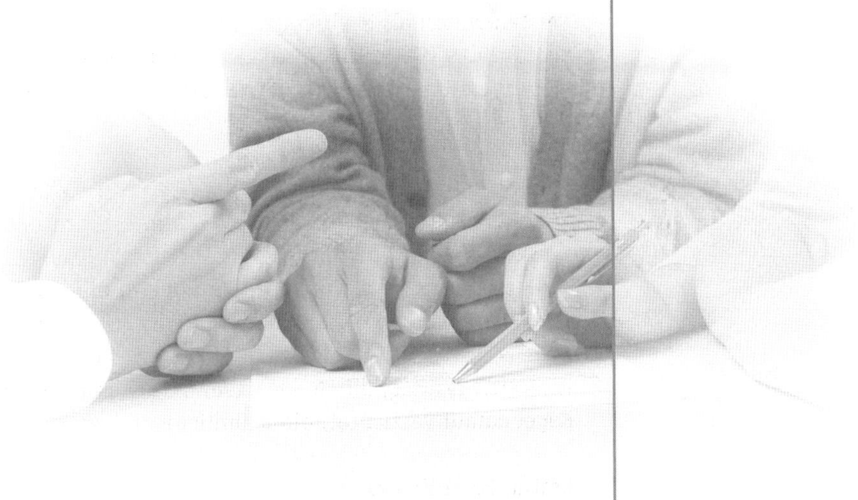

Fünf Phasen der Konfliktbearbeitung

Wenn es darum geht, Konflikte zu bearbeiten, kommen unterschiedliche Beratungsformate zum Einsatz. Die wichtigsten sind das Konfliktgespräch, die Konfliktmoderation, die Klärungshilfe, die Supervision, die Mediation und das Konfliktcoaching. In dem vorliegenden Band werden Tools aus diesen unterschiedlichen Formaten vorgestellt. Die Anwendung der jeweiligen Methode setzt professionelle Kenntnisse in dem jeweiligen Format voraus.

Unabhängig von den Formaten kann generell von fünf Schritten der Konfliktbearbeitung ausgegangen werden, die dem Phasenmodell der Mediation entsprechen. Nach Kontakt und Auftragsklärung (Phase 1) werden die Konfliktparteien den Konflikt schildern (Phase 2). Danach werden Hintergründe und Interessen (Phase 3) erkundet, um dann auf dieser Basis Lösungsmöglichkeiten (Phase 4) für den bestehenden Konflikt zu erarbeiten. Am Ende steht eine Vereinbarung (Phase 5) für die Zukunft.

Phase 1: Kontakt und Kontrakt

Zu Beginn jeder Konfliktbearbeitung müssen das Anliegen und der Auftrag geklärt werden. Es erfolgt eine Beratung über die Beratung. Aufgrund der gegebenen Informationen entscheidet der Berater, welches das passende Beratungsformat für den jeweiligen Konflikt ist. Nach dieser Wahl werden die einzelnen Schritte des gewählten Formats und die Verfahrensregeln der Konfliktbearbeitung erläutert. In dieser Phase werden auch die Ziele der Konfliktbearbeitung definiert. In hierarchischen Strukturen geschieht dies auch mit der Führungskraft.

Phase 2: Konfliktschilderung

Die inhaltliche Arbeit am Konflikt beginnt. Die Konfliktparteien haben die Möglichkeit, den Konflikt aus ihrer Sicht darzulegen. Die Konfliktthemen jeder Partei werden notiert und die Reihenfolge der Bearbeitung abgestimmt. In dieser Phase liegt der Fokus auf der möglichst sachlichen Schilderung des Konfliktgeschehens. Die Kommunikation geschieht über den Berater.

Phase 3: Konflikterhellung

In der Phase der Konflikterhellung gilt die Aufmerksamkeit den Interessen, Emotionen und Bedürfnissen sowie den Motiven der Konfliktparteien hinter deren Sichtweisen. Der unsichtbare Teil des Konflikts, die Unterseite des Eisbergs, wird – soweit es für die Ziele der Konfliktparteien relevant ist – thematisiert. Diese Phase stellt oft eine Art Nadelöhr in der Konfliktbearbeitung dar. Die Hintergründe sollen sichtbar werden und Einblick geben, warum wer wie handelt oder fühlt.
In dieser Phase wird an einem gegenseitigen Verständnis und einem möglichen Perspektivwechsel gearbeitet. Jede Partei soll unterstützt werden, das Problem aus der Sicht ihrer Gegenpartei sehen zu können.

Diese Phase braucht vielfältiges und profundes methodisches Wissen sowie viel Geduld und Vermögen, die Emotionalität der Konfliktparteien zuzulassen. Der Schwerpunkt der in diesem Buch vorgestellten Tools liegt deshalb auch in dieser Phase der Konflikterhellung.

Phase 4: Lösungsmöglichkeiten

Die Phase 4 beschreibt einen Wendepunkt in der Konfliktbearbeitung, indem eine Orientierung auf die Zukunft und die möglichen Lösungsmöglichkeiten erfolgt. Die Konfliktparteien erarbeiten denkbare Optionen, die die Interessen beider Parteien in möglichst hohem Maße berücksichtigen. In einem moderierten Aushandlungsprozess wählen die Konfliktparteien die Optionen aus, die ihnen am wichtigsten sind und umsetzbar erscheinen.

Phase 5: Vereinbarung

Die erarbeiteten Lösungen werden auf ihre Praxistauglichkeit hin überprüft. Ihre Kommunikation an Dritte wird thematisiert und beschlossen. Die Lösung wird in einer schriftlichen Vereinbarung festgehalten. Um die Verbindlichkeit für die erzielte Vereinbarung zu erhöhen, wird ein Überprüfungstermin in einem Zeitabstand von vier bis sechs Wochen vereinbart.

Die insgesamt 50 Tools sind – ihrem Haupteinsatzfeld entsprechend – diesem Prozessverlauf zugeordnet. Häufig bietet sich aber auch ihr Einsatz in anderen Kontexten bzw. zu anderen Anlässen an. Die Matrix auf den folgenden Seiten gibt darüber einen detaillierteren Überblick.

Übersichtsmatrix:
Welches Tool passt zu welchem Anlass?

■ = geeignete Anlässe und Einsatzfelder
■ = vom Autor bevorzugter Kontext

Kontexte und Anlässe ▶

Phase 1: Kontakt und Kontrakt		Seite	
Konflikt-Partitur	*Prof. Dr. Dr. h.c. Friedrich Glasl*	23	
Arktis oder Sahara?	*Elke Schwertfeger, Christian Bähner*	28	
Von Anfang an Klarheit schaffen	*Adrian Kunzmann*	34	
Raus aus der Zwickmühle	*Ingrid Holler*	42	
Keine Angst vor Gefühlen!	*Jutta Höch-Corona*	46	
Entscheidungsraster für Konfliktinterventionen	*Dr. Benedikta von Deym-Soden, Karin Stanggassinger*	55	
Ihr Einsatz, bitte!	*Anja Köstler*	61	
Zwei plus zwei gleich fünf	*Dr. Birgit Keydel, Peter Knapp*	68	

Phase 2: Themen festlegen, Sichtweisen der Konfliktparteien		Seite	
Ein Bild sagt mehr als 1.000 Worte	*Barbara Kramer*	79	
Dum spiro spero	*Prof. Dr. Dr. Claude-Hélène Mayer*	84	
Them-o-meter	*Nadia Dörflinger-Khashman*	89	
Via „Sprungbrett" Ressourcen befreien	*Ljubjana Wüstehube*	93	
Spielzeugwelt	*Elke Schwertfeger*	99	
Timeline	*Götz Liefert*	104	
Quadratische Konfliktanalyse	*Hendrik Middelhof*	109	
Der Vorwurf als Chance	*Carla van Kaldenkerken*	115	

Phase 3: Interessen, Gefühle, Bedürfnisse herausarbeiten		Seite	
Brennnessel	*Christian Bähner*	129	
Zuerst die Verbindung, dann die Lösung	*Cornelia Timm*	135	
Die Phönix-Intervention	*Dr. Ed Watzke*	143	
Dialogisieren	*Dr. Christoph Thomann*	148	
Reframen	*Dr. Udo Kreggenfeld*	156	
Mit Fragen das Denken verändern	*Dr. Christa D. Schäfer*	162	
Skalenfragen	*Prof. Dr. Ulla Gläßer*	170	
Die Kunst des Doppelns	*Peggy Keller*	178	
Doppeln als Weg der Beziehungsklärung	*Tilman Metzger*	185	

Übersichtsmatrix: Welches Tool passt zu welchem Anlass?

	Einstimmung	Einstieg in die Mediation	Kennenlernen	Vorgespräche mit Konfliktparteien/Führungskraft	Auftragsklärung	Regeln der Mediation	Aktueller Stand	Zufriedenheitsfaktoren	Abläufe planen	Themenfindung zu Beginn	Interessen, Gefühle, Bedürfnisse herausarbeiten	Gegenseitiges Verständnis	Perspektivwechsel	Lösungsmöglichkeiten erarbeiten und miteinander verhandeln	Lösungsmöglichkeiten auswählen	Ergebnissicherung nach jeder Sitzung/dem gesamten Prozess	Vereinbarung	Transfer des Ergebnisses an die Hierarchie	Überprüfungstermin	Weitere
				▪						▪		▪	▪							
				▪	▪		▪			▪										
			▪	▪	▪				▪											
				▪	▪			▪												
	▪	▪	▪	▪				▪			▪	■	■							
	▪	▪	▪	■	■				▪	▪	▪							▪		1
		■	▪																	
	▪		▪								■		▪							

1 = Alternative bzw. auch vorgeschaltete Interventionen planen

									▪	▪										
	▪	▪		▪						▪	▪									
										▪										
		▪		▪	▪					▪	▪	▪	▪			▪				
				■			■			▪	▪	▪	■							
										▪	▪	▪								2
										▪										2
											▪	▪		▪						

2 = Sichtweisen der Konfliktparteien herausarbeiten

							▪			▪	■	▪	▪							
											▪	■	▪							
		▪											▪							
											▪	▪	▪							
											▪	▪	▪	▪	▪					
											▪	▪	▪	▪						
	▪	▪					■	▪		▪	▪	▪		▪						3
											▪	▪	▪	▪					▪	
											▪	▪	▪							

Übersichtsmatrix:
Welches Tool passt zu welchem Anlass?

■ = geeignete Anlässe und Einsatzfelder
■ = vom Autor bevorzugter Kontext

Kontexte und Anlässe ▶

Übersichtsmatrix: Welches Tool passt zu welchem Anlass?

	Einstimmung	Einstieg in die Mediation	Kennenlernen	Vorgespräche mit Konfliktparteien/Führungskraft	Auftragsklärung	Regeln der Mediation	Aktueller Stand	Zufriedenheitsfaktoren	Abläufe planen	Themenfindung zu Beginn	Interessen, Gefühle, Bedürfnisse herausarbeiten	Gegenseitiges Verständnis	Perspektivwechsel	Lösungsmöglichkeiten erarbeiten und miteinander verhandeln	Lösungsmöglichkeiten auswählen	Ergebnissicherung nach jeder Sitzung/dem gesamten Prozess	Vereinbarung	Transfer des Ergebnisses an die Hierarchie	Überprüfungstermin	Weitere
											▪	▪	▪							
											▪	▪								
				▪	▪			▪			■	■	■	■	▪				▪	
							▪				▪	▪	▪							
											■	▪		▪						
				▪	▪							▪	▪							
							▪				▪	▪	▪							
	▪	▪		▪							■	▪	■	▪						
		▪					▪				■	■	■							
	▪	▪		▪							▪	▪	▪							
											▪	▪	▪							
							▪	▪			■	■	■	▪	▪		▪		▪	4
												▪	▪	■	▪	▪				
							▪					▪	▪							
											▪	▪	▪	▪						
														▪	▪					
														▪						
														▪						
													▪	■						
										▪				▪	▪					
										▪	▪		▪	▪						
														■	■	■	■	▪		
																▪	▪			
														▪	▪		■			
																▪				

3 = Feedback zwischen den Sitzungen; 4 = Zukunftsorientierung

Das Konflikt-Eskalationsmodell (nach Glasl)

Dem Politik- und Wirtschaftswissenschaftler Friedrich Glasl gebührt das Verdienst, ein allgemein verständliches und weithin akzeptiertes Modell entwickelt zu haben, das die grundlegenden psychologischen Mechanismen beschreibt, denen individuelles Verhalten in Konfliktsituationen unterliegt. Dabei beschreibt Glasl insgesamt neun Stufen, die sich in jedem Konflikt identifizieren lassen – sei es auf persönlicher, beruflicher oder politischer Ebene. Der Konflikt beginnt mit der Verhärtung der Standpunkte und endet bei der totalen Vernichtung des Gegners, für die dann auch der eigene Untergang in Kauf genommen wird. Die neun Stufen der Konflikteskalation im Einzelnen:

Stufe 1 bis 3: Konkurrenz und Kooperation

1. **Verstimmung, Verärgerung, Verhärtung:** Man ärgert sich, über die Gründe des Ärgers wird jedoch nicht gesprochen. Schuldzuweisungen nehmen zu und Standpunkte verhärten sich. Besprechungen werden entsprechend schwieriger, die Teamarbeit „flutscht" nicht mehr.

2. **Debatte, Streit, Polemik:** Zunehmende Polarisierung und Schwarz-Weiß-Malerei – ein stilles Herunterschlucken des Ärgers funktioniert nicht mehr. Die Diskussion ist emotional, Zynismus greift um sich. Scheinlösungen werden gefunden: Es gibt unorganisierte Aussprachen – Sieger sind die, die sich am besten in der Gruppe hervortun.

3. **Taten statt Worte:** Die Verlierer schmollen und machen ihren Gegnern die Arbeit durch Handlungen und das „Schaffen von Fakten" schwer. Teamsitzungen verlaufen unbefriedigend, weil sich die Haltung breit macht: „Reden bringt nichts mehr!" Man arbeitet nicht mehr miteinander und setzt sich stattdessen gegenseitig unter Druck („Ich erwarte, dass ..."). Dienst nach Vorschrift herrscht vor.

Stufe 4 bis 6: Gewinnen oder verlieren

4. **Koalitionen:** Jede Partei sucht sich Verbündete und Sympathisanten, es bilden sich offen Koalitionen heraus. Man beklagt sich bei Außenstehenden und zieht Dritte, die mit der Sache nichts zu

tun haben, mit ins Boot. Jeder nimmt vom Gegner nur noch wahr, was ins Feindbild passt. Die Ursachen des Konflikts treten in den Hintergrund, man will, dass der Gegner verliert.

5. **Gesichtsverlust und Demontage:** Die Gegner demontieren sich öffentlich, der „Tritt unter die Gürtellinie" ist dabei kein Tabu mehr. Kollegen drohen sich gegenseitig mit rechtlichen Schritten, der Chef misstraut seinen Mitarbeitern und sieht überall nur noch Konspiration und Rachsucht. Die Konfliktparteien suchen ständig nach „Beweisen", die die Verfehlungen der anderen Seite belegen.

6. **Offene Drohungen:** Man stellt sich gegenseitig Ultimaten und droht mit Sanktionen, um die eigene Machtposition zu demonstrieren. Zugleich stellt dies den (vergeblichen) Versuch dar, die zunehmende Eskalationsdynamik unter Kontrolle zu bekommen. Vorgesetzte greifen zum Mittel der Abmahnung und drohen unverhohlen mit Kündigung.

Stufe 7 bis 9: Verlieren gegen verlieren

7. **Begrenzte Vernichtungsschläge:** Der Gegner wird nicht mehr als Mensch wahrgenommen, sondern bloßgestellt. Es gilt die Maxime: „Den mach ich fertig!" Unterlagen verschwinden, vertrauliche Informationen werden öffentlich oder dem Wettbewerber zugespielt, wichtige Daten werden gelöscht. Es zählt nur noch, der Gegenseite den größeren Schaden zuzufügen.

8. **Zersplitterung:** Der Kontrahent soll vernichtet werden, wobei jedes Mittel zur Erreichung dieses Ziels legitim erscheint.

9. **Gemeinsamer Untergang:** Für die Vernichtung des Gegners wird auch die eigene Vernichtung billigend in Kauf genommen. „Es gibt keinen Weg mehr zurück!"

Glasls Eskalationsstufen unterstreichen die grundsätzlich negative Dynamik von Konfliktverläufen, die es zunehmend schwieriger und schließlich unmöglich macht, zu intervenieren.

Auf den ersten drei Stufen: Noch Raum für inhaltliche Auseinandersetzung

Ein Konflikt bis zur Stufe 3 ist noch relativ leicht in den Griff zu bekommen – wenn er bearbeitet wird. In den meisten Fällen reicht hierfür bereits eine gute (interne) Moderation, die die jeweiligen Argumente offen legt, gegenseitiges Verständnis fördert und gemeinsam getragene Spielregeln, Vereinbarungen und Maßnahmen entwickelt. Das funktioniert, weil sich die Streitparteien noch auf dem Terrain der inhaltlichen Auseinandersetzung befinden. Sie treten für ihre Interessen ein, ab Stufe zwei auch für ihre Positionen. Auch wenn

Teambesprechungen häufig nur mit einem Minimalkonsens enden, der insgesamt nicht weiterführt, so herrscht unter den Beteiligten doch noch Konsens über das gemeinsame Anliegen, über gemeinsame Normen und Entscheidungsregeln.

Spätestens ab Stufe 4 ist Mediation erforderlich.

In Konfliktstufe 3 kann die Moderation dagegen nur noch bedingt greifen. Denn die Gesprächsteilnehmer sind inzwischen überzeugt, dass Reden nichts mehr nützt, sie misstrauen einander und schaffen Fakten, die der anderen Seite die Arbeit respektive das Leben erschweren.

Ab Stufe 3, spätestens ab Stufe 4 lässt sich der Konflikt intern nicht mehr einvernehmlich lösen. Die Parteien verlieren ihre konstruktive Handlungsfähigkeit. Nicht mehr Inhalte und Positionen, sondern persönliche Attacken beherrschen den Konflikt. War ein für beide beteiligten Parteien positiver Ausgang auf den ersten beiden Stufen noch möglich, so ist ab der dritten Stufe jedes erzielte Ergebnis für die Beteiligten unausweichlich schlechter als die Ausgangssituation. Spätestens jetzt kann nur noch ein Mediator helfen, der die konfliktgeladenen Vorgänge transparent macht und die Diskussion Schritt für Schritt versachlicht, damit sich die Eskalationsspirale nicht noch weiter dreht. Sobald die Gegner auf Stufe 7 begrenzte Vernichtungsschläge ausüben, stößt allerdings auch die Mediation an ihre Grenzen. Auf den Stufen 8 und 9 kann letztlich nur noch ein autoritärer Machteingriff helfen.

Dieser Eskalationsverlauf ist übrigens „idealtypisch" in dem Film „Der Rosenkrieg" mit Kathleen Turner, Michael Douglas und Danny de Vito nachgezeichnet.

Phase 1

Kontakt und Kontrakt

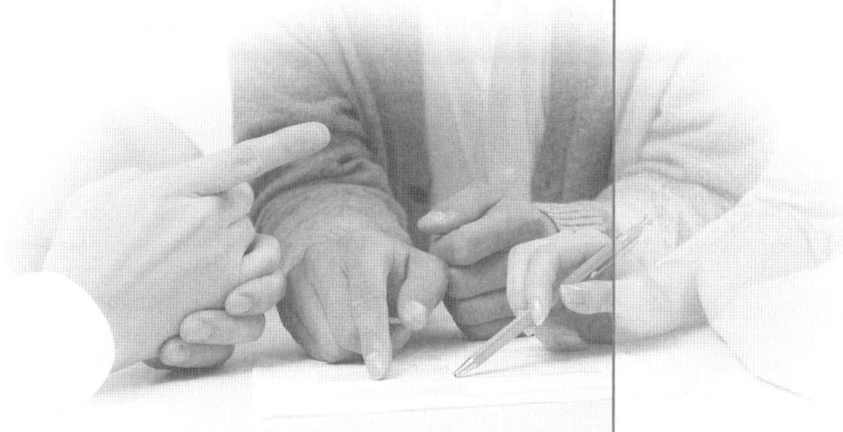

Im ersten Kapitel finden Sie folgende Tools:

Im Laufe der Eskalation eines Konflikts kann es zu traumatisierenden Erfahrungen der Konfliktparteien kommen. Die **„Konflikt-Partitur"** von *Prof. Dr. Dr. h.c. Friedrich Glasl* erlaubt den Konfliktparteien sich zu einigen, welche Konfliktereignisse aus der Vergangenheit aufgearbeitet werden müssen, um in der Konfliktbearbeitung auf die Zukunft schauen zu können. (S. 23)

Jeder Konfliktbearbeitung geht eine Diagnose voraus, um zu analysieren, welche Art des Konflikts vorliegt. Die Konflikttemperatur spielt eine wichtige Rolle, um die emotionale Beteiligung der Parteien zu erfassen. Je nach Temperatur werden unterschiedliche Methoden eingesetzt. *Elke Schwertfeger* und *Christian Bähner* empfehlen in **„Arktis oder Sahara?"**, wie bei zu geringer oder bei zu hoher Temperatur zu agieren ist. (S. 28)

Zu Beginn jeder Konfliktbearbeitung ist eine präzise Auftragsklärung wichtig, um Anliegen, Kontext, Struktur und Konfliktherde zu erfassen. *Adrian Kunzmann* erläutert in dem Tool **„Von Anfang an Klarheit schaffen"**, wie hierbei Schritt für Schritt vorzugehen ist. (S. 34)

Ist in der Konfliktbearbeitung in einem Zwei- oder Mehrpersonen-Konflikt nur eine Partei zu einer Klärung bereit, so stellt *Ingrid Holler* in **„Raus aus der Zwickmühle"** eine Möglichkeit vor, wie die anwesende Konfliktpartei darin unterstützt werden kann, die andere Konfliktpartei selbst anzusprechen, statt dies vom Mediator zu erwarten. (S. 42)

„Keine Angst vor Gefühlen!": *Jutta Höch-Corona* fokussiert mithilfe von Gefühlsmonster-Karten spielerisch auf die Gefühle der Konfliktparteien. Dabei lassen sich Gemeinsamkeiten und Unterschiede in der Einschätzung der eigenen und fremden Gefühle feststellen. (S. 46)

Hinsichtlich der Wahl der Intervention – und dies besonders in Fällen, in denen nicht so klar ist, ob eine Konfliktbearbeitung möglich ist oder zunächst Maßnahmen zum Schutz organisiert werden müssen – hilft das Tool von *Dr. Benedikta von Deym-Soden* und *Karin Stanggassinger* das **„Entscheidungsraster für Konfliktinterventionen"**. (S. 55)

Wenn die Bereitschaft für die Konfliktbearbeitung der Konfliktparteien im Vorfeld nicht eindeutig ist, kann es für den Anfang wichtig sein, ein tragfähiges Arbeitsbündnis und einen sicheren Rahmen herzustellen. *Anja Köstler* beschreibt in **„Ihr Einsatz, bitte!"**, wie die Konfliktparteien mithilfe von symbolhaften Gegenständen dazu gebracht werden, ihre Stärken in den Prozess der Konfliktklärung einzubringen. (S. 61)

In hoch eskalierten Konflikten oder bei mehreren Konfliktparteien bietet sich die Zusammenarbeit von zwei Mediatoren an. *Dr. Birgit Keydel* und *Peter Knapp* wägen in **„Zwei plus zwei gleich fünf"** Chancen und Risiken ab sowie die Voraussetzungen für die Co-Mediation, um im „Doppeldecker" innovativer und kreativer mit breiterem Methodenspektrum agieren zu können. (S. 68)

Konflikt-Partitur

Ein Instrument zur Findung und Auswahl kritischer Episoden

Von Prof. Dr. Dr. h.c. Friedrich Glasl

Kurzbeschreibung

Instrument zur Entwirrung eines komplexen Konfliktverlaufs sowie zur Findung und Auswahl von Episoden, die wesentlich zur Eskalation beigetragen haben und bearbeitet werden müssen. Mit der „Konflikt-Partitur" kann einvernehmlich auf kritische Episoden fokussiert werden, um sie anschließend gemeinsam aufzulösen – z.B. mit der Methode „Mikro-Analyse kritischer Episoden".

Zeitlicher Rahmen

- Datensammlung: In Einzel- oder Gruppengesprächen werden neben anderen Informationen Konfliktereignisse genannt. Der zeitliche Aufwand für diese Findungsgespräche hängt von der Art und Komplexität der Konfliktsituation und vom Eskalationsgrad ab.
- Aufbereitung und Visualisierung: Mit den gegebenen Informationen erstellt der Mediator die „Partitur" und visualisiert sie für die Präsentation, was je nach Erfahrung und Methodik bis zu einigen Stunden dauern kann.
- Präsentation der Partitur: Die Zeit für die eigentliche Präsentation der Konflikt-Partitur hängt von der Dauer des Konfliktprozesses ab, sollte aber nicht über 45 Minuten gehen.
- Auswahl: Die Auswahl beansprucht bei Kleingruppen in der Regel 15 bis 30 Minuten. Wenn dieser Prozess durch die Darstellung der Eskalationsdynamik noch weiter vertieft werden soll, ist zusätzliche Zeit für Inputs und Diskussion zu veranschlagen.

Anlässe/ Anwendungsbereiche

Im Zuge der Konflikteskalation kommt es zu Ereignissen, die eine traumatisierende Wirkung haben können. Wenn solche Erlebnisse nicht aufgelöst werden, verstellen sie den Blick der Betroffenen auf die Zukunft und blockieren auch bei der Suche nach Lösungsoptionen. Aufgrund der konfliktpsychologischen Dynamik haben die verschiedenen Konfliktparteien unterschiedliche Wahrnehmungen dieser Ereignisse: Wann ist was passiert? Wer war daran maßgeblich aktiv beteiligt? Wie haben sich diese Ereignisse auf den weiteren Konfliktverlauf ausgewirkt? Dies führt zum Konflikt über den Konflikt und trägt zusätzlich zur Eskalation bei.

Dieses Instrument dient der Entwirrung der Konfliktgeschichte, sodass im nächsten Schritt die ausgewählten, als relevant empfundenen Episoden sorgfältig aufgearbeitet werden können. Es kann sowohl zur Bearbeitung interindividueller Konflikte, zur Gruppenmediation und für die Mediation großer und vielschichtiger Systeme angewandt werden.

Zielsetzung/Nutzen

Mit diesem Werkzeug können die Konfliktparteien einen Konsens darüber erzielen, welche Ereignisse der Vergangenheit aufgearbeitet werden müssen, um den Mediationsprozess auf die Zukunft auszurichten. Die Bezeichnung „Partitur" lehnt sich an die Form einer Partitur für eine Symphonie an. So, wie in der Partitur für jedes Instrument eine eigene Zeile besteht, werden die verschiedenen Organe (z.B. Direktorium, Abteilungsleiterkonferenz, Betriebsversammlung etc.) als Mitspieler und Mitspielerinnen des Konflikts mit einer eigenen Zeile erfasst, wie Abb. 1 illustriert.

Abb. 1: Visualisierung des Materials in der Konflikt-Partitur

Beschreibung

1. Datensammlung

Bei orientierenden Einzel- oder Gruppengesprächen in komplexeren Konflikten, an denen über längere Zeit Konfliktparteien aus verschiedenen Führungsebenen oder Teilbereichen beteiligt sind, werden immer wieder Konfliktereignisse erwähnt, die wesentlich zur Eskalation beigetragen haben. Aus seinen Notizen zu all diesen Informationen und aus Protokollen oder anderen schriftlichen Unterlagen rekonstruiert der Mediator eine Übersicht. Dafür werden (siehe Abb. 1) notiert:

- das genaue Datum des Ereignisses („8. Februar"),
- die Überschriften der dabei strittigsten Themen („Kündigungen").

Nicht festgehalten werden jedoch die dabei geäußerten Positionen und Gegenpositionen! Und es wird notiert, in welchem Organ (z.B. Direktion, Betriebsrat etc.) sich das ereignet hat, und die Namen der dabei am aktivsten exponierten Personen („Anna, Bruno").

2. Aufbereitung und Visualisierung

Mit den gegebenen Informationen erstellt der Mediator die „Partitur", indem für die verschiedenen involvierten Organe eine eigene Zeile auf der Zeitachse gemacht wird, ähnlich wie im Vorbild der Abb. 2.

3. Präsentation

Zu Beginn der Präsentation werden Sinn und Zweck der Methode erläutert. Das kann am besten geschehen, indem das Modell inhaltsleer wie in Abb. 2 vorgestellt wird, damit sich daran noch keine Streitfragen entzünden können.

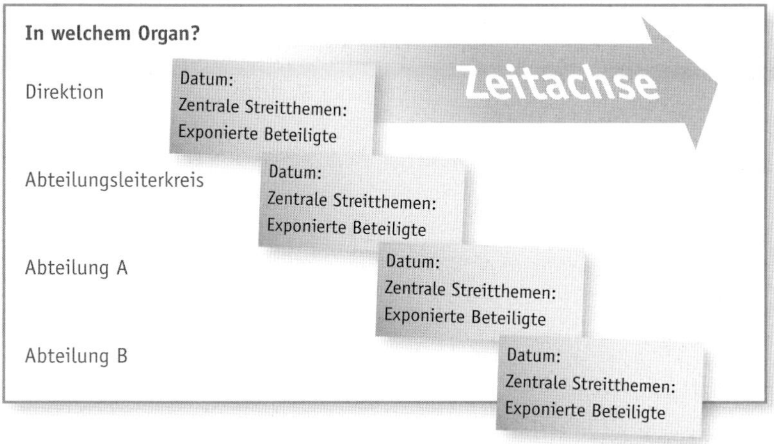

Abb. 2: Inhaltsleeres Modell für die Erläuterung

Zur Begründung wird erklärt, dass mit dieser Übersicht die relevantesten Episoden ausgewählt werden, die nachher nötigenfalls bearbeitet werden können. Der Mediator betont, dass er hier lediglich die äußeren Daten aufgegriffen hat und dazu keinerlei Interpretationen oder Wertungen abgibt.

Bei der Präsentation wird nachgefragt, ob nach Meinung der Beteiligten in der Übersicht ein Ereignis fehlt. Bei Bedarf wird es mit einer Karte an der richtigen Stelle eingefügt.

Schließlich bittet der Mediator die Anwesenden um eine „emotionale Resonanz", in der ausgesprochen werden soll, welche Gefühle (wirklich nur Gefühle!) die Betrachtung dieser Übersicht auslöst. Hier kommt es meistens zu Aussagen großer Betroffenheit, wie beispielsweise: „Da haben wir ganz schön Mist gebaut!" – „Das eine hat das andere gegeben – das konnte ja niemand mehr steuern!" – „Was für eine Kakophonie! Wer weiß da noch, wo hinten und vorne ist?" usw. – Hier ist es wichtig, dass in den Aussagen immer auf das Gesamtbild Bezug genommen wird und auf keinen Fall bestimmte Aktionen einzelner Episoden diskutiert oder beurteilt werden sollen. Auch über diese emotionale Resonanz darf nicht diskutiert werden, weil es wahrscheinlich zu Angriff und Verteidigung führen würde.

Zur Vertiefung der Gefühlslage kann der Mediator etwas Generelles zur Eskalationsdynamik einbringen, eine knappe Übersicht über die Eskalationsmechanismen oder die neun Eskalationsstufen (siehe S. 18 ff.) oder Ähnliches. Im Gespräch können auch die entscheidenden Eskalationsschwellen benannt werden, die durch das Zusammenwirken mehrerer Episoden überschritten worden sind. Dadurch hat der Einsatz dieser Technik eine exkulpierende Wirkung, ohne die Verantwortung für den eigenen Anteil am Eskalieren zu schmälern.

4. Auswahl

Schließlich bittet der Mediator die Teilnehmer, sich emotional und auch physisch ganz zum rechten Ende der Partitur zu begeben – d.h. in das Heute! Von dort sollen sie Schritt für Schritt in der Zeit zurückgehen und beim Rückblick darauf achten, bei welchen Ereignissen in ihnen die heftigsten Gefühle aufkommen: Wut oder Verwirrung oder Resignation oder Angst etc. Aus diesen Episoden mit der stärksten emotionalen Resonanz sollen sie fünf auswählen. Dafür erhält jede Person fünf Klebepunkte.

Zuletzt klebt jede Person die Klebepunkte zu den Episoden, die von ihr auf diese Weise identifiziert worden sind (d.h. einen Punkt pro Episode). Nunmehr können die Episoden, welche von allen insgesamt die meisten Punkte erhalten haben, zur gemeinsamen Bearbeitung ausgewählt werden. Für die praktische Arbeit empfiehlt es sich, daraus zunächst nur vier bis sechs herauszugreifen, die anschließend bearbeitet werden. Die Bearbeitung muss mit der ausgewählten Episode beginnen, die am weitesten zurückliegt, weil jedes Ereignis auf die Zeit danach eingewirkt hat.

Erfahrungen/ Kommentare

Chronifizierte Konflikte mit vielen Beteiligten werden früher oder später unüberschaubar, sodass die unterschiedlichsten und widersprüchlichsten Wahrnehmungen der Geschehnisse entstehen, um die dann auch heftig gestritten werden kann. Dabei geht es zumeist darum, einander gegenseitig die Verantwortung für Ursachen der Entstehung und Intensivierung der Konflikte zuzuschreiben. In Wahrheit werden bei Konflikten vielen psycho-sozialen Mechanismen Tür und Tor geöffnet, die als Eskalationstreiber wirken und dazu führen, dass vieles geschieht, ohne dass dies auf diese Weise von den handelnden Personen wirklich so gewollt ist. Es entsteht die sog. „Dämonisierte Zone" (siehe Glasl 2008, S. 48) der nicht bewussten und nicht gewollten Nebenwirkungen des Konfliktverhaltens.

Als erster Schritt in der Behandlung solcher Konflikte kann gemeinsam die Verkettung der Ereignisse angeschaut werden, die es den Beteiligten immer mehr erschwerte, die Kontrolle über den Konflikt zu behalten. Das wird wesentlich vertieft, wenn auch Einsichten in die Eskalationsdynamik vermittelt werden.

Technische Hinweise

Für die Visualisierung der ermittelten Episoden eignen sich am besten große Moderationskarten und Pinnwände, weil somit spontane Ergänzungen oder Korrekturen unkompliziert vorgenommen werden können. Beim Präsentieren sollten die einzelnen Papierbögen gut anschließen und die Zeitachse fortsetzen, sodass alles als Ganzes überschaut werden kann. Zum Markieren der ausgewählten Episoden erhält jede Person fünf Klebepunkte.

Quellen/Literatur

Die Methode wurde von F. Glasl 1975 entwickelt und seitdem vielfach mit Erfolg angewendet. Sie wurde 1980 erstmals beschrieben in dem Standardwerk von F. Glasl: Konfliktmanagement, das jetzt in 10. Aufl. erschienen ist; Haupt Verlag und Verlag Freies Geistesleben, Bern/Stuttgart/Wien 2011. Ihre Anwendung in einer sehr vielschichtigen und tief eskalierten Konfliktsituation ist ausführlich beschrieben in dem Buch von F. Glasl: Konflikt, Krise, Katharsis und die Verwandlung des Doppelgängers. Verlag Freies Geistesleben, Stuttgart 2008.

Weiteres Vorgehen

Die Konflikt-Partitur dient in erster Linie dazu, die relevanten Episoden für die spätere Bearbeitung mit der „Mikro-Analyse kritischer Episoden" oder ähnlichen Verfahren auswählen zu können. Aber das Betrachten der Konfliktgeschichte hat auch einen Wert für sich, weil dadurch mentaler Abstand zu den belastenden Ereignissen gewonnen werden kann.

Arktis oder Sahara?

Die Konflikttemperatur systematisch analysieren

Von Elke Schwertfeger und Christian Bähner

Kurzbeschreibung

Mediatoren machen sich als Expeditionsleiter mit ihren Medianden auf die Reise ins unwägsame Gelände der Konfliktklärung. Damit sie das richtige Gepäck an Bord haben, müssen sie wissen, ob es im Reiseland „heiß" oder „kalt" ist. Die Konflikttemperatur bestimmt den Einsatz der Tools. Mediatoren steuern über ein bewusst an der Konfliktqualität ausgerichtetes Vorgehen die Mediation und erleichtern den Medianden die psychologische Konfliktverarbeitung. Der bewusste Einsatz von deeskalierenden oder eskalierenden Interventionen dient der effektiven Vorbereitung und Durchführung einer Mediation.

Zeitlicher Rahmen

Das Vorbereitungstool erfordert ca. eine Stunde Zeit.

Anlässe/ Anwendungsbereiche

Starke emotionale Erregung der Konfliktparteien führt zu einer Steigerung des physiologischen Erregungsniveaus und gleichzeitig zu einer Behinderung der kognitiven Leistungsfähigkeit. Medianden können demzufolge nicht „klar" denken und fühlen. Sie werden von unterschiedlichen, massiven, manchmal ambivalenten Gefühlen überschwemmt und von den Stresshormonen Adrenalin, Noradrenalin, Kortisol sowie von Endorphinen „geflutet". Ihre Wahrnehmung verzerrt sich oder wird eingeschränkt („Tunnelblick"). Der Organismus schaltet auf evolutionäre Stressverarbeitungsprogramme mit instinktgetriebenen Verhaltensweisen um.

In diesem überreizten Modus können Konfliktparteien nur schwer arbeiten, die Flexibilität des Gehirns ist nicht gegeben. Je nach Konflikttypus schaltet das Gehirn auf Angriff, Flucht oder Starre. Empathie für sich selbst wie auch für die andere Konfliktpartei kann nicht entwickelt werden. Die Aufgabe der Mediatoren ist es, zu Beginn der Mediation die „Arbeitsfähigkeit" der Medianden (in Bezug auf die Konfliktbearbeitung) herzustellen. Das funktioniert in einem heißen

Konflikt völlig anders als in einem kalten Konflikt. Eine genaue Einschätzung der Konfliktqualität ist notwendig, um gezielt auf die unterschiedlichen Konfliktverarbeitungsmuster eingehen zu können. Die Konflikttemperatur kann bei den Konfliktparteien symmetrisch oder komplementär sein.

Zielsetzung/Nutzen

Mediatoren verfügen einerseits über ein umfangreiches Repertoire an gelernten Methoden, andererseits gibt es immer wieder eine Unsicherheit, welche Intervention wann angebracht ist. Mit dem Tool „Arktis oder Sahara?“ wird der Einsatz von Methoden in der Mediation systematisiert und damit zielgerichtet. Insbesondere Mediatoren, die noch wenig Routine in der Konfliktbearbeitung haben, oder Kollegen, die sich weniger in psychologischen Dynamiken auskennen, gewinnen Sicherheit, welche Methode geeignet ist, um die Mediation voranzubringen. Dies erleichtert die gezielte Vorbereitung, schafft Orientierung in den Phasen zwei und drei und kann Reflexionsbasis zwischen Co-Mediatoren sein.

Beschreibung

Bevor Sie in eine Mediation einsteigen, analysieren Sie gründlich, um welche Art von Konflikt es sich handelt, die Konflikttemperatur ist dabei ein wesentliches Merkmal. Die emotionale Beteiligung der Medianden ist eine Grundvoraussetzung für das Gelingen der Mediation. Bei zu geringer emotionaler Beteiligung (im kalten Konflikt), wird nur über den Konflikt referiert, die Konfliktpartei kommt aber nicht ins Erleben und damit nicht in den Kontakt. Es wird analytisch-distanziert ausgetauscht. Bei überschießender Emotionalität (im heißen Konflikt), werden sofort menschliche „Urzeitmuster“ aktiviert. Eine hohe Erregung und erlebte Hilflosigkeit versetzen den Medianden in Stressphänomene, auch hier ist kein produktiver Austausch mehr möglich. Als Mediator ist es Ihre Aufgabe, bewusst Ihre Methoden darauf auszurichten und die Grundtemperatur auf ein bearbeitbares Niveau zu bringen.

1. Konflikttemperatur analysieren

Im ersten Schritt erfassen Sie die Konflikttemperatur anhand der in der Tabelle auf der folgenden Seite dargestellten Kriterien (nach Glasl, 2004).

	Kalte Konflikte	Heiße Konflikte
Verhaltens-ebene	Der Konflikt findet nicht offen, sondern hauptsächlich verdeckt statt. Die Konfliktpartei wünscht sich eine Dämpfung des Konfliktes und sucht unpersönliche, vermeintlich sachliche Regelungen, um den direkten Kontakt zu vermeiden. Formalisierte Prozeduren prägen sich innerhalb der Organisation aus, es entstehen Vermeidungsstrukturen. Der persönliche Austausch wird vermindert und z.B. durch Verschriftlichung ersetzt. Die Konfliktpartei reagiert mit Flucht, „Totstellen", und „Hinunterschlucken". Alle sichtbaren äußeren Aktivitäten werden eingestellt, es kommt zur Implosion und zum sozialen Rückzug. Konfliktparteien äußern sich desillusioniert und zynisch. Sie erleben eine innere Leere und Kälte. „Das Selbstwertgefühl erlöscht mit der Zeit völlig." (Glasl, 2004, S. 81) Beziehungen zum Umfeld werden eingestellt, die Konfliktparteien rutschen in eine soziale Isolation. Es treten Phänomene von „Dienst nach Vorschrift" und „innerer Kündigung" auf.	Aktivitäten der Konfliktpartei sind für Beteiligte und Außenstehende sichtbar. Die Konfliktpartei streitet engagiert um Ideale und „richtige" Wege und leistet hohe Überzeugungsarbeit. Die Auseinandersetzung dient der „Bekehrung" der Konfliktbeteiligten. Wer nicht dafür ist, ist der Gegner. Allianzen entstehen innerhalb der Organisation, der Konflikt spaltet öffentlich und wird auf der großen Bühne ausagiert. Die Konfliktpartei reagiert mit explosiven Taktiken und aggressiven Handlungen. Die Gegenseite wird in Diskussionen und Konfrontationen gezogen. Es kommt zur Explosion, dabei wird die eigene Kraft oftmals weit überschätzt. Gleichzeitig wird die eigene Verletzlichkeit und Verwundbarkeit betont und mit viel Gefühl, Glasl spricht gar von Pathos (2004, S. 80), werden Verletzungen zur Schau getragen. Gekämpft wird bis zur völligen Erschöpfung.
Ziele der Konfliktparteien	Verhinderungsziele – Rückzug mit Abbruch der sozialen Beziehungen	Erreichungsziele – expansive Grundeinstellung, Vergrößerung der Anhängerschar
Gefühle im Vordergrund	Frustration, Angst, Enttäuschung, Verunsicherung, Einsamkeit, Ohnmacht	Wut, Aggression, Euphorie, Faszination, Kampfgeist
Bedürfnisse im Vordergrund	Schutz, Sicherheit, Distanz, Ruhe	Nähe, Beziehung, Solidarität, Unterstützung
Psychologische Wirkung	Die Destruktivität des Konfliktes richtet sich nach innen. Die Psyche reagiert mit Abwehr- und Verdrängungsmechanismen. Der Kontaktverlust bezieht sich auf das soziale Umfeld, aber auch auf die innere Entfremdung. Betroffene leiden still, zeigen depressive Anzeichen, machen sich Schuldvorwürfe und entwickeln autoaggressive Tendenzen. In eskalierten Konflikten geht die Dynamik bis zur Selbstzerstörung. Häufig treten psychosomatisch bedingte Krankheiten auf. Grübeln, Analysieren und zwanghafte Muster sind der Versuch, wieder Selbststeuerung zurückzugewinnen.	Die Konfliktpartei verwendet viel Energie für Konfrontation im Außen. Dabei geht sie über sämtliche Grenzen hinweg. Die permanente Anspannung führt zu einem hohen Erregungsniveau, jeder kleine Auslöser lässt das gesamte Stressprogramm im Organismus ablaufen. Es wird immense Kraft – bis zur völligen Erschöpfung – verbraucht. Im Körper werden neben den klassischen Stresshormonen auch Endorphine ausgeschüttet. Diese bewirken Euphorie, „Unverletzbarkeit" und Schmerzfreiheit, die Konfliktpartei verliert den Realitätsbezug und kämpft unerschrocken wie Don Quichotte, bis zur völligen Eskalation.

2. Annahmen für die Methodenauswahl

Haben Sie ein Bild der Konflikttemperatur gewonnen, setzen Sie in den Phasen zwei und drei gezielt Methoden ein, die auf die Konflikttemperatur der Mediandinnen einwirken. Folgende Grundannahmen geben Ihnen Orientierung für die Auswahl:

	Kalte Konflikte	Heiße Konflikte
Konsequenz für Interventionen	Interventionen müssen das **Selbstvertrauen** der Konfliktparteien aufbauen, bevor ein Austausch mit den Konfliktbeteiligten möglich ist. Sie benötigen viel Schutz, um die verloren gegangene **Selbstkontrolle** wieder allmählich zurückzugewinnen. Geeignete Interventionen stellen **Kontakt** her, zunächst zu sich selbst und erst im zweiten Schritt zueinander. Deshalb sind insbesondere Methoden geeignet, die näher **an die Emotionen führen**. Ein assoziierendes Vorgehen dient der Wahrnehmung und Verarbeitung der abgespaltenen Emotionen. Dadurch wird es möglich, Vermeidungsstrategien aufzulösen und die direkte Auseinandersetzung zu fördern. Als Mediator unterstützen Sie den „einsamen Wolf" mit einem geschützten Rahmen, seine Anliegen einzubringen und wieder in die Gemeinschaft zurückzufinden.	Interventionen müssen die „überschwappenden" **Emotionen kanalisieren** und das **Erregungsniveau** herabsetzen. Die Klärung der gegenseitigen Wahrnehmungen, Kommunikationsmuster und Beziehungen steht im Vordergrund. Geeignete Interventionen **stoppen die Konfliktdynamik**, beruhigen die aufgeheizte Atmosphäre und erlauben der Konfliktpartei, mit ein wenig **Abstand die Situation zu betrachten**. Deshalb sind distanzierende Methoden geeignet, die die Emotionen einbinden und sichtbar, aber auch bearbeitbar machen. Die Arbeit mit dissoziierenden Methoden löst aus der starken Involvierung und Ich-Bezogenheit und erlaubt die Wahrnehmung des Gegenübers. Als Mediator unterstützen Sie die Balance zwischen Aktivierung und nötiger Entspannung, um wieder eine geistige Flexibilität herzustellen.

3. Absicherung der Methodenwahl

Folgende Fragen unterstützen Sie dabei, Interventionen auf ihre Eignung zu prüfen:

Aspekte der Intervention	Kalte Konflikte	Heiße Konflikte
Bietet eine Methode ausreichend Schutz?	Kalte Konflikte dürfen nur **behutsam** aufgewärmt werden, ein „Aufheizen" wäre zu viel. Vermeidungsstrategien bieten Sicherheit und sind somit wichtig für die psychische Stabilität der Konfliktpartei.	Heiße Konflikte benötigen Methoden, die davor schützen, noch tiefer in die emotionale Auflösung abzurutschen. Emotionen sollen erlebt, aber bearbeitbar gemacht werden Eine emotionale Konfliktpartei lässt sich gerne noch weiter aufheizen, verliert dabei aber jede Möglichkeit der Selbststeuerung.

weiter nächste Seite ▶

Aspekte der Intervention	Kalte Konflikte	Heiße Konflikte
Bietet eine Methode ausreichend Schutz?	Als Mediatoren nutzen Sie keine invasiven, manipulativen Methoden. Eine Methode, die sich „bedrohlichen" Themen nähert, muss Schutz bieten. Die Konfliktpartei braucht in hohem Maße **Unterstützung**, die **Selbststeuerung** zu erlangen und zu behalten. Jede Methode muss von ihr in der **„Dosierung" beeinflussbar** sein, und es braucht ein **Ausstiegsszenario** ohne Gesichtsverlust. Konfrontative Methoden verstärken die „Fluchtimpulse" und belasten.	Methoden, die **Verlangsamung** und **Distanz** schaffen, geben **Struktur** und machen den Konflikt bearbeitbar.
Welche Qualität des Erlebens wird durch eine Methode gefördert?	Unterstützt die Methode das Erleben und **führt sie in die Gefühle**? Erreicht wird das durch Methoden, die die Assoziation fördern.	Unterstützt die Methode die **Konzentration auf differenzierte Wahrnehmungen** und gibt sie **Struktur**? Erreicht wird das durch Methoden, die die Dissoziation fördern.
Schafft die Intervention gute Voraussetzungen für eine größere Selbstempathiefähigkeit der Konfliktparteien?	Lädt die Methode die Konfliktpartei im geschützten Rahmen ein, sich zu öffnen? Kann die Konfliktpartei **verletzte Bedürfnisse und schwere Gefühle wahrnehmen und äußern**? Gelingt es der Konfliktpartei, aus der **Opferhaltung** zu kommen? Fördert die Intervention die Eigenverantwortung?	Findet eine **Fokussierung** auf die eigenen verletzten Bedürfnisse statt, ohne zu dramatisieren? Gelingt es der Konfliktpartei, bei sich zu bleiben, ohne die Außenwirkung mit zu berechnen?
Schafft die Methode gute Voraussetzungen für eine größere gegenseitige Empathiefähigkeit der Konfliktparteien und ermöglicht sie dadurch im Verlauf einen Perspektivenwechsel?	Fördert die Methode die **persönliche Kontaktaufnahme zwischen den Konfliktparteien in einem geschützten Rahmen**? Wächst die Bereitschaft, Verletzungen beim Gegenüber anzuerkennen? **Wächst die Bereitschaft, an der Beziehung zu arbeiten**? Wird eine optimistischere Grundhaltung gefördert?	Unterstützt die Intervention die Bereitschaft, an einem geschützten Rahmen mitzuwirken? Wird **Abgrenzung zugelassen** und nicht als Vorwurf interpretiert? Wird auf dramatische Gesten und Handlungen verzichtet und der anderen Konfliktpartei dadurch **Raum gelassen**? Treten Konfliktinhalte und Anliegen aller Konfliktbeteiligten wieder in den Fokus?

Auf der Basis dieser Erkenntnisse ist es Ihnen möglich, eine gezielte Beeinflussung der Konflikttemperatur vorzunehmen. Die Auseinandersetzung mit den psychodynamischen Aspekten der Konfliktbearbeitung gibt Ihnen Sicherheit in der Methodenauswahl. Als Mediatoren steuern Sie so bewusst die Konfliktbearbeitung, ermöglichen einen guten Gesprächsrahmen und unterstützen die Konfliktparteien in „schwierigem Gelände".

Erfahrungen/ Kommentare

Vor allem am Beginn der Mediatorentätigkeit erleichtert diese systematische und bewusste Konfliktanalyse die Planung geeigneter Interventionen. Fühlen sich die Mediatoren dadurch sicher und gut vorbereitet, überträgt sich diese Sicherheit auch auf die Medianden. Einen weiteren positiven Nebeneffekt hat diese zugegebenermaßen aufwendigere Art der Vorbereitung: Die bewusste Wahrnehmung der psychodynamischen Konfliktaspekte schult die „Mediatorenantennen". Was wir anfangs systematisch und bewusst angewandt haben, ist nach längerer Anwendung inzwischen verinnerlicht. Somit sind wir inzwischen in der Lage, aus der Situation zu entscheiden, welche Methoden angemessen sind. Der konzeptionelle Aufwand lohnt sich also, der Nutzen ist schnell spürbar.

Bei aller Vorbereitung und Systematik ist es uns wichtig, bei der Vorbereitung nie aus den Augen zu verlieren, dass wir zu jeder Zeit nur Hypothesen bilden. Gute Mediatoren zeichnen sich dadurch aus, dass sie bereit sind, sämtliche Hypothesen und darauf basierende Vorbereitungen jederzeit „über Bord zu werfen" und sich neu auszurichten. Erfreulicherweise erleben wir ständig Überraschungen, ein vermeintlich kalter Konflikt entzündet sich innerhalb von Sekunden und plötzlich ist alles ganz anders. Wir waren schon häufig bestens vorbereitet und haben innerhalb von Minuten ein neues, angepasstes Design entwickelt. Mediation und Medianden sind sehr dynamisch, so bleiben wir trotz aller Routine ständig gefordert.

Technische Hinweise

Die Systematik erleichtert im Sinne einer „Richtschnur" sowohl die Vorbereitung als auch eine „Standortbestimmung" in den ersten Phasen der Mediation. Die gewünschte Wirkung der darauffolgenden Methoden kann sowohl im Einzelgespräch als auch in der gemeinsamen Mediation erreicht werden.

Quellen/Literatur

- Glasl, Friedrich: Konfliktmanagement. Haupt/Vlg. Freies Geistesleben, Bern/Stuttgart/Wien 2004.
- Ballreich, Fritz/Glasl, Friedrich: Mediation in Bewegung. Concadora, Stuttgart 2007.
- Thomann, Christoph: Klärungshilfe 2 – Konflikte im Beruf. rororo, Reinbek bei Hamburg 2004.

Weiteres Vorgehen

Nach Bestimmung der Konflikttemperatur und der Entscheidung über sinnvolle weitere Strategien, wählen Sie darauf abgestimmte Methoden aus.

- bei heißen Konflikten z.B.: Elke Schwertfeger „Spielzeugwelt" (S. 99).
- bei kalten Konflikten z.B.: Christian Bähner „Brennnessel" (S. 129).

Von Anfang an Klarheit schaffen

Auftragsklärung bei Teamkonflikten

Von Adrian Kunzmann

Kurzbeschreibung

In der Auftragsklärung werden durch sorgfältige Konfliktanalyse und Beratung optimale Bedingungen für eine Teamklärung geschaffen und ein tragendes Bündnis zur Führungskraft aufgebaut.

Zeitlicher Rahmen

Ein Auftragsgespräch dauert 1 bis 1,5 Stunden. Das Gespräch kann am Telefon geführt werden oder in einer persönlichen Besprechung.

Anlässe/ Anwendungsbereiche

Anlass für ein Auftragsklärungsgespräch ist die Anfrage einer Führungskraft nach Unterstützung. Die Auftragsklärung selbst ist der erste Schritt für eine Konfliktklärung in hierarchischen Situationen.

Zielsetzung/Nutzen

Die Führungskraft soll für ihre Teamproblematik die bestmögliche Unterstützung erhalten. Wenn sich nach der Situationsanalyse eine Teamklärung als passende Intervention herausstellt, bildet dieses Tool das für eine Klärung notwendige Fundament. Darüber hinaus unterstützt das Gespräch den Aufbau einer vertrauensvollen Beziehung zur Führungskraft.

Beschreibung

Bei einer Anfrage muss zuerst sichergestellt werden, dass es die oberste am Konflikt beteiligte Führungskraft ist, die anruft. Ruft ein Assistent oder ein vom Konflikt betroffener Mitarbeitender an, muss dieser dahingehend beraten werden, dass sich der für den Konflikt zuständige Vorgesetzte persönlich und direkt beim Klärungshelfer meldet.

Bei einem Konflikt innerhalb einer hierarchischen Konstellation finden neben dem Auftragsgespräch mit der Führungskraft keine weiteren Einzelvorgespräche statt. Dies, um eine Voreingenommenheit des Klärungshelfers und eine unerwünschte Gefühlsverpuffung der Beteiligten zu verhindern.

Es ist hilfreich, die folgenden Fragen im Gespräch vor sich zu haben. Werden sie der Reihe nach gestellt, ergeben sie eine sinnvolle Gesprächsstruktur. Wobei die Fragen dem Gesprächsverlauf angepasst werden sollen.

1. Verstehen der Situation und des Anliegens des Auftraggebers

- **Eröffnung:** Erzählen lassen, um was es geht. Was, wer, wann, warum? Was wurde bis jetzt unternommen? Warum ruft die Führungskraft gerade jetzt an?

  Führungskraft (FK): *„In einer meiner Abteilungen ist mächtig dicke Luft. Zwei Personen haben gekündigt, eine sehr gute Fachkraft, Frau Lang, droht ebenfalls mit der Kündigung. Wir stehen im Moment unter besonders starkem Druck und können uns keinen Ausfall mehr leisten. Ein Problem ist sicher der Abteilungsleiter Herr Stark. Er ist extrem leistungsorientiert und wird zuweilen sehr aggressiv. Er hat natürlich auch schwierige Mitarbeiter ..."*

  Oft baut sich bei den Führungskräften durch die Konfliktsituation ein starker Druck auf und sie müssen sich vor der gezielten Auftragsklärung emotional entlasten. Die strukturierte Führung des Gespräches beginnt, wenn der erste Redeschwall vorbei ist.

- **Struktur erfassen und visualisieren:** Es ist hilfreich, das Organigramm und die einzelnen Mitarbeitenden auf einem Blatt vor sich zu haben. Im direkten Gespräch kann man es mithilfe der Führungskraft aufzeichnen und weitere Gesprächsinhalte darauf skizzieren. Findet die Auftragsklärung am Telefon statt, kann die Führungskraft das Organigramm per Fax zusenden. Hilfreich sind auch Fotos der am Konflikt beteiligten Personen.

- **Konfliktherde erfassen:** Wer hat mit wem welchen Konflikt?

  FK: *„Die größte Spannung ist zwischen Herrn Stark, dem Abteilungsleiter und Frau Kaiser. Sie ist seit 15 Jahren im Team und lässt sich die aggressiven Ausbrüche von Herrn Stark nicht gefallen. Frau Sovic und Herr Baumann verhalten sich eher passiv ..."*
  Klärungshelferin/Klärungshelfer (KH): *„Gibt es noch andere Konfliktherde?"*

- **Alle Mitarbeiter genauer kennenlernen:** Zum Beispiel: Name, Alter, Teamalter, Funktion, Anstellungsverhältnis, Leistungsbeurteilung, Potenzialeinschätzung, Zusammenarbeit, Kompetenzen, Defizite, Konflikte und Themen, Taten, Psychisches, Besonderes, Einstellung zur Klärungsmaßnahme, Weigerung und Ausweichpotenzial bezüglich der Klärung (zum Beispiel, indem sie oder er am Klärungstermin krank werden könnte).

  KH: *„Wie lange ist Herr Stark bereits in dieser Funktion?"*
  FK: *„Seit drei Jahren, ich habe ihn selbst angestellt."*
  KH: *„Wie schätzen Sie seine Führungskompetenzen ein?"*
  FK: *„Er kann sehr gut organisieren, doch wenn jemand sich nicht an seine Vorgaben hält, kann er sehr energisch reagieren. Das hängt wohl mit seinem hohen Ehrgeiz zusammen."*

- **Die Position der Führungskraft kennenlernen:** Was ist ihr Anteil am Konflikt und darf das öffentlich werden? Welche Vorwürfe werden ihr gemacht? Welche Vorwürfe macht sie sich selbst?

  FK: *„Herr Stark hat vor drei Jahren eine desolate Abteilung übernommen und sie auf Vordermann gebracht. Dass er zuweilen über das Ziel hinausschießt, habe ich schon länger wahrgenommen, aber ich war einfach froh, dass die Abteilung funktioniert. Im Nachhinein mache ich mir den Vorwurf, zu lange zugeschaut zu haben."*
  KH: *„Sind Sie damit einverstanden, dass Sie in der Klärung auch zum Thema werden können?"*
  FK: *„Selbstverständlich, ich stehe zu meinen Fehlern."*

- **Den relevanten Kontext erkunden:** Firma, Produkte, Rechtsform, Position des Anfragenden, Finanzfluss.

  KH: *„Was ist die Funktion dieser Abteilung?"*
  FK: *„Der Supportdienst beliefert die Kunden mit Ersatzteilen. Es ist ein schwieriger Job, denn sie haben ständig mit unzufriedenen Kunden zu tun."*
  KH: *„Wie ist das Ansehen innerhalb der Firma?"*
  FK: *„Sie haben ein schlechtes Image, es ist schon so was wie der Abfalleimer der Firma!"*

- **Das Ziel erforschen:** Was will die Führungskraft erreichen? Was macht sie, wenn die Klärung nicht greift? Warum macht sie das nicht schon jetzt?

FK: *„Zuerst einmal will ich die Situation beruhigen. Ganz wichtig ist auch, dass Frau Lang nicht kündigt. Das wäre ein großer Verlust. Im Vordergrund ist für mich jedoch die Klärung zwischen Herrn Stark und dem Team."*

KH: *„Was machen Sie, wenn die Klärung nicht greift, alles beim Alten bleibt?"*

FK: *„Wahrscheinlich müsste ich Herrn Stark kündigen."*

KH: *„Warum machen Sie das nicht schon heute?"*

FK: *„Das ist eine gute Frage"*, er überlegt eine Weile, *„trotz allen Schwierigkeiten bin ich überzeugt, dass er das Potenzial hat, die Abteilung zu leiten. Allerdings muss er lernen, sich besser in den Griff zu bekommen."*

Diese Fragekombination ist wichtig, um zu verhindern, dass es zu einer Alibi-Klärung kommt, die zur Argumentation der Kündigung missbraucht wird.

2. Beraten

Eine Entscheidung für die passende Maßnahme ist zu treffen. Dies kann eine Klärungshilfe sein. Vielleicht stellt sich aber auch heraus, dass eine reine Lösungsmediation, ein Coaching, eine Teamentwicklung oder eine Organisationsberatung sinnvoller ist. Die Beratung ist kein Klärungshilfe-Verkaufsgespräch, sondern es geht darum, die beste Lösung für die Situation des Auftraggebers zu finden.

- **Einschätzung des Klärungshelfenden:** *„Ich sehe, dass in diesem Team große Spannungen herrschen, die Kommunikation zwischen Herrn Stark und einem Teil des Teams momentan blockiert ist. Die Betroffenen sind im hohen Ausmaß emotional verstrickt. Aus meiner Sicht würde ich in diesem Fall eine Teamklärung empfehlen."*

- **Klärungshilfe erklären:** Elemente: Vergangenheit verstehen, Gegenwart klären, Zukunft planen, das Ziel ist Klarheit.

  KH: *„In der Teamklärung gibt es drei Phasen: ‚Verstehen', ‚Klären', ‚Planen'. In der ersten Phase möchte ich zunächst alle Beteiligten verstehen, die unterschiedlichen subjektiven Sichtweisen von allen kennenlernen. Daraus fasse ich die wichtigsten Themen in einem Inhaltsverzeichnis zusammen. In der zweiten Phase werden diese Punkte geklärt. Und das ist auch das Ziel: Klarheit zu schaffen und die Verstrickungen zu entflechten. Es geht nicht darum, dass es nachher schön ist, sondern klar. Auf dieser Klarheit* *aufbauend werden wir in der dritten Phase, dem Planen, gemeinsam Lösungen und Verabredungen entwickeln."*

3. Bedingungen der Klärungshilfe und des Klärungshelfers aushandeln, am Design basteln und feilschen

- **Bedingungen der Klärungshilfe:** Die Führungskraft muss motiviert sein, Klarheit zu schaffen. Das beinhaltet die Bereitschaft, die Vergangenheit, die negativen Gefühle und sich selbst zu thematisieren. Eine weitere Bedingung ist, dass sie während der gesamten Klärung anwesend ist. Ist sie für die Klärung nicht motiviert, muss deren Chef alles übernehmen und selbstverständlich auch permanent anwesend sein. Die Führungskraft muss weiter sicherstellen, dass alle anderen am Konflikt Beteiligten ebenfalls von A – Z an der Klärung teilnehmen. Gegebenenfalls ist die Führungskraft verpflichtet, mit den Verweigerern Vorgespräche führen. Und es muss genügend Zeit für die Klärung investiert werden.

KH: *„Bei einem Team von 12 Mitarbeitenden und den von Ihnen beschriebenen Konfliktherden braucht die Klärung zwei Tage."*
FK: *„Damit habe ich nicht gerechnet. Das übersteigt unsere Ressourcen, die Abteilung kann unmöglich so lange unbesetzt bleiben."*
KH: *„Für die Phase des Verstehens brauchen wir gut zwei Stunden, für die Klärung der einzelnen Punkte, und Sie haben ja gesagt, dass Sie nicht wissen, ob noch andere Themen dazukommen, braucht es gut vier bis sechs Stunden. Dazu brauchen wir also bereits einen Tag. Außerordentlich gewinnbringend ist es, wenn eine Nacht dazwischen eingeplant wird. Oft finden wichtige Nachdenkprozesse statt und bringen die Klärung am anderen Morgen nochmals einen Schritt weiter. Und natürlich wäre es dann schade, keine Zeit für die Lösungen zu haben, für die es nochmals wenigstens zwei Stunden braucht. Zwei Tage wären gut, allenfalls können wir es in 1,5 Tagen schaffen. Ist es nicht möglich, den Betrieb mit anderen Mitarbeitenden aufrechtzuerhalten?"*
FK: *„Ich denke schon, ich werde mit Herrn Stark die 1,5 Tage organisieren."*

- **Am Design basteln und feilschen:** Wer soll/muss an der Klärung teilnehmen? Wer nicht? Müssen andere Stellen wie Personalabteilung, Betriebsrat, Mobbingbeauftragte, Vertrauenspersonen einbezogen werden?

FK: *„Frau Moser hat bereits gekündigt, wir konnten mit ihr aushandeln, dass sie noch zwei Monate länger bleibt. Soll sie an der Klärung teilnehmen?"*

KH: *„Das Prinzip ist, dass nur Personen teilnehmen, die eine gemeinsame Zukunftsperspektive haben. Deshalb ist sie nicht dabei. Für Frau Moser wäre die Teilnahme schwierig, weil sie wahrscheinlich unsicher wäre, wie viel Raum sie noch einnehmen soll. Oder ihr Thema nimmt zu viel Platz ein und andere, für die Zukunft bedeutsamere Themen bleiben auf der Strecke."*

Die Teamklärung ist nicht freiwillig, sondern eine obligatorische Zusammenarbeitsbesprechung. Die Mitarbeiter müssen nur anwesend sein, sie müssen sich nicht aktiv beteiligen wollen. Wenn der Widerstand der Betroffenen thematisiert und akzeptiert wird und sie sehen, dass die Klärung auf eine faire Art und Weise passiert, schalten sie sich immer von selbst in das Gespräch ein.

- **Alles Negative schon in der Auftragsklärung vor dem Kontrakt ansprechen:** Dies können böse Vermutungen, negatives Feedback, Unsicherheiten, zu optimistische Hoffnungen oder eigene Interessen am Fall sein. Es wäre falsch, mit den schwierigen Themen hinter dem Berg zu halten oder diese erst in der Klärung zu thematisieren. Das Ansprechen zeigt der Führungskraft, dass es dem Klärungshelfer wirklich um Klarheit geht.

KH: *„Sie haben einige Male erwähnt, dass Sie felsenfest daran glauben, dass eine einvernehmliche Lösung gefunden wird. Ich bin mir da gar nicht sicher. Es scheint mir eine massive Störung zu sein. Zusätzlich stelle ich mir vor, dass die Mitarbeitenden wütend und enttäuscht sind, dass Sie diese im Stich gelassen und dem Treiben so lange tatenlos zugeschaut haben."*

- **Bedingungen des Klärungshelfers:** Der Klärungshelfer muss für sich prüfen: Will ich der Führungskraft helfen? Will ich diesen Menschen mit seinen Anliegen und Zielen durch die emotionale Achterbahn der Klärungshilfe führen? Bin ich mit dem Honorar einverstanden?

4. Kontrakt

Eine geschäftliche Übereinkunft treffen: In einer Offerte oder einem Vertrag sind neben dem ausgehandelten Honorar und den Arbeitszeiten Punkte zu definieren wie: Zahlungsmodus, Absagemodus, Stornozahlung, Haftungsausschuss etc.

5. Die Führungskraft coachen

- **Einladung der Mitarbeitenden:** Unterstützung und Informationen bezüglich der mündlichen oder schriftlichen Einladung der Mitarbeitenden geben. Keinen Etikettenschwindel zulassen und zum Beispiel die Teamklärung als Seminar ankündigen, sondern deutlich darüber informieren, dass es um die Klärung der Zusammenarbeit geht.

- **Instruktion für die Anfangsrede:** Die Führungskraft darüber informieren und anschließend coachen, damit sie die Klärung mit einer Anfangsrede beginnen kann:

  KH: *„Sie müssen die Klärung mit einer Anfangsrede beginnen und den Anlass, Grund und das Ziel der Klärung aufzeigen. Ihre Anfangsworte sind sehr wichtig. Ihre Mitarbeitenden werden ganz genau zuhören und zwischen den Zeilen heraushören, ob Sie wirklich eine Klärung wollen und es ernst meinen. Deshalb ist es wegweisend, dass Ihre kurze Ansprache ernsthaft und persönlich formuliert ist. Anschließend übergeben Sie mir das Zepter und ich übernehme die Moderation, Sie bleiben natürlich der Chef der Truppe."*

- **Bis zur Klärungshilfe Kontakt halten:** Unterstützung für die Zeit bis zur Klärung anbieten.

  KH: *„Wenn Sie Fragen oder Unsicherheiten haben, Veränderungen eintreten, es zum Beispiel schlimmer wird, dann nehmen Sie bitte Kontakt mit mir auf und halten mich auf dem Laufenden. Es ist für mich wichtig, Veränderungen zu erfahren und mit Ihnen am Ball zu bleiben. Wenn bei mir Fragen auftauchen, werde ich mich ebenfalls bei Ihnen melden."*

Erfahrungen/ Kommentare

Führungskräfte sind in Konfliktsituationen unter großem Druck und mit der Problematik oft alleine. Deshalb sind sie erleichtert, wenn jemand ihre verworrene Situation sorgfältig aufnimmt und sie bei der Lösung unterstützt. Das logische und gut strukturierte Vorgehen mit diesem Tool vermittelt der Führungskraft die Sicherheit, jemanden an der Seite zu haben, der weiß, was er tut. Die Klärungshilfe verspricht Klarheit. Klarheit muss deshalb von Anfang an das leitende Motiv sein. Dies beinhaltet die nüchterne Einschätzung der Situation, das Setzen von realistischen Zielen und das Ansprechen von schwierigen und heiklen Themen. Meine Erfahrung ist, dass Führungskräfte diese Klarheit gerade in Konfliktsituationen besonders schätzen und sich darauf das Vertrauen zum Klärungshelfer aufbaut.

Technische Hinweise

Es ist sehr hilfreich, die Fragen des Auftragsklärungs-Tools als Spickzettel zu Auftragsklärungen mitzunehmen oder neben dem Telefon präsent zu haben.

Quellen/Literatur

Inhaltlich basiert der Text auf Dr. Ch. Thomann und seinen Büchern:

- Thomann, Christoph: Klärungshilfe 2. Rowohlt, Hamburg 2004.
- Thomann, Christoph/Prior, Christian: Klärungshilfe 3. Rowohlt, Hamburg 2007.

Weiteres Vorgehen

Der Klärungshelfer ruft die Führungskraft am Abend vor der Klärung an. Ziel des Gespräches ist, noch einmal Kontakt aufzunehmen und sich über die aktuelle Situation zu informieren: Hat sich etwas verändert? Kommen alle? Muss ich etwas wissen für morgen? Noch einmal auf die Einstiegsworte aufmerksam machen und gegebenenfalls die Führungskraft coachen.

Raus aus der Zwickmühle

Wer spricht die Konkfliktpartei an, die noch nichts von einer Mediation weiß?

Von Ingrid Holler

Kurzbeschreibung

Wenn eine beteiligte Konfliktpartei noch nichts über den Wunsch der anderen Partei nach einer Mediation weiß, wird nicht selten die Bitte geäußert, dass der Mediator aktiv beide Parteien an einen Tisch bringen möge. Für den Mediator entsteht hier eine Zwickmühle: Einerseits ist die gewünschte Anforderung für den erfolgreichen Verlauf der Mediation nicht sinnvoll, andererseits möchte er die Bitte eines Klienten, den er gerne als Mediand en gewinnen möchte, nicht ablehnen. Hier hilft dieses auf der Gewaltfreien Kommunikation (GFK) basierende Tool: Es werden zunächst Gefühle und Bedürfnisse geklärt und darauf aufbauend Möglichkeiten gefunden, die anwesende Streitpartei dazu zu motivieren, ihre Mitstreiter selbst auf eine Mediation anzusprechen.

Rahmen

- *Zeitaufwand:* Es handelt sich um einen Teil des Vorgesprächs und ist begrenzt auf ca. 10 Minuten.
- *Gruppengröße:* Das Tool eignet sich für die Zweiparteien-Mediation ebenso wie die Mehrparteien-Mediation von unbegrenzter Größe.

Anlässe/ Anwendungsbereiche

Das Tool kommt im Vorgespräch zu einer Mediation zum Einsatz. Es eignet sich für die Klärung dieser für Medianden oftmals heiklen Situation.

Zielsetzung/Nutzen

Damit es überhaupt zu einer Mediation kommen kann, braucht es beide Konfliktparteien an einem Tisch. Ziel dieses Tools ist es, genau das zu erreichen. Deshalb ist die Klärung der Frage, wie die bisher „unwissende" Konfliktpartei zu einer Mediation bewegt werden kann, von zentraler Bedeutung. Mit dem Tool ist es möglich, die anwesende Konfliktpartei verstehen zu lassen, aufgrund welcher Bedenken, Gefühle und Bedürfnisse man als Mediator die andere Streitpartei nicht selbst ansprechen möchte. Gleichzeitig wird die anwesende Konfliktpartei über ein Verständnis ihrer eigenen Lage und passende Handlungsvorschläge so motiviert, dass sie diese Rolle selbst übernehmen kann.

Beschreibung

Einführung und Beispiel

Nehmen wir folgendes Beispiel: Es geht um einen Konflikt in einer Kindertagesstätte zwischen der Leiterin, Frau Sprengel, und ihrem Stellvertreter, Herrn Adler. Sie als Mediator haben ein Vorgespräch mit Herrn Adler vereinbart. In diesem Gespräch erfahren Sie von dem Konflikt und auch davon, dass Frau Sprengel nichts von diesem Vorgespräch weiß. Sie sei irgendwie auch an einer Klärung interessiert, hören Sie vage von Herrn Adler. Er fragt, ob Sie als Mediator Frau Sprengel nicht ansprechen können?

Vorgehensweise

Folgende Schritte empfehlen sich beim Einsatz dieses Tools:

1. Empathische Klärung der Situation der anwesenden Partei
2. Aufrichtiges Erläutern der Befindlichkeit des Mediators zu diesem Thema
3. Passende Handlungsvorschläge des Mediators

Die Schritte im Detail

1. Empathische Klärung der Situation der anwesenden Partei
(Einfühlsamkeit)

Sprechen Sie als Mediator die anwesende Konfliktpartei auf ihre Gefühle und Bedürfnisse zu der Anfrage an:

Mediator (M): *„Herr Adler, wenn Sie mich fragen, ob ich die Frau Sprengel ansprechen kann, klingt das für mich, als wäre es Ihnen unangenehm und Sie brauchen Unterstützung?"*

Daraus kann sich folgender Dialog entspinnen:

Herr Adler (A): *„Ja, es ist mir einfach unangenehm. Ich finde manchmal auch nicht so die richtigen Worte."*
M: *„Und da hätten Sie gerne Beistand?"*
A: *„Ja."*

2. Aufrichtiges Erläutern der Befindlichkeit des Mediators zu diesem Thema

Jetzt erläutert der Mediator, wie es ihm mit Herrn Adlers Bitte geht. Das kann mit folgenden Worten geschehen, in denen der Mediator nach Benennung der Sachlage auch seine eigenen Gefühle und Bedürfnisse dazu anspricht. Der Dialog geht weiter:

M: *„Ich würde Ihnen gerne mal meine Seite dazu schildern. Wenn ich daran denke, dass ich die Frau Sprengel anrufe und sie auf Ihren Konflikt anspreche, und sie wusste nicht, dass Sie bei mir waren, dann könnte das für Frau Sprengel keine sehr angenehme Überraschung sein. Damit fühle ich mich persönlich nicht sehr wohl, denn ich möchte gerne Grenzen wahren. Mir geht es auch um Vertrauen."*
A: *„Ja, sicher, Vertrauen ist auch wieder wichtig."*

3. Passende Handlungsvorschläge des Mediators

Der Mediator unterbreitet jetzt Vorschläge, die die Anliegen beider Seiten berücksichtigen, nämlich Unterstützung und Beistand aufseiten des Gesprächspartners und dem Wahren von Grenzen beim Mediator. Der Dialog geht weiter:

M: *„Gleichzeitig möchte ich Sie auch unterstützen. Ich mache Ihnen mal einen Vorschlag, o.k.? Ich habe hier einen speziellen Prospekt, in dem meine Mediation beschrieben wird, sodass man sich etwas darunter vorstellen kann. Wie wäre es, wenn Sie diesen Prospekt mitnehmen und ihn Frau Sprengel zeigen? Dann können Sie auch von Ihrem Besuch bei mir berichten und mit ihr die Möglichkeiten einer Mediation diskutieren. Frau Sprengel kann mich auch jederzeit gerne anrufen, wenn sie Fragen hat oder mich einfach mal kennenlernen möchte. Dann haben wir beides: Diese schriftliche Information und das Angebot des Anrufs bei mir sind Ihr unterstützender Beistand, Herr Adler. Gleichzeitig werden auch die Grenzen gewahrt, wenn Frau Sprengel von Ihnen selbst über die Mediation unterrichtet wird. Das trägt zum Vertrauen bei. Wie gefällt Ihnen der Vorschlag?"*
A: *„Ja, das klingt ganz gut – kann ich gerne mal probieren."*
M: *„Meine Klienten machen mit dieser Vorgehensweise gute Erfahrungen. Und Ihnen wünsche ich auch alles Gute damit!"*

Erfahrungen/ Kommentare

Ich setze dieses Tool gerne ein, weil es einen weiteren Nutzen hat, der sozusagen „nebenher" läuft. Denn für die anwesende Konfliktpartei wird auf diese Weise der kommunikative Umgang mit einer schwierigen

Situation, so wie es ja dann auch in der Mediation vorkommt, bereits erlebbar. Der Klient erfährt, wie er in einer schwierigen Anfangssituation gehört und ernst genommen wird. Auch wie ich als Mediatorin aufrichtig mit der heiklen Angelegenheit umgehe und meine Seite darstelle. Aus Rückmeldungen weiß ich: Das trägt sehr zum Vertrauen in mich als Mediatorin für den anstehenden Konflikt bei.

Technische Hinweise

Es macht Sinn, ansprechende Flyer und Informationsmaterial zur eigenen Mediation zur Hand zu haben.

Quellen/Literatur

Buchtipp:

- Holler, Ingrid: Mit dir zu reden ist sinnlos – Konflikte klären durch Mediation. Junfermann, Paderborn 2010. Siehe S. 112 ff. speziell zu diesem Tool und S. 105 ff. zum Vorgespräch.

Buchtipps zum Thema Gewaltfreie Kommunikation:

- Rosenberg, Marshall: Gewaltfreie Kommunikation. Eine Sprache des Lebens. Junfermann, Paderborn 2010.
- Holler, Ingrid: Trainingsbuch Gewaltfreie Kommunikation. Junfermann, Paderborn 2009.

Weiteres Vorgehen

Sinnvoll für das weitere Vorgehen ist eine Vereinbarung über einen weiteren Kontakt, damit das Ganze nicht im Sande verläuft. Im weiteren Verlauf empfiehlt sich ein Vorgespräch mit der anderen Konfliktpartei, persönlich oder telefonisch, um sich ein Bild über den Konflikt zu machen. Danach folgt die Entscheidung, ob dieser Konfliktfall für eine Mediation geeignet ist oder andere Maßnahmen besser sind. Wenn die Entscheidung für eine Mediation fällt, welcher zeitliche Rahmen wäre sinnvoll? Wenn sich der Mediator darüber im Klaren ist, folgt die Abstimmung mit den Medianden und dann auch eine konkrete Terminvereinbarung für eine Mediation.

Keine Angst vor Gefühlen!

Mit Gefühlsmonster-Karten in die Mediation einsteigen

Von Jutta Höch-Corona

Kurzbeschreibung

Die Gefühlsmonster®-Karten sind ein Instrument zur Erleichterung von Gesprächen über Gefühle. Jede Streitpartei erhält ein Set von 25 Karten mit Gefühlsdarstellungen und wählt je eine bis zwei Karten für die eigenen Gefühle und die vermuteten Gefühle bei der anderen Seite aus. Diese Karten werden anschließend gegenübergestellt und besprochen.

Rahmen

- Phase 1, das Betrachten der Karten, dauert etwa 5 Minuten. Für das Auslegen und Kommentieren der Karten benötigt man ungefähr noch einmal 5 Minuten, im weiteren Verlauf kann es sein, dass das Gespräch über die Ergebnisse noch fortgeführt wird. Die Karten bleiben während der Mediation liegen und können von allen Seiten jederzeit zur Illustration des Gesagten verwendet werden.
- Die Karten eignen sich auch für Teams und Gruppen bis ca. 20 Personen in weniger eskalierten Situationen zur Einschätzung der Gefühle in einer Konfliktsituation. Hier ist wichtig, den weiteren Verlauf so zu organisieren, dass die angesprochenen Gefühle einzelner Teilnehmer Raum finden.

Anlässe/ Anwendungsbereiche

Diese Methode eignet sich für den Beginn des Mediationsvorgesprächs oder der ersten Mediationssitzung. Bei positivem Verlauf können die Karten auch in weiteren Sitzungen eingesetzt werden. Entscheidend ist, ob der Mediator genau in dem entsprechenden Moment ein Gespräch über die Gefühle der Streitparteien führen möchte.

Zielsetzung/Nutzen

Die Beschäftigung mit dem Kartenset zu Beginn einer Mediation bewirkt eine Fokussierung der Streitparteien auf die eigenen Gefühle und die des anderen. Außerdem bringen die Karten ein spielerisches und spannendes Moment in das Gespräch. Fast immer gibt es bei der Auswahl der Karten Übereinstimmungen oder Ähnlichkeiten zwischen der eigenen Einschätzung und der des Konfliktpartners. So entsteht ein gleichgerichteter Fokus, eine kleine Insel des Gleichklangs, zu einem Zeitpunkt, an dem die Medianden üblicherweise noch stark positioniert sind.

Auch die Gespräche, die sich durch unterschiedliche Einschätzungen ergeben, sind hilfreich für die weitere Verständigung, weil sie immer zu Themen führen, die Teil des Konflikts sind.

Der Mediator erhält außerdem durch die kleine Pause zu Beginn des Gesprächs die Möglichkeit, sich zu sammeln, die ihm noch unbekannten Personen in Ruhe bei der Auswahl der Karten zu beobachten und sich das weitere Vorgehen zu überlegen.

Der Ablauf

Beschreibung

Die Medianden sind zum ersten Mediationstermin gekommen, ein kurzes Begrüßungsgespräch hat stattgefunden und sie sind mit einem Getränk versorgt. Nun geben Sie jedem von ihnen ein Set der Gefühlsmonster®-Karten im Visitenkarten-Format mit etwa dem folgenden Satz: *„Ehe wir inhaltlich in das Mediationsgespräch einsteigen, interessiert es mich, wie es Ihnen in der Konfliktsituation, die Sie hierher geführt hat, geht. Bitte blättern Sie die Karten durch, Sie finden dort eine Comicfigur, das Gefühlsmonster®, mit unterschiedlichen Gefühlsausdrücken. Suchen Sie ein bis zwei Karten heraus, die Ihrem eigenen Gefühl in der aktuellen Situation entsprechen, und dann auch ein bis zwei Karten, von denen Sie denken, dass sie dem Gefühl Ihres Konfliktpartners entsprechen* (besser: hier konkret den Namen der anderen Person, oder „Ihres Partners“, „Ihrer Chefin“ o.Ä. einsetzen). *Legen Sie die ausgewählten Karten bitte mit dem Deckblatt nach oben auf den Tisch – so können Sie sich gleich mit Ihren gegenseitigen Einschätzungen überraschen.“*

Es versteht sich von selbst, dass die einleitenden Worte in einem guten Kontakt mit den Anwesenden gesprochen werden und entsprechend modifiziert werden können. Es muss für den Mediator einschätzbar sein, ob der Kontakt zu beiden Parteien so gut ist, dass beide bereit sind, sich auf die Karten einzulassen. Ein Ablehnen dieser Technik durch eine der Parteien würde uns klar auf einer Seite positionieren – und das wäre zu Beginn einer Mediation doch sehr ungünstig.

Für den Einsatz der Karten in der Mediation gilt, wie in der Gewaltprävention: Beide Seiten müssen ihr Gesicht wahren! Das für jede Mediation notwendige Fingerspitzengefühl sollte in besonderem Maße beim Umgang mit dem Thema Gefühle angewendet werden.

Nun haben Sie als Mediator einige Minuten Zeit, den Klienten in Ruhe bei der Auswahl der Karten zuzuschauen und erste Beobachtungen zu machen. Ein Thema, was zum Beispiel oft schon hier deutlich wird, ist der Umgang mit Entscheidungen: Es kann sein, dass die eine Person wesentlich schneller als die andere die Karten auswählt. Einer eventuellen Eskalation zwischen den Parteien in diesem Moment können Sie mit einer generalisierenden Bemerkung zuvorkommen, etwa: *„Kann es sein, dass unterschiedliche Schnelligkeit ein Thema bei Ihnen ist? Dies erlebe ich oft bei …* (bitte hier Passendes einsetzen, z.B. Paaren, Arbeitskollegen etc.).*"*

Die Wahl der Person, die zuerst ihre Kartenwahl offenlegt, entscheiden Sie wieder intuitiv. Wichtig ist jetzt, diese Person danach zu fragen, was die ausgewählten Karten jeweils für sie bedeuten. Etwa so: *„Bitte legen Sie zuerst die Karten auf den Tisch, die Sie für sich selbst gewählt haben."* Kurze Pause. Dann die Frage zu jeder der ausgelegten Karten: *„Was bedeutet diese Karte für Sie?"*

Sie dürfen gespannt sein, wie unterschiedlich diese Bedeutungen von dem sein können, was Sie selbst zu den Karten sagen würden! Die eigenen Worte der Klienten sagen wesentlich mehr über die Konfliktsituation aus als eine Interpretation der Karten durch die Mediatoren.

Fassen Sie wie gewohnt zusammen, wenn der Klient gesprochen hat. Nun fragen Sie nach der Karte (den Karten), die der Klient für seinen Streitpartner gewählt hat und fragen Sie auch hier nach der Bedeutung, die diese Karte für den Klienten hat. Beachten Sie gleichzeitig das nonverbale Feedback der zweiten Streitpartei!

Gestalten Sie eine kleine Überleitung zu der zweiten Person mit der Aufforderung, die von ihr ausgewählten Karten auf den Tisch zu legen und zu kommentieren. Achten Sie darauf, dass die Karten so gelegt werden, dass sie für beide Parteien gut sichtbar sind und jeweils vor die Person hingelegt werden, von der oder für die sie ausgewählt wurden. Ablauf wie bei der ersten Streitpartei.

Wenn alle Karten auf dem Tisch liegen und kommentiert sind, entscheidet der Mediator, ob er noch die folgende Frage stellt: *„Was fällt Ihnen auf, wenn Sie die gewählten Karten anschauen?"*

Hier können sich kurze Gespräche ergeben darüber, wie überrascht die Parteien über eine Übereinstimmung sind, oder über Ähnlichkeiten trotz unterschiedlicher gewählter Karten.

Falls es deutliche Unterschiede in der Auswahl der Karten bzw. Beschreibung der eigenen und der vermuteten Gefühle gibt, können Sie noch folgende Frage zunächst an die Person stellen, deren Gefühle ganz anders eingeschätzt wurden: *„Was bedeutet es für Sie, dass …* (Frau/Herr XY) *Ihre Gefühle in dieser Konfliktsituation so eingeschätzt hat?"*

Im Anschluss fragen Sie auch die andere Seite entsprechend, was diese unterschiedliche Einschätzung für sie bedeutet. Es ist wichtig, diese Fragen so offen wie möglich zu stellen, um den Streitparteien viel Raum für eigene Beschreibungen zu lassen. In jedem Fall erhalten Sie als Mediator hier wichtige Hinweise für Ihr weiteres Vorgehen.

Ein Beispiel

Zur Illustration hier ein Fall aus meiner Arbeit.

Die Ausgangssituation: Ein stark eskalierter Konflikt zwischen einem Chef und seinem Mitarbeiter, die erste Sitzung findet auf Veranlassung des Vorgesetzten von beiden statt, der auf eine baldige Klärung gedrängt hatte. Ich entschied mich, trotz oder gerade wegen der spürbar starken Spannungen die Gefühlsmonster®-Karten einzusetzen.

Der Chef für sich selbst

Kommentar:
„Ich bin völlig am Ende, kann nicht mehr."

Der Chef für den Mitarbeiter

Kommentar:
„Mein Mitarbeiter hat große Angst, seine Stelle zu verlieren."

Der Mitarbeiter für den Chef

Kommentar:
„Mein Chef ist sauer auf mich."

Der Mitarbeiter für sich selbst

Kommentar:
„Ich habe Angst, meinen Job zu verlieren."

Kommentar:
„Ich bin völlig ratlos. Bin verwirrt, weiß nicht, was los ist."

Das Gefühl heftiger Angst bei dem Mitarbeiter, und das Wissen darüber bei dem Chef – eine unschätzbare Information gleich zu Beginn! Zusammen mit der Tatsache, dass beide in der Mediation saßen und an dieser Situation arbeiten wollten. Die Ratlosigkeit des Mitarbeiters war ein wichtiger Hinweis, genauso wie die deutlich sichtbare Überlastung des Chefs. Erste Hypothese an dieser Stelle: Es sind Dinge vorgefallen, die von beiden unterschiedlich interpretiert wurden und nicht geklärt werden konnten.

Nach dem Austausch über die ausgewählten Karten ergab sich zunächst kein weiterer Gesprächsstoff. Dies war die Situation, dazu gab es nicht mehr zu sagen. Ich stellte dann die bewährte Frage nach besseren Zeiten, und begann anschließend mit dem Aufarbeiten der Situationen, die zu der Eskalation geführt hatten. Bei meinen Zusammenfassungen im Verlauf des Gesprächs konnte ich immer wieder auf die ausgewählten Karten eingehen, z.B. durch Formulierungen wie *„Diese Vorkommnisse haben Sie so belastet, dass Sie sich mit Ihrer Kraft völlig am Ende fühlten"* (zu dem Chef, mit Hinweis auf die gewählte Karte) oder *„Die Tatsache, dass Ihr Chef ‚XY' gesagt hat, hat Ihre Sorge vergrößert, demnächst umgesetzt zu werden"* (zu dem Mitarbeiter, ebenfalls mit Hinweis auf die entsprechende Karte).

Diesen Fall habe ich für die Verdeutlichung des Instruments Gefühlsmonster®-Karten ausgewählt, weil hier die Mediانden gegen Ende der ersten Sitzung aus eigenem Antrieb auf die vor ihnen liegenden Karten zurückkamen. Die Situation war die Folgende: Wegen einer längeren Pause bis zum nächsten Mediationstermin – der Chef würde in der kommenden Zeit wegen eines Projekts mehrfach unterwegs sein und konnte deshalb keinen früheren Termin wahrnehmen – stellte ich etwa dreißig Minuten vor Abschluss der Mediation die Frage: *„Was möchten Sie heute miteinander vereinbaren, damit Ihre Zusammenarbeit bis zur weiteren Klärung am nächsten Mediationstermin möglichst wenig belastet ist?"*

Der Chef deutete auf die beiden gleichen Karten vor dem Mitarbeiter, die sich auf dessen Angst vor der Umsetzung bezogen, und sagte, es sei doch offensichtlich am wichtigsten, dass sich etwas an diesen Gefühlen seines Mitarbeiters ändere! Der Konflikt war verständlicherweise in der einen Sitzung noch nicht ausreichend geklärt, aber diese Bereitschaft des Chefs, auf den Mitarbeiter zuzugehen, hat den ganzen weiteren Verlauf der Mediation positiv beeinflusst. In der abschließenden Vereinbarung dieser Sitzung wurde festgehalten, dass die schon terminierte Umsetzung des Mitarbeiters bis zum Ende der Mediation ausgesetzt werden sollte.

Die Frage, wie sich die beiden Konfliktpartnern jetzt fühlten, beantworteten sie folgendermaßen:

Der Chef für sich selbst

Kommentar:
„Ich sehe jetzt wieder einen Weg vor mir!"

Der Mitarbeiter für sich selbst

Kommentar:
„Bin sehr erleichtert."

Kommentar:
„Jetzt kann ich mich endlich wieder an die Arbeit machen."

Sie sehen, die gleiche Karte – Nr. 20 – kann ganz unterschiedlich interpretiert werden!

Gut nachvollziehbar, dass der Chef nach dieser Kartenwahl besser als zuvor glauben konnte, dass die von ihm erlebten Boykott-Aktionen des Mitarbeiters tatsächlich von diesem nicht so gemeint waren. Nach diesem konstruktiven Beginn konnte die Situation der beiden in zwei weiteren Mediationssitzungen bearbeitet und so geklärt werden, dass die Zusammenarbeit auf einer neuen Vertrauensebene wieder gut möglich war.

Erfahrungen/ Kommentare

Man könnte befürchten, dass die Klienten durch die vor ihnen liegenden Gefühlsdarstellungen geneigt sind, in diesen schwierigen Gefühlen „stecken zu bleiben". Meine Einschätzung ist eher gegenteilig: Die Tatsache, die eigenen (meist schwierigen) Gefühle in der Konfliktsituation ansprechen und visualisieren zu dürfen, bewirkt eher eine Bereitschaft zur Veränderung bei den Mediandeṇ als das vorsichtige Vermeiden dieser Gefühle!

Sie werden aus Ihrer Erfahrung kennen, dass das für beide Seiten sichtbare Notieren von Mediationsthemen Klienten die Sicherheit gibt, dass ihre Themen – wenn auch mit eventueller Verzögerung – bearbeitet werden. Das Auslegen der Gefühlsmonster®-Karten bewirkt, dass die Streitparteien sehr drastisch und unter Wahrung ihrer Haltung zeigen können, wie schwierig dieser Konflikt für sie ist. Damit haben sie die Gewissheit, dass der Konfliktpartner und der Mediator – die beide die Karten gut sehen können – sich dessen bewusst sind. Das Bedürfnis, sich gesehen und verstanden zu fühlen, wird erfüllt. Insofern bewirkt das Anschauen der „schwierigen Gefühle" eher eine Beruhigung als eine Aufforderung, bei diesen Gefühlen zu bleiben.

Außerdem haben beide Streitpartner während des Mediationsgesprächs neben ihren eigenen Gefühlsdarstellungen auch die der anderen Seite vor Augen. Das heißt, ihnen wird auf visuellem Weg, ohne dass der Mediator dies ständig betonen muss, deutlich, dass es auch dem – zu Beginn sicher noch als schwierig erlebten – Streitpartner schlecht geht. Hier haben wir eine implizite Übereinstimmung zwischen den Konfliktparteien, die durch das Auslegen der Karten bewusst werden kann.

Falls der Mediator ein Verharren der Medianden in den schwierigen Gefühlen befürchtet, kann er dies leicht verändern. Er fragt dann nach dem Gefühl, das beide Parteien bei einem für sie positiven Ergebnis der Mediation hätten, etwa so: *„Nun interessiert es mich, wie Sie sich fühlen würden, wenn unsere Gespräche hier zu einem für Sie zufriedenstellenden Ergebnis führen – bitte wählen Sie auch dafür eine Karte aus!"*

Ich habe schon erlebt, dass ein von seiner Kollegin als von dem Konflikt völlig unberührt erlebter Mitarbeiter an dieser Stelle die links abgebildete Karte wählte.

Der Kollegin wurde dadurch bewusst, dass auch ihn der Konflikt belastete, was anschließend zu einer größeren Bereitschaft bei ihr führte, seine Variante der Geschichte anzuhören.

Technische Hinweise

Günstig sind zwei identische Sets der Gefühlsmonster®-Karten im Visitenkarten-Format. Bei Verwendung nur eines Sets empfiehlt sich das Auslegen der Karten im Fächer vor den Streitparteien mit der Aufforderung, die Nummern der ausgewählten Karten zunächst verdeckt zu notieren, ehe der Austausch über die Karten beginnt.

Quellen/Literatur

Die ursprüngliche Anregung zu diesem Instrument habe ich von Frau Marian Münger-v.d. Klooster aus Uebeschi (Schweiz), einer Anwenderin der ersten Stunde, in 2006 erhalten. An dieser Stelle möchte ich ihr für diese wertvolle Anregung noch einmal recht herzlich danken! Den vollständigen Erfahrungsbericht von Frau Münger-v.d.Klooster finden Sie auf unserer Seite www.gefuehlsmonster.eu unter Anregungen/Familie/„Gefühlsmonster in der Familienberatung".

Weiteres Vorgehen

Eine weitere Einsatzmöglichkeit für die Gefühlsmonster®-Karten ergibt sich im Verlauf der Mediation, wenn für den Mediator deutlich wird, dass eine Konfliktpartei nicht versteht, wie sich die andere Seite in einer bestimmten Situation gefühlt hat. Hier kann der Einsatz der Karten zu ganz erstaunlichen Wendepunkten führen.

Zum Beispiel konnte ein Paar in der Mediation mithilfe der Karten innerhalb von einer Viertelstunde klären, warum sie sich immer bei Einladungen miteinander gestritten hatten. Die Situation war die folgende: In der Firma des Mannes gab es häufig gesellschaftliche Veranstaltungen, bei denen sich der Mann im Vertrauen auf das offensichtliche Selbstbewusstsein der Frau sofort zu Beginn der Veranstaltung auf Gespräche mit Kollegen einließ und nicht wahrnahm, dass er seine Frau in der für sie fremden Umgebung alleine ließ.

Auf meine Frage nach dem Gefühl der Frau in diesen Situationen wählte sie die Karte rechts und sagte, sie fühle sich in dieser Situation allein gelassen und traurig, weil sie sich auf den gemeinsamen Abend gefreut hatte.

Der Mann war fassungslos darüber, dass er dieses Gefühl seiner Frau nie wahrgenommen hatte (sie konnte ihm bestätigen, dass sie sich bemüht hatte, ihm ihre Betroffenheit in der Öffentlichkeit nicht zu zeigen), und dass es ihnen beiden auch in Gesprächen nie gelungen war, diese Situationen entsprechend einzuschätzen. Sein unmittelbares Verständnis nach dem Anschauen des Gefühlsmonsters führte ganz leicht zu einer Vereinbarung darüber, wie sie in Zukunft mit diesen Situationen umgehen wollten.

Sämtliche Situationen, in denen heftige Gefühle zur Sprache kommen, eignen sich zum Einsatz der Gefühlsmonster®-Karten. Gleichzeitig möchte ich davor warnen, die Mediation zu oft durch die Frage nach den Karten zu unterbrechen. Dieses Instrument wirkt besonders gut bei einem fein abgestimmten Einsatz im Kontakt mit den Personen, die in der Mediation sitzen – es kann effektiver sein, die Karten im Verlauf einer Mediation ein einziges Mal einzusetzen, als sie ununterbrochen zu verwenden.

Verlassen Sie sich darauf, dass bei den Mediationsklienten viel „im Hintergrund" passiert. Dies bestätigen uns immer wieder Feedbacks aus den Mediationsrollenspielen unserer Ausbildungen. So kann es sein, dass eine von dem Streitpartner gewählte Karte auf der anderen Seite eine tiefe Wirkung ausübt, ohne dass diese sich etwas davon anmerken lässt. Ebenso wie eine selbst gefundene Vereinbarung wirkt auch eine selbst gefundene Gefühlseinsicht besonders gut. Wenn Sie mit der gewohnten Aufmerksamkeit auf die „Zwischentöne" achten, können Sie winzige Schritte der Annäherung beobachten und sensibel damit umgehen.

Probieren Sie die Karten für sich selbst aus in Situationen, in denen Sie sich über Ihre eigenen Gefühle klar werden möchten (warum nicht vor dem nächsten Mediationsgespräch?) und nutzen Sie Treffen mit Kollegen dazu, sich im Gebrauch der Gefühlsmonster®-Karten im Rollenspiel zu üben. Sie dürfen gespannt sein auf die Ergebnisse!

Entscheidungsraster für Konfliktinterventionen

Laufen lassen, mediieren, Schutz organisieren – oder was?

Von Dr. Benedikta v. Deym-Soden und Karin Stanggassinger

Kurzbeschreibung

Das Tool bietet Entscheidern, Beratern und Mediatoren ein übersichtliches Vorgehen für das erste Einordnen von Fällen hinsichtlich der Wahl der Intervention, ganz besonders für die Entscheidung, ob eher eine Konfliktbearbeitung angemessen ist oder ob erst Maßnahmen zur Verhinderung von existenzgefährdender weiterer Eskalation angeraten sind. Die Wahl der Intervention wird durch beschreibbare Kriterien begründet, nachvollziehbar und überprüfbar – und ist dann in ihrer Durchführung auch leichter dem weiteren Verlauf der Falldynamik anzupassen als ohne. Es entsteht gleichzeitig eine Basis für den Einstieg in die gewählte Intervention.

Rahmen

Die Zeitdauer für das Ausfüllen des Rasters: ca. 10 Minuten, abhängig von von Menge, Dichte, Klarheit der erhaltenen Eingangsinformationen und von der Komplexität des Falles. Das Tool wird idealerweise vor Beginn der eigentlichen Mediation angewandt, im Rahmen der Auftragsklärung oder während der Entscheidungsfindung durch die Verantwortlichen. Zu Beginn der Intervention, z.B. der Mediation, bietet das Tool dann nochmals eine unterstützende Denkstruktur, wodurch die erhaltenen weiteren Informationen weiter gedanklich strukturiert werden können, um – anhand von Kriterien – zu überprüfen, ob man auf dem gewünschten Weg ist.

Gruppengröße: Das Tool kann im Prinzip bei jeder Konfliktgröße (Anzahl Personen, Anzahl Themen ...) angewandt werden, wobei die Art der Beschreibung hier im Buchbeitrag auf Konflikte fokussiert, die

- über den privaten Bereich zweier Personen hinausgehen und die
- unter der Komplexität von Großkonflikten im öffentlichen Bereich (z.B. Flughafen-Ausbau) bleiben.

Anlässe/ Anwendungsbereiche

Das Tool kann in jeder Auftragsklärung angewandt werden, als Teil des Routine-Vorgehens, und benötigt dann auch keine nennenswerte eigene Zeit.

Zielsetzung/Nutzen

- Das Entscheidungsraster zwingt zu einer eigenen klaren Einordnung. Damit wird das eigene Denken und Entscheiden herausgefordert – und unterstützt!
- Das Raster liefert gleichzeitig gute, differenzierte Argumente den Auftraggebern gegenüber, was ansteht und wie vorgegangen werden kann.
- Den Mediandenden gegenüber entsteht ebenfalls ein differenzierter Blick, der über den Aspekt der unmittelbaren direkten Konfliktbearbeitung „um jeden Preis“ hinausgeht.

Beschreibung

Die Auftraggeber (zunächst die organisatorischen Auftraggeber, dann – falls nicht identisch – nochmals die Mediationsparteien) werden gebeten, die Situation zu beschreiben. Die Mediandinnen und/oder die Auftraggeber beantworten dabei die Fragen der Mediatorinnen zum Thema bzw. ihrem Konflikt, der sie beschäftigt bzw. der nun bearbeitet werden soll. Es werden zweckdienliche Fragen gestellt, die Informationen aufgenommen, mit diesen Daten das Raster – gedanklich oder physisch – ausgefüllt und daraus dann informierte Schlussfolgerungen gezogen.

Die Anwender des Tools zielen darauf ab, folgende Ergebnisse zu bekommen:

1. Der Konflikt wird fachkundig benannt mit …
- *Thema* (neutral formuliert, also ohne Schuldzuweisungen, Ursachenbenennungen, Schlussfolgerungen), welches Gegenstand der Überlegungen ist (entspricht „Konflikt“, „Problem“ etc.)
- *Beteiligte* (entspricht Parteien, potenziellen Medianden) und weitere Betroffene (auch Gruppen von Menschen, Abteilungen etc.)
- *einem konkreten Ereignis*, das die Existenz des genannten Themas zeigt und das möglichst allen Beteiligten bekannt ist, am besten mit konkreter Zeit- und Ortsangabe („Letzten Dienstag nachmittags am Kopierer, Kollege A und Kollegin B waren beteiligt“ …)

2. Die weiteren Punkte der Checkliste werden durch die Anwender des Tools (Entscheider, Berater, Mediatoren) ausgefüllt. Ob das während des Gespräches oder danach oder gedanklich erfolgt, hängt von der Situation ab.

Checkliste zur Darstellung eigener Fälle aus der Praxis

Checkliste als Download verfügbar

1. Wie schätzen Sie die Komplexität im Ihnen vorliegenden Fall ein?

1a) Wie viele Personen sind beteiligt (absolut und in Relation zur Gesamtorganisation)?		
einzelne Personen	mehrere Personen und Personengruppen	viele Personen und Personengruppen

1b) Um wie viele Themen geht es?		
ein Thema	mehrere Themen	viele Themen

1c) Wie groß ist die Wirkungstiefe (gemessen an der Existenz der Einzelnen und der Organisation)?		
wenig Wirkungstiefe	größere Wirkungstiefe	große Wirkungstiefe

Schätzen Sie nun nach diesen drei Indikatoren (1a, 1b, 1c) die Komplexität im Ihnen vorliegenden Fall ein. Es geht dabei nicht um einen mathematisch exakten Mittelwert, sondern um eine Art Summeneinschätzung.		
Komplexität gering	Komplexität mittel	Komplexität hoch

2. Wie schätzen Sie die Ereignisse, die Richtung und die Dynamik der Handlungen im Ihnen vorliegenden Fall ein?

2a) Wie schätzen Sie die Handlungsorientierung der Beteiligten ein? In welche Richtung denken, sprechen und handeln Sie am häufigsten?		
„win-win"	„win-lose"	„lose-lose"

2b) Wie schätzen Sie die Abfolge der Handlungen der Beteiligten ein? Wie ist der Zeitablauf – gemächlich, immer gleichbleibend oder immer schneller?		
gemächlich, mit Pausen	Schlag auf Schlag	rasend, immer schneller

2c) Sind bereits Schäden (psychisch, physisch, öffentliche Meinung, wirtschaftlich) entstanden?		
keine Schäden	Schäden reparabel	dauerhafte Schäden

2d) Wie schätzen Sie die Autonomie der Beteiligten in Bezug auf eine Lösung ein?		
autonom, überlegt	hilflos, überdreht	nicht mehr „Herr" ihrer selbst und der Lage

Schätzen Sie nun nach diesen vier Indikatoren (2a, 2b, 2c, 2d) den Zustand im Ihnen vorliegenden Fall ein.		
Ereignisse/Dynamik niedrig	Ereignisse/Dynamik mittel	Ereignisse/Dynamik hoch

Folgerungen für Entscheidungen: Wann ist welche Intervention sinnvoll und nötig?

Für die Entscheidung über Konfliktinterventionen und damit für die Frage der Eintragung in die Kästchen nutzen wir – zusätzlich zu den Zuordnungen in der Checkliste – folgende Kriterien:

- **Selbstverantwortung:** Die Parteien sind selbst die besten Experten ihres Konfliktes. Durch sie selbst gefundene Lösungen erweisen sich als die ökonomisch günstigsten und als die nachhaltigsten. Wann immer möglich, sollten sie es daher sein, die ihre Konflikte lösen. Mediation ist dabei eine optimale Unterstützung.
- **Einsetzbarkeit:** Je nach Entwicklung des Konfliktgeschehens können selbstverantwortete Interventionen und Mediation gleich eingesetzt werden oder es muss zunächst etwas anderes geschehen (Schutz der Beteiligten, Stoppen der weiter anheizenden Faktoren), bevor dann die konfliktlösende Intervention greifen kann.
- **Kosten:** Aufwand an Zeit und Geld für eine Intervention
- **Nutzen:** Wie groß wird die spezifische Wirkung, die Nachhaltigkeit, positive Nebenwirkungen einer Intervention geschätzt?

Folgerungen für den Umgang mit Konfliktfällen

	Feld A Ereignisse/Dynamik **niedrig**	Feld B Ereignisse/Dynamik **mittel**	Feld C Ereignisse/Dynamik **hoch**
Feld 1 Komplexität: **gering**	Kosten-/Nutzen-Verhältnis prüfen!	Mit Mediation kostengünstiger als ohne	Eingriff von außen nötig
Feld 2 Komplexität: **mittel**	Mediation angenehm und sinnvoll	Mediation notwendig	Schutz der Beteiligten! Stopp der Dynamik!
Feld 3 Komplexität: **hoch**	Mediation empfehlenswert	Ohne Unterstützung Schäden unvermeidbar	Erst im 2. Schritt Konfliktbearbeitung

Die Ergebnisse werden mit den organisatorischen Auftraggebern wie ggf. mit den Mediationsparteien angemessen besprochen und Konsequenzen gezogen.

In den Fällen 3B, 1C, 2C und 3C – wenn den Beteiligten die Autonomie bereits stärker entglitten ist – ist es regelmäßig nötig, dass die Anwender des Tools (Entscheider oder Mediatoren) deutlich direktiver handeln müssen als in den anderen Fällen.

Erfahrungen/ Kommentare

Der besondere Reiz des Entscheidungsrasters ist, dass die oft genug komplexe „echte Welt" handhabbarer wird, ohne dass sie zu sehr vereinfacht wird. Es bleiben nach Einordnung eines Falles jeweils zwei Haupteindrücke „Aha, so ist das, da muss doch jetzt xy passieren" und „Achtung, es kann auch noch mal etwas anders sein".

Die Tatsache, dass meistens beide Eindrücke da sind, beruhigt uns: Wir haben genug Klarheit für die nächsten Schritte und wir wiegen uns nicht in der trügerischen Sicherheit, alles bereits „wirklich und endgültig" eingeschätzt zu haben – was wir aus Erfahrung als engführend und damit als irreführend einschätzen würden.

Wir haben in Ausbildungsgruppen festgestellt, dass das Tool gewisse Übung braucht, damit es dann später so unaufwendig genutzt werden kann, wie das in unserer Praxis der Fall geworden ist. Beim ersten und zweiten Einsatz macht es also Sinn, in Intervisionsgruppen damit zu arbeiten. Dabei erlebt man dann auch, dass Informationen von anderen Leuten immer auch anders und vielfältig interpretiert werden – und das tut gut, um sich vor Augen zu führen, dass ein Werkzeug nicht die Wirklichkeit ist, sondern ein Werkzeug.

Zur Einübung des Tools sind die im Artikel der pm 2004/1 genannten Materialien wie die Fallbeschreibungen und deren Einordnung nützlich.

Technische Hinweise

Benötigtes Material: Die Checkliste (und ein bisschen Erfahrung durch Trockenübungen und Fallbesprechungen).

Quellen/Literatur

Die Methode wurde entwickelt von den Autorinnen und erstmalig veröffentlicht in der perspektive mediation 2004, Heft 1.

Ein Ausgangspunkt, der uns als Anregung diente, ein Werkzeug zu schaffen, war die Beschreibung der Eskalationsstufen durch Friedrich Glasl (z.B. in: Konfliktmanagement, Freies Geistesleben, 10. Aufl. 2011).

Es ging uns bei der Entwicklung des Entscheidungsrasters nicht darum, Kriterien zu finden, um die jeweils bereits erreichte nächste Eskalationsstufe zu erkennen – wie Glasls Artikel vielfach genutzt wird. Stattdessen haben wir beim Anwenden des Entscheidungsrasters im Fokus, dass wir möglichst noch vor Eintreten der nächsten Entwicklungsstufe erkennen, in welche Richtung die Dynamik geht – und das nicht nur „so ungefähr“, sondern möglichst mit Daten hinterlegt und beschrieben. Dazu dient das Beschreiben und damit noch schnellere Erkennen von Hinweisen, welches nächste Stadium demnächst zu erwarten ist. Und dazu bedarf es einer Zerlegung des Eskalationsvorganges in Faktoren, welche die Eskalation beschleunigen oder verlangsamen.

Da unserer Beobachtung nach (und nach unserem Verständnis auch der Beschreibung bei Glasl) Eskalation ab einer bestimmten Stelle nicht mehr schrittweise, sondern explosionsartig vorangehen kann, schien es uns wichtig, die Potenzierung der Faktoren angemessen darzustellen, was wir mit den zwei Achsen angedeutet haben: von oben nach unten: Komplexität, von links nach rechts: Ereignisse. Uns schien dabei die Skala nach unten bei Glasl ein sehr einleuchtendes Bild zu sein („gemeinsam in den Abgrund“) – wir dachten dann aber eher an eine andere Metapher, nämlich an die bereits erwähnte Explosion – die, um in dieser Metapher zu bleiben, stets dann entsteht, wenn zwei Dinge zusammenkommen: explosionsträchtiges („brennbares“) Material und Zündfunken.

Das „brennbare Material“ in unserem Bild sind die Themen und deren Bedeutung – ausgedrückt als Komplexität. Je größer, desto potenziell größer der Brand oder der Knall. Die „Funken“ sind die Ereignisse und Handlungen: manche sogar unbeabsichtigt, aber durch die anderen so eingeordnet, manche noch harmlos, aber in der Summe kommt es dann plötzlich (und für die Nächststehenden – die wenig Überblick haben – oft überraschend) zum Knall. Es leuchtet ein, dass es gut ist, nicht auf den Knall zu warten, sondern sich schon vorher einen Überblick zu verschaffen. Dazu kann das Entscheidungsraster gut dienen.

Weiteres Vorgehen

Es folgen die Entscheidung für eine Mediation – und der Beginn der Mediation. Während der Mediation sollte die Eingangs-Zuordnung in das Raster als Grundmatrix überprüft werden: Sind alle Themen auf dem Tisch, gibt es doch noch weitere Parteien, (wie) verändern sich die Orientierungen, (wie) verändern sich die Handlungen?

Ihr Einsatz, bitte!

Commitment und Einsatzbereitschaft erzeugen mithilfe symbolhafter Gegenstände

Von Anja Köstler

Kurzbeschreibung

Dieses Tool bringt den Beteiligten nahe, dass die gemeinsame Arbeit in der Mediation ihren persönlichen Beitrag erfordert. Nach der Einladung, sich mithilfe von symbolhaften Gegenständen auf die eigenen Stärken zu besinnen, teilen alle diese mit. So wird für alle sichtbar, dass jeder etwas – oft auch etwas Überraschendes – einzusetzen bereit ist, um ans Ziel zu kommen.

Rahmen

- In der Regel sind 15 Minuten ausreichend.
- Dieser Einstieg ist sehr gut geeignet für Gruppen zwischen vier und neun Personen. Man kann ihn auch bei zwei Personen nutzen, aber er kann dann – je nachdem, aus welcher Organisationskultur die Medianden kommen – erst einmal unnötig oder übertrieben wirken. Bei Gruppen ab zehn Personen steigt der Zeitbedarf. Das lange Zuhören erfordert dann sehr viel Konzentration bereits an dieser Einstiegsstelle, sodass es schwierig werden kann, noch eine weitere Fragerunde anzuschließen. Für den Mediator wird es in einer großen Gruppe schwierig, die vielen Aussagen der Einzelnen im Kopf zu behalten, um daran anzuknüpfen und sie im weiteren Verlauf nutzen zu können. Bei mehr als 15 Personen ist der Einsatz als Aufgabenstellung für Paare oder Kleingruppen möglich.

Anlässe/ Anwendungsbereiche

Das Tool unterstützt die Konfliktbeteiligten und den Mediator, ein Arbeitsbündnis herzustellen. Für hoch eskalierte Konflikte ist es in der hier beschriebenen Weise nicht mehr geeignet. Der Einsatz dieses Tools ist insbesondere dann sinnvoll, wenn für den Mediator unbekannt ist, in welcher inneren Bereitschaft die Medianden ins Mediationsverfahren einsteigen, etwa bei ...

- entsandten Medianden, die nicht identisch mit dem Auftraggeber der Mediation sind,

- unklaren Motivationslagen,
- der vorherrschenden Annahme, dass nur die andere Seite etwas tun müsse oder könne, um den Konflikt zu bereinigen.

Zielsetzung/Nutzen

Das Tool dient der Schaffung eines sicheren Rahmens für die Beteiligten und ist ein möglicher Bestandteil im Aufbau des Arbeitskontrakts zwischen Mediator und den tatsächlich an der Mediation teilnehmenden Personen. Dabei nutzt es unsere analogen Zugänge zum Verstehen. Das Werkzeug erhöht die Energie bei den Beteiligten, sich einzubringen. Es bietet auch Raum, Zweifel und Vorbehalte zu äußern und die dahinterliegenden Anliegen in positive Beteiligungsmöglichkeiten zu wandeln. Die Teilnehmer werden in ihrer Unterschiedlichkeit ernst genommen, und gleichzeitig wird deutlich, dass jeder Einzelne hier gefragt und wichtig ist. Der Mediator kommt in einen differenzierten Kontakt zu den Teilnehmern.

In betrieblichen Konflikten werden Mediationen i.d.R. von einem Vorgesetzten veranlasst. Vorbehalte der Mitarbeiter werden häufig nicht oder sehr oberflächlich abgefragt oder Mitarbeiter denken, sie könnten diese nicht ohne negative Konsequenzen äußern. Diese Mitarbeiter kommen häufig im Modus „Pokerface" zur Mediation und haben sich entschieden, sich über ihre physische Präsenz hinaus nicht zu beteiligen. Andere Mitarbeiter haben keine Vorstellung davon, was auf sie zukommt und kommen im Modus „Schutzwall". Sie haben sich bereits im Vorfeld entschieden, sich erst einmal bedeckt zu halten und denken: *„Sollen doch die anderen erst mal, ehe ich etwas sage."* Wieder andere kommen in der festen Absicht, „für die Wahrheit" zu kämpfen und keinen Schritt auf die andere Seite zuzugehen, ehe diese nicht einlenkt. Sie kommen im Modus „Stellungskampf" in die Mediation, manchmal als Angeschuldigte, manchmal als die Retter der Situation. All dies kann während des Ablaufs dieser Methode ausgesprochen und in produktiven Einsatz umgewandelt werden.

Beschreibung

Die Durchführung beginnt, indem die Mediatorin kurz skizziert: *„Wir haben bereits besprochen, dass mein Part hier ist, Sie dabei zu unterstützen und dafür zu sorgen, dass Sie Ihre Auseinandersetzung in fairer, sicherer und auf Ihr Ziel ausgerichteter Weise führen können. Was und wie viel Sie miteinander klären können, hängt davon ab, was Sie von sich, von Ihren Fähigkeiten und Ihrer Energie, einbringen. Und so bitte ich Sie, ehe wir beginnen, einmal innezuhalten und sich zu überlegen, was Sie hier einsetzen wollen; dass Sie sich überlegen, was Ihr persönlicher Beitrag in dieser gemeinsamen Arbeit ist."*

Nun legt der Mediator ein Tuch oder Ähnliches auf den Boden oder auf einen Tisch in der Mitte der Gruppe und holt ein Behältnis mit Gegenständen hervor. Der Mediator sagt dazu: *„Ich lege hier Verschiedenes auf dieses Tuch"* und holt dabei eines nach dem anderen aus dem Behältnis und platziert es aufs Tuch. Während er immer mehr auspackt, erläutert er: *„Schauen Sie sich alle an, ... bestimmt entdecken Sie dabei etwas, das Ihnen besonders wichtig ist, etwas, das symbolisieren kann, was Sie besonders gut können, etwas, für das Sie hier sorgen wollen. Nehmen Sie sich Zeit, kommen Sie ruhig näher heran. Wenn Sie etwas gefunden haben, dann lassen Sie es einfach liegen, damit auch andere die Chance haben, es anzuschauen und auf sich wirken zu lassen. Wenn jeder von Ihnen sein ‚Etwas' gefunden hat, werden das nachher alle nehmen und dann wird jeder erzählen, was er oder sie hier einbringen wird. – Keine Sorge: Man muss nicht schnell sein, denn es können mehrere Personen den gleichen Gegenstand wählen und sich nachher einfach weiterreichen. Vieles lässt vielfältige Bedeutungen zu, Sie allein entscheiden, was Sie daran finden und damit ausdrücken wollen."*

Nachdem der Mediator alles mit Ruhe ausgepackt hat, geht er zu seinem Platz zurück, schaut freundlich in die Runde und schweigt. Er lässt Zeit für diejenigen, die noch suchen. Sobald alle rückmelden, etwas gefunden zu haben, bittet er darum, dass jeder es zu sich nimmt. Wenn alle wieder sitzen, erfolgt die Aufforderung, reihum mitzuteilen, wofür das ausgewählte Objekt steht. Der Mediator modelliert hier bereits einen achtsamen Dialog, indem er genau zuhört, spiegelt und verdeutlicht, worin der Einsatz der einzelnen Person für den gemeinsamen Prozess besteht. Wenn Einzelne sich diffus ausdrücken oder etwas anderes als gefragt zu erzählen versuchen, so fragt der Mediator nach, was das konkret für die Investition in die Mediation bedeutet.

Im Folgenden ein Auszug aus einem Mediationsfall mit einem sechsköpfigen Arbeitsteam. Die drei Punkte (...) stehen für Momente, in denen sich die Mediatorin durch Blickkontakt versichert, ob die angesprochene Person dem zustimmt, was sie gerade formuliert:

Herr Rieß: *„Bei mir ist es die Giraffe. Die hier sieht zwar ein bisschen mickrig aus – aber ist ja egal. Ich bringe meinen Überblick ein. Ich glaube, dass ich unsere Gesamtsituation noch gut im Blick habe, nicht nur Teilaspekte."*

Mediatorin: *„Den Überblick behalten ist etwas, was Sie gut können ... Und Sie werden darauf achten, dass hier alles berücksichtigt wird, was zur Situation gehört? Ja? – Danke, das wird helfen."*

Herr Breuer: *„Dieses Nilpferd, das macht den Mund weit auf. Und ich gedenke, das auch zu tun, wenn ich den Eindruck habe, dass wir hier wieder nur ruhiggestellt werden!"*

Mediatorin: *„Sie sind jemand, der sich traut, den Mund aufzumachen? ... – Wunderbar. Und Sie haben Sorge, dass die Mediation hier nur ein Tranquilizer ist, den Ihnen Ihre Chefetage verordnet? ... Es ist gut, dass Sie das so offen sagen. Woher diese Sorge kommt und was das für die Mediation heißt, das schauen wir nach dieser Runde gleich noch mal an. Ihr Vorhaben, sich hier nicht abspeisen zu lassen und auf echte Klärung zu achten, wird auf jeden Fall hier Nutzen bringen, damit echte Lösungen entstehen können und kein Trugbild. Noch eine Frage dazu: Heißt das, Sie wollen vor allem dann was sagen, wenn etwas unbefriedigend wird?"*

Herr Breuer: *„Nein, ich werde mich auch sonst hier äußern. Keine Sorge."*

Mediatorin: *„Schön! – Danke."*

Herr Mauerhöffer: *„Ich weiß gar nicht, was ich nehmen soll, denn ich sehe eigentlich gar nicht, wie ich hier etwas beitragen kann oder was ich hier soll. Für mich als Neuer ist das alles so wie dieses Dingsda, dieses Knäuel – ziemlich wirr und unübersichtlich. Als Neuer hier verstehe ich diesen ganzen Kampf nicht und halt mich da auch raus."*

Mediatorin: *„Sie fühlen sich hier fehl am Platz? ... Und Sie haben einen Blick „von außen" eingebracht, als Sie sagten: ‚Das ist wie ein undurchsichtiges Knäuel, nicht zu verstehen.' ..."*

Herr Mauerhöffer: *„Ja, so sehe ich das."*

Mediatorin: *„Ihr Blick von außen, und Ihre Frage ‚Worum geht es hier eigentlich?' – ist das etwas, was Sie hier beisteuern könnten?"*

Herr Mauerhöffer: *„Ja, das schon – aber mehr wahrscheinlich nicht."*

Mediatorin: *„Das ist was. Danke."*

Frau Gerlic: *„Ich bin schon lange hier. Ich bin genervt von dem, was hier abgeht. Und ich habe es satt. Deshalb habe ich mir die Trompete genommen."*

Mediatorin: *„Und die Trompete steht für was?"*

Frau Gerlic: *„Ich will, dass hier klare Töne entstehen – und was ich von der Situation hier halte, damit werde ich nicht hinterm Berg halten, sondern es unüberhörbar äußern."*

Mediatorin: *„Das heißt, Sie möchten Sachen klar zum Ausdruck bringen ... Klartext reden? ..."*

Frau Gerlic: *„Ja, genau. Sonst ist das hier für die Katz."*

Mediatorin: *„Danke für Ihre Entschlossenheit."*

Frau Dörflinger: *„Ich habe mir diese Kette genommen, und gerade erst gemerkt, dass sie sich nicht schließen lässt. Ja, aber das passt auch.*

Ich bin wie eine dieser Perlen und bin eigentlich mit allen hier verbunden. Ja – diese Verbindung, die bringe ich ein."
Mediatorin: *„Sie bringen Ihren Kontakt zu allen Seiten ein? ..."*
Frau Dörflinger: *„Ja, manchmal sitze ich dadurch zwischen allen Stühlen, aber ich kann einfach alle gut verstehen. Und ich möchte etwas dazutun, dass die verschiedenen Seiten wieder sehen, dass sie zusammenhängen. Vielleicht lässt sich dann die Kette auch wieder schließen ..."*
Mediatorin: *„Über den Kontakt zu allen, den Sie schon haben, achten Sie auf die Zusammenhänge? ... – Danke, dass Sie dies hier einbringen."*

Herr Deuter: *„Ich habe meine klare Linie, mich bringt nichts so schnell aus der Ruhe. Deshalb dieser starke Baum. Ich weiß schon, dass sich andere über mich aufregen, aber ich werde hier keine faulen Kompromisse eingehen, die der Sache schaden. So lächerlich das aussieht, diese zwei Schirme auf dem Baum, aber die stehen dafür, dass ich da meinen Schutzschild mit dabei habe."*
Mediatorin: *„Sie bringen Stärke und Festigkeit mit, Konsequenz. Verstehe ich das richtig? ... Und Sie wissen, wie man sich gegen faule Kompromisse schützt? ..."*
Herr Deuerlein: *„Auf jeden Fall!"*
Mediatorin: *„Es ist gut zu wissen, dass Sie gut auf sich selbst und Ihre Aufgabe aufpassen können. Wie kann das unserer gemeinsamen Arbeit hier nützen?"*
Herr Deuerlein: *„Ich werde meine Positionen klar vertreten und darauf achten, dass wir hier nicht Grenzen des Nichtmachbaren übertreten."*
Mediatorin: *„O.k., das ist ein Angebot."*

Zum Abschluss fasst die Mediatorin die Bandbreite der Fähigkeiten und Einsätze zusammen und würdigt diese Bereitschaft als guten Boden für die kommenden Schritte. Dies markiert den Übergang in die Phase 2 der Mediation.

Wenn Einzelne eher ablehnend reagieren oder meinen, sie hätten da keine Idee oder nichts dazu zu sagen, dann ist es empfehlenswert, dies zu „normalisieren": *„Manchmal braucht das einfach eine Weile. Wir lassen Ihnen einfach noch Zeit. Sie können den anderen zuhören und am Ende der Runde noch mal zu Wort kommen."*

Erfahrungen/ Kommentare

- In der Regel entsteht ganz schnell eine ruhige, konzentrierte Atmosphäre sowie Spannung auf das, was da „aus dem Hut gezogen wird". Natürlich rufen einzelne Gegenstände auch Lachen hervor, das auch allen gut tut. Wichtig ist in solchen Momenten nur, dafür zu sorgen, dass sich daraus kein Nebengeschehen in Form von Seitengesprächen entwickelt.

- Diese kleine Anfangsübung gibt der Gruppe eine wunderbare Fokussierung. Sie verhilft dazu, in die gemeinsame Mitte zu blicken und dort miteinander gleichzeitig agieren zu können. Es zeigt sich, ob die Atmosphäre angstbesetzt ist und auch welche vom Konflikt zugedeckten Kräfte und Fähigkeiten in der Gruppe vorhanden sind.

- Die Erklärung, dass jeder selbst und allein definiert, wofür sein Gegenstand steht, ist bereits in der Phase des Auspackens und des Betrachtens wichtig. Diese Anmerkung wirkt der Angst entgegen, von den anderen – oder auch vom Mediator – analysiert oder „gedeutet" zu werden. Wenn Kommentare oder Anfragen vonseiten der Teilnehmer an den jeweiligen Sprecher kommen, die bereits interpretieren, dann muss der Mediator dies freundlich und klar beenden. So modelliert er auch, dass es nicht um „richtige" Sichtweisen geht, sondern um eine offene Begegnung.

- Bei Gruppen mit Hierarchie- oder Rangunterschieden ist es sinnvoll, zunächst den Ranghöchsten zu bitten, sich zu äußern. Je nach Kultur der Mediandenkann der Boden als Ort der Auslage der Gegenstände diese entwerten, oder der Zugang aufgrund der Kleidung zu mühsam sein. Dann ist es besser, die Gegenstände auf einem gut zugänglichen Tisch anzuordnen.

Technische Hinweise

Es wird folgendes Material benötigt:

- Ein geschlossenes Behältnis, in dem die Gegenstände in die Mitte getragen werden. Dies kann z.B. eine Schachtel, eine Tasche, ein Rucksack sein.
- Ein Stoff, auf dem die Gegenstände in die Mitte der Gruppe gelegt werden. Es sollte etwas sein, was man gerne anschaut, und das einen homogenen Hintergrund für die Objekte gibt.
- Figuren und Gegenstände, die unterschiedliche, mehrdeutige Assoziationen zulassen, und bei denen manche eindeutige/pointierte Assoziationen hervorrufen. Dies können sein: Figuren aus den Kinderüberraschungseiern, Tierfiguren, Schlümpfe, Werkzeuge, Naturmaterialien (Steine, Hölzer, ...), Glasprismen, Dekoartikel, spitze und runde Gegenstände, Körperteile, kleine Schilder, Werkzeuge, Kleidungsstücke (siehe Foto rechts).

In der Auswahl der Objekte gibt es unzählige Möglichkeiten. Ich verwende kein immer gleiches Set, sondern wähle aus meinem Fundus immer wieder neu aus. Entscheidend ist, dass ich diese Gegenstände ohne Sorge vor den Reaktionen der Gruppe auslegen kann. Ich achte dabei darauf, nicht nur freundliche Objekte auszuwählen, sondern auch solche, die kritische und distanzierte Äußerungen erlauben.

Quellen/Literatur

Ich habe diese Übung von Werner Eder, Diplom-Pädagoge, Musiktherapeut und Systemischer Therapeut, im Rahmen einer Fortbildung zum Systemischen Arbeiten in Gruppen kennengelernt.

Wer die Investition jeder Seite als Vorbedingung einer fruchtbaren Auseinandersetzung noch mehr herausheben und nutzen oder bei hoch eskalierten Konflikten einsetzen möchte, dem sei Ed Watzkes Ansatz der Metaphernbrücke empfohlen:

- Watzke, Ed: Wahrscheinlich hat diese Geschichte gar nichts mit Ihnen zu tun. Forum Verlag, Mönchengladbach 2008.

Weiteres Vorgehen

Auf die von den einzelnen Personen geäußerten Fähigkeiten/Investitionen kann der Mediator immer wieder zurückgreifen, z.B. auch in stockenden Prozessphasen: *„Ich habe den Eindruck, dass wir im Moment auf der Stelle treten. Denken Sie an Ihre persönlichen Ressourcen und Fähigkeiten, die Sie hier einbringen wollten. Im Moment braucht es vielleicht den klaren Blick oder den Mut, Unbequemes zu sagen, oder … Wer kann weiterhelfen?“*

Zwei plus zwei gleich fünf

Co-Mediatoren arbeiten im Doppeldecker zusammen

Von Dr. Birgit Keydel und Peter Knapp

Kurzbeschreibung

Unsere Praxis der Konfliktbearbeitung als Mediatoren zeigt, dass es grundsätzlich besser ist – soweit die Rahmenbedingungen dies erlauben – zu zweit zu arbeiten. Innovation und Kreativität in der Konfliktbearbeitung sind größer, die Distanz zum Geschehen kann eher gewahrt werden, der Reflexionsrahmen erweitert sich, die Methodenvielfalt wächst und die Belastung des Konfliktbearbeiters wird geringer. Deshalb liefert eine gelungene Co-Mediation bessere Ergebnisse und kann zudem für die Konfliktparteien ein Beispiel für Kooperation und Zusammenarbeit sein. In diesem Tool beschreiben wir die Voraussetzungen, Chancen und Risiken der Co-Mediation und geben einen Einblick in die Methodenvielfalt und den Ablauf einer Co-Mediation.

Rahmen

Co-Mediation ist eine Möglichkeit, in komplexen und hoch eskalierten Konflikten die Qualität der Konfliktbearbeitung zu sichern. Sie birgt die Chance der Synergie, hat aber auch ihren Preis. Sie ist in der Regel nicht nur teurer, sondern die Mediatoren müssen mehr Zeit in Vorbereitung, Abstimmung und Vertrauensbildung investieren.

Co-Mediation im klassischen Sinn bezeichnen wir als „Doppeldecker-Modell". „Im klassischen Sinn" heißt: Zwei Mediatoren führen gemeinsam die Konfliktbearbeitung durch. Dabei sind beide Mediatoren gleichberechtigt, agieren in engem Kontakt miteinander und nehmen beide am gesamten Mediationsprozess teil. In Mediationen mit größeren Gruppen und Organisationen – ab 20 Beteiligten – weichen wir von diesem klassischen Modell ab und arbeiten lieber mit Alternativen (z.B. dem „Jumbo-Jet-Modell").

Anlässe/ Anwendungsbereiche

Aus unserer Erfahrung ergeben sich zwei Gründe für Co-Mediation:

- aufgrund der Sachlage und Konfliktkonstellation des Falls
- aufgrund der Interessen und Bedürfnisse der Mediatoren

1. Co-Mediation aufgrund des Falls

- In *hoch eskalierten Konflikten* ist es unseres Erachtens wichtig, nicht allein zu arbeiten – sowohl um sich gegenseitig zu unterstützen als auch um spezielle Techniken für hoch eskalierte Situationen nutzen zu können (z.B. das „Gemischte Doppel" nach Ed Watzke).

- Die *Komplexität* des Falls kann ein weiterer Grund für eine Co-Mediation sein. Komplexität meint hier zweierlei: zum einen eine größere Anzahl von Konfliktparteien und zum anderen die Vielschichtigkeit der zu verhandelnden Themen.

- Wenn bei einer Gruppen- bzw. Team-Mediation die Zahl der *Konfliktparteien* eine bestimmte Größe überschreitet, sollten unbedingt zwei oder mehrere Mediatoren arbeiten, weil der Prozess unübersichtlicher wird und aufgrund der erhöhten Aufmerksamkeit sehr viel mehr Kraft und Energie kostet.

- Die *Vielschichtigkeit der zu verhandelnden Themen* bzw. Problemlagen kann ebenfalls ein Grund für eine Co-Mediation sein. Es gibt Fälle, in denen eine Fachkenntnis (z.B. rechtliche Aspekte, Fachwissen) eine wichtige Rolle spielen und die Wahl des Co-Mediators mit diesen Kenntnissen notwendig macht. Oder bei Konflikten, in denen verschiedene kulturelle Hintergründe (Ethnie, Alter, Geschlecht ...) von Bedeutung sind, macht es Sinn, einen entsprechenden Co-Mediator hinzuzuziehen.

2. Co-Mediation aufgrund der Bedürfnisse der Mediatoren

Es ist angenehmer, zusammen zu mediieren. Die Anstrengung verteilt sich auf zwei und ermöglicht eine bessere Reflexion des Falls. Co-Mediation eröffnet zudem die Möglichkeit, dass Anfänger von Profis oder auch Profis von Profis lernen. Unterschiedliche Kommunikationsstile können genutzt und verschiedene Perspektiven eröffnet werden. Das Spannendste aber sind die Synergieeffekte, die entstehen, wenn man zu zweit arbeitet. Funktioniert die Kooperation zwischen den beiden Mediatoren gut, ist ein uneingeschränktes Vertrauen zueinander vorhanden und werden die methodischen Möglichkeiten der Co-Mediation genutzt, so entstehen Interpretations-, Kommunikations- und Interventionsmuster, die keiner von beiden in dieser Fülle allein ausschöpfen könnte. Der Titel dieses Beitrags „Zwei plus zwei gleich fünf" deutet auf das kreative Potenzial der Co-Mediation hin, denn das Ganze ist unter günstigen Bedingungen in der Regel mehr als die Summe seiner Teile.

Beschreibung

Ein Beispiel

In einer Organisation gibt es zwischen einem Leiter und seinen 15 Angestellten seit ca. drei Jahren Konflikte. Die Situation spitzt sich immer mehr zu. Die Auftragslage verschlechtert sich dramatisch und der Krankenstand ist sehr hoch. Mitarbeiter und Geschäftsführung stehen sich unversöhnlich gegenüber. Angesichts der drohenden Insolvenz einigen sich die Konfliktparteien auf eine Mediation. Aufgrund dieser Informationen im Telefongespräch entscheiden wir uns angesichts der Vielzahl der Konfliktparteien für die „Doppeldecker"-Co-Mediation.

Die Rollenverteilung – der Doppeldecker

Das Modell der Doppeldecker-Co-Mediation bedeutet, dass zwei Mediatoren gleichberechtigt tätig sind, d.h., diese gemeinsam verantworten und am gesamten Mediationsprozess teilnehmen. Es gibt gewissermaßen nicht den „Co." bzw. nur den „Co.", denn beide sind gleich, haben denselben Einfluss auf das Geschehen und dieselbe Entscheidungsbefugnis.

Das Vorgehen wird im Vorfeld gemeinsam abgesprochen. Im Prozess selbst ist alles, was passiert bzw. wie der Co. jeweils agiert, das Richtige. Das bedarf eines hohen Maßes an Vertrauen zueinander. Diese Gleichberechtigung ist nicht zu verwechseln mit einer Gleichverteilung der zeitlichen Aktivität in der Mediation selbst. Das Doppeldecker-Modell beinhaltet durchaus, dass ein Mediator phasenweise stärker agiert und der andere in dieser Zeit in den Hintergrund tritt, sich mehr auf seine Wahrnehmung der Personen, des Prozesses oder des Gesagten konzentriert. Egal, wie viel wer redet, für den Prozess sind sie gleichermaßen wichtig und tragen zu gleichen Teilen die Verantwortung.

Auftragsannahme

Daher gehen in unserem Beispiel beide Mediatoren zum Vorgespräch mit der Führungskraft, um sich ein Bild von der Situation zu machen. So erhalten beide Mediatoren von Beginn an alle notwendigen Informationen.

Das ist der ideale Fall. In der Praxis wird manchmal erst im Vorgespräch deutlich, dass es aufgrund oben genannter Gründe mehr als einen Mediatoren braucht. Dann wird dies dem Auftraggeber mitgeteilt und anschließend ein zweiter Mediator hinzugezogen.

Absprachen unter den Mediatoren

Nach dem ersten Informationsgespräch tauschen die Mediatoren sich über ihre Wahrnehmung aus und diskutieren ihre Einschätzung des Konfliktgeschehens, des Eskalationsgrades etc. Unterschiedliche Methoden können erörtert und gemeinsam auf ihre Anwendbarkeit für die Situation geprüft werden. Gleichzeitig planen sie die erste Mediationssitzung.

Die Frage stellt sich: Was konkret kann und was soll vorab abgesprochen werden? Grundsätzlich empfehlen wir: so viel wie nötig und so wenig wie möglich. In der Vorbereitungsphase lässt sich absprechen:

- Anfangsphasen: Wer beginnt, wer leitet ein? Wer erklärt die Gesprächsregeln?
- Die Aufteilung der Parteien für den Anfang (aber nicht darüber hinaus): Wer fasst wessen Beitrag zusammen?
- Welche Techniken bzw. Methoden sind vorzubereiten?
- Welche Verfahrensweise ist in schwierigen Situationen bzw. bei Störungen im Doppeldecker anzuwenden?

Absprachen im Vorfeld sind wichtig. Zugleich sollten sich die Co-Mediatoren darüber bewusst sein, dass sie trotz noch so guter Vorinformation nie genau wissen, was sie konkret erwartet. Deshalb können zu starre Vorabsprachen den Prozess blockieren und sogar zu Störungen zwischen den Mediatoren führen – zum Beispiel, wenn ein Mediator an den Absprachen festhält, und der andere aufgrund der Gesprächssituation anders als abgesprochen verfährt.

In einem Fall – es ging um eine Firma mit 15 Mitarbeitern – besprachen wir detailliert den Anfang und bereiteten den voraussichtlichen Ablauf vor: wer die Sitzung eröffnen sollte, wie wir die Erwartungsabfrage machen könnten, wer Mediation erklären und wer die Regeln vereinbaren würde; wie wir in die Konfliktschilderung einsteigen und last but not least, wie wir den Abschluss der Sitzung gestalten sollten. Wir überlegten, welche Methoden (zum Beispiel Kartenabfrage, Soziometrie, Gestaltung der Pause, Reflecting Team) wir wofür nutzen wollten.

Tatsächlich konnten wir ca. die Hälfte unserer Vorbereitung nutzen – was schon relativ viel ist. Die Situation gestaltete sich im weiteren Verlauf anders als erwartet. Deshalb berieten wir uns in einer Pause und änderten die geplante Vorgehensweise. Auch hier war es von Vorteil, in einer angespannten Situation zu zweit neue Strategien miteinander erarbeiten und erörtern zu können. Wäre die Möglichkeit einer Pause in dieser Situation nicht gegeben gewesen, so hätten wir uns im Reflecting Team (siehe Beitrag von Traute Harms, S. 220) direkt vor den Konfliktparteien über unser weiteres Vorgehen abgesprochen.

Austausch der Mediatoren in der Mediationssitzung

Trotz vorheriger Absprachen müssen sich die Mediatoren auch in der Mediation immer wieder untereinander verständigen. Dies geschieht offen und direkt. Wenn ich meinen Co-Mediator auffordern möchte, die weitere Gesprächsführung zu übernehmen, kann ich ihn offen darum bitten: „Kannst Du die nächste Frage bitte übernehmen?" Oder wenn ich denke, dass das Thema noch nicht abschließend behandelt ist, kann ich ihn darauf ansprechen: „Bevor Du weitermachst, hätte ich zum letzten Thema noch eine Frage." Wir raten von abgesprochenen Zeichen ab, weil sie oft genug schneller von den Konfliktparteien als vom Co-Mediator wahrgenommen und zudem fehlinterpretiert werden. Vielmehr ist diese offene und wertschätzende Kommunikation vor den Konfliktparteien zugleich als Vorbild für den ganzen Prozess hilfreich.

In unserem Fall der 15 Personen war die Mediation nach mehreren Monaten die erste Chance der Konfliktparteien, wieder miteinander ins Gespräch zu kommen (was wir übrigens erst nachträglich erfuhren). Umso wichtiger war für sie mitzuerleben, dass eine effiziente Kommunikation auch bei unterschiedlichen Positionen (zum Beispiel zur weiteren Vorgehensweise) möglich und notwendig ist.

Methodenvielfalt

Ein besonderer Anreiz der Co-Mediation ist, dass sie ermöglicht, Methoden zu verwenden, die in der Einzelmediation nicht oder nicht in gleicher Weise einsetzbar sind – wie zum Beispiel parallele Einzelgespräche, die ein „Einzelmediator" nur zeitlich hintereinander führen kann. Die Mediatoren sollten diese und andere Möglichkeiten wie etwa Reflecting Team (Schlippe/Schweitzer) oder Gemischtes Doppel (Watzke) bewusst nutzen, wenn sie jeweils über die entsprechende Methodensicherheit verfügen. Diese Methoden wirken insbesondere deeskalierend und helfen, Blockaden zu überwinden.

Die Methodenvielfalt wird außerdem durch das Methodenrepertoire und auch die Unterschiedlichkeit der beiden Mediatoren begünstigt, denen gemeinsam meist mehr zur Verfügung steht als nur einem von ihnen. Zudem können bekannte Methoden zu zweit anders ausgestaltet werden als in der Einzelarbeit. So kann der eine fragen sowie spiegeln und der andere dann visualisieren. Oder bei einer Kartenabfrage nimmt ein

Mediator die Karten jeweils entgegen und der andere pinnt und sortiert dabei.

Wichtig ist auch hierbei, die Chancen der Co-Mediation zu nutzen, denn Co-Mediation sollte nicht bedeuten, dass zwei Mediatoren zwar nebeneinander sitzen, aber genauso verfahren, als würden sie allein arbeiten. Arbeitet man in der Co-Mediation unverändert wie ein Einzelmediator, so bleiben die beschriebenen Chancen der Co-Mediation ungenutzt und die gewünschten Synergieeffekte aus.

Austausch zwischen den Sitzungen

Ein weiterer großer Vorteil der Co-Mediation im Doppeldecker ist der Austausch nach bzw. zwischen den einzelnen Sitzungen. Erfahrungen können reflektiert, unterschiedliche Wahrnehmungen besprochen und das weitere Vorgehen geplant werden. Gegenübertragungen können hier angesprochen und geklärt werden. Hier wird jeder, der bisher einzeln gearbeitet hat, den Vorteil zu schätzen wissen, sich über den Fall austauschen zu können, die eigene Wahrnehmung zu überprüfen und Unsicherheiten zu besprechen. Da beim Doppeldecker ja immer beide anwesend sind, ist dies den ganzen Prozess über möglich, jedoch auch notwendig.

Der kollegiale Austausch und die Möglichkeit, vor und zwischen den einzelnen Sitzungen Absprachen zu treffen, benötigen aber auch Zeit. Meist dauert die Vor- und Nachbereitung länger als die Mediation selbst. Der Mehraufwand der Co-Mediation muss geplant und letztlich auch im Verhältnis zum Ertrag gesehen werden.

In unserem Fall der 15 Personen dauerte die Mediation insgesamt vier Sitzungen. Nach insgesamt 14 Zeitstunden war sie erfolgreich abgeschlossen. Für unsere gemeinsame Vor- und Nachbereitung benötigten wir ca. noch einmal dieselbe Zeit.

Erfahrungen/ Kommentare

Entlastung bei schwierigen Mediationen

Speziell in hoch eskalierten Konflikten empfehlen wir die Co-Mediation zur Qualitätssicherung. Die Arbeit mit den Medianden kann so herausfordernd sein, dass die Ressourcen mehrerer Personen notwendig sind Diese Entlastung in der Mediation kann sich auf viele Situationen beziehen und ist eines der Hauptmerkmale der Doppeldecker-Co-Mediaton. Der eine hört aktiv zu, während die Kollegin sich auf die Mimik und Gestik konzentriert. Ein Mediator moderiert und die Kollegin schreibt die wichtigsten Punkte ans Flipchart. Co-Mediatoren können sich abwechseln: Wer ist gerade aktiv, wer passiv? Wer zurückgelehnt oder vorgebeugt? Allein die Möglichkeit, dass einer der beiden Mediatoren das Geschehen eine Zeit lang auf sich wirken und ein inneres Bild aufsteigen lassen kann, ohne zusammenzufassen oder spiegeln zu müssen, bringt die Mediation möglicherweise voran. Gleichzeitig birgt dieses Vorgehen auch Gefahren, z.B. dass beide Mediatoren sich zurücklehnen und sich auf den anderen verlassen. Die Mediatoren im Doppeldecker sollten gut miteinander in Kontakt sein, um genau zu wissen, wer aktiv und wer gerade eher passiv und aufmerksam ist.

Chancen im Doppeldecker

- **Blinde Flecken und Allparteilichkeit:** Reagiert einer der Mediatoren innerlich auf das Gesagte und wird ggf. parteilich, bietet die Co-Mediation die Möglichkeit, dass der Co-Mediator aktiv wird und der Mediator eine emotionale Auszeit erhält, um sich wieder zu fangen und seine Allparteilichkeit zurückzugewinnen, während der Co-Mediator die Mediation fortsetzt. So können blinde Flecken eher erkannt und darauf reagiert werden.

- **Musterbildendes Kommunikationsbeispiel in der Mediation:** Die Kommunikation zwischen den Mediatoren kann positive Wirkungen auf die Beziehung und die Kommunikation der Mediernden haben. Ihnen wird vorgelebt, wie wertschätzendes und aufeinander bezogenes Sprechen und Arbeiten vor sich geht.

Risiken im Doppeldecker

- **Übertragung und Gegenübertragung:** Bei der Übertragung spaltet eine der Konfliktparteien ein Gefühl ab, das sie selbst nicht leben kann. Entsprechend übernimmt dann der Mediator mit seinem Co. die abgespaltene Eifersucht oder den Konflikt. In der Co-Mediation kann es nun passieren, dass sich die ganze Konfliktdynamik überträgt und den beiden Konfliktparteien nun auch zwei Personen gegenübersitzen. Spätestens, wenn die Co-Mediatoren anfangen, sich über das weitere Vorgehen zu streiten, sollte man sich fragen, ob hier eine Übertragung stattgefunden hat. Dies ist ein großes Risiko der Co-Mediation. Da sie unbewusst passiert und in kleinen Details beginnt, sollten die Mediatoren von diesem Phänomen Kenntnis haben und sich mediationsbegleitend supervidieren lassen.

- **Konkurrenz:** Stellt ein Mediator eine Frage und sein Co. nimmt diese sofort wieder zurück und stellt dann seine Frage, sind sie in Konkurrenz geraten. Sie behindern sich gegenseitig in der Ausübung ihrer Tätigkeit und verlieren zudem noch die Glaubwürdigkeit vor den Medianden. Grundlegend für eine Co-Mediation ist Vertrauen. Selbst wenn der Co. gerade Fragen stellt oder einen Weg verfolgt, der den Mediator erstaunt, ist das Vertrauen in die Richtigkeit seines Tuns absolut notwendig (auch wenn dies in dem Augenblick nur schwer erkennbar ist). Co-Mediatoren müssen nicht gleich viel agieren, um den Medianden gleichermaßen kompetent zu erscheinen und sich eventuell für den nächsten Auftrag zu empfehlen. Mediatoren, die sich latent oder offensichtlich in Konkurrenz befinden, raten wir eher von der Co-Mediation ab.

Technische Hinweise

Für die Co-Mediation ist eine gute Vorbereitung und Nachbereitung entscheidend. Dazu ist es wichtig, ausreichend Zeit einzuplanen.

Quellen/Literatur

- Keydel, Birgit/Knapp, Peter: Zwei plus zwei gleich fünf. Praxisbericht zum Thema Co-Mediation. In: Zeitschrift für Konfliktmanagement 2/2003, S. 57-60.
- Schlippe, Arist von/Schweitzer, Jochen: Lehrbuch der systemischen Therapie und Beratung. Vandenhoeck & Ruprecht, Göttingen 1998.
- Watzke, Ed: Äquilibristischer Tanz zwischen Welten. Neue Methoden professioneller Konfliktmediation. Forum, Bonn 1997.

Weiteres Vorgehen

In der Co-Mediation bietet sich der Einsatz unterschiedlicher Methoden an wie das „Gemischte Doppel" und das „Tandem" von Ed Watzke oder das Reflecting Team (siehe Beitrag von Traute Harms, S. 220).

Themen festlegen, Sichtweisen der Konfliktparteien

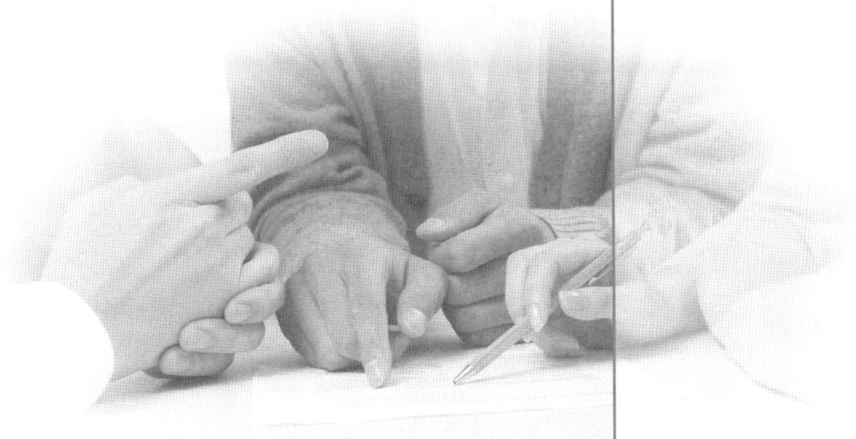

Im zweiten Kapitel finden Sie folgende Tools:

„Ein Bild sagt mehr als 1.000 Worte." Um die Sichtweisen aller Konfliktparteien für jeden nachdrücklich transparent zu machen, rät *Barbara Kramer* zum Malen von Bildern – völlig ohne künstlerischen Anspruch. Sie beschreibt, wie Teilnehmer zum Malen bewegt werden können. (S. 79)

„Dum spiro spero – solange ich meinen Atem spüre, kann ich hoffen ..." von *Prof. Dr. Dr. Claude-Hélène Mayer* kann zu einem wichtigen Leitsatz werden, um in der Konfliktberatung Ruhe zu bewahren und gleichzeitig Kraft zu schöpfen. (S. 84)

Wie Sie mithilfe einer Doppelskala effizient Themen finden, erläutert *Nadia Dörflinger-Khashman* in **„Them-o-meter"**. Ihr Tool dient als Einstieg in die Themensammlung und macht die Intensität der Beeinträchtigung durch die Konfliktsituation deutlich. (S. 89)

Den Konfliktparteien das psychische und physische Erleben einer vom Konflikt befreiten Realität zu verschaffen und damit Zugänge zu verschütteten Konfliktlösungsfähigkeiten und gebundenen Ressourcen zu ermöglichen, das zeigt *Ljubjana Wüstehubes* lösungsfokussierter Ansatz in **„Via ‚Sprungbrett' Ressourcen befreien"**. (S. 93)

Wie man die Betriebstemperatur in einem heißen Konflikt auf ein bearbeitbares Niveau herunterkühlt, beschreibt *Elke Schwertfeger* in **„Spielzeugwelt"**. Mithilfe von Spielfiguren stellen die Konfliktparteien ihre Sicht auf den aktuellen Konflikt dar. (S. 99)

Mit der **„Timeline"** von *Götz Liefert* lässt sich die Konfliktgeschichte von Paaren, Gruppen und Institutionen durch die Verwendung von Symbolen und Bildern anschaulich darstellen, was zu einem vertieften Verständnis zwischen den Konfliktbeteiligten beiträgt. (S. 104)

Inspiriert von Schulz von Thuns Kommunikationsmodell der „Vier Seiten einer Nachricht" zeigt *Hendrik Middelhof* mit der **„Quadratischen Konfliktanalyse"**, wie er die Ausführungen der Konfliktparteien strukturiert und gezielt nachfragt, um Klarheit über die jeweiligen Positionen und Konfliktebenen zu erlangen. (S. 109)

Zu allen Anlässen, die eine vertiefte Konflikterhellung nicht möglich machen, und bei stark vorwurfsorientierten Kooperationskonflikten eignet sich die Methode **„Der Vorwurf als Chance"** von *Carla van Kaldenkerken*. Hierbei werden Vorwürfe in Wünsche und Erwartungen an konkretes Verhalten umformuliert und verhandelt. (S. 115)

Ein Bild sagt mehr als 1.000 Worte

Die Selbstklärungsphase in der Klärungshilfe

Von Barbara Kramer

Kurzbeschreibung

In der Selbstklärungsphase eines Klärungshilfeprozesses (Phase 2) hat jede einzelne am Konfliktgeschehen beteiligte Person die Möglichkeit, die eigene Sicht der Konfliktsituation in Ruhe darzustellen. Hierfür malt jeder Teilnehmer als visuelle Unterstützung ein Bild. Thema der Bilder ist: „Meine Sicht unserer Zusammenarbeit bezogen auf die Qualität der Kommunikation, des zwischenmenschlichen Klimas, der bestehenden Konflikte und der Zufriedenheit mit der hierarchischen Führung des Teams." Die Bilder werden dann einzeln vor der gesamten Gruppe vorgestellt, woraus sich die zwischenmenschlichen, persönlichen sowie Sach- und Gruppenthemen ergeben, die zur Klärung anstehen (siehe Foto rechts).

Foto: Beispiel eines Teilnehmerplakats zum Klima im Team

Rahmen

Jede Person hat 15 Minuten Zeit, um das Bild zu malen. Die anschließende Präsentation der Bilder dauert 10-20 Minuten pro Person. Diese Vorgehensweise empfiehlt sich bis zu einer Gruppengröße von 20 Personen. In Gruppen mit mehr Teilnehmern sollten Untergruppen gebildet werden, die ähnlich empfinden, ähnliche Standpunkte und Ziele haben. Diese Interessensgruppen malen zusammen ein Bild und bestimmen einen Sprecher, der das Bild dann vor der Großgruppe präsentiert.

Anlässe/ Anwendungsbereiche

Das Tool ist fester Bestandteil eines Team-Klärungshilfeprozesses, um die vielen verschiedenen Sichtweisen effektiv zu erheben. Ein Einsatz in einem Zwei-Parteien-Konflikt hat sich ebenfalls als hilfreich erwiesen, wenn man verhindern möchte, dass Partei B, die als zweite ihre

Sicht der Situation darstellt, inhaltlich nur auf das reagiert, was Partei A gesagt hat, und nicht die eigene Perspektive darstellt.

Zielsetzung/Nutzen

Ziel ist es, dass jede am Konflikt beteiligte Person zuerst für sich selbst klärt (Bild malt) und dann den anderen erklärt (Vorstellen des Bildes in der Großgruppe), wie sie subjektiv die Konfliktentwicklung erfahren hat und wie aktuell die Qualität der Zusammenarbeit erlebt wird. Ziel des Klärungshelfers ist, dass er jeden Einzelnen mit seiner Sichtweise versteht und somit Schritt für Schritt seine Allparteilichkeit etablieren kann. Gleichzeitig werden alle zur Klärung anstehenden Konflikte und Themen erhoben und bilden das „Inhaltsverzeichnis" des Klärungsprozesses.

Beschreibung

Anmoderation des Klärungshelfers

„Im nächsten Schritt geht es nun darum, dass ich und die anderen hier, Sie und Ihre ganz persönliche Sichtweise verstehen. Ich bitte Sie deshalb, eine Skizze Ihrer Standpunkte anzufertigen. Ich habe für Sie Papier und Stifte vorbereitet. Bitte ziehen Sie sich damit 15 Minuten zurück und setzen Sie sich mal dem Stress des leeren Blattes aus. Es geht jetzt um die Fragen: Wie sehen Sie die Qualität der Zusammenarbeit in Ihrem Team? Wie ist die Kommunikation? Wo liegen die Knackpunkte in der Vergangenheit und Gegenwart? Gibt es Verletzungen und Kränkungen aus der Vergangenheit, die heute noch wichtig sind? Wie ist das Vertrauen zwischen Ihnen? Wie zufrieden sind Sie mit dem Führungsstil Ihres Chefs? Wo macht er Ihnen das Leben schwer? Wie ist das Arbeitsklima so generell in Ihrem Team? Was steht Ihnen im Wege, um sachlich und effizient zusammenarbeiten zu können. Lassen Sie sich von den Fragen anregen, Sie müssen sie jetzt nicht Punkt für Punkt abarbeiten. Nehmen Sie die, von denen Sie sich angesprochen fühlen!

Bitte bringen Sie Ihre Antworten mithilfe von Symbolen auf's Papier – ohne Worte und ohne Buchstaben. Zeichnen Sie Strichmännchen, Organigramme, Gewitterwolken, Regen, Bäume, Boote, Autos, Blitze, Wegweiser, Kreise, Verbindungslinien. Vermutlich können Sie wie die meisten Menschen nicht gut malen – das macht nichts – Kindergartenniveau reicht! Es ist auch nicht wichtig, dass Ihr Bild schön, originell oder interessant ist. Letztendlich dient es dazu, dass Sie nachher Ihre Sicht den anderen und im Wesentlichen mir darstellen – und uns ins Bild setzen. Das Skizzierte dient außerdem Ihnen als großer Spickzettel, damit Sie nichts Wichtiges vergessen – und uns allen als Konzentrationshilfe. Sie können so den anderen aufmerksamer zuhören, weil Sie vorbereitet sind. Je weniger Anspruch Sie an Ihre Malkunst haben, desto leichter tun Sie sich beim Skizzieren. Seien Sie bei der Darstellung Ihrer subjektiven Sicht so offen, wie Sie können. Überfordern Sie sich aber nicht mit der Offenheit, malen Sie so, wie es für Sie im Moment angebracht ist. Das Ganze ist kein Psychotest – ich werde nichts in Ihr Bild hineininterpretieren. Ich werde lediglich so lange Fragen stellen, bis ich Sie verstanden habe. Bitte verteilen Sie sich jetzt im Raum. Wenn Sie fertig sind, kommen Sie bitte in den Stuhlkreis zurück und legen Sie Ihre Skizze zusammengefaltet unter Ihren Stuhl."

Vorstellen der Bilder

Nach dem Malen und einer kleinen Pause versammeln sich die Teilnehmer wieder in der Runde und legen ihre Bilder zusammengefaltet unter ihren Stuhl. Der Klärungshelfer bittet einen Teilnehmer, sein Bild vorzustellen und es für alle sichtbar so vor sich auf den Boden zu legen, wie es beim Malen lag, da das Bild ja wie angekündigt ein Spickzettel ist. Für die Reihenfolge der Bildvorstellung gibt es zwei Grundsätze:

- hierarchisch Niedere vor hierarchisch Höheren,
- die Neuen vor den Älteren – also nach Dauer der Zughörigkeit im Team.

Dahinter steht das Prinzip, dass diejenigen, die weniger Macht haben, zuerst drankommen, um zu verhindern, dass sie von den Vorgaben der anderen zu sehr darin beeinflusst werden, über welche Themen gesprochen werden darf und über welche nicht. Dann stellen die Teilnehmer der Reihe nach ihre Bilder vor. Der Klärungshelfer stellt Verständnisfragen wie beispielsweise: *„Ist es Zufall, dass die beiden Personen abseits von den anderen stehen?" – „Wann genau zogen die Gewitterwolken auf, was ist in der Situation konkret passiert?" – „Ist es Zufall, dass diese Person kein Gesicht hat?"*

Die anderen Teilnehmer hören schweigend zu, können am Schluss jeder einzelnen Präsentation jedoch ebenfalls Fragen zum Verständnis stellen. Interpretationen der Bilder oder Reaktionen auf die Bilder von anderen Teilnehmern werden in dieser Phase vom Klärungshelfer nicht zugelassen.

Weshalb ist dieses Tool an dieser Stelle im Klärungsprozess so hilfreich und wirkungsvoll?

Erfahrungen/ Kommentare

1. **Für die Konfliktparteien:** Sie erhalten die Möglichkeit, sich 15 Minuten zurückzuziehen und in Ruhe zu reflektieren. Die Aussicht

auf Verständnis beruhigt die Teilnehmer, sie fühlen sich ernstgenommen und wichtig. Die Bilder unterstützen die Darstellung der eigenen Perspektive und verhindern, dass die Teilnehmer, wenn sie an der Reihe sind, nur noch auf zuvor Gesagtes reagieren. Speziell für diesen Aspekt ist der Einsatz von Bildern in Zweiparteien-Konflikten sehr hilfreich. Die Verwendung einer analogen Sprache (Symbole) führt dazu, dass die Teilnehmer Metaphern entwickeln und Geschichten erzählen und bereits in dieser Phase von ihrem eigenen schwierigen Konfliktgeschehen ein Stück Abstand bekommen und es neu formulieren können.

2. **Für den Klärungshelfer:** Mit Bildern zu arbeiten ist eine große Konzentrationshilfe, um das komplexe Geschehen in einem Team zu verstehen und handhabbar zu machen. Der Klärungshelfer läuft so nicht Gefahr, in einem Meer von Worten zu ertrinken. Zudem geht er für einige Minuten ausschließlich mit einer Person in Kontakt, hört zu und zeigt wirkliches Interesse daran, verstehen zu wollen. Das trägt dazu bei, eine vertrauensvolle Beziehung zwischen dem Klärungshelfer und jedem einzelnen Teilnehmer zu etablieren.

3. **Für den Gruppenprozess:** Nach einem meist sehr angespannten Klima in der Anfangsphase ändert sich die Stimmung in der Selbstklärungsphase merklich. Das gemeinsame Anschauen der Bilder, das Zuhören und Nachfragen des Klärungshelfers schafft insgesamt eine konzentrierte Atmosphäre. Allein die Möglichkeit, mal in Ruhe seine Sicht der Situation darstellen zu können, ohne von jemandem unterbrochen zu werden, wirkt beruhigend und vertrauensbildend und schafft in der Regel eine gute Grundlage für die folgende Phase des „Dialogs der Wahrheiten“.

Meistens sind die Teilnehmer von der Vorstellung, ein Bild malen zu müssen, nicht sonderlich begeistert. In der Regel äußern sich aber selbst die vorher Skeptischen hinterher positiv und zufrieden und sind erstaunt, wie schnell durch die Bilder die anstehenden Themen klar herausgearbeitet werden konnten. Die Formulierungen, „andere ins Bild setzen“ und „einen Spickzettel machen“ helfen ebenfalls, dass die etwas eigenartig anmutende Intervention von den Teilnehmern akzeptiert wird.

Eine weitere Möglichkeit, es den Teilnehmern leichter zu machen, diese Intervention zu akzeptieren, ist, den Fokus erst gar nicht so sehr auf „ein Bild malen“ zu legen, sondern eher auf „eine Zeichnung anfertigen“. Die Aufforderung „Zeichnen Sie eine Skizze“ scheint für die meisten Menschen einfacher umzusetzen zu sein, als „Malen Sie ein Bild“.

Technische Hinweise

Flipchart-Papier, Wachsmalstifte.

Quellen/Literatur

- Thomann, Christoph: Klärungshilfe 2: Konflikte im Beruf – Methoden und Modelle klärender Gespräche. Rowohlt, Hamburg 2004.
- Thomann, Christoph/Prior, Christian: Klärungshilfe 3 – Das Praxisbuch. Rowohlt, Hamburg 2007.

Weiteres Vorgehen

Nach der Selbstklärungsphase zeichnet der Klärungshelfer auf ein Flipchart das Inhaltsverzeichnis der Klärung. Alle zwischenmenschlichen Konflikte werden in ein Diagnose-Chart eingetragen und persönliche, sachliche und Gruppenthemen werden aufgelistet. Diese werden dann in genau dieser Reihenfolge geklärt.

Dum spiro spero

Spiritualität und Atem in der Mediation nutzen

Von Prof. Dr. Dr. Claude-Hélène Mayer

Kurzbeschreibung

Spiritualität gewinnt in vielen gesellschaftlichen Bereichen immer mehr an Wichtigkeit. Auch in der Mediation können spirituelle Ansätze zu einem wichtigen Handwerkszeug der Konfliktlösung werden. Der gedankliche Ansatz Dum spiro spero – „Solange ich meinen Atem spüre, kann ich hoffen ..." – kann zu einem wichtigen Leitsatz werden, um in der Mediation Ruhe zu bewahren und gleichzeitig Kraft zu schöpfen. Dieser spirituelle Ansatz lässt die Seelenarbeit über die Arbeit mit dem Atem in der Mediation einfließen. Angewandte Spiritualität wird somit zu einem idealen Mediations-Tool, welches einen erweiterten Zugang zu inneren Gefühlen und Bedürfnissen gewährt. In diesem Beitrag wird der Umgang mit dem Atem als spiritueller Ansatz in der Mediation dargestellt.

Zeitlicher Rahmen

Die Durchführung von Atemübungen in der Mediation nimmt zeitlich meist nur einige Minuten in Anspruch und kann auf Mediatoren und Medianden entspannend wirken.

Anlässe/ Anwendungsbereiche

Atemübungen und Atemtechniken können in der Mediation jederzeit angewendet werden. Besonders wichtig ist es jedoch oftmals in den ersten zwei Mediationsphasen, wenn diese von starken Emotionen, Anspannung, Verzweiflung und Hoffnungslosigkeit geprägt sind. Die Übungen bringen Entspannung und fördern das Selbstvertrauen sowie das Vertrauen in eine spirituelle Eingebundenheit.

Zielsetzung/Nutzen

Der Einsatz von Atemtechniken kann einerseits die Seelenarbeit in der Mediation stimulieren und andererseits den Zugang zu den inneren Seelenzuständen, sprich zu Gefühlen und Bedürfnissen öffnen. Über diesen Zugang können Mediatoren die Allparteilichkeit bei sich umgehend erspüren und reflektieren und somit ihren Erhalt während des

Mediationsprozesses erfahren und gewährleisten. Gleichzeitig werden mit dem Atem stärkende und hilfreiche Energien eingeatmet – Mediatoren können somit einen Zugang zu ihren Ressourcen herstellen – und belastende und schwächende Energien, wie beispielsweise Selbstzweifel oder Bewertungen, ausgeatmet. Gleichzeitig können Mediatoren auch Medianden hinsichtlich ihrer Atemtechnik anleiten, um sich beispielsweise zu entspannen, die eigenen Gefühle stärker wahrzunehmen oder Zugang zu ihren sie stärkenden Kräften zu bekommen. Stress in der Mediation kann abgebaut werden, Entspannungs- und höhere Bewusstseinszustände können erreicht werden.

Beschreibung

Die Luft besteht nicht nur aus unterschiedlichen Gasen und wissenschaftlich belegbaren Bestandteilen, sondern auch aus einem außerordentlich wichtigen Element, das in der Bibel „lebendiger Odem" oder in Indien „Prana" genannt wird. Prana ist der alldurchdringende Atemhauch, der so wenig wissenschaftlich nachweisbar ist, wie die Seele eines Menschen. Prana ist somit eine primäre Kraft, die im organischen Kosmos als Lebens- oder Seelenkraft bezeichnet werden kann. Ein angemessener, bewusster Atem kann die Aufnahme von Prana verbessern und somit die Energie kräftigen und beispielsweise Transformierungsprozesse erleichtern (Schirner, 2011).

Die folgende Atemübung kann man vor Mediationen zur Entspannung durchführen. Sie kann jedoch auch mit den Medianden zu Beginn der Sitzung durchgeführt werden, wenn diese dafür offen sind und/oder einen meditativ-körperorientierten Ansatz vielleicht sogar wünschen. Dies würde so aussehen, dass sich die Medianden von dem Mediator zu dieser Atemübung anleiten lassen, bevor sie gemeinsam in die Besprechung der Mediationsthemen einsteigen. Der Mediator würde zuerst das Einverständnis für das Durchführen der gemeinsamen Übung einholen und kurz den Sinn der Atemübung erklären. Die Atemübung dient der Entspannung und des „In-sich-Gehens", sodass die Beteiligten im Anschluss gesammelt und konzentriert zum Thema übergehen können. Beim bewussten Einatmen kann Energie getankt, beim bewussten Ausatmen können starke Emotionen „ausgeatmet" und somit gemindert werden. Diese Übungen sprechen die körperlichen, die geistigen und die seelischen Ebenen an und tragen zum Einklang dieser bei.

Atemübung 1

1. Legen Sie den Mittelfinger der rechten Hand auf den linken Nasenflügel, drücken Sie ihn leicht auf den Nasenflügel. Atmen Sie durch den rechten Nasenflügel tief ein, während Sie bis vier zählen.

2. Halten Sie den Atem kurz an (Sie können bis sechzehn zählen).
3. Drücken Sie nun mit dem Daumen der rechten Hand leicht auf den rechten Nasenflügel und lösen Sie den Mittelfinger vom linken Nasenflügel. Atmen Sie nun mit der linken Nasenseite aus, während Sie bis acht zählen.

Beginnen Sie diese Übung von Neuem und zwar auf folgende Weise:

1. Legen Sie den Daumen der rechten Hand auf den rechten Nasenflügel, drücken Sie den Daumen leicht auf den rechten Nasenflügel. Atmen Sie dann mit der linken Nasenseite tief ein. Zählen Sie dabei bis vier.
2. Halten Sie den Atem an und zählen Sie dabei bis sechzehn.
3. Drücken Sie anschließend mit dem Mittelfinger der rechten Hand leicht auf den linken Nasenflügel. Atmen Sie mit der rechten Nasenseite aus. Dabei zählen Sie bis acht.

Diese Übung kann mit jeder Nasenseite sechsmal wiederholt werden. Mit der Zeit können die Zählzeiten verdoppelt werden (8-32-16).

Atemübung 2

Diese Atemübung führt nicht nur zur Entspannung, sondern kann bei regelmäßiger Anwendung auch zu transformierenden Veränderungen führen.

1. Werden Sie sich Ihrer Atmung bewusst.
2. Konzentrieren Sie Ihre Aufmerksamkeit vollständig auf Ihren Atem und werden Sie sich der Empfindungen bewusst, die Ihren Atem begleiten. Nehmen Sie die Gefühle wahr, die Sie begleiten, wenn der Atem durch Ihre Nase, die Lungen, den Bauch gelangt und den Körper wieder verlässt. Jeder Gedanke oder jede Wahrnehmung, die vom Gefühl der Atmung ablenkt, bedeutet Unaufmerksamkeit. Dann sind Sie gefragt, die Aufmerksamkeit wieder auf die Atmung zu lenken. Nehmen Sie Ihren Atem einfach wahr und konzentrieren Sie sich auf ihn.
3. Sollten sich bei Ihnen Gedanken einstellen, so nehmen Sie diese einfach wahr. Versuchen Sie nicht, diese zu unterdrücken, sondern lassen Sie sie vorbeiziehen und bringen Sie Ihr Bewusstsein zurück zu Ihrer Atmung.
4. Wenn Sie sich auf Ihr Ein- und Ausatmen konzentrieren, werden Sie längerfristig eine Veränderung in Ihrem Bewusstsein feststellen. Kurzfristig werden Sie merken, wie diese Übung Körper und Geist beruhigt. Gleichzeitig werden Sie eine erweiterte Wahrnehmung Ih-

rer Gefühle und Bedürfnisse erfahren, die Sie auch aus der Distanz betrachten können. Dies führt mit der Zeit zu einem Gefühl innerer Ruhe, Klarheit und Zentriertheit.

Erfahrungen/ Kommentare

Der Atem ist wesentlich für den Konfliktlösungsprozess. Über eine angemessene Atemtechnik können Entspannungen entstehen, die sich auch auf die Konfliktlösung übertragen können. Mediandan, die emotional angespannt, aufgeregt und somit kurz- bzw. schnellatmig in die Mediation kommen, fühlen sich meist angespannt und erschöpft, da der Körper nicht genug Sauerstoff bekommt. Dies ist auch der Fall bei stockendem Atem oder Anhalten der Luft aus Gründen von Anspannung, Schock oder emotionalen Blockaden. Bei solchen Atembeschwerden verkrampfen Menschen nicht nur körperlich, sondern auch seelisch. Die Grundlage einer entspannten und energetisch-kraftvollen Konfliktlösung und eines gesundheitsorientierten Mediationsprozesses ist ein im Gleichgewicht fließender Atem.

Ein Beispiel sei hierzu angefügt: Ein Ehepaar, das sich in einer Trennungsmediation befindet, ist emotional in den Mediationssitzungen sehr angespannt. Die Ehefrau ist sehr ruhig und fühlt sich emotional sehr beklemmt. Beim Sprechen „stockt ihr der Atem" und sie fasst sich öfter auf den Brustkorb, da sie das Gefühl hat, dass sie kaum noch Luft bekomme. Der Ehemann hingegen spricht in sehr hohem Tempo, ist emotional sehr aufgewühlt und atmet kurz, schnell und flach. Nach der ersten Sitzung schlägt die Mediatorin vor, dass sie gemeinsam am Anfang jeder Sitzung eine kurze Atemübung durchführen, um innerlich anzukommen, zu entspannen und Körper, Geist und Seele auf die Sitzung einzustimmen. Beide Medianden erklären sich einverstanden und beginnen ab der zweiten Sitzung mit der Eingangsübung. Nach Abschluss der Mediation erklären beide, dass sie den Vorschlag der Atemübung recht ungewöhnlich gefunden hätten, sie jedoch froh seien, dass sie den Mut aufgebracht hätten, sich darauf einzulassen. Die Übungen hätten dazu beigetragen, dass sie sich besser hätten entspannen bzw. auf die Sitzung konzentrieren können.

Technische Hinweise

Für die Anwendung dieses Tools sind keine besonderen Hilfsmittel oder Materialien notwendig. Die Übungen können im Sitzen auf einem Stuhl oder auch stehend gut durchgeführt werden. Sollten die Teilnehmenden sitzen, so ist es wichtig, dass eine entspannte Sitzhaltung eingenommen wird und beide Füße entspannt auf dem Boden stehen. Die Augen können geöffnet oder geschlossen sein.

Quellen/Literatur

Bisher sind kaum Bücher oder Artikel bekannt, die das Thema der Spiritualität und Atemtechnik konkret in der Mediation erforschen oder auf diese ausführlich eingehen.

In den folgenden Quellen zur Mediation werden die Themen Spiritualität und Atem angesprochen. Die Quellen zur Atemtechnik beziehen sich nicht speziell auf die Mediation, sind jedoch als grundlegende Anleitungen zur Atemtechnik zu empfehlen.

- Mayer, C.-H.: Trainingshandbuch Interkulturelle Mediation und Konfliktlösung. Didaktische Materialien zum Kompetenzerwerb. Waxmann, Münster 2006.
- Mayer, C.-H.: Trans-/Interkulturelle Mediation. In: Treichel, D. & Mayer, C.-H. Lehrbuch Kultur. Lehr- und Lernmaterialien zum Erwerb kultureller Kompetenzen. Waxmann, Münster 2011, S. 271-379.
- Owusu, H.: Atem – Anleitung mit Musikbegleitung – Klassische Grundübungen zur richtigen Atemtechnik. Schirner, Darmstadt 2000.
- Schirner, M.: Atem-Techniken. Zahlreiche einfache Atem-Übungen zur Selbstheilung, Verjüngung und Harmonisierung. Darmstadt: Schirner, Darmstadt 2011.

Weiteres Vorgehen

Sobald die Mediatoren sich sicher in der Anleitung der Atemübungen sind, können die Erfahrungen aus der Atemübung auch in einen Bezug zur Mediation gesetzt werden:

- Wie fühlen Sie sich, nachdem Sie sich kurze Zeit auf Ihren Atem konzentriert haben?
- Fühlen Sie Entspannung? Wenn ja, in welchem (körperlichen, seelischen, geistigen) Bereich? Wenn nein, was lässt Sie die Spannung beibehalten? Was meinen Sie, warum Sie gerade in diesem Bereich/diesen Bereichen entspannt bzw. angespannt sind?
- Welche Erkenntnisse haben Sie gewonnen während der Atemübung?
- Ist eine bestimmte Idee aufgetaucht, während oder kurz nach der Atemübung, die wichtig für unseren Prozess hier in der Mediation ist?
- Was würde es mit Blick auf Ihren Konflikt bedeuten, wenn Sie in konflikthaften Situationen diese Übung durchführen würden?

Them-o-meter

Mittels Doppelskala effizient Themen finden

Von Nadia Dörflinger-Khashman

Kurzbeschreibung

Das „Them-o-meter“ dient als Einstieg in die Themensammlung und die Sichtbarmachung der Intensität der wahrgenommenen Beeinträchtigung durch die Konfliktsituation. Gleichzeitig hat auch das Darstellen der empfundenen Ressourcen Platz, sodass „Positives“ wie „Negatives“ gleichzeitig und nebeneinander sichtbar wird.

Rahmen

- Kurzerklärung und Durchführung der Intervention dauern 10-20 Minuten.
- Das Them-o-meter kann sowohl im Einzelgespräch (z.B. im Konfliktcoaching) sowie in Mediationen zwischen zwei bis unbeschränkt vielen Mediationen zum Einsatz kommen.

Anlässe/ Anwendungsbereiche

Das Tool kommt in der Phase der Themenfindung zum Einsatz und eignet sich besonders zur effizienten und schnellen Übersicht über das, was als schwierig empfunden wird und was gleichzeitig auch als Ressource im System vorhanden ist. Diese Übung ist auch in sehr großen Gruppen möglich.

Zielsetzung/Nutzen

Das Herausarbeiten der Hauptanliegen der Klienten nimmt oft viel Raum ein. Mit dem Them-o-meter können die für die Klienten relevanten Themen schnell und zuverlässig identifiziert werden. Verstand und Affekt fließen hier in dem Heben der Themen gleichermaßen ein und fördern auf prägnante Weise das zutage, was für die Klienten in der aktuellen Situation wichtig ist. Die Doppelskala ermöglicht einen Überblick über Belastungen und Ressourcen gleichzeitig.

Beschreibung

Dem Klienten wird das leere Them-o-meter mit seiner Doppelskala (Minus-Skala/Plus-Skala) vorgelegt, und er wird in einem ersten Durchgang gebeten, seine aktuelle Situation spontan durch das Setzen von Kreuzen (X1) darzustellen (100 Prozent im Minus bedeutet extreme Belastung; 100 Prozent im Plus bedeutet extreme Zufriedenheit). Dann wird der Klient gebeten, durch das Setzen von zwei weiteren Kreuzen (X2) aufzuzeigen, wo die Kreuze seinem Empfinden nach sein müssten, damit es ihm besser geht bzw. die Belastung abnimmt.

Die zu bearbeitenden Themen ergeben sich, indem auf der Minus-Skala gefragt wird: *„Was muss angeschaut werden, damit der Wert von X1 nach X2 sinken kann?"* – und auf der Plus-Skala gefragt wird: *„Was muss sich hier noch verbessern oder was muss hier gestärkt werden, damit diese Situation für Sie stimmt?"*

Vorgehen

Erster Durchgang (affektive Bewertung der Situation):

Vordruck als Download verfügbar

1. „Ich möchte anhand dieser Skalen eine erste Orientierung erhalten, worum es Ihnen geht und was Ihnen besonders wichtig ist. Daher bitte ich Sie, folgende Frage zu beantworten:
2. Wenn Sie an Ihre Organisation/Ihre Beziehung zu .../diese Situation mit ... denken, wie empfinden Sie dies auf der Minus-Skala und wie stark auf der Plus-Skala? Könnten Sie bitte spontan zwei Kreuze setzen. Und: Beide Skalenwerte müssen dabei **nicht** zusammen 100 Prozent ergeben."

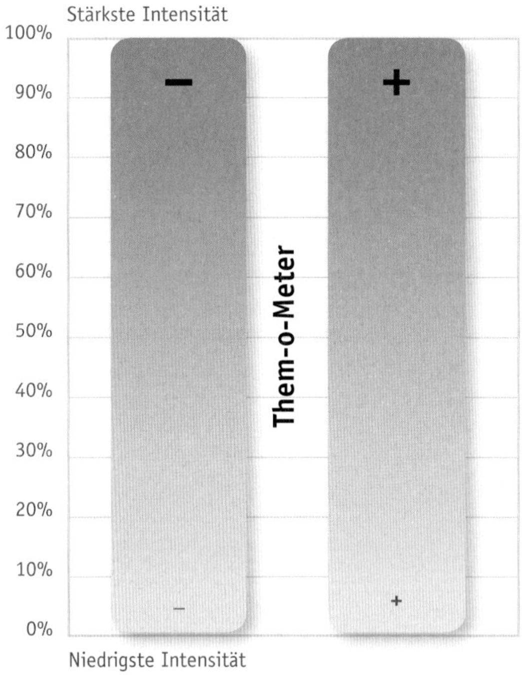

Zweiter Durchgang (affektive Identifikation der verbesserten Situation):

1. „Wo auf der Minus- und wo auf der Plus-Skala müssten die Kreuze sein, damit es Ihnen hier wesentlich besser geht/... Sie nicht mehr so belastet sind/... Ihr Projekt weiterkommt?"

Themenfindung (kognitive Erhebung der Belastungen und der Ressourcen):

1. „Welche Themen müssten konkret angeschaut und geklärt werden, damit Sie vom oberen Kreuz zum unteren Kreuz (auf der Minus-Skala) kommen?"

2. Welche Ressourcen müssten gestärkt oder auch angeschaut werden, damit Sie vom unteren zum oberen Kreuz (auf der Plus-Skala) kommen?"

Beispiel

Pre-Mediation in einer Schule, 55 kurze Vorgespräche mit der Lehrerschaft und Schuldirektion (30 Min./Person) ▶ Erhebung der zu klärenden Themen und vorhandenen Ressourcen, um anschließend die Prozessarchitektur und das Mediationsdesign zu konzipieren.

Erster Durchgang (affektive Bewertung der Situation):

1. „Ich möchte anhand dieser Skalen eine erste Orientierung erhalten, worum es Ihnen geht und was Ihnen besonders wichtig ist. Daher bitte ich Sie, folgende Frage zu beantworten:
2. Wenn Sie an Ihre Schule denken, wie empfinden Sie dies auf der Minus-Skala und wie stark auf der Plus-Skala? Könnten Sie bitte spontan zwei Kreuze (X_1) setzen. Und: Beide Skalenwerte müssen dabei **nicht** zusammen 100 Prozent ergeben."

Zweiter Durchgang (affektive Identifikation der verbesserten Situation):

1. „Wo auf der Minus- und wo auf der Plus-Skala müssten die Kreuze (X_2) sein, damit es Ihnen hier wesentlich besser geht?"

Themenfindung (kognitive Erhebung der Belastungen und der Ressourcen):

1. „Welche Themen müssten konkret angeschaut und geklärt werden, damit Sie vom oberen Kreuz zum unteren Kreuz (auf der Minus-Skala) kommen?"
2. Welche Ressourcen müssten gestärkt oder auch angeschaut werden, damit Sie vom unteren zum oberen Kreuz (auf der Plus-Skala) kommen?"

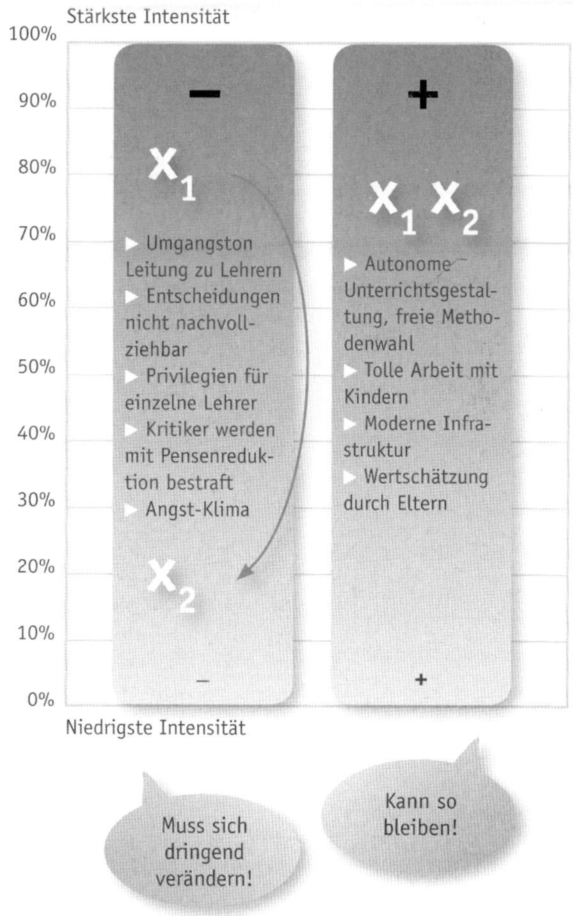

Erfahrungen/ Kommentare

Neben einer großen Anschlussfähigkeit dieser Skalen und der „raschen" Sichtbarkeit der Themen setzt häufig auch eine deeskalierende Wirkung als „Nebenprodukt" ein, weil vieles rasch aufgezeigt werden kann. Und dadurch, dass in dem Them-o-meter „+" und „–" natürlicherweise zugelassen sind, werden Ambivalenzen „entpathologisiert". Es ist einfach okay, dass schwierige und positive Anteile zugleich existieren.

Sind viele (z.B. auch zeitlich begrenzte) Vorgespräche zu führen, ist die Arbeit mit dem Them-o-meter auch eine gute Möglichkeit, die Gespräche teilweise zu standardisieren, um auf effiziente und wertschätzende Weise schnell zu den individuellen Sichtweisen vorzudringen.

Häufig bewegt sich für die Klienten die Plus-Skala „automatisch" nach oben, wenn die Minus-Skala sinkt, d.h. aus der Abwesenheit der Themen auf der Minus-Skala versprechen sich viele Klienten ein Steigen auf der Plus-Skala. Deshalb sind die Klienten in ihrer Aufmerksamkeit häufig auch auf die Minus-Skala gerichtet.

In Großgruppen kann das Them-o-meter zur Themensammlung „verdeckt" erarbeitet werden, d.h., jeder hat ein Blatt mit der Doppelskala, macht seine Kreuze, notiert die Themen und hängt diese dann z.B. als Moderationskarten an eine Pinnwand.

Um Sicherheit in der Anwendung des Them-o-meters zu erlangen, bieten sich Selbstversuche an – z.B. im Hinblick auf Ambivalenzen bei Entscheidungen, unangenehme Situationen etc.

Technische Hinweise

Ein vorbereitetes Blatt mit der Doppelskala je Klient/Mediand.

Quellen/Literatur

Das Them-o-meter basiert auf der Idee der Affektbilanz. Die Affektbilanz stammt aus der Motivationspsychologie und wurde von der Diplom-Psychologin und Psychoanalytikerin Dr. Maja Storch eingesetzt, um Haltungsziele zu erarbeiten. Dr. Storch ist Inhaberin und wissenschaftliche Leiterin des Instituts für Selbstmanagement und Motivation Zürich (ISMZ).

Weiteres Vorgehen

Nach der Themenfindung mithilfe des Them-o-meters kann in die „ordentliche" Phase der Erarbeitung der Anliegen und Bedürfnisse übergegangen werden.

Via „Sprungbrett" Ressourcen befreien

Ein lösungsfokussierter Einstieg in Mediation und Beratung

Von Ljubjana Wüstehube

Kurzbeschreibung

Das „Sprungbrett" ist ein lösungsfokussierter Einstieg in die Mediation. Bei seiner Entwicklung auf Grundlage der bekannten Wunderfrage (vgl. de Shazer 1988) wurde besonderes Augenmerk darauf gelegt, dass Klienten, die zur Mediation kommen, irritiert von der Idee des „Wunders" sind. Für manche Kontexte (z.B. Wirtschaftsmediation oder Mediation im politischen-/Friedensbereich) besteht gar die Gefahr, dass Klienten Esoterisch-Wunderliches argwöhnen. Das „Sprungbrett" setzt daher auf ein pragmatisches Wording und schickt relativ undramatisch die Parteien auf eine imaginäre Reise in den zukünftigen Lösungszustand. Der Lösungszustand definiert sich durch die komplette Abwesenheit der Probleme, die in die Mediation geführt haben, ohne dass sich die Parteien (zunächst) Gedanken darüber machen, wie der Lösungsweg aussehen müsste. Ziel ist es, den Parteien durch das psychische und physische Erleben einer vom Konflikt befreiten Realität Zugänge zu verschütteten Konfliktlösungsfähigkeiten und gebundenen Ressourcen zu verschaffen. Dabei handelt es sich z.B. um Zuversicht, Großzügigkeit, Kreativität, Tatkraft oder Humor. Oft kann nach Anwendung des Sprungbretts die Phase der Problemdarlegung komplett ausgespart und die Erhellung bis hin zum Perspektivwechsel erheblich verkürzt werden.

Rahmen

- Das Sprungbrett dauert zwischen zehn und zwanzig Minuten.
- Das Sprungbrett kann sowohl für Mediationen mit zwei Personen als auch in Gruppen und Mehrparteienmediation angewandt werden. Es eignet sich zusätzlich hervorragend für Einzelcoachings.

Anlässe/ Anwendungsbereiche

Das Sprungbrett kommt in der Einstiegsphase zum Einsatz, d.h. nach der Einleitungsphase, in der die Rahmenbedingungen für die Mediation geklärt wurden. Es dient der Sammlung der Anliegen und Ziele und hilft Konfliktparteien, neue Energie aus sich selbst zu schöpfen: Indem nach dem Lösungszustand als noch etwas Entferntes, jedoch absolut

Möglichem, gefragt wird, wird eine Veränderung der Gesamteinstellung gegenüber der Konfliktbearbeitung vorangetrieben. Bis zur Eskalationsstufe 4 (heiß) bzw. 3-4 (kalt) lässt sich das Sprungbrett mit allen Parteien gemeinsam einsetzen. Bei stärker eskalierten Konflikten bietet es sich eher für den Einstieg im Einzelgespräch an. Im ethnopolitischen Feld konnten wir das Sprungbrett auch schon mit Gruppen auf der Eskalationsstufe 7 erfolgreich anwenden.

Zielsetzung/Nutzen

Das Sprungbrett dient dazu, die Medianden mit allen Sinnen in einen Lösungszustand (die Welt nach der Problemlösung, in der die Konflikte für sie verschwunden sind) zu entführen. Dies hat die kraftvolle und ganzkörperlich fühlbare Freisetzung von Fähigkeiten und positiven Gefühlen zur Folge. Als Mediatoren nutzen wir diese Ressourcen, um nun gemeinsam mit den Parteien einen Lösungsweg aus der positiven Zukunft heraus „rückwärts" zu entwickeln. Jetzt werden Themen festgesetzt, die gemeinsam zu bearbeiten sind. Streitpunkte und dunkle Episoden aus der konflikthaften Vergangenheit können mit mehr Hoffnung und Mut angegangen werden. Das Sprungbrett arbeitet mit der konstruktivistischen Überzeugung, dass letztlich das Verstehen eines Konfliktes, die Problemanalyse und die folgenden Einsichten der Beteiligten keine Lösungen schaffen. Schlüssel zur Lösung ist vielmehr ein Ausbrechen aus dem Teufelskreis der unannehmbaren Alternativen. Der Ausflug in die Realität ohne den Konflikt motiviert die Medianden, wohingegen eine lang anhaltende Konfliktschilderung bzw. Konfliktanalyse bisweilen jegliche positive Energie lähmt und das Problem stabilisiert (vgl. de Shazer).

Das Sprungbrett wirkt unterstützend, wenn ein emotional schweres Thema abgeschlossen ist und nun frisch an ein neues Thema herangegangen werden soll: Der Mediator könnte sagen: *„Mal angenommen, Sie haben für diese Probleme (z.B. Vertrauensbrüche) gute Lösungen gefunden, Ihr gegenseitiges Vertrauen ist wieder gewachsen, Sie können sich aufeinander verlassen … und in vier Monaten, wenn schon fast Sommer ist, gibt es wieder diese Qualitätsprüfungen. Was werden Sie anderes, Neues fühlen, tun, im anderen sehen …?"* Auf diese Art werden alle Beteiligten gut von dem vorherigen Thema abgeholt und beginnen gleichzeitig zusammenzufedern, um das neue Thema mit dem Sprung in dessen Lösungszustand zu beginnen.

Beschreibung

Nach der Einleitungsphase wird das Sprungbrett wie folgt durchgeführt:

Originalton aus der Mediation	Kommentare und Hinweise
Wir möchten Ihnen gerne zu Beginn eine vielleicht etwas ungewöhnliche Frage stellen:	Wir richten uns innerlich darauf ein, in die Zukunft „zu springen". Versuchen, uns nichts Konkretes vorzustellen, sondern positiv gespannt zu erwarten, was den Parteien wohl Interessantes einfällt.
Einmal angenommen, ...	„Angenommen" ist ein Zauberwort oder – nach M. Erickson – eine hypnotische Rahmensetzung. Es unterscheidet sich im Sprachmuster grundlegend von Varianten wie „Stell Dir vor" oder „Überleg mal". Es geht um eine innere Erlaubnis, „anzunehmen", die sich die Parteien selbst geben müssen.
... es sind drei Monate vergangen.	Angemessenen Zeitraum wählen, in dem die Umsetzung von Veränderungen realistischerweise erfolgt sein kann. Ab jetzt folgt eine etwas stockende und sich wiederholende Sprechart, die den Mediandenen Zeit lässt. Dies ist das „Federn" auf dem Sprungbrett: Schwung holen, aber noch am Platz verweilen. Es braucht Zeit (und Energie), damit sich ein inneres Bild entwickeln kann.
Dann ist es schon ... Juni ... das Frühjahr ist vergangen, wir haben bereits warme Sommertage, es ist gar nicht mehr so lange hin bis zur Urlaubszeit ... und Sie blicken zurück auf den Mediationsprozess und denken: ...	Eine weitere hypnotische Rahmensetzung aus der Erickson'schen Trickkiste: Mindestens dreimal hintereinander werden Fakten genannt, die der Klient innerlich bejaht. Die folgende Annahme, dass die Mediation ein Erfolg wird, wird so, im Sinne einer „Selffulfilling Prophecy" wesentlich wahrscheinlicher. Der Sprung in den Lösungszustand wird erleichtert.
Wow, das hat sich tatsächlich gelohnt. Ich hatte ja am Anfang durchaus Bedenken, so viel Zeit zu investieren, aber: ja, hat doch viel gebracht ... Mehr als ich dachte. Gut, dass ich diese Mediation gemacht habe.	Körperhaltung verändern – selbst in den eigenen ressourcevollen Zustand gehen! Auf Haltung der Klienten achten. Als Bedenken nach Möglichkeit etwas zitieren, was die Klienten im Vorgespräch oder zu Beginn der Sitzung geäußert haben.
▶ Wie geht es Ihnen dann? ▶ Was spüren Sie anderes, Neues? ▶ Und was denken Sie neu oder wieder? ▶ Und was noch?	„Von innen nach außen" fragen, beginnend mit den Gefühlen. Fragt man nach Fakten („Was ist dann?"), kommen fast unweigerlich Positionen. Ausschmücken und konkretisieren lassen. Falls Positionen kommen (z.B.: „Mein Kollege hat gekündigt") nicht erschrecken, weiterfragen mit Grounding-Fragen: „Was ist bei Ihnen dann anders, wie geht es Ihnen dann, ..." ▶

Originalton aus der Mediation	Kommentare und Hinweise
▶ Und was ist dann anders/besser? ▶ Für Sie/für Ihre Kollegen? ▶ Woran merken Sie das? ▶ Was tun Sie *dann* anderes/Neues? ▶ Woran merken die anderen das/was bemerken die anderen dann an Ihnen?	Das „*dann*" ersetze ich durch Sequenzen der Erfolgsbeschreibung, um den Lösungszustand möglichst facettenreich zu erfassen und greifbar, hörbar, spürbar zu machen. Dabei nehme ich Sprachmuster der Klienten auf und ergänze sie mit eigenen Formulierungen. Grounding-Fragen loten den Zustand und die gesamte Welt nach der Konfliktlösung aus, inklusive möglicher Hindernisse und Gegenspieler der Lösung. Wenn es den Parteien zu euphemistisch wird, setzen sie ganz automatisch zur „Landung" an.
Danke! Das war wirklich beeindruckend. Darf ich kurz notieren, was Sie eben gesagt haben?	Jetzt notiere ich blitzschnell und bewusst ungeordnet auf Flip die wichtigsten Ziele und Zustandsbeschreibungen von allen Parteien, nicht nummeriert oder nach Parteien sortiert. Möglichst dicht am Wording der Parteien bleiben, insbesondere bei Metaphern.
Hmm, für mich sieht das so aus, als würde es sich sehr lohnen, darauf hinzuarbeiten, diese Ziele zu erreichen ... Sagen Sie, welche Themen müssten Sie besprechen, um in diese Richtung zu gehen?	Das hört sich so an, als würde ich als Mediatorin eine eigene Meinung haben. Habe ich auch, und zwar, das es sich immer lohnt, auf die wohlverstandenen Ziele der Parteien hinzuarbeiten. Und genau die stehen ja jetzt auf dem Flip. Jetzt geht es wie bekannt in die Themensammlung. In aller Regel werden die Parteien jetzt gemeinsam Themen nennen, der Themenkonkurrenzkampf steht nicht mehr im Vordergrund. In den Zielen sind die Themen schon verborgen, d.h., auch die Mediatorin kann jetzt gemäß den Zielen Vorschläge machen.

Erfahrungen/ Kommentare

Das Sprungbrett gelingt nur, wenn der Mediator vor- bzw. mitspringt. Zweifelt der Mediator z.B. daran, dass das Vertrauen der Parteien für eine Reise in die „ungewisse Zukunft" ausreicht, wird dies seine innere Haltung und so auch seine Körpersprache beeinflussen. Da das Sprungbrett jedoch sowohl kognitiv als auch körperlich erlebt werden soll, bedarf es einer stimmigen körpersprachlichen „Reiseleitung". Diese kann folgende Details beinhalten: „Einmal angenommen ..." wird mit Einatmen und eventuell mit einer (unauffälligen) Handbewegung des Mediators zum Herzen hin unterstützt. Während des Sprunges („...

und Sie stellen fest: Mensch ja, das hat sich wirklich gelohnt …") sollte sich die Körperhaltung des Reiseleiters hin zu einer individuell als kraftvoll empfundenen Haltung verändern. Wenn die Parteien sich schwertun, in den Lösungszustand zu gelangen, helfen Pacing (körpersprachliches, vorsichtiges Spiegeln von Haltung, Atem oder unbewussten Bewegungen) und Leading (die körpersprachliche Hinleitung in einen ressourcevollen Zustand), um das Erkunden dieses Landes der unbegrenzten Möglichkeiten zu erleichtern.

Um das Tool gewinnbringend verwenden zu können, muss berücksichtigt werden, dass die Seele langsamer reist als unsere Sprache. Sie braucht Zeit, die riesige innere Distanz vom Konflikt bis zur guten Zukunft zu bewältigen. Sich mit dem Einstieg Zeit zu lassen, lieber länger zu federn, als es einem selbst als Mediator angenehm erscheint, ist ratsam. Die Zeitempfindung von Mediatoren und Medianden klafft erfahrungsgemäß besonders beim Abspringen oft sehr weit auseinander. Nimmt der Mediator sich zu wenig Zeit zum Abspringen, scheitert das Sprungbrett oder verkommt zur bloßen Abfrage von kognitiven Zielen, die versteckte Positionen repräsentieren.

Das Tool „Sprungbrett" wird nicht nur stark von Körpersprache getragen, sondern auch von Sprache und Sprachmustern. Abgesehen vom Einstiegssatz „Einmal angenommen …" sollte den (Grounding-)Fragen während des Sprunges besondere Aufmerksamkeit geschenkt werden. Hier ist der Indikativ, wenn auch grammatikalisch inkorrekt, dem Konjunktiv vorzuziehen, die angenommene Zukunft wird zur Realität. Anstatt zu fragen: *„Wie wäre es …?"* oder *„Was würden Sie tun/hören/sehen, wenn …?"*, fragt der Mediator den angenommenen Ist-Zustand ab: *„Wie ist es?"* – *„Was tun/hören/sehen Sie …?"*

Weitere Grounding-Musterfragen sind:

- *„Wie geht es Ihnen dann?"*
- *„Was ist anders/neu oder vielleicht wieder neu für Sie?"*
- *„Was ist das Beste daran für Sie?"*
- *„Was bemerken andere an Ihnen?"*
- Wenn etwas fehlt (z.B. Kopfschmerz ist weg), immer fragen: *„Was ist dann dafür da?"*
- *„Woran merken andere bei Ihnen die Veränderung (ohne dass Sie etwas verraten)?"*
- *„Woran merken Sie, dass die es gemerkt haben?"*
- *„Gibt es jemanden, der gar nicht so froh über diese Veränderung ist?"*
- *„Wie reagieren Sie (im Lösungszustand!) darauf?"*
- *„Woran merkt diese Person, dass dieser Zustand* (wiederholen der Essentials der Partei) *bei Ihnen bereits eingetreten ist und wirkt?"*

Technische Hinweise

Benötigt wird ein Flipchart oder Ähnliches zum Sammeln der Ziele, bzw. später der Themen.

Quellen/Literatur

- Bamberger, Günther: Lösungsorientierte Beratung. Beltz, Weinheim 2001.
- Ballreich, Rudi/Glasl, Friedrich: Mediation in Bewegung. Concadora-Vlg., Stuttgart 2007.
- de Shazer, Steve: Clues. Investigating Solutions in Brief Therapy, Norton, New York 1988.
- Erickson, Milton/Rossi, E. L.: Hypnotherapie. Aufbau – Beispiele – Forschungen. Pfeiffer, München 1999.
- Wüstehube, Ljubjana: Konflikt-Perspektiv-Analyse (KPA). In: Perspektive Mediation 1/2004.
- Wüstehube, Ljubjana: Vom Umgang mit nonverbaler Kommunikation in der Mediation. In: ZKM 3/2005.
- Wüstehube, Ljubjana: „Einmal angenommen ..." Das Sprungbrett: Ein systemisch-lösungsfokussierter Einstieg in die Mediation. In: Perspektive Mediation, 2/2002.
- Watzlawick, Paul/Weakland, John H./Fish, Richard: Lösungen. Zur Theorie und Praxis menschlichen Wandels. Hans Huber, Bern 1974.
- Zur Wunderfrage vgl. den Beitrag von Dr. Christa Schäfer: Mit Fragen das Denken verändern, S. 162.

Weiteres Vorgehen

Nach der „Landung" werden die notierten Ziel-/Zustandsbeschreibungen und Zukunfts-Anliegen der Parteien gewürdigt. Nun werden die Mediandenn gefragt, welche Themen/ Streitpunkte diese nun zum Erreichen des Lösungszustands bearbeiten möchten und müssen. Die Themensammlung wird eröffnet. Bei der Bearbeitung bestimmter Themen in besonders eskalierten Konflikten wird es dann noch einer Problemdarlegung bedürfen. Konflikthaftes Geschehen, Verletzungen und Kränkungen aus der Vergangenheit können nun jedoch leichter und zuversichtlicher, mit dem Blick „zurück aus der Zukunft" aufgearbeitet werden. Bei erstaunlich vielen Themen verzichten die Parteien aber auf die Darlegung, greifen höchstens beispielhaft auf Vergangenes zurück und können direkt in die Phase des Perspektivenwechsels, manchmal auch in die Optionsphase wechseln.

Spielzeugwelt

Konfliktparteien in einem heißen Konflikt beruhigen

Von Elke Schwertfeger

Kurzbeschreibung

„Spielzeugwelt" ist eine methodische Vorgehensweise in der Erhellung der Sichtweisen, mit dem Ziel, die Betriebstemperatur der Mediananden in einem heißen Konflikt auf ein bearbeitbares Niveau abzusenken. Die Methode arbeitet mit Figuren und verwendet Elemente aus der Aufstellungsarbeit. Das dissoziierende Vorgehen erlaubt eine Betrachtung aus der Meta-Position und schafft damit einen sicheren Abstand zum Geschehen. Medianden erleben die Situation als kontrollierbar und gewinnen die Fähigkeit zur Selbststeuerung zurück. Dadurch können neue Informationen aufgenommen und Fixierungen durch eingeengte Wahrnehmungen, Deutungen und Gefühlszuschreibungen aufgelöst werden. Ein fruchtbarer Austausch zwischen den Parteien wird dadurch möglich.

Rahmen

- Abhängig von der Gruppengröße planen Sie für die Durchführung 45 bis 80 Minuten Zeit ein. (Methodeneinführung 5 Minuten, Einzelarbeit 20 Minuten, Vorstellung der Szenen je Person ca. 10 Minuten)
- „Spielzeugwelt" eignet sich besonders für Mediationen von zwei bis vier Personen, könnte aber auch im Rahmen eines „Fishbowl" (z.B. eine Zweierklärung unter Anwesenheit der Gruppe) durchgeführt werden. In Einzelfällen haben wir die Methode auch schon im Rahmen von Einzelgesprächen eingesetzt, um in einem besonders eskalierten Konflikt einen zusätzlichen geschützten Raum zu bieten.

Anlässe/Anwendungsbereiche

Die Methode „Spielzeugwelt" eignet sich für die Bearbeitung heißer Konflikte. Emotional-hitzige Konflikte werden als besonders bedrohlich wahrgenommen. Je höher der Eskalationsgrad ist, desto existenzieller wird der „Überlebenskampf" der Konfliktparteien. Als Folge werden Stresshormone freigesetzt. Das Gehirn reagiert dann vermehrt aus den unbewusst gesteuerten Anteilen heraus, dem limbischen System. „Ein

Ereignis, das die normale Stresstoleranz eines Menschen übersteigt, löst in seinem Gehirn einen automatischen Fragmentierungsprozess der Wahrnehmung aus ... die Ganzheit des Geschehens bricht auseinander." (Krämer, 2005, S. 22/23). Zusammenhänge werden nicht mehr erkannt, eine selektive Wahrnehmung setzt ein. Es kommt zum bekannten „Tunnelblick" und das Denken und Fühlen ist beeinträchtigt. Medianden im heißen Konflikt müssen nach Ballreich/Glasl (2011) zunächst wieder zurück in die „Zone der Sicherheit" finden. Erst dann können sie die Konfliktsituation als bewältigbare Herausforderung erleben. Ein Blick aus der Vogelperspektive auf den „brodelnden Vulkan" schafft zunächst Distanz, Schutz und im Ergebnis Entlastung (siehe auch Elke Schwertfeger/Christian Bähner: Arktis oder Sahara?, S. 28).

Zielsetzung/Nutzen

Als Ziel der Methode steht die Wiederherstellung des Sicherheitsgefühls und damit die Arbeitsfähigkeit der Medianden im Vordergrund. Die Schilderung der Sichtweisen und die erste Auseinandersetzung mit verletzten Gefühlen finden in einem besonders geschützten Rahmen statt. Erst wenn sich Medianden nicht mehr ihren Stresssymptomen ausgeliefert fühlen, sind sie wieder für neue Wahrnehmungen, Deutungen, gar einen Perspektivenwechsel offen. Der Blick auf eine „Spielzeugwelt" führt raus aus dem direkten Geschehen, in die Dissoziation. Dieser Abstand verhindert ein „Überflutetwerden" und fördert dadurch die Selbststeuerungskompetenz. Die Medianden verfügen wieder über einen breiteren Handlungsspielraum, sie werden nicht mehr von ihren Urinstinkten getrieben. Das Großhirn darf sozusagen wieder „mitsprechen". Damit wird die direkte Auseinandersetzung im weiteren Mediationsverlauf möglich.

Beschreibung

Zu Beginn der Phase zwei, der Darstellung der Sichtweisen, fordern wir die Medianden auf, ihre Sicht auf den aktuellen Konflikt dazustellen. Zur Veranschaulichung setzen wir Figuren ein, um die Konfliktsituation zu beschreiben. Wir verwenden dafür „Playmobil"-Figuren. Sie bieten viele Variationen und die Konfliktparteien können durch Zubehör weitere Aspekte aufgreifen. Besonders markante Figuren setzen wir in mehrfacher Ausführung ein. Jede Konfliktpartei bekommt Raum auf einer Tischecke (oder an getrennten Tischen im gleichen Raum), um ihre Darstellung aufbauen zu können.

„Wir bitten Sie, uns ganz wörtlich ins Bild zu setzen, wie Sie momentan Ihren Konflikt sehen. Wir bitten Sie sozusagen um eine eingefrorene Momentaufnahme." (Wir sprechen dabei von einer eingefrorenen Momentaufnahme, da eine Darstellung des gesamten Konfliktes oder der

Konflikthistorie eher Komplexität erzeugt. Unser Ziel ist Komplexitätsreduktion.) *„Verwenden Sie dafür die ‚Playmobil'-Materialien, so wie es Ihnen gefällt. Sie haben dafür 20 Minuten Zeit."*

Erfahrungsgemäß sind die Medianden nach 15 Minuten fertig und haben kleine Szenerien aufgebaut. Diese Form der Visualisierung erschließt, wie auch bei Personenaufstellungen, die subjektive innere Realität der Medianden. Der über das Gespräch hinausgehende Methodenwechsel und die veränderte Perspektive (Vogelperspektive, 360-Grad-Perspektive) schaffen Überblick und Abstand. Die Situation erscheint wie in einer Spielzeugwelt, die Medianden sind Bestandteil, blicken gleichzeitig dissoziiert auf sich und das Geschehen. Reihum betrachten Mediatoren und Medianden gemeinsam jede Szene.

Fotos: Die gestellten Szenarien repräsentieren die subjektiv erlebte Realität der Klienten.

Als Mediatoren unterstützen wir den Dissoziationsprozess zusätzlich, indem wir von den Personen im Bild sprechen und nicht die Ich-Form wählen. Beispielsweise an Frau Meier gewendet: *„Wenn Sie die Frau Meier in der Szene sehen, was erlebt sie da? Wie geht es der Frau Meier dort? Welche Gefühle hat Frau Meier in der Szene?"* Natürlich fragen wir dann Frau Meier auch, was Herr Bauer dort macht, was er fühlt usw. So wird mit jeder Konfliktpartei ihre eigene Szene besprochen. Die anderen Konfliktparteien können im Anschluss Verständnisfragen dazu stellen, Interpretationen und Bewertungen sind verboten.

Der Austausch findet zunächst als „Gespräch unter Betrachtern" über die Szenen statt. Dadurch entsteht eine Beruhigung und innerer Abstand. Die Wirksamkeit der Beruhigung kann der Mediator auch anhand der körperlichen Hinweise bei den Medianden beobachten. Atmet er ruhiger, schwitzt er weniger, friert er weniger, wie sieht die Gesichtsfarbe aus?

Sind alle Szenen betrachtet, sitzen die Medianden und der Mediator wieder zusammen. Wir führen die Konfliktpartei dann zurück in die Assoziation, indem wir Frau Meier fragen: *„Wenn Sie die Frau Meier in der Szene anschauen, wie geht es Ihnen dann jetzt dabei?"* So wird die

Konfliktpartei zurück in ihren „Betrachterkörper" geführt und nimmt wieder Kontakt zu ihren direkten Gefühlen auf. Die Selbststeuerung wurde gestärkt, da die Medianden zuvor in einem kontrollierbaren Zustand ihre Situation erläutert haben. Damit ist eine direkte Konfrontation mit dem Erleben jetzt aushaltbar.

Eine besondere Form der Anwendung ist die Anwendung in einem Einzelgespräch. Hier kann mit dieser Methode eine „unerträgliche" Situation für einen Medianden wieder „erträglich" gemacht werden. Das Einzelgespräch verläuft dann schon nahe an einem Einzelcoaching mit dem Ziel, die Arbeitsfähigkeit für eine direkte Auseinandersetzung in der gemeinsamen Mediation herzustellen.

Erfahrungen/ Kommentare

Besonders in Organisationskulturen, die schwer mit Emotionen umgehen können, wird der Verlust der Selbststeuerung als bedrohlich wahrgenommen. Eine große Hilflosigkeit tritt bei Konfliktparteien ein, die „sich stark gehen lassen" oder „völlig aus dem Rahmen fallen". Zum Verlust der Selbststeuerung kommt der Gesichtsverlust. Hier unterstützt eine zunächst beruhigende Methode die Medianden besonders. Wichtig ist der Fokus auf die Konfliktparteien. Die Methode ist nicht dazu gedacht, die Mediatoren vor heftigen Gefühlen oder Stressphänomenen zu schützen. Dann wirkt die Methode rationalisierend, abkühlend und vermeidend.

Technische Hinweise

Zur Darstellung der Konfliktszenen eignen sich neben Playmobil-Figuren auch Materialien wie z.B. das Systembrett oder das Inszenario®-Set. Ein gut sortiertes Playmobil-Set hat Sieglinde Schneider für den beraterischen Einsatz entwickelt und zusammengestellt. Die 40 Aufstellungsfiguren dieses Sets unterscheiden sich von den bekannten Spielfiguren durch die äußere Gestalt, die Farbgebung und die Größe.

Quellen/Literatur

- Ballreich, Rudi/Glasl, Friedrich: Konfliktmanagement und Mediation in Organisationen, ein Lehr- und Übungsbuch mit Filmbeispielen auf DVD. Concadora, Stuttgart 2011.
- Krämer, Horst: Trauma-Bewältigung – Wege aus der persönlichen Katastrophe. Orell Füssli, Zürich 2005.
- Schwertfeger, Elke/Bähner, Christian: Arktis oder Sahara?, siehe S. 28.
- www.aufstellungsfiguren.de (abstraktes Playmobil-Set, von Sieglinde Fischer entwickelt), vom Wieslocher Institut für systemische Lösungen, Carl-Auer-Systeme-Verlag.

- www.gunter-koenig.de, Inszenario®-Set
- www.systembrett.at, Systembrett

Weiteres Vorgehen

Nachdem mit dieser Methode die Sichtweisen behutsam erhoben werden, bringen wir die Konfliktparteien in der Phase drei stärker in den Kontakt mit sich. Sie werden allmählich in einen assoziierten Zustand geführt, den sie nun besser aushalten und steuern können. Jetzt erfolgt die Ansprache wieder direkt und nicht mehr über den Umweg der Spielfiguren. Sind die Parteien im Kontakt mit ihren Gefühlen und Bedürfnissen, haben wir eine Grundlage gelegt, die Konfliktparteien in den direkten Austausch zu bringen. Perspektivenwechsel und Kontakt zu den anderen Konfliktbeteiligten werden nicht mehr als unmöglich empfunden, wir haben eine größere Offenheit in der Phase drei erreicht.

Timeline

Mit der Timeline die Konfliktgeschichte abbilden

Von Götz Liefert

Kurzbeschreibung

Mit dieser Methode erschließt sich in sehr anschaulicher Weise die Konfliktgeschichte von Paaren, Gruppen und Institutionen. Die jeweiligen Sichtweisen aller am Konflikt beteiligten Personen werden angemessen berücksichtigt. Die Verwendung von Symbolen und Bildern bei der Darstellung der Konfliktgeschichte trägt zu einem vertieften Verständnis zwischen den Konfliktbeteiligten bei.

Zeitlicher Rahmen

Der Zeitrahmen für diese Intervention kann je nach Anzahl der Beteiligten und der Dauer und Komplexität der Konfliktgeschichte zwischen einer und vier Stunden liegen. Das Tool ist in jeder Zusammensetzung anwendbar, je nach Gruppengröße sind jedoch unterschiedliche Vorgaben für die Anwendung sinnvoll.

Anlässe/ Anwendungsbereiche

Das Tool kommt in der Themenfindungsphase zum Einsatz und erschließt die vielfältigen und unterschiedlichen Sichtweisen aller am Konflikt beteiligten Personen. Die Methode schafft oft eine große Dichte und Tiefe in der Konfliktbetrachtung, sodass häufig auch tiefer gehende Interessen, Gefühle und Bedürfnisse (Phase 3) der Konfliktbeteiligten sichtbar werden.

Zielsetzung/Nutzen

Die Darstellung der Sichtweisen der Konfliktbeteiligten und ihre angemessene Würdigung durch die Spiegelung des Mediators ist einer der zentralen Momente in jeder Mediation. Das Tool ermöglicht dies durch seine anschauliche und strukturierte Form auf optimale Weise. Dabei werden neben den unterschiedlichen Sichtweisen auf den Konflikt als „Nebenprodukt" häufig auch bereits viele Ressourcen deutlich, die die Beteiligten zur Lösung ihres Konfliktes nutzen können.

Beschreibung

1. Schritt

Nachdem in einer ersten Phase mit den Konfliktbeteiligten der Kontrakt, die Regeln und erste Erwartungen an die Mediation bzw. die Konfliktmoderation benannt worden sind, lädt der Mediator die Anwesenden zu einer Abbildung ihrer Konfliktgeschichte ein. Hierzu liegt im Raum eine Zeitlinie aus – z.B. in Gestalt eines roten Seils. Der Mediator verständigt sich mit den Beteiligten darüber, auf welchen Zeitraum sich dabei bezogen werden soll. Oft ist es dabei sinnvoll, über den Zeitraum der reinen Konfliktgeschichte hinauszugehen.

Beispiel: In einer Grundschule hat es im Vorjahr einen schweren Konflikt gegeben, der sowohl auf Leitungsebene, im Kollegium und bei den Eltern seine Spuren hinterlassen hat. Bei der Konfliktbearbeitung vor dem neuen Schuljahr sind etwa 30 Kollegen anwesend. Die Schule hatte vor Ausbruch des Konflikts eine gute Entwicklung genommen. Wir verständigen uns darauf, nicht nur das letzte Jahr in seiner Entwicklung abzubilden, sondern die gesamte Schulgeschichte von ihrer Gründung im Jahr 1990 zu betrachten.

2. Schritt

Der Mediator markiert den festgelegten Zeitraum mit Jahreszahlen. Im Raum sind auf Tischen Symbole, Postkarten, Puppen oder andere Gegenstände ausgelegt. Die Konfliktbeteiligten werden aufgefordert, aus dem ausliegenden Bestand drei bis fünf Dinge auszuwählen, die für sie wichtige Aspekte (positive wie negative) der Konfliktgeschichte darstellen. Die Anzahl der auszuwählenden Gegenstände ist abhängig von der Größe der Gruppe und der vorhandenen Zeit. Anschließend legen die Teilnehmer jeder für sich die ausgewählten Gegenstände an die Stelle der Zeitlinie, an der der damit verbundene Aspekt am besten zum Ausdruck kommt. Dabei wird zusätzlich die Möglichkeit eingeräumt, die Gegenstände oberhalb der Zeitlinie (drückt aus, dass es sich um einen positiv empfundenen Aspekt handelt) oder unterhalb der Zeitlinie auszulegen (drückt aus, dass es sich um einen eher negativ oder schwierig empfundenen Aspekt handelt – siehe Fotos rechts).

Für die Abbildung der Konfliktgeschichte und deren Erzählung sind etwa zwei Stunden eingeplant. Aufgrund der hohen Anzahl der beteiligten Kollegen dürfen in diesem Fall pro Person jeweils nur zwei Gegenstände ausgewählt und platziert werden. Dies erweist sich auch im Nachhinein als völlig ausreichend. Man kann sich immer darauf verlassen, dass die Gesamtheit der Konfliktbeteiligten mit ihrer jeweiligen Auswahl insgesamt dafür sorgen wird, dass das Wesentliche benannt werden wird.

3. Schritt

Die Geschichte des Konfliktes wird erzählt. Meist geht es dabei nicht nur um den Konflikt, sondern darüber hinaus auch um andere wichtige Dinge, die das Miteinander der jeweilige Gruppe bestimmt haben. Die Teilnehmer kommen dabei jeweils in der Reihenfolge der ausgelegten Gegenstände zu Wort, erklären ihre Bedeutung und schildern ihre jeweilige Sichtweise dazu. Nach und nach entsteht ein Gesamteindruck, der die verschiedenen Facetten der Konfliktgeschichte aus den unterschiedlichen Blickwinkeln verdeutlicht. Mit zunehmender Zeit wird diese Geschichte in der Regel immer dichter und komprimierter. Die Aufgabe der Moderation ist es dabei, dafür zu sorgen, dass alle ihre Eindrücke ungestört mitteilen können. Durch häufiges Spiegeln der verschiedenen Aussagen wird zusätzlich dazu beigetragen, dass die Konfliktbeteiligten sich besser verstanden fühlen. Gleichzeitig werden auf Karteikarten wichtige Stichpunkte zu den individuellen Beiträgen festgehalten und zu den entsprechenden Gegenständen gelegt. Damit lässt sich die Konfliktgeschichte insgesamt noch besser nachvollziehen. In dieser Phase gilt es, den Prozess als Ganzes wahrzunehmen und zu verstehen. Deshalb sind Verständnisfragen erlaubt, eine Aussprache sollte man in dieser Phase auf jeden Fall unterbinden.

Die Geschichte der Grundschule ist über das erste Jahrzehnt hinaus zunächst einmal eine richtige Erfolgsgeschichte. Die Lehrer, die schon seit den Anfängen dabei sind, berichten von den ersten Anfangserfolgen und von der guten Atmosphäre im Kollegium, die es jedem Neuen ermöglicht hat, gut in die Arbeit hineinzufinden. Im zweiten Teil der Geschichte wird allein schon an den vielen Symbolen, die unterhalb der Zeitlinie liegen, der zurückliegende Konflikt deutlich: Die Beiträge werden immer dichter und emotionaler, der Mediator steht teilweise sogar auf, um – auf der Zeitlinie stehend – die jeweiligen Sichtweisen zu spiegeln. Trotz aller dramatischen Tiefpunkte, die erstmals für alle in dieser Form spürbar werden, gibt es jedoch auch in dieser Phase unerwartete „Highlights“: Eine Referendarin berichtet, dass sie mitten in dieser turbulenten Phase der

Fotos: Auf der Timeline platzieren die Konfliktteilnehmer Gegenstände, die den Konflikt symbolisieren.

Schule von ihren Mentoren sehr gut begleitet worden sei – ähnlich wie die neuen Kollegen in der Gründungsphase der Schule ...

Das erste Feedback des Kollegiums auf die gehörte Konfliktgeschichte fällt trotz unterschiedlichster Stellung im Konflikt ähnlich aus: Alle sind erstaunt über die Offenheit, mit der die Beteiligten über sich gesprochen haben, viele Haltungen sind überhaupt das erste Mal in einer großen Runde kommuniziert und nachvollziehbar geworden ...

4. Schritt

Nach dieser Phase besteht die Möglichkeit, deutlich gewordene Schwerpunktthemen der dargestellten Konfliktgeschichte im Dialog weiter zu vertiefen. In diesem Fall wurden die Schwerpunktthemen (u.a. Lehrergesundheit, Neuorganisation der Leitungsebene der Schule, Einbeziehung der Eltern) nach der Mittagspause gesammelt und mithilfe von Großgruppenverfahren wie einem World Café weiter bearbeitet. Auf eine weitere Vertiefung der vorher sichtbar gewordenen Konflikte konnte dabei weitgehend verzichtet werden, stattdessen wurde in den Arbeitsgruppen sehr lösungsorientiert weitergearbeitet.

Erfahrungen/ Kommentare

Dieses Tool besticht durch seine breiten Anwendungsmöglichkeiten sowohl im kleinen Rahmen (Paar oder Kleingruppe) als auch in großen Gruppen mit bis zu 50 Personen. Neben der sprachlichen Ebene werden mit der Einziehung einer analogen Ebene mit Bildern und Symbolen andere Sinne angesprochen, die die Konfliktbeschreibung für alle Beteiligten anschaulicher und verständlicher macht. Neben ihrer Anschaulichkeit hat die Methode eine klare Struktur, die es dem Mediator ermöglicht, einerseits die Übersicht zu behalten und andererseits durch intensives Spiegeln zu einem vertieften Verständnis der verschiedenen Sichtweisen im Konflikt beizutragen. Die Rückbesinnung auf die Konfliktgeschichte ermöglicht es, auch lang zurückliegende Konflikte wieder lebendig zu machen und besser zu verstehen.

Wichtig bei der Durchführung ist es, die Struktur zu halten und als Mediator darauf zu achten, sich die Konfliktgeschichte bis zum letzten Aspekt erzählen zu lassen. Aus meiner Erfahrung wird es immer wieder Versuche einzelner Beteiligter geben, diesen Fluss zu unterbrechen – diesem Ansinnen sollte man in der Regel nicht nachgeben.

Bei der Bearbeitung einer über 20-jährigen Konfliktgeschichte einer kirchlichen Kindertagesstätte interveniert der Pfarrer, der als Vorgesetzter der Konfliktbearbeitung mittels der Timeline beiwohnt, nach der Hälfte der laufenden Besprechung: Es wäre ja nun sehr deutlich geworden, wie sehr die Mitarbeiterinnen unter der Knute der früheren Kita-Leitung gelitten haben, nur sollte dies doch nicht davon ablenken, dass die Kolleginnen doch auch untereinander große Schwierigkeiten haben, die jetzt langsam mal zur Sprache kommen müssten … Der Mediator bittet den Pfarrer freundlich aber bestimmt, sich die Geschichte bis zum Ende anzuhören. Gegen Ende der Konflikterzählung – die Zeit, in der die frühere Leitung nicht mehr auftaucht, weil ihr gekündigt worden ist – tauchen all diese Themen in den von den Kolleginnen vorgestellten Beiträgen auf: Misstrauen gegenüber der neuen Leitung, neue Formen der Cliquenbildung und des Übereinander- statt Miteinanderredens – alle Themen kommen zur Sprache, aber erst, wenn die Zeit dafür reif ist!

Technische Hinweise

- *Materialien:* Ein 10-20 Meter langes Seil, ein Koffer mit Symbolen, Postkarten und Bildmotiven aller Art, Handpuppen und andere Utensilien, Moderationskarten.
- *Räumliche Bedingungen:* Je nach Gruppengröße genügend großer Raum mit offenem Stuhlkreis, Platz zum Auslegen der Gegenstände und des Seils als Zeitlinie.

Quellen/Literatur

Die Methode hat ihre Wurzeln im NLP und im Psychodrama und wurde dabei hauptsächlich dafür eingesetzt, Entwicklungen von Einzelnen und Gruppen nachzuvollziehen.

Weiteres Vorgehen

Nach der Intervention muss mit den Konfliktbeteiligten geklärt werden, welche der in der Konfliktgeschichte deutlich gewordenen Themen noch weiter bearbeitet werden müssen. Nach meiner Erfahrung gehen die Entwicklungen dabei in zwei Richtungen:

- In manchen Fällen hat die ausgiebige Würdigung der verschiedenen Sichtweisen der Konfliktbeteiligten im Rahmen der Timeline bereits dazu geführt, dass sich bei den meisten Anwesenden eine veränderte Haltung gegenüber dem Konflikt entwickelt, die es ermöglicht, mit einem stark lösungsorientierten Ansatz die offenen Themen zu sammeln und zu bearbeiten.

- In allen anderen Fällen können die deutlich gewordenen Konflikte unter der Fragestellung „Was muss noch geklärt werden“ oder „Wer hat mit wem noch Klärungsbedarf“ gesammelt und in der Folge bearbeitet werden.

Quadratische Konfliktanalyse

Sichtweisen nach den vier Aspekten der Kommunikation analysieren

Von Hendrik Middelhof

Kurzbeschreibung

Die „Quadratische Konfliktanalyse" basiert auf dem Kommunikationsmodell der „Vier Seiten einer Nachricht" nach Friedemann Schulz von Thun. Der Mediator schreibt sich die wesentlichen Informationen der Konfliktpartner auf – und zwar nach den Dimensionen: Sachinformation – Selbstkundgabe – Beziehung – Appell. In der Regel ist davon auszugehen, dass alle vier Dimensionen relevant sind. Sie bilden den Ausgangspunkt für gezieltes Nachfragen und die Arbeit mit Hypothesen. Der Mediator bittet die Konfliktpartner, nacheinander ihre Sicht des Konflikts darzulegen. Er kann in der Konfliktdarstellung die Ausführungen der Mediandden strukturieren und gezielt nachfragen, ohne dass alle Aspekte in „einen Topf geworfen werden" und unklar bleiben.

Abb. 1: Quadratische Konfliktanalyse

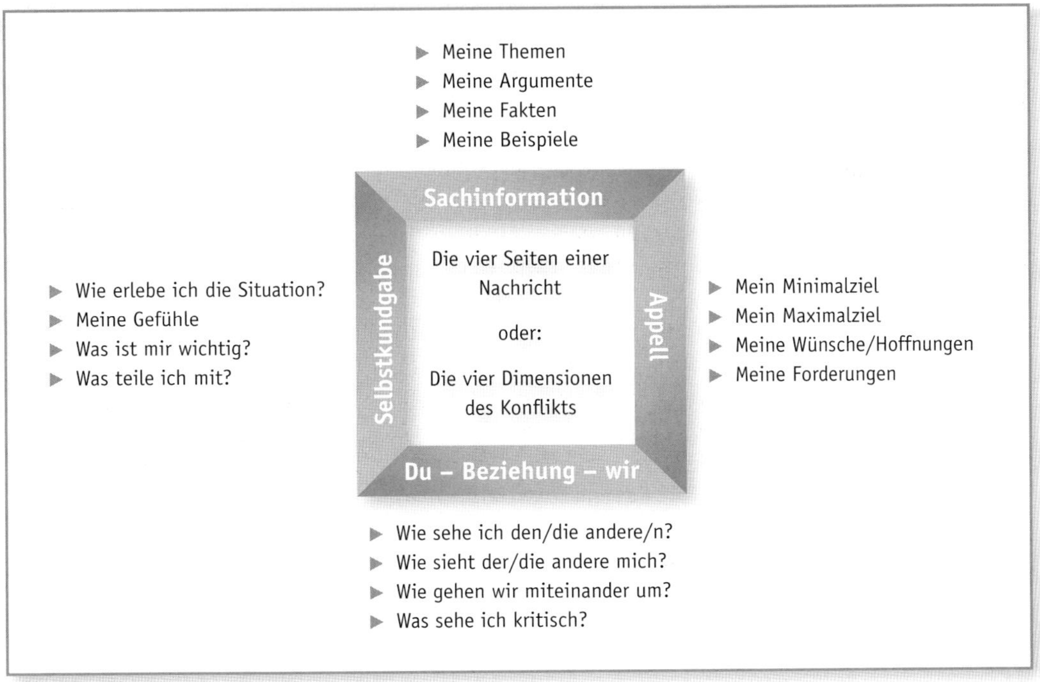

Rahmen

Das Tool erfordert vom Mediator besondere Konzentration. Er schreibt mit, während einer der Konfliktpartner spricht. Er filtert und visualisiert für sich das Gesagte und hört weiter aktiv zu. Bei dem Tool handelt es sich um eine Parallelintervention, die keinen zusätzlichen Zeitaufwand erfordert. In einer Co-Mediation können sich die beiden Mediatoren darauf verständigen, jeweils die Darstellung eines Konfliktpartners mitzuschreiben.

Die „Quadratische Konfliktanalyse" eignet sich besonders für die Einzelmediation. In einer Gruppen- oder Teammediation steigt der zeitliche Aufwand mit jedem zusätzlichen Formular. Einerseits kann es den Mediator sehr schnell überfordern, andererseits gehen ihm auch bei größeren Gruppen die wesentlichen Einzelinformationen nicht verloren. Es bietet sich an, einen Assistenten mit der Mitschrift zu beauftragen und mit diesem in einer Pause in den Austausch zu gehen.

Anlässe/ Anwendungsbereiche

Das Tool eignet sich besonders für Vor- bzw. Anwendungs-Einzelgespräche. Bevorzugt setze ich sie in den Vorgesprächen im Rahmen der Auftragsklärung ein. Ein weiterer Einsatzbereich ist die Darstellungsphase in der dyadischen Mediation (zwei Konfliktparteien). Sie hilft dem Mediator, möglichst schnell Gemeinsamkeiten und Unterschiede festzustellen und Wechselseitigkeit herzustellen, um die Medianden miteinander ins Gespräch zu bringen.

Zielsetzung/Nutzen

Sowohl in ersten Einzelgesprächen im Rahmen der Auftragsklärung als auch in der ersten gemeinsamen Mediationssitzung haben Konfliktpartner einen mehr oder weniger großen Redebedarf. Sei es, dass sie „Dampf ablassen" müssen oder sich ihre Anliegen „frei von der Leber weg" erzählen wollen: Für alle ist es hilfreich, wenn sie ihre Sichtweise ohne Unterbrechungen darstellen können. Der Mediator konzentriert sich auf das aktive Zuhören. Er hört die wesentlichen Informationen heraus und notiert sie in den entsprechenden Feldern des Vordruckes. Es entwickelt sich ein ganzheitliches Bild der vier Dimensionen des Konfliktes. Möglicherweise kristallisiert sich ein Schwerpunkt heraus, beispielsweise mehr auf der Sach- oder Beziehungsebene. Mit den so gesammelten Daten verschafft sich der Mediator einen ersten Überblick: Worin besteht der Konflikt aus Sicht der Betroffenen? Wo sind Gemeinsamkeiten? Wo gibt es Unterschiede oder Widersprüche? Werden „Schlüsselwörter" verwendet? Die „Quadratische Konfliktanalyse" ermöglicht eine grobe Diagnose, die der Mediator durch weitere Schritte präzisieren kann. Für sein weiteres Vorgehen bietet sich auf dieser Grundlage die Bildung von Hypothesen (Annahmen) an.

Beschreibung

Hilfsmittel ist das dargestellte Formular. Für jeden Konfliktpartner verwendet der Mediator eins. Die vier Dimensionen werden noch einmal erläutert und mit Hilfsfragen versehen.

Diese Hilfsfragen sind in der Ich-Form geschrieben, damit sich der Mediator besser in die Lage des Sprechenden hineinversetzen kann. Er verwendet für jeden beteiligten Konfliktpartner einen Vordruck und schreibt jeweils den entsprechenden Namen auf. So vermeidet er Verwechslungen. Zwei Varianten bieten sich ihm an:

- Er schreibt beim Zuhören die Ausführungen in die jeweils zugehörigen Zeilen der Dimensionen Sachinformation, Selbstkundgabe, Beziehung und Appell. Dies bietet sich bei weniger komplexen Konfliktlagen an. Der Mediator verschafft sich so eine schnelle Übersicht und kann im weiteren Gesprächsverlauf direkt anknüpfen.
- Er schreibt alle wesentlichen Informationen „in einem Guss" auf Kladde. Das bietet sich bei komplexen Konflikten an, bei denen mehrere Sitzungen stattfinden. Nach Ende der Sitzung schreibt der Mediator die wesentlichen Informationen zusammengefasst und sauber formuliert in den Vordruck. Nun kann er die nächste Sitzung vorbereiten.

Ein Beispiel: Die Teamleiterin zweier Erzieherinnen einer Kindertagesstätte bittet den Mediator um Vermittlung. Eine Auseinandersetzung zwischen den beiden Kolleginnen sei eskaliert. Das Problem liege nicht im fachlichen, sondern im zwischenmenschlichen Bereich. Die Konfliktpartner, Bettina Braun und Gudrun Gelb, seien mit einem moderierten Gespräch einverstanden, wenn sich dadurch Perspektiven für eine bessere Zusammenarbeit ergeben könnten. Frau Gelb werfe Frau Braun „Mobbing" vor. Diesen Vorwurf nimmt der Mediator zum Anlass Vorgespräche zu führen.

Der Mediator arbeitet mit der „Quadratischen Konfliktanalyse". Zur Veranschaulichung der Methode dient das Arbeitsblatt für Frau Gelb. Der Mediator schreibt ihre Ausführungen „in einem Guss" auf Kladde und überträgt das Wesentliche strukturiert in den Vordruck (siehe Abb. nächste Seite). Genauso geht er mit dem Vorgespräch mit Frau Braun vor. Nach dem Motto: „Manche behandeln ein Problem, als wäre es die Ursache für seine Lösung", kann der Mediator aus den Problemschilderungen Ansätze für lösungsorientierte Fragen ableiten.

Sachinformation

Mediator zu Frau Braun: *„Frau Gelb hat berichtet, sie habe in den 13 Jahren viel Erfahrung gesammelt und eine Zusatzausbildung in*

- **Meine Themen:** kollegialer Umgang, Kompetenzen, Abspachen
- **Meine Argumente:** Ich kenne unser Konzept, 13 Jahre Erfahrung, Zusatzausbildung
- **Meine Fakten:** Zusammenarbeit 2 Jahre, Frau Braun hat befristet die Gruppenleitung, Zukunft offen
- **Meine Beispiele:** Gestern ist mir Frau Braun bei einem Elterngespräch ins Wort gefallen. Frau Braun hat ohne Absprache Spielsachen aus unserer Gruppe entfernt

- **Wie erlebe ich die Situation?** belastend, ich habe Magenschmerzen
- **Meine Gefühle:** klein, abgewertet, handlungsunfähig
- **Was ist mir wichtig?** Respekt als ältere und erfahrene Kollegin, Akzeptanz
- **Was teile ich mit?** Die Belastungen nehmen ständig zu, ich denke über einen Stellenwechsel nach

- **Mein Minimalziel:** Vertrauen in Zusammenarbeit, nicht immer fragen müssen
- **Mein Maximalziel:** gemeinsame Planung und Reflexion
- **Meine Wünsche/Hoffnungen:** mehr Mitsprache, eigene Ideen einbringen
- **Meine Forderungen:** Klärung meiner Rolle, eigene Konzepte einbringen

- **Wie sehe ich den/die andere/n?** Frau Braun ist dominant, ihr fehlt die Einsicht in meine Lage
- **Wie sieht der/die andere mich?** Sie nimmt mich nicht ernst und schätzt meine Arbeit nicht
- **Wie gehen wir miteinander um?** Wir streiten uns zu oft und hören einander nicht zu
- **Was sehe ich kritisch?** Die Fluktuation ist zu hoch: die 8. Leitung in 13 Jahren

Abb. 2: Quadratische Konfliktanalyse am Beispiel von Frau Gelb

Waldpädagogik abgeschlossen. Was hat Frau Gelb zu dem Konzept der Einrichtung beigetragen? Was könnte sie noch tun? Welche neuen Herausforderungen könnte es für Frau Gelb geben?"

Selbstkundgabe

Mediator zu Frau Gelb: *„Frau Gelb, Respekt ist Ihnen sehr wichtig. An welche Situationen können Sie sich erinnern, in denen Frau Braun Ihnen den Respekt gezeigt hat, wie Sie sich ihn wünschen? Wie könnte sich Frau Braun Ihrer Meinung nach konkret verhalten, dass Sie sagen können: Das war respektvoll?"*

Beziehung

Mediator an beide Konfliktpartner: *„Was müsste passieren, damit Sie sich beide weniger streiten? Was erwarten Sie stattdessen von der anderen? Was wären Sie bereit, selbst dazu beizutragen?"*

Appell

Mediator an Frau Gelb: *„Sie wünschen sich mehr Vertrauen in die Zusammenarbeit. Ich zeichne zu diesem Thema auf Flipchart eine Skala von 0 bis 10. 0 bedeutet kein Vertrauen. 10 ist der Höchstwert: Optimales Vertrauen. Wo auf der Skala sehen Sie Ihre Zusammenarbeit jetzt? Markieren Sie bitte diesen Wert.* (Bei einem Wert von mindestens 1:) *Was ist bereits vorhanden? Welcher nächste Wert wäre realistisch erreichbar? Woran würden Sie erkennen, dass dieser neue Wert erreicht ist? Wie verhält sich Frau Braun in dieser Situation? Was machen Sie?"*

Erfahrungen/ Kommentare

Meine Erfahrung: Struktur auf dem Papier bewirkt Struktur „im Kopf". Der Mediator arbeitet strukturiert im Prozess, weil er einen roten Faden hat. Der besteht weniger aus den Inhalten, sondern vielmehr in der Art, wie er arbeitet. Er konzentriert sich nicht vorrangig an der inhaltlichen Lösung, sondern auf eine konsequente Gesprächsführung.
Die Zusammenhänge der unterschiedlichen Kommunikationsaspekte werden schnell deutlich. Häufig werden die individuellen Sichtweisen ohne inneren Zusammenhang geschildert. Nunmehr bringt der Mediator sie zusammen und erhält ein besseres Bild von dem Konflikt. Er moderiert „für sich selbst" und irritiert die Medianden nicht, indem er ihre Ausführungen an der Pinnwand oder am Flipchart visualisiert und dadurch den Redefluss bremst.

Technische Hinweise

als Download

Der Vordruck steht als Online-Ressource zur Verfügung (Nutzen Sie den Link auf der Umschlagklappe des Buchs). Sie können diesen individuell anpassen und mit eigenen Fragen versehen.

Quellen/Literatur

Mein Dank gilt Friedemann Schulz von Thun, dessen „Vier Seiten einer Nachricht" die Grundlage dieses Tools bildet. Ich habe seinen Kommunikationsansatz erstmals in dem Buch „Miteinander Reden 2" kennengelernt (Verlag rororo 1999, S. 19 ff). Aktuell beschreibt Friedmann Schulz von Thun die „Vier Seiten einer Nachricht" als Kommunikationsquadrat in dem Buch „Interkulturelle Kommunikation: Methoden, Modelle, Beispiele" (rororo 2008, S. 12 ff.; ISBN 978-3-499-62096-6). In jeder Hinsicht informativ ist die Internetseite www.schulz-von-thun.de

---

Weiteres Vorgehen

Die Arbeit mit der quadratischen Konfliktanalyse hilft dem Mediator zusätzlich bei seiner Hypothesenbildung und damit verbunden beim nächsten Schritt. Eine Hypothese ist eine Annahme. Der Mediator formuliert sie für sich als Aussagen, wohl wissend, dass er ihren Wahrheitsgehalt nicht sicher weiß und daher seine Annahmen überprüfen muss. Werden sie bestätigt, arbeitet er mit ihnen weiter. Bestätigen sie sich nicht, verwirft er sie. Er unterscheidet psychologische Hypothesen von Mediationshypothesen. Bei den psychologischen Hypothesen bildet der Mediator seine Annahmen über den Konflikt und über Einstellungen, Überzeugungen, Strategien usw. der Konfliktparteien. Diese behält er aber für sich und versucht sie im Laufe des Prozesses zu verifizieren oder zu verwerfen. Bei der Mediationshypothese bildet er eine Annahme, aus der heraus er den nächsten Schritt macht.

Im Fall von Frau Gelb könnte die psychologische Hypothese lauten: Frau Gelb hat einen hohen Leidensdruck. Sie ist enttäuscht über ihre berufliche Situation und zeigt körperliche Symptome. Sie braucht mehr Anerkennung, sonst wechselt sie die Stelle. Eine Weiterqualifizierung ist eher nicht angesagt, da Frau Gelb bisher keine entsprechenden Aktivitäten gezeigt hat. Es ist ihr Schicksal, immer wieder andere Vorgesetzte zu bekommen, ohne selbst weiterzukommen. Da sie aber schon lange in derselben Kindertagesstätte arbeitet, ist sie zuverlässig und steht für Kontinuität. Sie kennt die Einrichtung mit ihrem Konzept sehr gut. Sie hat ihre Bedürfnisse und Erwartungen deutlich zum Ausdruck gebracht. Grundsätzlich möchte sie in der Einrichtung weiterarbeiten. Sie erwartet aber Zugeständnisse.

Mediationshypothese: Frau Gelb benötigt von Frau Braun eine deutliche Rückmeldung zum Wert ihrer Arbeit. Bei entsprechender Wertschätzung könnte mit Frau Braun darüber verhandelt werden, welche Zugeständnisse sie der Frau Gelb hinsichtlich mehr Kompetenzen und Verantwortung beispielsweise für eigene Projekte machen kann. Dadurch könnte Frau Braun selbst entlastet werden und wird so von Frau Gelb als weniger dominant erlebt. Hinsichtlich der gesetzlichen Änderungen, die Frau Gelb belasten, muss zum einen auf deren Auswirkungen und zum anderen auf die Stärken von Frau Gelb eingegangen werden.

Der nächste Schritt: Als Mediator werde ich in der ersten gemeinsamen Sitzung beim Thema „Zusammenarbeit/kollegialer Umgang" die Aspekte Feedback, Lob, Anerkennung ansprechen und den Austausch darüber anstoßen. Die quadratische Kommunikation soll dabei einen lösungsorientierten Mediationsprozess einleiten. Nicht die detaillierte Problembeschreibung und -bearbeitung steht im Vordergrund, sondern die Richtung, in die „nach vorne" in die Zukunft weitergearbeitet wird.

Der Vorwurf als Chance

Vorwürfe umformulieren, Erwartungen und Wünsche verhandeln und klären

Von Carla van Kaldenkerken

Kurzbeschreibung

Dieses Moderationsdesign ist ein strukturiertes, lösungsorientiertes Vorgehen für die Konfliktbearbeitung ohne vertiefte Erhellung der Konflikthintergründe. Zu allen Anlässen, die eine vertiefte Konflikterhellung nicht möglich machen und bei stark vorwurfsorientierten Kooperationskonflikten eignet sich diese Methode besonders. Ausgehend von der Methode „Schule des Wünschens" von Thies Stahl ist dieses moderierte Verfahren erweitert worden durch Elemente aus der systemischen Beratung, der gewaltfreien Kommunikation und des Verhandelns – und wurde für Konfliktbearbeitungsanlässe angepasst. Ausgehend von Vorwürfen, werden diese in Wünsche und Erwartungen an konkretes Verhalten umformuliert und verhandelt. Zukunftsorientiert wird wünschenswertes Verhalten an Personen, Rollen, Gremien und Funktionen beschrieben, ohne Bezug auf die Vergangenheit zu nehmen, Kränkungen und Enttäuschungen zu benennen und die emotionale Verfassung zu thematisieren.

Rahmen

- Je nach Gruppengröße und Themenvielfalt dauert dieser Moderationsablauf zwischen 1-5 Stunden.
- Die Grundstruktur der Methode kann in dyadischen Settings und in Großgruppen bis zu 40 Teilnehmern eingesetzt werden. Die Methode bietet ein Klärungsdesign, das sich auf alle Gruppengrößen variieren lässt.
- Der Ablauf kann innerhalb einer Beratung genutzt werden oder als Moderationsablauf über einen ganzen Workshop gelegt werden.

Anlässe/ Anwendungsbereiche

Dieser Moderationsablauf orientiert sich an den Phasen einer Konfliktberatung. Die Themenfindung, die Bearbeitung und die Vereinbarung für die zukünftige Zusammenarbeit werden abgedeckt. Die Konfliktdarstellung wird nur in einer knappen Beschreibung skizziert. Die Phase der Konflikterhellung hat in dieser Bearbeitung bewusst keine Bedeutung. So eignet sich die Methode besonders für folgende Anlässe:

- Für zeitlich knapp bemessene Beratungen, in denen eine vertiefte Konflikterhellung nicht möglich ist.
- Für die verordnete und nicht freiwillige Konfliktbearbeitung unter Ausschluss der emotionalen Konflikterhellung.
- Für große und sehr große Gruppen, in denen eine vertiefte Darstellung der emotionalen Hintergründe wegen der Größe und Aspekten des Vertrauens und der Vertraulichkeit nicht angesprochen werden können.
- Für die Verhandlung von bisher nicht thematisierten Erwartungen an Personen, Rollen, Funktionen und Gremien, um die zukünftige Gestaltung von Kooperationen zu klären.
- Wenn eine sachliche Klärung der Differenzen beauftragt ist.

Anlässe können Konflikte zwischen Führung und Mitarbeitern sein, Konflikte zwischen Gruppen, moderierte Workshops für die Konfliktklärung ganzer Abteilungen und hoch eskalierte Konflikte, wo überwiegend in Vorwürfen und Zuschreibungen kommuniziert wird.

Zielsetzung/Nutzen

In vielen beruflichen Kontexten kann Mediation als Verfahren der Konfliktbearbeitung nicht eingesetzt werden, weil Konfliktbeteiligte sich dieser Bearbeitung nicht freiwillig stellen würden. Die Freiwilligkeit der Teilnehmer ist jedoch eine wichtige Voraussetzung von Mediation. Konflikte in Organisationen, manchmal nur von einigen Mitarbeitern verantwortet, können in hoch eskalierten Dynamiken ganze Abteilungen stilllegen, die Arbeitsfähigkeit Einzelner stark beeinträchtigen und die persönlichen Konfliktkosten der Beteiligten, aber auch von Unbeteiligten und der Organisation in Teilen oder als Ganzes stark belasten. Hier wird erwartet, dass Führung eingreift und Maßnahmen zur Konfliktbearbeitung beauftragt.

Mediation kann als Verfahren nicht verordnet werden und bedarf der freiwilligen Zustimmung der Beteiligten. Der Arbeitgeber kann nicht anordnen, dass Mitarbeiter über ihre persönlichen Hintergründe und Gefühle sprechen. Deshalb unterscheiden wir (Carla van Kaldenkerken, Roland Kunkel 2006) zwischen Mediation und Konfliktmoderation. Konfliktmoderation ist in unserem Verständnis ein moderiertes Konfliktbearbeitungsverfahren, das die Erhellung persönlicher und emotionaler Hintergründe ausspart und deshalb vom Arbeitgeber auch angeordnet werden kann. Das hier vorgestellte Design erfüllt diese Anforderung und kann deshalb auch angeordnet werden.

Weitere Ziele und Nutzen sind:

- Bei stark vorwurfsvoller Kommunikation wird die Aufmerksamkeit von den Vorwurfsadressaten weg auf die eigenen Erwartungen und Wünsche gerichtet.
- Die Ausrichtung weg von den Vorwürfen hin zu den Wünschen und Erwartungen orientiert die Teilnehmer wieder auf sich selber und aktiviert die eigene Verantwortung für die Konfliktklärung.
- Die Zukunftsausrichtung aktiviert Ressourcen.
- Die Verhandlung der Wünsche und Erwartungen klärt Verantwortungen und gibt jedem Beteiligten den Rahmen, sich entsprechend der eigenen Möglichkeiten, Grenzen, Fähigkeiten und Verhaltensmöglichkeiten in Rollen und Funktionen zu verhalten und mit Erwartungen umzugehen.

Beschreibung

A. Einführung

Die Teilnehmer erhalten eine Information zum Ablauf, dem Nutzen und der Zielsetzung des Verfahrens. Sie erfahren das gewünschte Ziel, eine größere Klarheit über die gegenseitigen Erwartungen zu erhalten. Bestenfalls können Vereinbarungen getroffen werden, wie die Beteiligten mit diesen Erwartungen in Zukunft umgehen werden: *„In den nächsten zwei Stunden werde ich Sie dabei unterstützen herauszufinden, welche Erwartungen und Wünsche sich hinter Ihren Vorwürfen verbergen. Wir klären anschließend, welche Wünsche und Erwartungen Ihr Gegenüber und Sie selber erfüllen können, wie Wünsche und Erwartungen ergänzt oder verändert werden müssen, damit Sie sie erfüllen können und was möglicherweise auch nicht zu klären ist."*

B. Durchführung

Bestandsaufnahme: Vorwürfe und Kritik aufschreiben

In der Regel gibt es einen Vorlauf, bevor diese Methode eingesetzt wird. Die Konfliktparteien agieren und kommunizieren stark in Vorwürfen und Zuschreibungen. Würde der andere sich so verhalten, wie man das immer sagt, hätten wir kein Problem mehr. Diese Vorwürfe und Verantwortungszuschreibungen werden aufgegriffen, indem die Beteiligten aufgefordert werden, ihre Vorwürfe und ihre Kritik auf Karten zu schreiben. Jeder Vorwurf und jede Kritik soll auf eine Karte geschrieben werden.

In großen Gruppen teilt man die Gruppe in Arbeitsgruppen auf und lässt die Vorwürfe auf Wandzeitungen sammeln. *„Bitte schreiben Sie die wichtigsten Punkte und Themen des Konfliktes und die entsprechenden Vorwürfe auf Karten. Bitte schreiben Sie nicht mehr als x Karten (je nach*

Gruppengröße und Zeit). Bitte nehmen Sie pro Thema oder Vorwurf nur eine Karte. Dafür haben Sie jetzt 15 Minuten Zeit (Zeit auch abhängig von der Gruppengröße)."

Bearbeitungsphase I: Umformulieren in Wünsche

Mit der Vorbemerkung, dass Vorwürfe in der Regel verunglückte Wünsche sind (Marshall B. Rosenberg), werden die Beteiligten im 2. Schritt aufgefordert, die einzelnen Karten zu nehmen und zu überlegen, welche Wünsche und Erwartungen hinter diesen Vorwürfen verborgen sind. Wie könnte man diesen Vorwurf in einen Wunsch umformulieren? *„Vorwürfe, Kritik und Zuschreibungen sind häufig verunglückte Wünsche. Man hat eine Idee, eine Vorstellung, einen Wunsch, wie sich jemand verhalten soll, damit ich meine Arbeit besser machen kann und arbeitsfähiger bin. Nehmen Sie sich nun die Karten einzeln vor, drehen Sie diese um und formulieren Sie Ihre Kritik, Vorwürfe und schwierigen Punkte in Wünsche um, indem Sie sie auf die Rückseite schreiben. Beziehen Sie den Wunsch auf das ganz konkrete Verhalten Ihres Adressaten. Was genau tut er, wie und wann? Schreiben Sie in Positiv-Formulierungen. Was genau tut er, wenn er sich den Wünschen entsprechend verhält? Überlegen Sie bitte auch, ob dieses Verhalten tatsächlich in seiner Macht liegt."*

Wenn die Karten beschrieben sind, werden die Teilnehmer aufgefordert, ihre Karten zu sichten und eine Reihenfolge der Wichtigkeit vorzunehmen – und die Frage für sich persönlich zu beantworten: *„Was sind Sie bereit dafür zu tun, zu investieren im Sinne von Zeit, Nerven, Engagement, Entgegenkommen, Verhandlungsbereitschaft und für welches höherwertige Ziel lohnt es sich, in diese Verhandlung zu investieren?"*

Nach dem 1. Schritt kommen die Beteiligten im Plenum zusammen und erhalten dann die zweite Arbeitsanweisung. Auf keinen Fall werden die Vorwürfe präsentiert. Die Gruppe kommt nur zusammen, um auf den nächsten Schritt vorbereitet zu werden.

Bearbeitungsphase II: Präsentieren und Konkretisieren

Nach dem Umformulieren kommen die Beteiligten wieder zusammen und präsentieren abwechselnd ihre Wünsche. In dyadischen Settings sprechen sie direkt miteinander, in großen Gruppen präsentieren Vertreter die Ergebnisse der Arbeitsgruppen. Fishbowl könnte eine methodische Variante für große Gruppen sein. Es werden zwei bis drei Stühle vor der Gruppe aufgestellt. Zwei Vertreter nehmen Platz und präsentieren die Wünsche. Ein Stuhl bleibt frei, auf dem wechselweise Teilnehmer aus der Gruppe Platz nehmen können.

Zunächst werden die Wünsche nur vorgetragen. Die andere Konfliktpartei kann dazu Verständnisfragen stellen. Es soll kein Gespräch entstehen! Der Moderator beteiligt sich an der Runde und fragt so lange nach, bis der Wunsch konkret und positiv formuliert ist. In diesem Schritt kommt es häufig zu Rechtfertigungen, Widerreden und Gegenangriffen. Hier ist es die Aufgabe des Konfliktbearbeiters, darauf zu achten, dass im Modus des Wünschens geredet wird. Der Adressat der Wünsche stellt nur Verständnisfragen.

Der Moderator achtet darauf, dass so lange konkretisiert wird, bis es vom Gegenüber verstanden wird und als Wunsch zunächst akzeptiert werden kann. *„Nun präsentieren Sie sich Ihre Wünsche. Wer von Ihnen möchte anfangen? Stellen Sie im Anschluss zunächst nur Verständnisfragen. Sie müssen mit diesen Wünschen nicht einverstanden sein. In dieser Phase geht es ausschließlich darum, dass die Wünsche gut, positiv, konkret und verständlich formuliert sind. Dabei werde ich Sie unterstützen.“*

Beide bzw. alle Parteien veröffentlichen wechselseitig ihre Wünsche und adressieren sie auch in der schriftlichen Zuordnung an den Konfliktpartner. Bei dyadischen Settings werden die Karten dem Adressaten zu Füßen gelegt. Bei großen Gruppen werden die Karten bzw. Flipcharts zum Adressaten gehängt. Diese Phase endet, wenn alle Wünsche verständlich und konkret beschrieben sind und vom Adressaten als Wünsche verstanden und akzeptiert werden können. Das bedeutet nicht, dass der Inhalt des Wunsches akzeptiert wird.

Bearbeitungsphase III: Verhandeln und Lösungssuche

Nun werden die Wünsche in drei Kategorien aufgeteilt und anschließend verhandelt. Die Kategorien werden vorgestellt und die Wünsche zugeordnet. *„Sie haben die Wünsche Ihres Kollegen vor sich liegen und diese drei Kategorien, um diese Wünsche zu sortieren. Bitte sortieren Sie die Karten entsprechend der Kategorien zu. Wir werden dann, Schritt für Schritt, eine Kategorie nach der anderen und einen Wunsch nach dem anderen bearbeiten.“*

1. **Kategorie: Welche Anliegen, Wünsche und Ziele der anderen können akzeptiert und sofort erfüllt werden?**
   Hier können Leitsätze sein:
   - Es ist gut, dass ich diese Erwartung und diesen Wunsch kenne.
   - Es macht mir kein Problem, ihn zu erfüllen.
   - Ich stelle mir vor, diesen Wunsch und diese Erwartungen folgendermaßen zu erfüllen ... Wäre das so in Ordnung für Dich?

Die Konfliktparteien zeigen hier typischerweise Überraschung über diesen Wunsch, Entspannung im Gespräch, Zuversicht bei der Konkretisierung zur Umsetzung. Der Moderator achtet auf diese Merkmale und schreibt die Vereinbarungen auf Karten mit. Für die jeweils unterschiedlichen Kategorien wählt der Moderator drei unterschiedliche Farben der Karten.

2. **Kategorie: Diesen Wunsch kann ich unter bestimmten Bedingungen erfüllen. Was ist verhandelbar?**
   Hier können Leitsätze sein:
   - Der Wunsch macht mir Mühe. Ich kann mir vorstellen ihn unter bestimmten Bedingungen zu erfüllen.
   - Welche Bedingungen wären das?
   - Was erwarte ich dann von Dir?
   - Wie müssten wir den Wunsch etwas abändern, damit es mir möglich wird, ihn zu erfüllen? Ich könnte mir das folgendermaßen vorstellen ...

In dieser Phase der Bearbeitung unterstützt der Konfliktmoderator die Suche nach Alternativen, nach Umformulierungen der Wünsche und unterstützt die Verhandlung.

3. **Kategorie: Diesen Wunsch kann ich nicht erfüllen.**
   Hier können Leitsätze sein:
   - Was kann ich auf keinen Fall erfüllen und welche Gründe hat das?
   - Es verstößt gegen meine Werte und Grundsätze.
   - Ich kann/darf das in meiner Rolle und Funktion nicht.
   - Ich bin dazu fachlich/persönlich nicht in der Lage.
   - Welche Wünsche bleiben offen und wie kann man mit den verbleibenden Unterschieden umgehen?
   - Und wie gehen wir mit den unerfüllten Wünschen um?

Jeder einzelne Wunsch wird von der Seite, an die der Wunsch formuliert wurde, nach den oben genannten drei Kriterien bewertet und beantwortet. Die Arbeitsschritte sind dafür:

- Zuerst werden die Wünsche nach den drei Kategorien sortiert.
- Anschließend wird eine Kategorie nach der anderen bearbeitet. Erst wenn alle Konfliktbeteiligten die Kategorie bearbeitet haben, wechselt man in die nächste Kategorie. Für die Vereinbarungen zu den jeweiligen Kategorien werden drei unterschiedliche Farben verwendet.

Der Konfliktmoderator unterstützt die Kommunikation, die Verständigung durch Spiegeln, Zusammenfassen und Konkretisierungen. Er achtet darauf, dass im Modus des Wünschens gesprochen wird und die Verabredungen auf die Zukunft ausgerichtet sind. Ist eine Wunschkarte bearbeitet und beantwortet, wird sie mit der vom Moderator beschriebenen Karte zur Vereinbarung an die Wandtafel geheftet. So entsteht nach und nach eine vollständige Wandtafel mit den bearbeiteten Wünschen und Erwartungen.

Anmerkung: Es gibt Wünsche und Erwartungen an Rollen und Funktionen, von denen die Erfüllung der beruflichen Aufgabe abhängig ist. Das kann dann nicht als Wunsch behandelt werden, sondern befindet sich auf dem Niveau von Aufgaben und es muss geklärt werden, wie der Adressat befähigt wird, diese Notwendigkeiten zu erfüllen. Umgekehrt gibt es in beruflichen Kontexten Erwartungen und Wünsche, deren Erfüllung ins Familiäre und Private gehört. Die soziale Begegnung nach Feierabend, das offene Ohr für private Sorgen, der Vorrang familiärer vor beruflichen Aufgaben sind anders zu klären.

Abschlussphase: Vereinbarung

Die Wunschkarten mit den konkreten Vereinbarungen hängen an der Wandtafel und werden vom Moderator noch einmal wiederholt und zusammengefasst: *„Sie hören nun in der Gesamtheit noch einmal die Ergebnisse Ihrer Verhandlung. Gehen Sie bitte noch einmal Schritt für Schritt die Karten durch und prüfen Sie Ihre Zuversicht und die Machbarkeit. Sind die Vereinbarungen realistisch? Möchten Sie noch Ergänzungen und Korrekturen vornehmen oder können Sie diesen Vorhaben zustimmen. Was können wir davon jetzt vereinbaren?"*

Die Vereinbarung sollte so konkret wie möglich auf der Handlungs- und Verhaltensebene beschrieben sein. *„Wenn Sie diesen Vereinbarungen und Verabredungen nun zustimmen, woran werden Sie merken, dass Sie auf einem guten Weg sind? Was möchten Sie miteinander ausmachen, wenn einzelne Verabredungen nicht klappen?"*

Ein Beispiel: Die Nachmittagsbetreuung an einer Ganztagsschule wird von einem freien Träger durch ein Erzieherteam abgedeckt. Der Betreuungsumfang ist so angestiegen, dass das Team personell von 10 auf 18 Erzieher aufgestockt wurde. Das gesamte Team wird von einer erfahrenen Erzieherin geführt, die diese Führungsaufgabe seit 15 Jahren innehat. Allerdings umfasste die Teamgröße bisher nie mehr als 10 Mitarbeiter. Mit dem Wachstum stellen sich Grenzen in der bisherigen

Struktur der Aufgabenbewältigung ein. Eine gute Einarbeitung der neuen Mitarbeiter, eine regelmäßige Betreuung der Teams, eine gelassene Beratung bei schwierigen Anforderungen fallen der Überlastung zum Opfer. Enttäuschung, Konflikte, Kündigungen, schwere Vorwürfe und Beschwerden über den Führungsstil sind Anlass für die Geschäftsführung, eine Konfliktmoderation zu beauftragen.

In einem gemeinsamen Vorgespräch wird über den Anlass der Beratung gesprochen, die Eskalation bewertet, werden die Themen sondiert und anschließend den Beteiligten das Vorgehen erläutert. Das Besondere an dieser Konstellation ist:

- Die Leiterin steht einer Gruppe von 18 Personen gegenüber. Diesem Ungleichgewicht wird durch eine individuelle Vorbereitung begegnet.
- Es gibt ein Hierarchiegefälle zwischen Leitung und Mitarbeitern. Es wird besonders darauf geachtet, dass dieses Gefälle nicht ignoriert wird, sondern die Beteiligten sich ihrer Rollen bewusst sind und die Wünsche und Erwartungen an diese Rollen adressieren.

Man einigt sich auf folgende Zielbeschreibung zum Workshop: Erwartungen an den Führungsstil/die Leitung und Erwartungen an die Arbeitsfähigkeit und den Arbeitsstil der Teams klären. Welche Rahmenbedingungen/Dienstleistungen der Leitung brauchen die Teams für ihre Arbeitsfähigkeit? Welche Qualität (inhaltliche Arbeit und Kommunikation) erwartet die Leitung/Organisation?

Der 1. und 2. Schritt des Verfahrens findet in getrennten Sitzungen statt. Beide Konfliktparteien getrennt vorzubereiten, kann hilfreich sein,

- damit beide in eine verhandlungsfähige Verfassung kommen,
- um das Ungleichgewicht durch eine gute Vorbereitung auszugleichen,
- um die Leitung zu stärken und
- um die Erwartungen konkret, positiv und machbar zu formulieren.

In diesem konkreten Workshop wird dieser Schritt außerdem ergänzt durch eine Sammlung beider Seiten, was sie aneinander schätzen.

Bei der gemeinsamen Sitzung sind die Stühle der beiden Teamsprecher vor den Teams gruppiert. Ein leerer Stuhl für punktuelle Wortbeiträge einzelner Teammitglieder steht ebenfalls vor der Gruppe. Die Leiterin sitzt dieser Sitzordnung gegenüber. Zur Eröffnung werden die Moderations- und Gesprächsregeln noch einmal vergewissert und das Vorgehen knapp skizziert. Die Teamsprecher präsentieren zunächst die positiven Rückmeldungen. Die Leitung ist davon sehr berührt. Die Mitarbeiter schätzen ihre großen pädagogischen und innovativen Fähigkeiten. Die Wertschätzung war durch die Fokussierung auf die Konflikte vollständig in den Hintergrund gerückt. Dieser Einstieg stärkt die Leiterin für den weiteren Verlauf sehr. Die Leiterin kommt mit ihren Rückmeldungen an die Gruppe auch wieder in eine wertschätzende Verfassung. Die Gruppe hatte eine solche Rückmeldung bisher noch nicht bekommen.

Im Folgenden werden die Erwartungen und Wünsche präsentiert, es wird intensiv und konkret an Verhaltens-, Verfahrens- und Strukturveränderungen gearbeitet. Durch die gute Vorbereitung der beiden Gruppen und den wertschätzenden Einstieg in den Workshop ist nun eine große Lösungsbereitschaft, Zuversicht und Sachorientierung geschaffen. Es können fast alle Erwartungen und Wünsche geklärt werden. Die Vereinbarung muss beim Nachtermin nur in Details nachgebessert werden und bildet weiterhin eine verbindliche Grundlage für die Kooperation.

Erfahrungen/ Kommentare

Dieser Ablauf wird als sehr wirkungsvoll in eskalierten Konflikten erlebt. Es ist immer wieder beeindruckend, wie sich Arbeitsfähigkeit einstellen kann, ohne die Kränkungen und die emotionalen Aspekte zu besprechen. Die durchgängige Orientierung auf Zukunft und Lösung führt die Beteiligten in der Regel in eine ressourcenvollere mentale Verfassung. Es braucht allerdings eine große Klarheit in der Führung und im Verfahren. Bei der Moderation zwischen Vorgesetzen und Mitarbeitern zur Klärung der Führung hat sich das Verfahren sehr bewährt.

Technische Hinweise

Für die Moderation braucht man die üblichen Moderationsmaterialien, wie Pinnwände, Flipchart, Moderationskarten in verschiedenen Farben (mindestens drei Farben) und Filzstifte. Bei großen Gruppen braucht man zusätzliche Arbeitsgruppenräume.

Quellen/Literatur

- Lohmann, Friedrich: Konflikte lösen mit NLP. Junfermann, Paderborn 2003.
- Stahl, Thies/Wolf, Julian: Die „kleine Schule des Wünschens" (DVD). NLP-Deutschland, Köln 2009.
- Fisher, Roger/Ury, William: Das Harvard Konzept. Campus, Frankfurt 2004.

- Roland Kunkel, Carla van Kaldenkerken, in: Bamberg, Eva/Schmidt, Jana/Hänel, Kathrin (Hrsg.): Beratung, Counseling, Consulting. Hogrefe, Göttingen 2006.
- Rosenberg, Marshall B.: Gewaltfreie Kommunikation. Junfermann, Paderborn 2002.

Weiteres Vorgehen

Alle Vereinbarungen wurden aufgelistet, die konkreten Schritte und Maßnahmen sind zugeordnet, die Erfolgskriterien beschrieben und Vorsorge bei der Nichterreichung einzelner Verabredungen festgehalten. Diese Vereinbarung wird schriftlich fixiert, falls dies noch nicht geschehen ist, und ein Nachtermin zur Überprüfung vereinbart. Ebenfalls wird die Sprachregelung nach außen vereinbart. Da diese Moderation eine angeordnete Maßnahme durch die Vorgesetzten sein kann, ist in der Regel auch keine Verschwiegenheit vereinbart. Man kann die Regel setzen, dass man Verschwiegenheit zu persönlichen Themen wahrt und Offenheit zu strukturellen Themen und zur Vereinbarung besteht.

Interessen, Gefühle, Bedürfnisse herausarbeiten

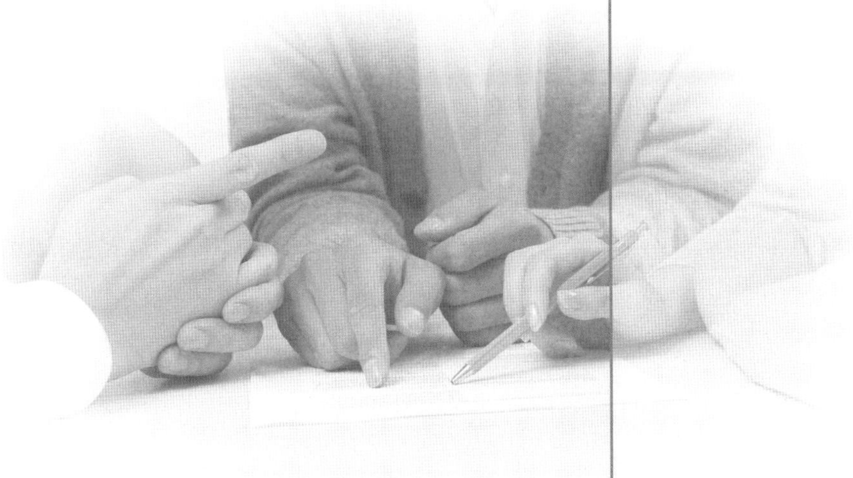

Im dritten Kapitel finden Sie folgende Tools:

Bei kalten Konflikten muss die Betriebstemperatur der Konfliktparteien auf ein bearbeitbares Niveau erwärmt werden. In **„Brennnessel"** erläutert *Christian Bähner*, wie dies durch Aktives Zuhören verbunden mit Körperwahrnehmung und emotionalem Erleben geschehen kann. (S. 129)

Wie die Konfliktparteien ohne Beurteilung wertschätzend und einfühlsam anzunehmen sind, zeigt *Cornelia Timm* in **„Zuerst die Verbindung, dann die Lösung"**. Verletzende Aussagen werden übersetzt, um das Gesagte hör- und annehmbar zu machen und annehmen zu können. (S. 135)

Dr. Ed Watzke setzt in seiner **„Phönix-Intervention"** auf bewusste Irritation. Gleich zu Beginn wird vom Scheitern der Mediation ausgegangen, das möglichst bildhaft, lebensnah und nachfühlbar durchgespielt wird. Auf diese Weise wird der Fokus völlig vom „Problem" abgezogen. (S. 143)

Eine Basismethode der Klärungshilfe und der Mediation ist das **„Dialogisieren"**. Der Begründer der Klärungshilfe, *Dr. Christoph Thomann*, veranschaulicht, wie die gegensätzlichen individuellen Wahrheiten durch das Dialogisieren in Kontakt und damit in einen Dialog gebracht werden. (S. 148)

Dr. Udo Kreggenfeld beschreibt in **„Reframen"** den Nutzen dieser Methode. Durch Reframen wird das eigene Verhalten und auch das Verhalten des Konfliktpartners in einem anderen Licht gesehen. Andere Deutungsmöglichkeiten werden möglich, die den Zugang zu Lösungen und Ressourcen erleichtern. (S. 156)

Durch Fragen entstehen neue Informationen. In **„Mit Fragen das Denken verändern"** von *Dr. Christa Schäfer* wird deutlich, wie systemische Fragen das Handlungs- und Denkspektrum des Befragten erweitern. Zirkuläre Fragen als eine besondere Form des Systemischen Fragens leiten oft Wendepunkte in der Konfliktbearbeitung ein. (S. 162)

Für *Prof. Dr. Ulla Gläßer* sind **„Skalenfragen"** ein effizientes Multifunktionswerkzeug in der Mediation. Sie erläutert, wie hilfreich diese Fragetechnik sowohl zur Erhebung von Stimmungen, Perspektiven und Positionen als auch als Feedbackinstrument und als Anstoß für die Lösungsfindung ist. (S. 170)

Peggy Keller präsentiert in **„Die Kunst des Doppelns"** das Doppeln als eines der zentralen Werkzeuge bei der professionellen Klärung zwischenmenschlicher Konflikte. Es ist ein vermittelndes Übersetzungswerkzeug, das für das Hören und Verstehen der unterschiedlichen Sichtweisen der Konfliktparteien von entscheidender Bedeutung ist. (S. 178)

Tilman Metzger legt in **„Doppeln als Weg der Beziehungsklärung"** den Schwerpunkt auf den Aspekt, was der Mediator doppelt, um eine Tiefe der Beziehungsklärung zu erreichen. Grundlage hierfür ist das Modell des „Vertiefens" nach Dr. Christoph Thomann. (S. 185)

Andreas Eilsberger richtet in **„Die Waage als Metapher"** die Aufmerksamkeit auf den Umgang mit Ambivalenzen in Konfliktsituationen und auf die Frage, wie in blockierten Situationen die Motivation zur Veränderung befördert werden kann. (S. 195)

Die Gewaltfreie Kommunikation nach Marshall B. Rosenberg unterstützt Mediatoren, eine Haltung der Wertschätzung einzunehmen. Sie ist ausgesprochen hilfreich, um herauszuarbeiten, was dem Konflikt wirklich zugrunde liegt, und die Konfliktparteien allparteilich zu begleiten. **„Vorwürfe übersetzen – empathisch Zuhören"** heißt das Tool dazu von *Anja Kenzler*. (S. 201)

Das Modell des Inneren Teams (Schulz von Thun) hilft den Beteiligten, verschiedene Facetten und Empfindungen einer Person angesichts eines Konfliktthemas, deren Widersprüchlichkeiten sowie entsprechende Handlungen besser zu verstehen. *Alexandra Bielecke* stellt in **„Eins, zwei, viele ..."** Einsatzmöglichkeiten des Modells dar. (S. 204)

In **„Das soziale Atom"** beschreibt *Dr. Birgit Keydel*, wie mithilfe von Gegenständen (Steine, Muscheln, Spielfiguren ...) soziale Beziehungen oder Netzwerke sichtbar gemacht werden. Für jede beteiligte Person wird ein Stein auf den Tisch gelegt, wobei die Abstände der Steine „emotionale Nähe" oder „Distanz" ausdrücken. So kann jede Konfliktpartei ihre Perspektive auf den Konflikt und dessen Folge für die sozialen Beziehungen darstellen. (S. 214)

Häufig wird bei einer Mediation mit zwei Mediatoren **„Das Reflecting Team"** angewendet. In dem Beitrag von *Traute Harms* wird deutlich, wie das Reflecting Team den Konfliktparteien ermöglicht innezuhalten und die Mediatoren die Möglichkeit haben, einen konstruktiven Austausch über den Prozess zu führen. (S. 220)

Der Perspektivwechsel ist der Moment, in dem es den Konfliktparteien gelingt, sich (wieder) ein wenig in den anderen hineinzuversetzen. Dieser Moment ist für die Mediation von größter Bedeutung. *Dirk Splinter* stellt mit **„Via Fragetreppe zum Perspektivwechsel"** ein Frageset vor, um diesen Perspektivwechsel zu befördern. (S. 225)

„Das Farbengespräch" von *Angelika Ciesielski* ist eine kreative Intervention, die nonverbal durchgeführt wird. Farben sprechen das seelische Erleben des Menschen auf der unbewussten Ebene an. In dieser Malübung erhalten die Medianden einen schnellen und direkten Zugang zu ihren täglich erlebten festgefahrenen Beziehungsmustern und sprechen im Anschluss darüber. (S. 231)

Über das Erzählen einer geeigneten Geschichte im richtigen Moment der Mediation können die Konfliktparteien sowohl auf der Verstandes- als auch auf der emotionalen Ebene erreicht werden. In **„Es war einmal ..."** stellt *Dr. Hanna Milling* vor, wie relevante Perspektivwechsel, Stimmungs- und Haltungsänderungen sowie ungeahnte Lösungsansätze durch das Erzählen einer Geschichte ausgelöst werden. (S. 238)

Bilder sind die Sprache der Seele. Das Tool **„Kampf der Farben"** von *Lisa Kosman* macht die Gefühle und das subjektive Konfliktempfinden sicht- und ansprechbar. Der Mediationsprozess geht in die Tiefe, indem die Konfliktparteien sich nonverbal ausdrücken. Dieser Wechsel der Ebenen geschieht intuitiv, das Gespräch über das Bild kann unvoreingenommener geschehen als über das Hören von Worten und Sätzen einer Konfliktgeschichte. (S. 246)

„Das Glaskugelmodell" von *Dr. Doris Klappenbach* und *Prof. Dr. Annegret Böhmer* veranschaulicht den Umgang mit dem Phänomen subjektiver Wirklichkeit. Wertschätzend wird kommuniziert, dass jeder eine andere Biografie hat und deshalb die Welt anders erlebt. Die Glaskugeln helfen, dies auch ohne viele Worte deutlich zu machen. (S. 253)

Holger Specht und *Ljubjana Wüstehube* zeigen in **„Mit dem Platz die Perspektive wechseln"**, wie sich mit der wohl bekanntesten Methode der Gestalttherapie (Fritz Perls) „leerer Stuhl" in einer an die Mediation angepassten Form die Möglichkeit bietet, sich mit dem Kopf und allen Sinnen mit der anderen Partei zu identifizieren und sich in diese einzufühlen. (S. 259)

„Eine starke Basis!" von *Juliane Ade* unterstützt die Formulierung der gemeinsamen Grundeinstellung im Hinblick auf das Mediationsanliegen. Die Intervention aktiviert die Zusammenarbeit und das gegenseitige Verständnis der Parteien. Die Konfliktparteien identifizieren miteinander Prinzipien, Überzeugungen und Werte, welche für ihr Vorhaben grundlegend sind. (S. 265)

Bewusst gesetzte Pausen schaffen Distanz zum Konfliktgeschehen. *Peter Knapp* unterstreicht die Bedeutung der **„Pause als Intervention"**, um im Konfliktbearbeitungsprozess neue Gedanken und Ideen zu ermöglichen. Neue Impulse, Veränderung von Denken und Einstellungen sowie der Zugang zur eigenen Intuition werden in der Pause möglich. (S. 271)

Mit der Intervention **„Das Erklärungshaus"** nutzt *Christian Prior* die Metapher eines Gangs durch die verschiedenen Stockwerke eines Hauses. Mit dem Pflichtdurchgang durch das Erdgeschoss des Konflikts fasst der Mediator die bisherige Entwicklung strukturiert zusammen. Mit dem Begehen der oberen Stockwerke durchschreitet er die fakultativen Phasen des Erklärens. Ziel dieser Intervention ist es, ein beidseitiges kognitives Verstehen und Akzeptieren zu befördern. (S. 277)

Brennnessel

Die Konfliktparteien in einem kalten Konflikt erwärmen

Von Christian Bähner

Kurzbeschreibung

„Brennnessel" ist eine methodische Vorgehensweise in der Gesprächsführung des Mediators mit dem Ziel, die Betriebstemperatur der Medianden in einem kalten Konflikt auf ein bearbeitbares Niveau zu erwärmen. Als Basistechnik wird das Aktive Zuhören in einer engmaschigen Anwendung genutzt und mit der Körperwahrnehmung sowie dem emotionalen Erleben verbunden. Das Vorgehen dient der Selbstwahrnehmung und der Verbindung mit unterdrückten Emotionen. Eine Assoziation mit Empfindungen, Gefühlen und Bedürfnissen wird hergestellt. Dadurch wird es möglich, dissoziierte Vermeidungsstrategien aufzulösen und die Auseinandersetzung im direkten Kontakt zu fördern. Im weiteren Verlauf können die Konfliktparteien ihre eigenen Anliegen wieder eigenverantwortlich einbringen und wieder in die Gemeinschaft zurückfinden.

Rahmen

Abhängig von der Gruppengröße planen Sie für die Durchführung 30 bis 90 Minuten Zeit ein. Die Methode kann prinzipiell in Mediationen von zwei bis unendlich vielen Konfliktparteien eingesetzt werden. Jedoch ist sie bei mehr als acht Konfliktparteien sinnvollerweise im Rahmen einer „Fishbowl" (z.B. eine Zweierklärung unter Anwesenheit der Gruppe) oder anderen Methoden der Bearbeitung in (Teil-)Gruppen empfohlen, um Sicherheit und ausreichend Zeit für die nötige Bearbeitungstiefe zu gewährleisten.

Anlässe/ Anwendungsbereiche

Die Konflikttemperatur ist ein wichtiges Kriterium für die Auswahl geeigneter Interventionen, da heiße und kalte Konflikte unterschiedliche Herangehensweisen in der Konfliktbearbeitung erfordern. „Brennnessel" ist eine Methode zur Selbstklärung der Konfliktparteien bei kalten Konflikten. Diese sind schwer erkennbar, da sie hauptsächlich verdeckt und „friedhöflich" ausgetragen werden. Beobachtbare Verhaltensmerkmale sind der geringe Grad an persönlichem Austausch der Konfliktbeteiligten und andere Formen von „Vermeidungsstrukturen". Die äußeren Aktivitäten werden weitestgehend zurückgefahren („Dienst nach Vorschrift") und es kommt zur sozialen Isolation („einigeln"). Auf der psychologischen Ebene richtet sich die Destruktivität des Konfliktes nach innen. Betroffene leiden still, zeigen Anzeichen von Traurigkeit, Autoaggression und deprimiertem Verhalten. Wahrnehmbar wird dies über einen desillusionierten und zynischen Kommunikationsstil und häufig auch durch psychosomatisch bedingte Krankheiten (vgl. auch den Beitrag von Elke Schwertfeger und Christian Bähner: „Arktis oder Sahara?", S. 28).

Zielsetzung/Nutzen

Wer mit einer Brennnessel in Kontakt kommt, spürt Körperteile, die keine Aufmerksamkeit hatten und deswegen nicht wahrgenommen wurden – trotzdem sind sie da und können ab diesem Moment nicht mehr ignoriert werden. Emotionen werden in kalten Konflikten i.d.R. so stark verdrängt bzw. abgespalten, dass sie nicht mehr wahrgenommen werden. Über das körperliche Erleben will diese Methode die Wahrnehmung fokussieren und wieder einen Zugang zu den Emotionen schaffen. Sie ist ein Angebot für „unterkühlte" und distanzierte Konfliktparteien, sich auf eine emotionale Beteiligung einzulassen. Die Brennnessel „tut etwas weh" aber sie fördert „die Durchblutung".

Mithilfe von Selbstwahrnehmung und -einfühlung kommen die Konfliktparteien in Kontakt mit ihrem inneren Fühlen und Empfinden. Als Zugang wird hier die Körperwahrnehmung gewählt, die sich häufig über „Schmerzzustände" wie Kopfweh, nervöser Magen oder Verspannungen im Schulter und Nackenbereich ausdrücken. Über eine bildhafte Sprache („zentnerschwere Last") und Metaphern („Ihnen ist etwas über die Leber gelaufen") werden diese wieder erlebbar. Häufig wird darin bereits auch die Wechselwirkung aus körperlichem Empfinden und seelischen Vorgängen erkennbar. Vielen Medianden wird es dadurch leichter möglich, das eigene Empfinden zu erkennen, mit Worten zu beschreiben und Emotionen überhaupt zuzulassen.

Die akzeptierende und wertschätzende Haltung des Mediators und die engmaschige Begleitung über das empathische Zuhören geben Schutz, Selbstvertrauen und Unterstützung, die Selbstkontrolle trotz schwerer Gefühle zu erhalten oder allmählich wieder zurückzugewinnen. Das assoziierende Vorgehen dient der Wahrnehmung und Verarbeitung der abgespaltenen Emotionen. Dadurch wird es möglich, Vermeidungsstrategien aufzulösen und die Begegnung zu fördern.

Beschreibung

Sobald die Tiefenstruktur einzelner Themen aus der Themensammlung exploriert sowie Gefühle und Bedürfnisse der Konfliktparteien erhellt und geklärt werden, wird sich eine Person in einem kalten Konflikt nur vorsichtig und abwartend äußern.

Mediator: *„Frau Bott, wie erleben Sie die Zusammenarbeit mit Herrn Roth?"*
Frau Bott (zögerlich, leise): *„Es gibt gute und schlechte Tage. Ich will es mal so sagen, es war vermutlich schon mal besser."*
Mediator: *„Wie ist es für Sie, wenn Sie sagen, ‚Es war vermutlich schon mal besser'?"*
Frau Bott (resigniert): *„Was will man machen, ich kann es ja nicht ändern."*

Die Mediandin, Frau Bott, ist traurig und verletzt und hat sich eine große Schutzmauer gebaut, um sich von ihrem Kollegen nie wieder treffen zu lassen. Die Atmosphäre ist eisig und ihre Mimik „eingefroren". Um eine konstruktive Betriebstemperatur für die Klärung mit Herrn Roth zu schaffen, wird Frau Bott über die **Brennnessel-Methode** abgeholt und behutsam angewärmt. Dabei ist folgende **Abfolge** hilfreich:

1. **Würdigung der Situation**
2. **Einfühlung** über engmaschiges Aktives Zuhören
3. **Fokussierung auf die Körperwahrnehmung** über Fragen und empathisches Zuhören
4. **Verbalisieren der Gefühle** unter Zuhilfenahme von Metaphern
5. Kontinuierlich: **Bewusste Verlangsamung des Prozesses** durch Wiederholungsschleifen und Pausen

Im dargestellten Beispiel könnte das so aussehen:

Mediator: *„Frau Bott, wie erleben Sie die Zusammenarbeit mit Herrn Roth?"*
Frau Bott (zögerlich, leise): *„Es gibt gute und schlechte Tage. Ich will es mal so sagen, es war vermutlich schon mal besser."*
(1) Mediator: *„Sie erleben die Zusammenarbeit mit Höhen und Tiefen. Im Moment ist sie eher belastet und das belastet Sie. Für Sie ist es eine schwierige Situation, kaum auszuhalten?"*
Frau Bott: *„Das stimmt, ist nicht einfach."*
(2) Mediator (einfühlendes Seufzen): *„Das hört sich wirklich nicht einfach an. Vielmehr scheint es ganz schön viel Gewicht zu haben. Gewicht, das auf Ihnen lastet."*
Frau Bott (gepresst): *„Ja."*

(3) Mediator: *„Wo in oder auf Ihnen fühlen Sie dieses Gewicht?"*

Frau Bott: *„Es ist als ob die ganze Verantwortung für die Zusammenarbeit auf mir lastet."*

(2) Mediator: *„Sie erleben die Verantwortung einseitig bei Ihnen, das macht es schwer für Sie."*

Frau Bott: *„Nur ich bin anscheinend für ein gutes Miteinander verantwortlich."*

Mediator: *„Das hört sich anstrengend an."*

Frau Bott: *„Das ist richtig anstrengend!"*

(3) Mediator: *„Und wo in Ihnen spüren Sie diese Anstrengung?"*

Frau Bott: *„Ich habe Magendrücken, ich habe seit Wochen keinen richtigen Appetit mehr."*

(4) Mediator: *„Das liegt Ihnen wie ein großer Wackerstein im Magen. Das nimmt Ihnen den Appetit."*

Frau Bott: *„Und es nimmt mir die Luft zum Atmen. So kann ich nicht weiterarbeiten."*

Mediator: *„Das schnürt Ihnen die Luft ab. ... Das fühlt sich sehr anstrengend an, belastet. Wie geht es Ihnen jetzt in dieser Situation?"*

Frau Bott: *„Es geht mir schlecht ..."*

Mediator: *„... traurig ..."*

Frau Bott: *„... und alleine."*

Mediator: *„Sie sind traurig und einsam, weil Sie einen unverkrampften Austausch brauchen?"*

Frau Bott (seufzt): *„Ja, genau."*

Mediator: *„Und Sie brauchen dringend Entlastung, Veränderung ..."*

Frau Bott: *„So kann es nicht weitergehen."*

(3) Mediator: *„Möchten Sie mal tief Luft holen und frische Energie in Ihren Körper bewusst einströmen lassen und verbrauchte Luft abgeben?"*

Frau Bott: (atmet zweimal tief ein und aus)

Mediator: *„Wie fühlen sich Magen und Brustraum jetzt an?"*

Frau Bott: *„Leichter, etwas besser. Diese Erleichterung wünsche ich mir auch mit Herrn Roth."*

(4) Mediator: *„Das würde Ihnen Last nehmen, wenn Sie so einen ‚leichten' Austausch mit Herrn Roth hätten."* ...

Die andere Konfliktpartei hat in diesem Dialog zwischen dem Mediator und Frau Bott zugehört. Das hat viel Geduld und Zurückhaltung erfordert. Ist diese Konfliktpartei auf „normaler" Betriebstemperatur, ist dies i.d.R. zumutbar. Häufig gibt die Konfliktpartei der anderen Seite bereitwillig Raum, weil sie spürt, dass der Prozess vorankommt. Häufig gibt es hier bereits eine menschliche Annäherung, weil statt der abweisenden „kalten Schulter" jetzt ein menschliches Wesen mit Verletzlichkeit und Bedürfnissen sichtbar wurde. In diesem Fall braucht es für diese Konfliktpartei jetzt Würdigung („*Vielen Dank für Zeit und Raum, die Sie Frau Bott gegeben haben. Das war sicherlich nicht einfach für Sie, so lange nur zuzuhören.*“) für die Geduld, die sie gezeigt hatte und dann Kontakt mit den Gedanken zum soeben Gehörten („*Was haben Sie von Frau Bott verstanden und wie ist das für Sie?*“). Ist das Gegenüber auch „unterkühlt“, hat es den Dialog vermutlich stoisch ertragen. In diesem Fall wird Herr Roth jetzt mit der gleichen Methode angewärmt.

Weitere Fragen zur Körperwahrnehmung:
- Wo genau fühlen Sie, dass Sie (angespannt) sind?
- Wo im Körper merken Sie, ...?
- Welche Signale des Körpers empfangen Sie, während Sie ... erzählen?
- Wenn Sie bei dem Satz ... in Ihren Körper hören, was spüren Sie?
- Was passiert in Ihnen, wenn Sie ... sagen?
- Was sagen Ihre verschränkten Arme über die Zusammenarbeit?

Beispiele für Metaphern:
- Fünftes Rad am Wagen.
- Die Tür vor der Nase zugeschlagen bekommen.
- Da läuft die Galle über.
- Da schwillt der Kamm.

Erfahrungen/ Kommentare

Das Erleben der körperlichen Resonanz kann vertieft werden, wenn sie möglichst lebendig und intensiv beschrieben wird. Dabei kann beispielsweise nach der Qualität (hell, dunkel, stechend, hitzig, ...), der Form (groß, klein, rund, eckig, vergleichbar wie ...), Farbe, Bewegung etc. gefragt werden. Alle Beschreibungen und Körperwahrnehmungen werden wohlwollend und akzeptierend durch das einfühlsame Zuhören des Mediators aufgenommen.

Manchmal gibt es mehrere körperliche Wahrnehmungen zum selben Thema. Es kann vertiefend die Einladung ausgesprochen werden, zu prüfen und zu vergleichen, ob das Körpergefühl zum Thema passt oder ob sich noch andere Bereiche im Körper „melden“.

Technische Hinweise

Die Intervention benötigt Vertrauen in die Prozesskompetenz und den sicheren Rahmen und einen guten Kontakt der Mediatoren zum Mediator. Sie können dies unterstützen, indem die Sitzordnung Offenheit und Präsenz ermöglicht. Ich empfehle Ihnen deswegen die Arbeit in einem halb offenen Stuhlkreis (ohne „trennende“ Tische).

Bei einer „kleinen Mediation" zwischen zwei oder drei Personen im Rahmen einer großen Mehrparteienmediation hat sich die Anordnung in einem Innen- und Außenkreis („Fishbowl") bewährt. Die Klärungsarbeit findet dabei im Innenkreis statt, im Außenkreis sitzen die anderen Medianden als stille Beobachter.

Quellen/Literatur

- Schmidt-Tanger, Martina/Stahl, Thies: Change-Talk. Junfermann, Paderborn, 2. Aufl. 2010.
- Fritsch, Gerlinde Ruth: Praktische Selbst-Empathie. Junfermann, Paderborn 2009.
- Siems, Martin R.: Dein Körper weiß die Antwort. Rowohlt, Reinbek bei Hamburg 2000.
- Thomann, Christoph: Klärungshilfe 2 – Konflikte im Beruf. Rowohlt, Reinbek bei Hamburg 2004.
- Bähner, Christian/Oboth, Monika/Schmidt, Jörg: Praxisbox Konfliktklärung in Teams und Gruppen. Junfermann, Paderborn, 2. Aufl. 2011.
- Schwertfeger, Elke/Bähner, Christian: Arktis oder Sahara? Systematische Analyse der Konflikttemperatur, siehe S. 28.

Weiteres Vorgehen

Die Konfliktparteien sind durch diese Intervention über das Erspüren von Körperwahrnehmungen und Gefühlen in einen intensiven Kontakt mit sich selbst gekommen. Sie haben sich selbst geklärt, sind angewärmt und bereit, in die eigentliche Auseinandersetzung respektive Klärung einzusteigen.

a) Sind die Medianden jetzt nachdenklich, berührt oder auch verwirrt über das Erlebte, empfehle ich als nächsten Schritt das Anberaumen einer 15-minütigen Pause. Wenn es die Zeit erlaubt, kann sie auch zu einem 30- bis 60-minütigen Spaziergang ausgedehnt werden. Dabei haben sie Gelegenheit nachzuspüren, sich zu sammeln und die Bedeutung der Erkenntnisse für sich zu prüfen.

   Dieser Schritt wird übersprungen, wenn die Medianden ausreichend Klarheit und innere Stabilität haben, um in Kontakt ins Außen zu gehen (siehe b).

b) Danach folgt der Austausch über das eigene Erleben an konkreten Beispielen und Konfliktsituationen (Klärung), das Sicherstellen des Gehörten („kontrollierter Dialog") und des wechselseitigen Verstehens („Perspektivwechsel") von Gemeinsamkeiten und Unterschieden.

Zuerst die Verbindung, dann die Lösung

Einen konstruktiven Kontakt zwischen den Konfliktparteien herstellen

Von Cornelia Timm

Kurzbeschreibung

Diese Methode basiert auf der Haltung, die Konfliktparteien ohne Beurteilung wertschätzend und einfühlsam anzunehmen. Der Mediator verhält sich beispielhaft und übersetzt verletzende Aussagen in einer Weise, die die Konfliktparteien darin unterstützt, das Gesagte so zu hören und aufzunehmen, dass ihr gegenseitiges Verständnis füreinander wachsen kann. Dieses Verständnis und die daraus resultierende Verbindung bilden die Grundlage für das Finden von konstruktiven, gemeinsamen Lösungen.

Rahmen

- Im Rahmen einer Mediationsausbildung ist die Aneignung dieser Methode eine Querschnittsaufgabe, d.h., dass die Haltung der Mediatoren über einen längeren Zeitraum entwickelt und eingeübt wird. Die sprachlichen Werkzeuge dafür sind in einem Workshop von einem Tag zu erlernen.
- Die Haltung kann sowohl im Einzelcoaching entwickelt werden als auch in größeren Gruppen. Erfahrungsgemäß ist eine Gruppengröße von maximal 20 Personen sinnvoll, um die Lernprozesse intensiv zu begleiten und zu unterstützen.

Anlässe/ Anwendungsbereiche

Die Methode bildet den Übergang von der zweiten zur dritten Mediationsphase und wird in dieser intensiv angewendet. Nachdem in der zweiten Phase der Sachverhalt und die Inhalte des Konfliktes transparent gemacht wurden, unterstützt diese Methode nun das Aufspüren der Hintergründe des Konflikts (der sogenannte Eisberg) und hier speziell die Tendenz, die Konfliktparteien mehr und mehr in ein Gespräch zu bringen, das zunehmend konstruktiv verläuft.

Zielsetzung/Nutzen

Ziel dieser Methode ist die Unterstützung der Konfliktparteien, selbstbestimmt und authentisch ihren Konflikt gemeinsam zu bearbeiten.

Durch oft schon langfristige Verletzungen auf beiden Seiten sind die Konfliktpartner meistens nicht mehr in der Lage ein Gespräch zu führen, das nicht von negativen Beziehungsbotschaften und damit weiteren Verletzungen geprägt ist. Da Mediation aber eine von den Konfliktparteien selbst erarbeitete Lösung anstrebt, ist es sinnvoll, eine neue Gesprächsgrundlage zu schaffen, die eine gemeinsame Lösungsfindung in entspannter Atmosphäre ermöglicht. Die Interventionen des Mediators unterstützen die Parteien darin, wachsendes Verständnis füreinander zu erreichen und damit diese nötige Kommunikationsgrundlage zu entwickeln. Marshall B. Rosenberg, auf den diese Methode zurückgeht, sagt: „Wenn wir die Bedürfnisse verstehen, die hinter unserem und dem Verhalten anderer stehen, haben wir keine Feinde." Die positive emotionale Berührung setzt Kräfte frei, die die Beteiligten befähigt, ihre Feindbilder loszulassen.

Beschreibung

Empathisches Zuhören ist eine Grundtechnik des Mediators. Ich verstehe darunter eine respektvolle Weise des Zuhörens, in der Verständnis für das Erleben des anderen gezeigt wird, ohne ihm zuzustimmen, ihn zu bedauern, mit ihm zu sympathisieren oder in sonst einer Weise eine persönliche Meinung einzubringen. Die Aufgabe eines Mediators ist nicht, jemanden zu verbessern oder seine Probleme zu lösen, sondern mit großer Präsenz zuzuhören und herauszufinden, wie diese Person, der man zuhört, sich gerade fühlt und was sie braucht. Der Mediator ist gegenwärtig im Moment und arbeitet mit dem, was gerade in dem anderen Menschen lebendig ist, auch wenn die Inhalte des Konflikts in der Vergangenheit angesiedelt sind. Damit baut er eine empathische Verbindung auf, die es den Konfliktparteien ermöglicht, sich zunehmend zu öffnen, weil sie Verständnis und Angenommensein spüren und damit Sicherheit bekommen, alles sagen zu dürfen, was ihnen wichtig ist – auch wenn es sich zunächst noch gegen die andere Konfliktpartei richtet.

Der Mediator hört nicht die Vorwürfe, die Beschuldigungen, die Forderungen oder die Rechtfertigungen, die die Konfliktparteien äußern, sondern er hört die Bedürfnisse heraus, die bei den Konfliktparteien im Mangel sind, und die damit verbundenen Gefühle. Diese äußert er in einer fragenden und „unwissenden" Haltung, d.h., er überlässt den Konfliktparteien die Verantwortung für ihre Gefühle und Bedürfnisse und stellt sie nicht als gesetzt heraus, im Sinne von „Ich weiß, wie es Dir geht und was Du brauchst". Der Mediator übersetzt die wechselseitigen Vorwürfe der Parteien in ihre Gefühle und Bedürfnisse und gibt ihnen die Möglichkeit zuzustimmen oder zu korrigieren. Er bleibt beim Zuhören bei diesem Fokus und stößt so mehr und mehr zum Kern des

Konfliktes. Die Menschen, denen er auf diese Weise zuhört, fühlen sich meistens nach einer Weile entspannter und spüren das wohltuende Verständnis, das ihnen entgegengebracht wird, unabhängig davon, wie sie sich im Konflikt verhalten haben.

In manchen (Arbeits-)Kulturen ist das Äußern von Gefühlen problematisch, weil die Beteiligten einen Gesichtsverlust befürchten und ihre Intimität schützen möchten. Hier fokussiert der Mediator eher die Bedürfnisse und lässt die Gefühle unausgesprochen, auch wenn er sie spürt. Empathie wirkt auch mit wenigen Worten und die Konfliktparteien werden sie empfinden, auch wenn nicht alles verbal geäußert wird.

Diese Haltung von Empathie kommt beiden Konfliktparteien abwechselnd zugute, d.h., der Mediator wechselt beim Zuhören zwischen den Konfliktparteien hin und her und ist mit seiner Aufmerksamkeit jeweils bei der Person, die gerade spricht, wenn er auch gleichzeitig die andere Person mit im Blick hat und evtl. einbezieht. Nach einer Weile des empathischen Zuhörens spürt der Mediator eine Entspannung bei den Konfliktparteien, d.h., dass nun der Zeitpunkt gekommen ist, die Methode des Kontaktherstellens anzuwenden.

Hier ein Beispiel:

Ein Ehepaar, A (Frau) und B (Mann), kommt nach ca. zwanzigjähriger Ehe in die Mediation, weil der Mann eine Außenbeziehung hatte und die beiden die damit verbundenen Schwierigkeiten nicht mehr allein bewältigen können. Beide möchten an ihrer Beziehung festhalten; der Mann hat sich formal von seiner anderen Partnerin getrennt, aber er arbeitet weiter gemeinsam mit ihr in einem Team.

Nachdem beide ihre Situation jeweils aus ihrer Sicht geschildert haben und beide abwechselnd Einfühlung für ihren Schmerz vom Mediator erhalten haben, ist transparent geworden, dass A sehr verletzt ist und in großer Angst und Unruhe lebt, da sie ein erneutes Aufflackern der anderen Beziehung befürchtet. Ihr Bedürfnis nach Vertrauen und Verlässlichkeit ist stark im Mangel und sie wünscht sich, dass ihr Mann seine Arbeitssituation so verändert, dass der Kontakt mit der anderen Frau nicht mehr gegeben ist. B ist wütend, dass seine Frau ihm nicht glaubt, dass die Beziehung beendet ist und sie seine mehrfachen Beteuerungen von Reue nicht annimmt. Er sehnt sich nach Verständnis und Vertrauen und wünscht sich, dass seine Frau ihm endlich glaubt, dass er die Beziehung zu ihr aufrechterhalten will. Eine Änderung der Arbeitssituation wäre mit großen Einbußen verbunden.

Durch das empathische Zuhören seitens des Mediators ist nun eine Basis entstanden, auf der die Konfliktparteien sich angenommen fühlen und spüren, dass sie alles äußern können, ohne beurteilt zu werden. Jetzt ist es wichtig, sie darin zu unterstützen, sich ehrlich und offen auch ihrem Konfliktpartner gegenüber zu äußern, indem sie wissen, dass der Mediator sie dabei begleitet und ihnen einen sicheren Rahmen bietet. Das Bedürfnis nach Empathie ist zutiefst menschlich und vermutlich allen Menschen gemein. Wir sehnen uns danach, so gesehen und verstanden zu werden, wie wir sind, ohne ein Urteil darüber.

Der Mediator wendet sich einer Partei zu, hier der Person A, und fragt sie: *„Wie geht es Ihnen, wenn Sie hören, dass Ihr Partner Vertrauen braucht?"* Der Mediator nimmt also eines der Bedürfnisse, die vorher herausgearbeitet worden sind, und fragt den anderen, wie es ihm damit geht, das zu hören.

A antwortet hier sehr spontan: *„Der ist gut – wer hat denn das Vertrauen missbraucht? Ich habe ihm ja vertraut bis zu dem Tag, als ich hinter die andere Beziehung kam."*

Nun gibt der Mediator A noch mal Einfühlung in ihren Schmerz und sagt: *„Es ist für Sie kaum auszuhalten das zu hören, weil Sie so verletzt sind."* A stimmt zu.

Nun wendet sich der Mediator B zu und fragt: *„Wie geht es Ihnen, wenn Sie hören, dass es für Ihre Frau kaum auszuhalten ist zu hören, dass Sie Vertrauen möchten?"*

B antwortet, dass er das schon einsehen kann und trotzdem so sehr wünscht, dass die alten Geschichten endlich ruhen.

Er bekommt Einfühlung vom Mediator in seinen Schmerz, indem der sagt: *„Sie sind traurig und auch wütend, dass es Ihnen noch nicht gelungen ist, Ihrer Frau zu zeigen, wie wichtig sie Ihnen jetzt ist?"*

B stimmt zu und ist berührt, als er hört, dass seine Trauer gesehen wird.

Im Kopf von B greift hier vielleicht das alte Konzept von Schuld und Unschuld, das, von außen betrachtet, B die Rolle des Bösen zukommen lässt, der kein „Recht" auf Trauer hat, da er sich ja moralisch „falsch" verhalten hat. A sieht die Berührung von B und es zeigt sich, dass sie das nun auch bewegt. Ihr Blick auf ihn wird sanfter. Der Mediator fragt nun A wieder, wie es ihr geht, wenn sie hört, wie wichtig sie ihrem Mann ist. Hier wird schon deutlich, dass es bei dieser Methode nicht um geschliffene Ausdrucksweise und rhetorische Abwechslung geht, sondern dass das Wesentliche darin besteht, die Konfliktparteien mit wenigen Worten im Herzen zu erreichen. A antwortet unter Tränen, dass sie sich danach sehnt, es aber immer noch nicht wirklich glauben mag. Der Mediator wiederholt das Gesagte nun wieder für die Partei B und fragt erneut, wie es ihm damit geht, das zu hören. Das bedeutet, der Mediator bleibt immer in der Gegenwart, arbeitet mit dem, was gerade in den Beteiligten lebendig ist. Dabei wird der Prozess verlangsamt, um Zeit zum Nachspüren zu geben. So läuft das Gespräch weiter, bis alle Bedürfnisse, die im Raum sind, Gehör bei dem jeweils anderen gefunden haben und damit das Verständnis für den Konfliktpartner auf beiden Seiten gewachsen ist, denn auf der Gefühls- und Bedürfnisebene gibt es nichts, was sich negativ bewerten ließe.

Ist dieser Punkt erreicht, kann der Mediator nun langsam und behutsam die Konfliktparteien bitten, ihre Reaktionen auf die Worte des anderen nicht mehr an ihn zu richten, sondern direkt an den Konfliktpartner. Dabei kann auch eine Frage hilfreich sein wie: *„Was brauchen Sie, um Ihren Partner darin zu unterstützen, dass er sich dieses Bedürfnis erfüllt?“* Das heißt, dass evtl. weitere Bedürfnisse Gehör finden möchten, Bedürfnisse, die sich jetzt erst durch den Gesprächsverlauf ergeben. Es entsteht nun langsam ein direkter Kontakt zwischen den Konfliktparteien, in dem der Mediator mehr und mehr in den Hintergrund treten kann, lediglich die Rolle des aufmerksamen Moderators oder Beobachters einnimmt und nur noch interveniert, wenn es nötig scheint oder die alten Muster wieder durchbrechen. Die Parteien sprechen und hören nun selbst gegenseitig mit Empathie und erlangen damit eine Grundlage für eine konstruktive und faire Lösungsfindung, die sie in die Lage bringt, auf der Basis von Perspektivwechsel und Verständnis miteinander zu sprechen. Hier arbeitet der Mediator mit viel Geduld, denn die Konfliktparteien brauchen Zeit und manchmal mehrere Wiederholungen, um die Wirklichkeit des anderen zu verstehen. Anfangs ist es oft herausfordernd für sie, die Bedürfnisse des anderen zu würdigen, doch da beide diese Aufgabe bewältigen, erleben beide die angenehme Wirkung des wachsenden Verständnisses.

In dem Beispiel stellte sich noch heraus, dass A vor vielen Jahren den Wunsch nach einem zweiten Kind hatte und B diesen Wunsch aus beruflichen Gründen damals nicht erfüllen wollte. A brauchte hier noch einmal dringend die Würdigung ihrer Rücksichtnahme auf B zu dieser Zeit und B zeigte sich erleichtert, dass er dieses Thema, das jahrelang tabu schien, abschließen konnte, indem er deutlich seine Dankbarkeit gegenüber A aussprach und gleichzeitig seine Trauer über den Verlust eines zweiten Kindes ausdrücken konnte, die auch er heute empfindet.

Die Mediation mit diesem Paar dauerte insgesamt vier Sitzungen, wobei die Methode des gegenseitigen Kontaktes zwischen den Beteiligten den größten Raum einnahm. Das gegenseitige Gesehenwerden und die Würdigung des Schmerzes, den sie sich im Laufe der Beziehung zugefügt hatten, geriet mehr und mehr in den Mittelpunkt der Arbeit, während das ursprüngliche Thema „Fremdgehen und Vertrauensverlust" an Bedeutung verlor. Das Ansehen dieser alten Schmerzen und die Möglichkeit, sie dem anderen gegenüber ohne Angst auszudrücken, führte zu einer Entspannung, die darin gipfelte, dass die beiden sich wieder wertschätzend einander zuwenden konnten und dadurch eine neue Verbindung erlebten, die ihnen Zuversicht für ihre Beziehung gab. In einer Mediation, in der den Gefühlen und Bedürfnissen nicht so stark empathisch begegnet worden wäre, erschiene mir dies nicht möglich.

Erfahrungen/ Kommentare

Diese Methode des Kontaktherstellens zwischen den Konfliktparteien geht oft mit einer tiefen, emotionalen Berührung einher, die es den Beteiligten ermöglicht, sich wieder mit anderen Augen zu sehen als vor der Mediation. Das Zulassen dieser Berührung gelingt durch das Erarbeiten von verloren gegangenem Vertrauen. Das ist nicht nur bei Paaren so, sondern auch in Arbeits- oder anderen Konfliktsituationen. Gerade bei der Konfliktbearbeitung in Organisationen oder Unternehmen zeigt sich immer wieder, wie sehr die verschiedenen Hierarchieebenen echte Begegnungen zwischen Mitarbeitern erschweren oder nicht möglich machen. Auch hier ist es sehr unterstützend, mit diesem Tool von gegenseitiger Empathie zu arbeiten und damit die Konfliktparteien in eine andere, oft eher ungewohnte Form von authentischem Austausch zu führen. Mit der Haltung von Respekt und Wertschätzung allen Beteiligten gegenüber können die Mediatoren einen Prozess begleiten, in dem deutlich wird, dass es auf der Bedürfnisebene keine hierarchischen Unterschiede gibt, sondern alle Menschen ähnliche Bedürfnisse haben, die in der Mediation als gleichwertig angesehen werden. Daraus kann eine neue Erfahrung wachsen, nämlich das Erkennen von Menschlichkeit und Gemeinsamkeit, das aufgrund der unterschiedlichen Funktionen im Arbeitsalltag manchmal verloren geht.

Die Angst, seine Verwundbarkeit zu zeigen, ist in vielen Bereichen des Lebens weit verbreitet, doch aus meiner Erfahrung ist es wichtig, Emotionen nicht zu tabuisieren, sondern sie als integralen Bestandteil der Mediation zu sehen, denn sie helfen uns, Wichtiges von Unwichtigem zu unterscheiden. Werden die Gefühle während der Mediation nicht genug berücksichtigt, erreichen wir zumeist auch nur halbherzige, „sachliche" und oft wenig dauerhafte Lösungen. Insofern ist hier die Aufgabe des Mediators, die Konfliktparteien zu ermutigen und ihnen einen so sicheren Rahmen zu geben, dass sie sich trauen, sich emotional zu zeigen, weil sie spüren, wie gut es tut, mit seinem Schmerz ganz gesehen zu werden. Manchmal wissen die Menschen nicht, wie sie sich fühlen, da sie nicht gelernt haben, ihren Gefühlen Ausdruck zu verleihen. Wenn die angebotenen Worte des Mediators keine Wirkung zeigen, ist es hilfreich, den Körper mit einzubeziehen und zu fragen, wie es der Person gerade körperlich geht, ob sich etwas zusammenzieht oder ausweitet, das Herz stärker klopft oder die Kehle trocken wird. Wir haben viele Anzeichen für Gefühle und können diese sinnvoll in die Mediation einbeziehen.

Da es in unserer Gesellschaft eher üblich ist, Schmerz zu unterdrücken und niemanden damit „belasten" zu wollen, ist es ungemein befreiend für die Beteiligten, wenn sie sich diesem Schmerz öffnen können und erfahren, das er wohlwollend aufgenommen wird, ohne dass gleich etwas „getan" werden müsste. Allein das Zulassen des Schmerzes in der geschützten Atmosphäre der Mediation ist für viele Konfliktparteien schon so befreiend, dass sie spontan Lösungsideen entwickeln, die ihnen zuvor völlig ausgeschlossen erschienen. Diese emotionale Berührung mit dem eigenen und dem Schmerz der anderen Partei führt dazu, dass Energie freigesetzt wird, den Wandel zu gestalten. Wenn man davon ausgehen kann, dass viele Menschen, die sich zu einer Mediation entschließen, diese mit einem mehr oder weniger großen Gefühl von Angst und Verzweiflung angehen, ist es erstaunlich und bewegend zu sehen, wie sich diese Gefühle durch die Empathie des Mediators und des Konfliktpartners in eine konstruktive und positive Kraft verwandeln.

Der Neurobiologe Gerald Hüther sagte in einem Vortrag über neurologische Aspekte von Konflikten, dass wir im Laufe unseres Lebens viele Schichten über unsere tiefsten Sehnsüchte und Wünsche gelegt haben, weil wir gesellschaftlich funktionieren wollen. Er sieht die Aufgabe des Mediators darin, diese Schichten behutsam abzutragen, bis die Quelle der Lebendigkeit wieder sprudeln kann. Jede Schicht, die abgetragen wird, bringt uns uns selbst und dem anderen näher und so entsteht Berührung.

Technische Hinweise

Mediatoren, die dieses Tool einsetzen möchten, brauchen neben der Haltung von Wertschätzung die Fähigkeit, die Sprache der Konfliktparteien so zu transformieren, dass jede Form von Verletzung herausgefiltert und in eine besser erträgliche Formulierung übersetzt wird. Das bedeutet, dass z.B. Interpretationen wie „Ich fühle mich manipuliert" oder „Ich werde hier nicht ernst genommen" übersetzt werden in tatsächliche Gefühle wie z.B. „Sie fühlen sich hilflos?" oder „Sind Sie frustriert?". Auch der Wortschatz an sozialen Bedürfnissen, die in der Mediation zumeist zentral sind, ist bei den Konfliktparteien oft nicht aktiv, sodass auch hier Angebote von Begriffen oder Umschreibungen der Bedürfnisse hilfreich erscheinen. Es ist wichtig, dass die Konfliktparteien eine Auswahl zur Verfügung haben und den Unterschied von z.B. „Respekt", „Anerkennung" oder „Akzeptanz" für sich spüren und das ausdrücken können, was gerade in ihnen lebendig ist, um wirklich mit ihren Anliegen verstanden zu werden. In der Literatur über die Gewaltfreie Kommunikation finden sich umfangreiche Wortlisten mit Gefühlen und Bedürfnissen, die Mediatoren zur Anregung dienen können.

Quellen/Literatur

Menschen auf diese Art in Kontakt zu bringen, ist ein Bestandteil der Gewaltfreien Kommunikation (GFK) nach Marshall B. Rosenberg. Damit verbunden ist eine Haltung, die Wertschätzung und Verbindung möchte. Da den Konfliktparteien anfangs dieser Gedanke fremd erscheint, geht der Mediator hier mit gutem Beispiel voran. Ich bin Marshall Rosenberg dankbar, dass ich oft miterleben durfte, wie er mit dieser Haltung Menschen wieder in Kontakt mit sich selbst und dem anderen gebracht hat. Den Moment zu erleben, in dem diese Verbindung spürbar wird, ist etwas Besonderes und inspiriert und bereichert mich oft sehr in meinen Mediationen.

Literatur zum Thema Mediation mit GFK:

- Rosenberg, Marshall B.: Das können wir klären! Junfermann, Paderborn 2004.
- Rosenberg, Marshall B.: Den Schmerz überwinden, der zwischen uns steht. Junfermann, Paderborn 2005.
- Holler, Ingrid: Mit dir zu reden ist sinnlos! ... Oder? Junfermann, Paderborn 2010.
- Larsson, Liv: Begegnung fördern. Junfermann, Paderborn 2009.

Weiteres Vorgehen

Zeigen die Konfliktparteien deutlich Anzeichen von Entspannung und Verbindung, so kann der Mediator zunächst für die Offenheit, das Überwinden von Herausforderungen und das bisherige Ergebnis danken und damit die Arbeit der Beteiligten würdigen. Hier ist eine Pause angebracht. Vielleicht lässt es sich auch zeitlich so einrichten, dass die Sitzung hier beendet wird, da evtl. eine Erschöpfung eintritt. Entscheidet man sich für diesen Weg, so ist in der nächsten Sitzung eine kurze Wiederholung der erarbeiteten Ergebnisse hilfreich, um dann in die Lösungsphase überzugehen. Andererseits kann es auch sinnvoll sein, die Energie, die durch die Verbindung entstanden ist, gleich zu nutzen und unmittelbar nach dieser Phase in die Lösungsphase einzusteigen. Beide Varianten sind denkbar und es obliegt dem Mediator, evtl. mit den Konfliktparteien zu entscheiden, welcher Weg jetzt gegangen wird.

Die Phönix-Intervention

Auffliegen aus verbrannter Erde oder: Die heilende Wirkung von Irritation und Scheitern

Von Dr. Ed Watzke

„Das Tragische an jeder Erfahrung ist,
dass man sie erst macht,
nachdem man sie gebraucht hätte."
– F. Nietzsche –

Kurzbeschreibung

„Wir alle sind klug, die einen vorher, die anderen nachher." Wie kann man nun aber den bloß vorher Klugen ein Hilfsangebot machen, das ihnen ermöglicht, bereits vorher das Nachher zu erleben? In Anlehnung an Voltaires Aphorismus gehe ich von folgender Annahme aus: Jenes Denken, Fühlen und Wollen, das zur Entstehung eines (hoch eskalierten) Konfliktes geführt hat, ist völlig ungeeignet, zu dessen Lösung beizutragen.

Es handelt sich bei dieser Kurzintervention um das möglichst bildhafte fiktive Erleben der Folgen des Scheiterns wie des Gelingens. Der Fokus wird vom „Problem" völlig abgezogen, in einer Zeitprogression vorerst auf die Auswirkungen des Scheiterns, in einem weiteren Schritt auf das eventuelle Gelingen der Mediation in die Zukunft transferiert.

Zeitlicher Rahmen

- Die Intervention nimmt etwa eine Stunde Zeit in Anspruch.
- Der Zeitaufwand kann je nach Gruppengröße adaptiert werden.

Anlässe/Anwendungsbereiche

Die Intervention mag – egal, in welcher Phase – dann hilfreich sein, wenn scheinbar nichts mehr geht, die Fronten verhärtet, erstarrt, zubetoniert erscheinen. Bei hoch eskalierten, chronisch verhärteten Konflikten empfiehlt es sich, die Sitzung damit zu eröffnen. Die Intervention kann jedoch als Unterbrechung oder Pausenfüller als „letzte Karte" aus dem Tool-Fundus jederzeit ausgespielt werden.

Zielsetzung/Nutzen

Die Stoßrichtung ist, die Medianden – und den gesamten Mediationsprozess – vom vorherrschenden Denken, Fühlen und Wollen, das in die Sackgasse führte, herauszulocken und zu begleiten. Dies ist oft ohne Irritation kaum möglich. Irritation erzeugt Unsicherheit und den Wunsch, den Drang oder Zwang, sich neu zu orientieren. Es gibt Situationen, in denen „Probleme" wachsen, übergroß und immer unlösbarer erscheinen, je mehr Menschen sich umso intensiver mit ihnen sachlich, inhaltlich, problemorientiert beschäftigen. Treffend stellt es Jean-Luc Godard dar, von dem der folgende Aphorismus stammt: „Jede Geschichte hat einen Anfang, eine Mitte und ein Ende – aber nicht unbedingt in dieser Reihenfolge!" Bei der Phönix-Intervention beginnen wir mal mit dem Ende, dem Scheitern und dessen Folgen. Wir gehen also – eventuell gleich zu Beginn – davon aus, die Mediation sei schon am Ende, alle Bemühung fruchtlos, ergebnislos, es herrscht keine Einigung, kein Friede.

Beschreibung

Es bieten sich verschiedene Varianten an, je nach Rahmenbedingungen, Situation, Neigung, Intuition der Mediatoren. Das Wesentliche der Intervention besteht in der völligen Abkehr des problemorientierten Vorgehens hin zu einem möglichst bildhaften, lebensnahen, nachfühlbaren Durchspielen der Folgen eines Scheiterns sowie eines Gelingens für die betroffenen Medianden. Dabei ist ein leichter Trance-Zustand bei diesen sehr förderlich. Ich beschreibe nachfolgend zwei Varianten:

Variante 1 – für einen Mediator und zwei Medianden

Erster Teil:

Bei der Einleitung der Intervention sowie der Durchführung ist die Parakommunikation von besonderer Bedeutung. Jegliches Tempo reduzieren, Stimme senken, melodisch klingen, Blickkontakt vertiefen und – wenn irgendwie möglich – spielerisch, humorvoll bis clownesk mit Lächeln und Augenzwinkern an die Sache herangehen. Etwa:

„Wie heißt es bei Monty Python? ‚Kommen wir nun zu etwas ganz anderem': Sie werden jetzt gleich vielleicht sehr enttäuscht, verwundert, irritiert sein, denn wir beginnen unsere Sitzung heute bereits mit dem (ohnehin sehr wahrscheinlichen) Ende, dem Scheitern der Mediation. Wir tun erst mal so, als hätten wir alle gemeinsam uns vergeblich um eine friedliche Einigung bemüht.

Ich lade Sie beide jetzt dazu ein, gemeinsam mit mir eine kleine Reise in Ihre möglichen Zukünfte zu unternehmen. Ich werde – nach einer kleinen Pause – mit Ihnen jeweils zwei Situationen durchspielen, die in etwa einem Jahr stattfinden mögen. Vorerst gehen wir vom Scheitern der Mediation aus, vielmehr von dessen Folgen in Ihrem Leben. Nach der Pause, in der ich Sie, Frau X, ersuche, für sich diese Zeitreise ins nächste Jahr zu unternehmen, werden wir so tun, als würden wir uns jeweils zufällig begegnen und ein kleines Gespräch über Ihr Erleben, Ihre Situation ein Jahr danach führen.

Dabei ersuche ich Sie, Herr Y, ausschließlich als Zuhörer anwesend zu sein. Danach machen wir es umgekehrt. Wenn dann wir, Herr Y, ein ähnlich zufälliges Treffen in einem Jahr durchspielen, werden Sie, Frau X, wie Herr Y zuvor ausschließlich zuhören."

(**Hinweis:** Beim Durchspielen der fiktiven Gespräche ist besonders darauf zu achten, dass der jeweilige Gesprächspartner keinen Blickkontakt zur zuhörenden Person hat, dessen Körpersprache nicht wahrnehmen kann. Es bietet sich dabei das Setting „TANDEM" an. Genaue Beschreibung finden Sie in meinem Büchlein „Äquilibristischer Tanz zwischen Welten".)

Beim Ablauf dieser beiden fiktiven Situationen sollten Sie sich bemühen, den Fokus auf das innere Erleben der möglichen Folgen für den Betroffenen zu legen. Also weniger ein abstrakter, mehr ein multisensorischer, sinnlich angereicherter, erlebnisnaher, bildreicher Diskurs. Selbstredend darf und soll auch dabei gelacht werden. Und da das ganze bloß ein fiktives Spiel ist, sind alle – auch schräge – Fantasien erlaubt.

Zudem findet die gespielte Szene nicht im Kontext einer Mediation statt, sondern etwa im Park, in einem Café etc., erlaubt also einen völlig entspannten, lockeren Habitus, welcher vom Mediator ausgestrahlt werden und möglichst ansteckend wirken sollte. Danach Rollenwechsel bei den Medianden, Akteur wird Zuhörer und umgekehrt.

Nach diesen Gesprächen mag es sinnvoll sein, zur Verdauung des Erlebten eine kleine Pause zu verordnen. Nach dieser Pause hat sich vielleicht eine hilfreiche Veränderung der Situation, der Perspektiven, des Denkens, Fühlens und vor allen des Wollens ergeben. Dann mag es dem Mediator sinnvoll erscheinen, womit auch immer weiterzumachen und Teil zwei der Intervention zu streichen.

Zweiter Teil:

Das Rollenspiel wird wiederholt, jedoch diesmal unter der Annahme, die jeweiligen Gesprächspartner treffen sich zufällig ein Jahr nach

Gelingen der Mediation im Sinne einer konstruktiven Bewältigung des Konfliktes. Wieder geht es um das jeweilige innere Erleben des Gelingens und der Folgen. Man kann und soll jedoch auch nachfragen, was denn vor einem Jahr in der schier aussichtslos verbockten, verstockten, schwierigen Ausgangslage in Richtung konstruktiver Bewältigung geschehen sei, welchen (kleinen) Beitrag, welche ersten kleinen Schritte von wem in der „Rückschau" bedeutend erscheinen usw. Am Ende empfehle ich abermals eine kleine Pause zum „Einsickern" des Erlebten.

Variante zwei – für zwei Mediatoren

Das Arbeiten in Co-Mediation erlaubt eine Reihe von interessanten, unterhaltsamen und oft wirksamen Interventionsmöglichkeiten. Eine von mir sehr geschätzte Intervention ist das „Reflecting Team" (RT). Dabei führen die Mediatoren – einander zugewandt – einen Diskurs, während die Medianden ersucht werden, vorerst in der Rolle eines Publikums zu verweilen, während sich die Mediatoren erlauben, laut zu denken sowie ihrer spielerischen bis schrägen Fantasie freien Lauf zu lassen: *„... Und wahrscheinlich irren wir uns gewaltig, haben unsere Fantasien gar nichts mit Ihnen zu tun ... wir ersuchen Sie jedoch, etwas Geduld mit uns zu haben und uns einfach mal zuzuhören."*

(**Hinweis:** Nach solcher oder ähnlicher Ankündigung wenden sich die Mediatoren deutlich von ihren Medianden ab und wenden sich auf der Bühne – das RT ist bloß ein Spiel – einander zu. Kein direkter Blickkontakt zum Publikum. Zum Reflecting Team finden Sie in diesem Buch den Beitrag von Traute Harms, siehe S. 220.)

Im nun eröffneten RT führen die Mediatoren einen kontroversen Diskurs, wobei Mediator X die Position vertritt, die Mediation wird nicht gelingen (quasi als Advocatus Diaboli), Mediator Y jedoch an das Gelingen einer konstruktiven Bewältigung glaubt. Hier können fiktive Szenarien durchgespielt, Geschichten von ähnlichen Fällen eingebracht werden und vieles mehr. Sehr erheiternd wirken zumeist die bildhaft ausgemalten Musterumkehrungen des Verhaltens, Denkens, Fühlen und Wollens der Medianden. Diese Umkehrungen machen auf humorvolle Weise die (Konflikt-)Muster deutlich, in denen die Medianden sich verfangen haben, ermöglichen neue Sichtweisen und oft auch eine Dissoziierung, lassen die Betroffenen erst mal ein wenig Abstand gewinnen. Um mit Marie von Ebner-Eschenbach zu sprechen: „Jeder hat ein Brett vor dem Kopf. Es kommt bloß auf die Entfernung an."

Erfahrungen/ Kommentare

Ich verwende die Phönix-Intervention mit Vorliebe bei hoch eskalierten Fällen, wo ich ein Scheitern der Mediation als sehr wahrscheinlich erachte. Ich – und zumeist auch die Medianden – haben Spaß an den fiktiven Szenarien, Musterumkehrungen, am spielerischen, fantasiereichen und humorvollen Umgang mit der Situation.

Technische Hinweise

Keine

Quellen/Literatur

Zum Tandem und Reflecting Team in der Co-Mediation:

- Watzke, Ed: Äquilibristischer Tanz zwischen Welten. Forum Verlag, Bad Godesberg, 3. erweiterte Aufl. 2004.

Weiteres Vorgehen

Nach dem RT kann als nächster Schritt die oben beschriebene Intervention mit Zeitprogression stattfinden. Mithilfe von Co-Mediation ist es jedoch auch möglich, dass diese Gespräche – aus der Zukunft in Richtung Gegenwart blickend – gleichzeitig in getrennten Räumen stattfinden. Nach der Pause kann dann – eventuell wieder in einem RT – durch die Mediatoren oder durch die Medianden selbst davon berichtet werden.

Danach tun Sie am besten mal gar nichts, außer die Medianden zu beobachten und mit wachen Sinnen wahrzunehmen, was sie bewegt, sie beschäftigt, ob und welche Veränderungen sich in ihnen abspielt.

Dialogisieren

Den roten Faden spinnen im verlangsamten Streitdialog

Von Dr. Christoph Thomann

Kurzbeschreibung

Die Methode ist simpel und wirkungsvoll: Der Mediator spinnt einen Gesprächsfaden zwischen den Konfliktparteien, indem er sie abwechselnd fragt: *„Was sagen Sie zu dem, was Sie eben hörten? Wie reagieren Sie darauf – innerlich und äußerlich?"* Dieses Vorgehen ist der Standard bei der Klärungshilfe und heißt da „Dialog der Wahrheiten". Die gegensätzlichen individuellen Wahrheiten, die wir vorher von den Konfliktbeteiligten verstanden haben, werden durch das Dialogisieren zueinander in Kontakt und damit in einen Dialog gebracht. Es ist ein kontrolliert verlangsamter Streitdialog.

Rahmen

- Gruppengröße: 2 bis 30 Konfliktparteien. Wenn mehr, muss sichergestellt werden, dass alle akustisch alles verstehen können. Die Methode ist also nicht für 1.000 Personen geeignet. Meine umfangreichste Erfahrung war mit 145 Menschen in einer Turnhalle.
- In der Klärungshilfe braucht es fürs Dialogisieren maximal 50 Prozent der Gesamtzeit einer Konfliktklärung. Nachher brauchen Erklärung, Lösungssuche, Vereinbarungen und Abschluss noch Zeit.

Anlässe/ Anwendungsbereiche

Anlass: Das Dialogisieren kann eingesetzt werden,

- wenn zwischen den Parteien ein kontaktloser Widerstand oder aktiver Widerspruch besteht und
- wenn kein Zuhören und Aufeinander-Bezug-Nehmen das Einander-Verstehen ermöglicht.
- wenn nur ein einsamer Schlagabtausch stattfindet.
- wenn Schönredner pauschale „Politikerantworten" von sich geben, wo der andere nur Stichwortgeber für einen Standardtext ist.
- wenn die Hintergründe und Motive nicht ergründet werden können, die Bedürfnisse nicht erkannt werden wollen, weil die andere Konfliktpartei oder die eigenen Gefühle so provozierten, dass ein lösungsorientiertes Verhandeln unmöglich wird.

- bei kalten Konflikten zum Aufheizen, damit das Eis sichtbar wird und Themen ansprechbar werden.

Anwendungsbereich: In einer Zweier- oder Gruppenklärung wird das Dialogisieren meist gleich zu Beginn der Phase 3 oder auch erst im akut notwendigen Augenblick eingesetzt, wenn etwas Unerwartetes, Heftiges, Markantes passiert: Ein Vorwurf, Angriff, Groll, etwas Unerhörtes, eine Behauptung, ein Ultimatum, eine Unterstellung oder wenn eine Emotion quersteht.

Eng mit dem Dialogisieren ist die Methode des Doppelns verbunden, weil damit nicht nur ein kontrollierter Austausch der Sichtweisen entsteht, sondern auch noch eine Vertiefung des Verstehens erreicht werden kann (mehr hierzu in den Beiträgen „Die Kunst des Doppelns" von Peggy Keller, S. 178, und „Doppeln als Weg der Beziehungsklärung" von Tilman Metzger, S. 185). Mit Doppeln kann der Kontakt zwischen den Parteien auch dosiert werden: Bei kleinen Feuerchen sanft in die Glut blasen oder große Feuer eindämmen und beruhigen. Feuer nicht ersticken oder Öl ins Feuer gießen. Dialogisieren lohnt sich meist nur bei Konflikten mit Zukunftsperspektive: Die Parteien wollen oder müssen zusammen weitergehen, weiterarbeiten. Die Anwendung ist sinnvoll, wenn die Wiedererstarkung des gegenseitigen Vertrauens eine Bedingung ist.

Zielsetzung/Nutzen

Wurde in Phase 2 über den Konflikt gesprochen, geht es durchs Dialogisieren in den Konflikt hinein. Die Verknüpfung der zum Teil gegensätzlichen individuellen Sichtweisen wird zu einer direkten Brücke, auf der „das Schwierige" transportiert wird. Das **Ziel des Dialogisierens** ist

- der **Kontakt** der Streitparteien: Zueinander finden durch authentische Auseinandersetzung, sich ausdrücken, sich zeigen und gesehen werden als Mensch mit Interessen und Bedürfnissen, aber auch mit alten zwischenmenschlichen Wunden und entsprechenden Empfindlichkeiten und Behinderungen daraus. **Gegen** das Oberflächlichwerden, die Falschheit, das Hinunterschlucken oder das Absterben der Kommunikation, gegen die Beziehungsresignation, den Dienst nach Vorschrift, die innere Kündigung, gegen ein paralleles Nebeneinanderher und ungewolltes Abwenden voneinander.

- die **Klarheit** des Was, Wann, Wie, Wieso, Warum, Wozu: Klarheit der heiklen Punkte, Themen, Reaktionen, Empfindungen. Das Netz der Ereignisse, Tatsachen und Taten, Missverständnisse und Überreaktionen, Fehler und Wirkungen. **Gegen** Unübersichtlichkeit der Fakten, Durcheinander in Abfolge und wichtigen Details und gegen die unverständliche und damit willkürliche Macht der Emotionen.

- das **Verstehen** der jeweils anderen Reaktionen und Erlebensweisen: Verstanden werden tut enorm gut und ist Balsam für die durch den Konflikt verletzte Psyche. Verstehen bezieht sich auch auf das „mechanische" Zusammenspiel aller in einem Konflikt Beteiligten, die sich alle subjektiv als Opfer empfinden, gegenseitig aber als Täter erleben. **Gegen** das reine Sich-ausgeliefert-Fühlen in einem (künftigen) Konfliktablauf. Gegen Eskalation, Gewalt, Hilflosigkeit, Rache und Einsamkeit.

Also: Das Ziel des Dialogisierens ist die Klärung und wechselseitige Verständlichmachung der einzelnen subjektiven Erlebensweisen und Faktenerinnerungen und deren unglückliche Verwobenheit miteinander. Und das auf den folgenden Ebenen:

1. Der Sachinhalt des Konfliktes: Um was geht es?
2. Der organisatorische, strukturelle Rahmen: In welchem Umfeld und welcher Konstellation findet der Konflikt statt; Rollen (Hierarchien, Verwandtschaft, Vereinsstrukturen) und Aufgaben, Schnittstellen, Abläufe, Regeln, Verträge, Abmachungen, Traditionen.
3. Die Auslöser: Letzte Tropfen, die das schon volle Fass zum Überlaufen brachten, belastende Ereignisse, Missverständnisse, Aktionen, Unterlassungen, letzte Eskalationen.
4. Das Zwischenmenschliche: Kommunikation, Beziehung, Klima, das Miteinander (bei der Arbeit, als Nachbarn, Ehepartner, Familie, Mitglieder einer Gruppe, Vereinigung ...).
5. Die Emotionen der Konfliktbeteiligten: Hier wird unterschieden zwischen zwei Gefühlstiefen: Die aggressiven Gefühle und die Angstgefühle.

Der **Nutzen für die Konfliktbeteiligten:** „Endlich gibt mir mal jemand die Gelegenheit, mich genau zu erklären, vor allem hört mir die Gegenpartei mal zu und ich bekomme eine genaue Antwort auf meine Darstellung und Vorwürfe." Es muss nicht nur rein sachlich argumentiert werden, die Gefühle haben ihren berechtigten Platz. Der Mensch erleichtert sich mit dem volleren Ausdrücken seiner Sicht- und Erlebensweise, kann besser verstanden werden und wird selber offener für andere Sichtweisen.

Dadurch geschieht eine konkrete Inventur der verschiedenen relevanten Punkte: Eine Zwischenbilanz der inhaltlichen, organisatorischen und sachlichen Aspekte, wie es zur zwischenmenschlichen Eskalation gekommen ist, welche wichtigsten Gefühle auf den Konfliktpartnerseiten aktiv wurden. Das ist – nur wenn nötig und nicht zu umgehen – das letzte Ziel, diese Gefühlsebene zu finden. Wenn in einer sachlichen Besprechung der Konfliktinhalte und der strittigen Punkte Chaos oder Eskalation nicht zu vermeiden sind, dann sollen diese „terroristischen" Gefühle einmal richtig zum Zuge kommen dürfen und müssen gehört und verstanden werden, damit man nachher endlich in Ruhe sachliche und zwischenmenschliche Lösungen finden kann.

Beschreibung

Nachdem in Phase 2 (Klärungshilfe: Selbstklärung) die letzte Konfliktpartei ihre subjektive Sichtweise dargelegt hat, kann die Methode gleich eingesetzt werden, nahtlos ohne jegliche Erklärung: *„Wie reagieren Sie auf das, was Sie jetzt gehört haben? Was sagen Sie dazu?"* Der Streitpartei wird die Auswahl darüber gelassen, auf was sie zuerst reagieren will. Sie wählt natürlich das subjektiv Wichtigste aus, das Neuralgische, das Provozierende, das Schwierige. Das ist gut so. Man spricht dann auch nicht lange um den Brei herum, sondern kommt gleich zum Zentralen, das einer Lösungssuche am meisten im Wege steht.

Trotz der freien Auswahl der Konfliktparteien haben wir innere Prioritäten, was die Wichtigkeit und Dringlichkeit der anstehenden Themen betrifft:

- Akutes vor Chronischem
- Zwischenmenschliches und Persönliches vor Sachlichem
- Vergangenes vor Zukünftigem
- (In Organisationen mit Führungshierarchie) Hierarchisch Höheres vor hierarchisch Tieferem

Falls sich diese Faustregeln in sich widersprechen sollten, „denke ich jeweils laut vor mich hin", bis sich eine Klarheit abzeichnet. Die Streitparteien mischen sich meist ein und ich wünsche: *„Lasst uns mit dem Schwierigsten beginnen."*

Beim Dialogisieren kommt jeder zum Zuge, es herrscht Gerechtigkeit. „Einer nach dem anderen, wie in Paris", war in meiner Kindheit ein Sprichwort gegen Drängeleien. Die allparteiliche Neutralität des Mediators sorgt dafür. Seine präsente Wachheit hilft bei der situativen Rekonstruktion:

- Wie ist der Konflikt genau entstanden?
- Was war für Sie der Knackpunkt?
- Wie haben Sie es erlebt?
- Um was ging und geht es Ihnen?
- Was hat alles verschärft?

Resultat: Drei Wahrheiten

So werden nach und nach die drei Wahrheiten bei einem Zweierkonflikt sichtbar: Je die subjektive Wahrheit der beiden Streitparteien und die gemeinsam akzeptierte (intersubjektiv anerkannte, meist problemlose) Wahrheit. Es geht letztlich um einen roten Faden. Der rote Faden wird gesponnen von der Wahrheit 1 zur Wahrheit 2 und wieder zurück – und so sammelt sich eine Klarheit an: über die Unterschiedlichkeit der Wahrnehmung, über die Verschiedenheit der Personen. Es ist nicht mehr zu verleugnen, dass jeder es anders sieht und jeder aus seiner Sicht selber für sich Recht hat. Damit wird der Perspektivenwechsel vorbereitet, der bei der Mediation sehr wichtig ist. Es geht dabei nicht um Interessen, Bedürfnisse, Lösungen oder Schönheit und Harmonie, sondern um Akzeptieren und Verstehen des individuell Unterschiedlichen.

Moderation

Das Mittel des Dialogs ist die moderative Macht des Mediators, die allen Sicherheit gibt: Das Wort zu erteilen und derweil andere stoppen können, damit ein geordnetes Hin und Her entsteht: Darstellung und Gegendarstellung, Reaktion und Gegenreaktion, Frage und konkrete Antwort. Unmittelbar zum Dialogisieren gehören parallel noch „ordnungspolizeiliche Befehle", die der Mediator zum Schutz der Medianden durchführen können muss, wenn einer hineinredet:

- *„Stopp, jetzt ist gerade Y dran."*
- *„Bitte warten Sie kurz, nachher haben Sie wieder das Wort und die volle Aufmerksamkeit."*
- *„Nehmen Sie Blatt und Stift, schreiben Sie auf. Sie sind gleich dran."*

Andernfalls gibt es ein unkontrolliertes Pingpong, das leicht weiter eskalieren und damit aus dem Ruder laufen kann. Beruhigendes Gegenmittel ist besonders das Doppeln, aber auch das Aktive Zuhören hilft.

Zur Methode gehört zudem, dass, falls im Verlauf eines Dialoges etwas Positives genannt wird, zum Beispiel

- *„Ich erachte Sie als kompetent"*,
- *„Ich gestehe Ihnen zu, dass …"* oder
- *„Das wollte ich nicht"*,

der Mediator die Gegenpartei dann nicht fragt, wie sie darauf reagiert, sondern die Frage äußert: *„Glauben Sie das?"* Übrigens: Die Antwort ist in 60 bis 80 Prozent der Fälle: *„Nein, das glaube ich nicht."* Der Dialog geht normal weiter: *„… nämlich, warum können Sie das nicht glauben?"* Und dann nach der Antwort sollten Sie diese möglichst doppeln. Dann kommt wieder die andere Seite dran: *„Was sagen Sie dazu?"*

Erfahrungen/ Kommentare

- **Ausweichen:** Es gibt selten Ausweicher, die auf Nebensächliches steuern. Hier zählt Beharrlichkeit: Auf die Frage *„Wie reagieren Sie darauf?"* ruht der Mediator also nicht eher, bis eine echte Antwort, eine Reaktion vom Angesprochenen kommt, bei der er selber in seiner Rolle und als Mensch sichtbar wird. Wir lassen nicht lange ausweichen, ablenken, wegdriften, abschweifen oder gar abbrechen. Geduldig warten wir und beharren auf einer befriedigenden Antwort. Wir können alle auf den direkten Dialogweg führen: *„Und was sagen Sie dazu, dass X eben sagte, dass Sie …?"*

- **Vom Roten Faden zum Netz:** Der Gesprächsfaden kann bei mehrmaligem Dialogisieren nacheinander zu verschiedenen Themen und deren Emotionen hin und her geführt werden. So wird allmählich eine Gesamtsicht des Konfliktes erreicht. Aus dem „Roten Faden" entsteht ein Netz, weil die oft schwierigen Themen und schlimmen Empfindungen dazu in einem Dialog verwoben werden. Sachinhalte, äußere Situationen, Vorfälle, Fehler, Missetaten, Beziehungsempfindungen und Gefühle haben ihren Platz. Sie alle haben als Wirkungen und Ursachen oft zugleich dazu beigetragen, dass es so falsch lief. All diese Faktoren sind Knoten eines Konfliktursachen-Netzes, das erst noch im trüben Wasser unguter Kommunikation dümpelt. Zieht man einen Knoten hoch, hängt gleich das Ganze daran.

- **Milde bis stürmische Wirkung:** Mit dem Dialogisieren ergibt sich im Idealfall eine konzentrierte, ordnende Stimmung im Raum. Die Ausstrahlung der Methode, dass jede subjektive Konfliktsicht ihre Berechtigung hat, beruhigt manchmal alle. Ich habe schon erlebt, dass sich Menschen spontan die Hand gegeben haben, sich entschuldigten oder einander einfach stumm bewegt zunickten. Das ist aber eher selten. Meist geht es hoch her. Der Dialog wird direkter und die Argumente und Beweise, Erlebnisse und Vorwürfe, Gefühle und Erinnerungen türmen sich aufeinander. Erst mit der Zeit des Hin- und Her-Dialogisierens, mit dem allmählich sich ausbreitenden Verstehen, kann sich die Stimmung beruhigen. Aber auch das ist nicht immer der Fall. Manchmal führt das Dialogisieren dazu, dass sich eher eine Verhärtung zeigt, als ein Verstehen. Diese Methode führt nicht zwangsläufig direkt zum schönen Verstehen, sondern manchmal auch zum Sichtbarwerden einer Unversöhnlichkeit. Die Methode macht nichts schöner, als es ist. Sie zeigt die gegenwärtige Gefühls- und Kommunikations-Realität der Streitparteien. Die Auflösung einer solchen Stimmung findet dann oft erst in der nächsten Phase, nämlich beim Erklären, statt. In diesem Fall muss eine sinnstiftende, systemische, würdigende Erklärung die Konflikt-Puzzlestücke zu einem Gesamtbild zusammensetzen, in dem sich die Medianden selber und gegenseitig wiedererkennen, jeder zugleich als Opfer und Täter, als Geköderter, Verführter, Erlegener und in der Konfliktdynamik Gefangener (mehr hierzu im Beitrag von Christian Prior: „Das Erklärungshaus", S. 277). Modelle wie der Teufelskreis oder die „Zwei-Welten-Theorie" nach Riemann-Thomann (Klärungshilfe 1 und 2, siehe Rubrik „Quellen") helfen dabei im Hintergrund.

- **Es geht um Klartext, der befreit:** Das Vertrauen wird am tiefsten Punkt durch Ehrlichkeit wiederhergestellt. Das Prinzip heißt „Wahrheit heilt". Das meint genauer, dass der Konflikt (nicht die Menschen) durch das Ausdrücken und Sichtbarwerden der individuellen und subjektiv wahren Empfindungen überwunden werden kann, wenn die jeweils anderen Konfliktparteien dadurch sich selber im schwierigen anderen erkennen können. So kann der Misstrauens-Beziehungsgraben überwunden, der Konflikt aufgelöst werden. Sie müssen nichts mehr voreinander verstecken, auch keine schwierigen – im Volksmund: negativen – Gefühle wie Wut, Ärger, Rache, Neid. – „So ist es also tatsächlich zwischen uns." Diese Gefühle werden durch darunter liegende Kränkungen und Verletzungen gespeist. Und die kennt jeder von sich selbst: Hilflosigkeit, Enttäuschung, Einsamkeit, Trauer, das Gefühl, zu kurz gekommen zu sein. Damit wird klar, keiner ist besser als der andere. Alle sitzen im gleichen Boot. Der Mediator braucht dazu einen unerschütterlichen Glauben an das Wirkprinzip „Der vertrauensstiftende Weg hinaus führt hindurch". Das lässt sich nur erreichen, wenn man es mehrmals im eigenen Konfliktfall selber erlebt hat. Ansonsten darf das Dialogisieren nicht auf die Beziehungs- und Gefühlsebene angewendet werden.

Technische Hinweise

Es ist von Vorteil, wenn mehrere Konfliktparteien ohne Tisch im Stuhlkreis sitzen. Am „runden Tisch" geht es aber auch. Wenn er eckig und unverrückbar ist, sollte – bei mehr als sechs Personen – durch Zurückrutschen der Sitzenden ein Kreis angedeutet werden, damit jeder alle sehen und hören kann. Mikrofon ab 50 Personen.

Quellen/Literatur

- www.klärungshilfe.com
- Thomann, Christoph: Klärungshilfe 2. Konflikte im Beruf: Methoden und Modelle klärender Gespräche. Rowohlt, Reinbek bei Hamburg 2004.
- Thomann, Christoph: Das Doppeln im Konfliktklärungs-Dialog, dargestellt am Kommunikationsquadrat. In: Schulz von Thun, Friedemann/Kumbier, Dagmar (Hrsg.): Impulse für Beratung und Therapie. Rowohlt, Reinbek bei Hamburg 2008.
- Thomann, Christoph: Klärungshilfe mit Kindern. In: Schulz von Thun, Friedemann/Kumbier, Dagmar (Hrsg.): Impulse für Kommunikation im Alltag. Rowohlt, Reinbek bei Hamburg 2010.
- Thomann, Christoph/Prior, Christian: Klärungshilfe 3. Das Praxisbuch. Rowohlt, Reinbek bei Hamburg 2007.
- Thomann, Christoph/Schulz von Thun, Friedemann: Klärungshilfe 1. Handbuch für Therapeuten, Gesprächshelfer und Moderatoren in schwierigen Gesprächen. Rowohlt, Reinbek bei Hamburg 2003.

Weiteres Vorgehen

Wie wird der Dialog beendet? Am liebsten, wenn es schön und gut ist. Die Menschen verstehen sich wieder. Aber auch alle anderen Enden des Dialogs sind „legal", fühlen sich aber nicht so schön an:

- Die Zeit ist zu kurz, also abgelaufen.
- Der Mediator weiß nicht mehr weiter oder hat genug vom üblen Dialog.
- Es ließ sich nicht alles klären, man sieht den Wald vor lauter Bäumen nicht.
- Die Sache dreht sich im Kreis.
- Es ist alles noch schlimmer gekommen.

Dann sagt der Klärungshelfer: *„Ich möchte hier mal einen Schnitt machen und Ihnen sagen, wie ich das Ganze von außen sehe."* In der Mediation geht es weiter in der üblichen Abfolge des Vorgehens. In der Klärungshilfe kommt dann das Erklären (siehe S. 277 ff.) und Lösen als nächste Phase.

Reframen

Die Wirklichkeit ist selbst gemacht – und könnte immer auch anders sein

Von Dr. Udo Kreggenfeld

Kurzbeschreibung

Das Reframen ermöglicht es, das eigene Verhalten und auch das Verhalten des Konfliktpartners in einem anderen Licht zu sehen. Festgefahrenen Sichtweisen und Interpretationen werden andere Deutungsmöglichkeiten zur Seite gestellt, mit denen der Zugang zu Lösungen und Ressourcen leichter fällt.

Rahmen

Ist der Boden für das Reframen bereitet (d.h., fühlen sich die Parteien vom Mediator verstanden und akzeptiert), kann das Reframen ausgesprochen zügig durchgeführt werden: von einigen Sekunden bis wenigen Minuten (je nach Erfahrung, Übung und Talent des Mediators). Ein Reframing kann in Mediationen von Gruppen mit 4, 8 oder mehr Teilnehmern ebenso eingesetzt werden wie in der dialogischen Situation eines Vier-Augen-Konfliktcoachings.

Anlässe/ Anwendungsbereiche

In Mediatonen kommt das Tool besonders dann zum Einsatz, wenn es darum geht, Interessen, Gefühle und Bedürfnisse herauszuarbeiten und Handlungs- und Lösungsmöglichkeiten zu entwickeln. Ansonsten immer, wenn es angeraten scheint, die Perspektive zu wechseln.

Zielsetzung/Nutzen

Ziel des Reframings ist es, festgefahrene Sichtweisen und Zuschreibungen sowie Verhalten in Bewegung zu bringen. Eigenes und als problematisch erlebtes Verhalten genau wie das Verhalten des Konfliktpartners kann eine Umdeutung erfahren und somit als Ressource genutzt werden. Leidet etwa ein Konfliktpartner (KP) an dem Vorwurf, in Teamsitzungen wiederholt die Gesprächsführung „an sich zu reißen" und unnötigerweise schnelle Entscheidungen herbeizuführen, könnte eine Umdeutung wie folgt lauten: *„Das Verhalten, das Sie schildern, ist in Krisensituationen und immer dann, wenn Feuerwehreinsätze gefragt sind, durchaus angemessen. Da ist es nötig, dass einer die Fäden* *in die Hand nimmt, handelt – und sich nicht in zu lange Diskussionen verstrickt. Außerdem scheinen Sie ein Gespür dafür zu haben, wann eine Führungsrolle unbesetzt ist. Zudem wird in Ihrem Verhalten die Fähigkeit sichtbar, Führungsverantwortung zu übernehmen und Entscheidungen nicht aus dem Weg zu gehen und somit die Grundlage für weitere Handlungsschritte zu übernehmen."*

Auf dieser positiven Folie wird es in vielen Fällen leichter möglich, zukünftige Handlungsalternativen zu erarbeiten und auch die Schattenseiten des Verhaltens zu beleuchten und zu verändern.

Beschreibung

Man unterscheidet allgemein zwischen einem Kontext- und einem Bedeutungsreframing: Wird ein als kritisch erlebtes Verhalten in einen anderen Kontext gestellt, sprechen wir vom Kontext-Reframing. Beispiel: Pedantische Ordnungsfokussierung kann zu Hause enervierend sein, in der Buchhaltung und Steuerberatung ist sie der Erfolgsfaktor, ohne den (fast) nichts funktioniert. Wird einem als kritisch erlebtem Verhalten eine andere Bedeutung gegeben, sprechen wir vom Bedeutungsreframing. Beispiel: In der pedantischen Ordnungsfokussierung zeigt sich sowohl die Fähigkeit zur strukturierten Ablage als auch die Faulheit, Dinge unnötig lange suchen zu müssen, weil man nicht weiß, wo sie sind. Je nach Situation reicht jeweils das Kontext- oder Bedeutungsreframing – und häufig machen beide Umdeutungen Sinn.

Der erste Schritt ist immer, sich zu zunächst einmal beschreiben zu lassen, wie der Konfliktpartner sich oder den anderen erlebt.

I. Reframing des eigenen Verhaltens

Das folgende Beispiel verdeutlicht, wie das Verhalten des Mediaanden reframt werden kann, mit dem der Mediator gerade arbeitet. Nehmen wir dazu an, ein KP wirft sich selbst vor, in Konfliktsituationen sehr schnell sehr aufbrausend zu werden und andere damit vor den Kopf zu stoßen. Er hat das Gefühl, die Kontrolle über sich zu verlieren, was ihm im Nachhinein regelmäßig leidtut. Das könnte sich z.B. so anhören:
„Als wir gestern zusammenstanden und der Kollege mir sagte, dass er die Zuarbeit zu unserer Präsentation noch nicht erledigt hat, ging mein Puls sofort auf 180. Als ich dann merkte, dass er sein Versäumnis mehr oder weniger als Lapalie abtat, habe ich ihn dann als unkollegialen Schönwettermatrosen beschimpft, was auch andere gehört haben – ohne mich erst einmal nach seinen Gründen zu erkundigen. Aber schließlich war damit klar, dass wir den verabredeten Termin nicht einhalten kön-

nen und ich wegen seiner Schlampigkeit als unzuverlässig dastehe. Dennoch. Ich hätte nicht so ausfallend werden dürfen."

1. Lassen Sie sich das Verhalten genau beschreiben. Gehen Sie mit dem KP auf die Suche, wann genau „die Pferde mit ihm durchgehen" – wo beginnt das innere Aufregen, wie genau baut sich der innere Druck auf? Arbeiten Sie auf diesem Wege die „Rationalität" des Verhaltens heraus.

2. Signalisieren Sie Verständnis und Akzeptanz.

3. Führen Sie das Reframing ein: *„Sie haben bisher die problematischen und schwierigen Anteile betont. Und gleichzeitig hat jede Medaille zwei Seiten. Worin könnten die positiven Aspekte Ihres Verhaltens liegen?"* Warten Sie ab, was der Mediand sagt. Vielleicht entgegnet er ja auch: *„Ich sehe da nichts Positives."* Bereiten Sie dann den Boden für andere und positive Sichtweisen: *„Darf ich Ihnen dazu einen Vorschlag machen?"*

   - **Kontextreframing:** *„Zunächst einmal glaube ich, dass Ihr Verhalten in Situationen sehr hilfreich sein kann, in denen sich keiner traut, einmal ein offenes Wort zu sagen. Oder in denen es betont rational, kognitiv und/oder kontrolliert zugeht. Da kann es dann ausgesprochen hilfreich sein, wenn einer mal die Zügel locker lässt."*
   - **Bedeutungsreframing:** *„Und dann gibt es einen sehr positiven Aspekt an Ihrem Verhalten: Sie sind in der Lage, Gefühle und auch starke Gefühle sehr direkt auszuleben und scheuen sich nicht, auch heikle persönliche Themen direkt zu adressieren – und sich damit situativ Erleichterung zu verschaffen. Von der Art und Weise her, wie Sie das tun, sind Sie freilich nicht so ganz einverstanden. Lassen Sie uns da gerne auf die Suche gehen, wie Sie das in einer für Sie – und auch für den anderen – stimmigeren Art und Weise herüberbringen könnten. Was sagen Sie dazu? Und wie ergeht es Ihnen damit?"*

II. Verhalten des Konfliktpartners reframen

Das folgende Beispiel verdeutlicht, wie Sie Ihre Medianden darin unterstützen können, das Verhalten ihrer Konfliktpartner zu reframen: Nehmen wir einmal an, Ihr aktueller Gesprächspartner ist ein Projektleiter und beschwert sich darüber, dass einer seiner Projektmitarbeiter (PM) aus einem anderen Bereich in den Projektbesprechungen keinerlei valide Informationen für das Projekt einbringt. *„Der sitzt nur da,* *schaut mich interessiert an – aber außer heißer Luft kommt nichts aus dem heraus.*" Trotz direkter Ansprache und massiver Aufforderung zur Stellungnahme („*Ich bin schon ganz gespannt darauf, wann Sie einmal einen hilfreichen Beitrag zu unserem Projekt leisten!*"), hält sich der PM mit Informationen aus seinem Bereich und Fachgebiet sehr zurück, was den Projektleiter immer wütender und wütender macht.

1. Lassen Sie sich das Verhalten genau beschreiben. Erfragen Sie, wie die Situation aussieht, in der der PM lediglich „heiße Luft" produziert: Heißt „heiße Luft" gar nichts sagen – oder viel sagen und dabei doch nichts sagen? Was ist der Situation vorausgegangen, wie genau hat Ihr Gesprächspartner den PM angesprochen, waren weitere Leute dabei, wenn ja, welche? ...

2. Signalisieren Sie Verständnis und Akzeptanz – und zwar sowohl für Ihren Gesprächspartner als auch für den PM.

3. Führen Sie das Reframing ein: „*Jede Medaille hat zwei Seiten. Sie haben bisher die problematischen und schwierigen Anteile im Verhalten Ihres GP betont. Worin könnten die positiven Aspekte seines Verhaltens liegen?*" Warten Sie ab, was Ihr Mediand sagt. Vielleicht so etwas wie: „*Der lässt sich durch nichts aus der Ruhe bringen.*" In einem weiteren Schritt können Sie die Vorteile dieser Sichtweise weiter ausführen: „*Darf ich diese Sichtweise noch ein wenig ausbauen?*"

   - **Kontextreframing:** „*Genau, das ist ja durchaus eine Leistung, sich dem Gespräch oder einer Antwort zu entziehen, selbst wenn man direkt und vielleicht sogar massiv dazu aufgefordert wird. Das gelingt nicht jedem. Ich könnte mir vorstellen, dass ein solches Verhalten z.B. in kompetitiven Verhandlungssituationen ein großer Vorteil sein kann.*"
   - **Bedeutungsreframing:** „*Wir wissen ja nicht, warum Ihr PM schweigt bzw. keine Informationen preisgibt. Vielleicht fühlt er sich von Ihnen zu sehr unter Druck gesetzt und hat keine Lust, darauf zu reagieren. Möglicherweise hat er auch von seinem Vorgesetzten die Order bekommen, keine Informationen einzuspeisen und sitzt in der Loyalitätsfalle. Ferner könnte es sein, dass er gar nicht versteht, warum Sie ihn so massiv angehen, Ihnen das aber nicht so direkt sagen will – schon gar nicht, wenn andere Menschen dabei sind. Halten Sie einzelne dieser Optionen für denkbar – und was verändert sich dabei mit Blick auf den Kollegen?*"

Erfahrungen/ Kommentare

In dem beschriebenen Fall führte die Umdeutung zunächst zu einer Bewusstmachung des persönlichen Kommunikationsverhaltens (viel Druck aufbauen) und dann zu einer Aufmerksamkeitsverschiebung: weg von der persönlichen Ebene (der will nicht mit mir kooperieren) hin zur organisatorischen Ebene (da gibt es Friktionen zwischen den Bereichen), was die beteiligten Akteure und vor allem den Projektleiter enorm entlastete.

Der besondere Reiz des Reframings liegt für mich in der klaren Ressourcenorientierung. Auf der Basis von Wertschätzung und Akzeptanz wandert der Blick weg vom halb leeren hin zum halb vollen Glas. Es ist wie das Öffnen eines Fensters, frische Luft in Form von Umdeutungen kann Erleichterung in scheinbar festgefahrene Positionen und Sichtweisen bringen.

Stehen Mediator und Medianden in einem guten Vertrauensverhältnis, kann Schritt 3 des Refraimings auch direkt nach der Fallschilderung eingebracht werden.

Durch die konstruktivistische Theorie ist das Reframen außerordentlich gut hinterlegt: Die Wirklichkeit ist immer selbst gemacht. Schon durch die bewusste und unbewusste Aufnahme dessen, was wir wahrnehmen, treffen wir eine erste Auswahl, die prinzipiell auch anders sein könnte. Dem, was wir wahrnehmen, geben wir einen Namen und eine Bedeutung – und auch diese beiden Schritte sind kontingent, d.h., sie könnten ebenfalls anders sein. Diese Prozesse für Konfliktpartner transparent und erlebbar zu machen, und somit den Raum für Lösungsschritte zu öffnen, kann zutiefst befriedigend sein.

Technische Hinweise

Keine

Quellen/Literatur

In der Literatur wird die Methode zurückgeführt auf die Arbeiten von Milton H. Erickson sowie der gesamten Palo-Alto-Gruppe. Bedeutende Beiträge lieferten Steve de Shazer und die Gründer des NLP, Richard Bandler und John Grinder.

- Grochowiak, Klaus: Das NLP-Practitioner Handbuch. Junfermann, Paderborn 2006.
- Kreggenfeld, Udo: Verhandeln? – Systemische Verhandlungskompetenz für eine komplexe Welt. Cornelsen-Verlag Skriptor, Berlin 2010.

- de Shazer, Steve: Der Dreh. Überraschende Wendungen und Lösungen in der Kurzzeittherapie. Carl Auer, Heidelberg 2010.
- Simon, Fritz B.: Einführung in Systemtheorie und Konstruktivismus. Carl Auer, Heidelberg 2006.

Weiteres Vorgehen

Nach dem Reframing geht es darum, mit offenen Fragen zu erkunden, wie sich die veränderten Sichtweisen auf die strittigen Fragen auswirken.

Mit Fragen das Denken verändern

Systemische und zirkuläre Fragen in der Mediation

Von Dr. Christa D. Schäfer

Kurzbeschreibung

Eine der Haupttätigkeiten eines Mediators ist es, Fragen zu stellen. Durch Fragen entstehen neue Informationen. Systemische Fragen erweitern das Handlungs- und Denkspektrum des Befragten. Zirkuläre Fragen geben als eine besondere Form des Systemischen Fragens im Mediationssystem wichtige gedankliche Anregungen und Hinweise. Sie leiten darum oft „Wendepunkte" ein. Die Wahl eines geeigneten Fragetyps ist als Intervention in der Mediation deshalb nicht zu unterschätzen.

Zeitlicher Rahmen

Das Stellen einer systemischen Frage geht in Sekundenschnelle. Die sich anschließende Antwort kann unterschiedliche Zeitlängen in Anspruch nehmen. Mitunter antwortet der Befragte spontan und schnell. In anderen Fällen ist der Befragte zunächst längere Zeit gedanklich mit der Antwort beschäftigt und führt dann ausführlich seine Beweggründe und Gedankengänge an, die gerade zu dieser Antwort geführt haben. Systemische Fragen eignen sich sowohl für Einzelpersonen als auch für kleinere oder größere Gruppen.

Anlässe/ Anwendungsbereiche

Fragen werden in allen Phasen der Mediation genutzt, von der ersten Begegnung bis zum letzten Kontakt. In der zweiten Phase dienen Fragen dazu, die Sichtweisen der Konfliktparteien zum Konflikt, zu Konfliktsituationen, zur Eskalation, zum auslösenden Sachverhalt und zur Beziehung zwischen den Konfliktparteien zu erfragen. Nachdem diese Informationen im Mediationssystem geteilt wurden, bieten sich systemische Fragetechniken an, um Suchprozesse in Gang zu bringen und ein Verstehenwollen anzustreben. Sie erlauben neue und ungewohnte Perspektiven in komplexen und festgefahrenen Situationen. Im Konfliktcoaching dienen systemische Fragen der Selbstreflexion des Teilnehmenden. In Team- oder Gruppenmediationen bieten sie die Möglichkeit, in relativ kurzer Zeit eine breite Informationsbasis zu erzeugen. Zirkuläre Fragen sind insbesondere als hypothesengeleitete Fragen zu verstehen, die diejenigen zum Denken bringen, die eine Lösung suchen. Damit eignen sie sich besonders gut für den Einsatz am Umbruch von der dritten (Interessen, Gefühle und Bedürfnisse herausarbeiten) zur vierten Phase (Handlungsoptionen und Lösungsmöglichkeiten finden).

Zielsetzung/Nutzen

In einer Mediation geht es zunächst darum, den aktuellen Konfliktkontext zu erhellen und die Wirklichkeitskonstruktionen der Medianden zu erfragen. Darauf aufbauend rücken Möglichkeiten der Konfliktlösung ins Zentrum des Gesprächs und Möglichkeitskonstruktionen müssen ausgelotet werden. Beides wird durch systemische Fragestellungen unterstützt.

Systemische Fragen regen zur Selbstreflexion oder zum Nachdenken über Sachverhalte und Beziehungen im Konfliktfall an. Systemische Fragen bringen in der vierten Phase Gedankenanreize zum Suchen einer Lösung oder eines Lösungssettings. Die Verantwortung für die Lösung des Konflikts bleibt dabei natürlich bei den Medianden.

Beschreibung

Mediation meint Vermittlung im Konflikt. Die Medianden bilden dabei ein System, und die Nutzung des Begriffes „Konflikt“ stellt systemtheoretisch betrachtet einen komplexen Vorgang dar. Dabei ist ein Konflikt nichts Festgefahrenes, sondern ein Prozess, der durch Handlungen und Kommunikation der beteiligten Personen gebildet wird. Jedes Verhalten hat einen Sinn innerhalb eines Systems, der in Bezug auf die wechselseitigen Beziehungsmuster innerhalb des Systems verstehbar wird. Jedes Verhalten ist zudem ein kommunikatives Angebot an die anderen sich im System befindenden Personen.

Eine Frage scheint vordergründig eine relativ „harmlose“ Interventionsmöglichkeit in der Mediation darzustellen. Während **lineare Fragen** (W-Fragen) eher das linear kausale Denken fördern, haben **systemische Fragestellungen** das Ziel, neben der Informationsgewinnung auch Informationen zu generieren. Diese Art der Fragen regen den Befragten und die Zuhörer dazu an, gedanklich in einen neuen Raum einzutreten, sie stoßen Ideen an. **Zirkuläre Fragen** bilden eine Unterkategorie systemischer Fragen, es geht hier um das Erfragen von Beziehungen durch das Annehmen einer Außenperspektive. Beim zirkulären Fragen wird davon ausgegangen, dass in einem sozialen System alles gezeigte Verhalten immer auch als kommunikatives Angebot verstanden werden kann. Daher ist es interessant, diese kommunikative Bedeutung von

Verhalten sichtbar zu machen, denn dadurch wird die Veränderbarkeit von Situationen und Verhalten deutlich und der systemische Zusammenhang der Phänomene greifbar.

1. Lineare Fragen

- **Offen vs. geschlossen:** Der Unterschied zwischen offenen und geschlossenen Fragen ist essenziell, und beide Arten der Fragestellung sind an unterschiedlichen Stellen einer Mediation sinnvoll. Geschlossene Frage können nur mit „Ja“ oder „Nein“ beantwortet werden (oder einer Zahl, einem Straßennamen oder ähnlich kurzen Antworten) und dienen deshalb oft zur Zusammenfassung oder werden an Punkten genutzt, in denen Klarheit in einen Sachverhalt gebracht werden soll. Offene Fragen haben den Vorteil, den Gesprächs- und Handlungsraum in der Antwort zu vergrößern, der Antwortende kann bei offenen Fragen weiter ausholen, mehr erzählen und „in die Tiefe“ gehen.

- **W-Fragen:** Offene Fragen sind beispielsweise die sogenannten „W-Fragen“. Hiermit kann man Situationen klären, also fragen: „Wer?“, „Was?“, „Wann?“, „Wie?“, „Wofür?“. Wenn es nicht ohne den Blick auf eine Begründung geht, kann auch das Fragewort „Warum?“ genutzt werden. Recht vorsichtig sollte man mit der Frage „Warum?“ umgehen, denn sie fordert eine Rechtfertigung und wird nicht als unterstützend gesehen. Man sollte auch bedenken, dass „Vergangenheitsfragen“ oft das Gespräch blockieren und es nicht voranbringen.

2. Systemische Fragen

In einer Mediation geht es einerseits darum, den aktuellen Konfliktkontext zu erhellen als auch darum, Möglichkeiten der Konfliktlösung in den Fokus zu rücken. Dementsprechend werden Fragen zur Wirklichkeitskonstruktion von denen der Möglichkeitskonstruktion unterschieden. Während Fragen zur Wirklichkeitskonstruktion gut der dritten Phase (Interessen, Gefühle, Bedürfnisse herausarbeiten) zugeordnet werden können, werden Fragen zur Möglichkeitskonstruktion eher der vierten Phase (Handlungsoptionen, Lösungsmöglichkeiten) zuzuschreiben sein. Systemische Fragen beziehen sich u.a. auf das Herstellen und Verdeutlichen von Gemeinsamkeiten und Unterschieden.

Bei der Erfragung der Sichtweisen zum Konflikt können neben linearen auch bereits systemische **Fragen** gestellt werden, **die den Konflikt im Kontext zu erfassen versuchen**. Statt Fragen zur Situation können

Fragen nach dem Verhalten gestellt werden, die (wie man im systemischen Sprachgebrauch sagt) „das Konfliktpaket auspacken": *„Was genau tut Ihr Kollege, wenn er – wie Sie sagen – in die Luft geht?"* oder: *„Frau B, Sie sagten, dass das Arbeitsklima katastrophal ist. Ist es mit unterschiedlichen Kollegen unterschiedlich gut, oder ist es mit allen gleich schlecht?"* oder: *„Wer von Ihnen ist am zuversichtlichsten, dass das Projekt mit Erfolg abgeschlossen werden kann?"* Aussagekräftig sind in diesem Zusammenhang auch Fragen, die den „Tanz um den Konflikt" erfassen, also nach Interaktionskreisläufen schauen: *„Herr A, wenn Sie anfangen, nervös zu werden und Herrn E darauf hinweisen, dass die Tabellen und Listen nicht korrekt ausgefüllt wurden, wie reagiert er dann?"* oder: *„Herr E, wenn Herr A Sie auf fehlende oder fehlerhaften Listen hinweist, vervollständigen Sie dann die Listen im Sinne von Herrn A oder wie reagieren Sie?"* Diese Art von Fragen sucht nach Mustern in der Beziehung, nicht nach Dingen.

- **Lösungsorientierte Fragen** (auch„Verbesserungsfragen" genannt) gehen davon aus, dass es Zeiten gibt, in denen die Medianden (oder einer der Medianden) besser mit ihrem Konflikt umgehen können und Zeiten, in denen dies weniger gut möglich ist. Deshalb kann nach Ausnahmen vom Konflikt gefragt werden: *„Wie oft haben Sie es in den letzten Wochen geschafft, diesen Sachverhalt in Ruhe zu besprechen? Wie haben Sie das gemacht?"* Natürlich können auch ressourcenorientierte Fragen im Prozess gut unterstützen: *„Wann ist Ihr Verhältnis am ehesten konfliktfrei, wann läuft es bei Ihnen gut?"* oder: *„Was müssten Sie tun, damit es öfters konfliktfrei läuft?"* Die Wunderfrage erzeugt zwei Effekte, sie ist einerseits unverbindlich und lädt zum Fantasieren ein, und sie lässt andererseits erkennen, dass ein Wunder nichts Übernatürliches ist, sondern sich oft durch schlichte, handfeste Tätigkeiten in die Realität umsetzen lässt. *„Wenn das Problem durch ein Wunder über Nacht weg wäre, woran würden Sie das merken?"* oder: *„Angenommen, Sie kommen morgens zur Arbeit und das Problem ist behoben, was könnte dann passiert sein?"* oder: *„Stellen Sie sich vor, Sie kommen zur Arbeit und es ist über Nacht ein Wunder geschehen. Alle können jetzt gut miteinander arbeiten, was hätte sich dann bei den einzelnen Teammitgliedern geändert?"*

- **Problemorientierte Fragen** (auch „Verschlimmerungsfragen" genannt) führen auf konträrem Weg zu demselben Ziel wie lösungsorientierte Fragen. Eine problemorientierte Frage lautet etwa: *„Was müssten Sie tun, damit der Konflikt weiter eskaliert?"*

3. Zirkuläre Fragen

Der Mediator eröffnet den Mediandem durch eine triadische Fragetechnik die Möglichkeit, sich in eine andere Position hineinzuversetzen und sich auf einen Perspektivwechsel einzulassen. Die zirkuläre Frage kann entweder eine Außenperspektive oder die Perspektive einer im Konflikt- oder Mediationssystem beteiligten bzw. im Mediationsgeschehen sogar anwesenden Person erfragen.

- **Außenperspektive:** Die Fragen nach der Außenperspektive können bzw. sollten an beide Medianden gestellt werden. Die auftretenden Gemeinsamkeiten bzw. Unterschiede sind Anlass für das weitere Gespräch. Die Person, die den Anlass für die Außenperspektive gibt, ist nicht bei dem Gespräch zugegen. Beispiel einer Frage an ein Team: *„Wenn Ihr gemeinsamer Firmenchef (oder der Teamchef der benachbarten Abteilung) Sie beide streiten hören würde, was würde er dazu sagen? Wie würde er diesen Streit beschreiben? Was würde er über die von Ihnen angedachte Lösung sagen?"*

- **Perspektive einer im Konflikt- oder Mediationssystem beteiligten Person:** Bei Team- oder Gruppenmediationen kann die zirkuläre Frage so gestellt werden, dass ein Team- oder Gruppenmitglied (D) zur Beziehung bzw. einem Sachverhalt zwischen zwei anderen Team- oder Gruppenmitgliedern (A und B) befragt wird.

Nehmen wir hierzu das Beispiel einer Teammediation mit fünf Medianden, mit Herrn A, Frau B, Frau C, Frau D und Herrn E. Alle fünf arbeiten gemeinsam in einer Bürogemeinschaft an einem Projekt. Es gibt in der Endphase des Projektes vielfältige Konflikte, und die fünf haben sich entschlossen eine Mediation durchzuführen, um das Projekt erfolgreich beenden zu können. Eines der Probleme ist, dass Herr A und Frau B gar nicht mehr miteinander auskommen, weil Herr A in bestimmten Situationen anfängt, loszubrüllen und Frau B daraufhin den Kontakt zu Herrn A zu meidet. Frau C hat mit der Verhaltensweise von Herrn A keine Probleme (siehe Abb.).

Abb.: Konfliktkonstellation im Team

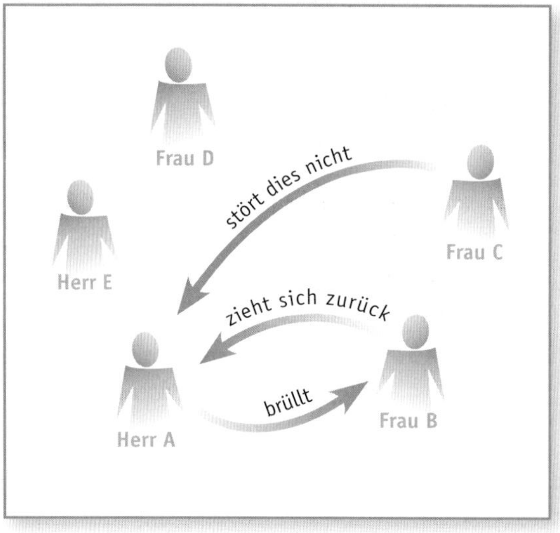

Interessant sind in diesem Kontext verschiedene Fragen zur Wirklichkeitskonstruktion: *„Herr A, was denken Sie, wie es auf Frau B wirkt, wenn Sie Ihre Stimme er-*

heben?" oder: *„Frau B, wie reagieren Sie, wenn Herr A anfängt laut zu schimpfen?"* oder: *„Frau D, geht es Ihnen ähnlich wie Frau B oder wie Frau C?"* oder auch: *„Frau C, Sie haben gerade gehört, wie Frau B über diesen Sachverhalt denkt, was meinen Sie, wie Herr A die Sache sieht?"* Ein Beispiel einer zirkulären Frage in dieser Teammediation ist folgender Satz: *„Frau D, was denken Sie, was es bei Frau B auslöst, wenn Herr A in bestimmten Situationen anfängt laut und aggressiv zu reden bzw. zu schreien?"*

Ebenfalls sind **triadische Fragen** für die Erhebung von Möglichkeitskonstruktionen sehr aufschlussreich, beispielsweise: *„Frau C, Sie haben gehört, was Herr A zu diesem Sachverhalt gesagt hat. Was meinen Sie, wie er die Lösung X sieht?"* oder: *„Frau D, wir haben nun vier Lösungsmöglichkeiten für diesen Konflikt notiert, was meinen Sie, welche Möglichkeit am ehesten den Vorstellungen von Frau C entspricht, und welche am ehesten den Vorstellungen von Herrn A?"*

Mit allen diesen Fragen wird eine am direkten Konflikt und an der Mediation beteiligte Konfliktpartei zum Mutmaßen im Beisein der anderen Konfliktpartei aufgerufen. Im wechselseitigen Bezug der Medianden aufeinander werden neue Denkprozesse eingeleitet und Veränderungen möglich.

4. Besondere zirkuläre Fragen

- **Klassifikationsfragen** zeigen Unterschiede in Sichtweisen und Beziehungen auf und bringen diese in eine Reihenfolge: *„Wer aus Ihrem Team freut sich am meisten, wenn dieser Sachverhalt erfolgreich geregelt ist?"* oder: *„Herr A, was meinen Sie, wer von Ihnen den größeren Ärger durch den kaputten Kopierer hat?"*

- **Prozent- oder Skalenfragen** sind wunderbar, um Ideen, Überzeugungen, Stimmungen, Meinungen usw. genau zu differenzieren: *„Frau C, Sie sagten, Sie würden am liebsten kündigen. Wie hoch ist auf einer Skala von 0 bis 100 Prozent gesehen die Wahrscheinlichkeit, dass Sie dies in die Tat umsetzen?"* oder: *„Wenn man die Ergebnisse der letzten Mediationssitzung betrachtet, zu wie viel Prozent konnten Sie diese Ergebnisse in der Zeit bis zur heutigen Mediationssitzung einhalten? Was hat dabei geholfen? Was hat behindert?"* oder: *„Wie wahrscheinlich sehen Sie auf einer Skala von 1 bis 10 die Umsetzbarkeit dieser Lösung und warum?"*

- **Übereinstimmungsfragen** geben Hinweise, wer mit wem einer Meinung ist. Zudem geben sie Anreiz zu Stellungnahmen bezüglich eines Themas: *„Sehen Sie das genauso wie Ihr Kollege, oder möchten Sie die Situation nochmals aus Ihrer Sicht erläutern?"*

Erfahrungen/ Kommentare

Wenn eine systemische oder zirkuläre Frage gestellt wurde, antworten viele Mediandenzunächst mit einem „Ach, das ist eine gute Frage" oder mit „Ja, das ist jetzt nicht so einfach" Danach müssen bereits gedachte Denkpfade verlassen werden und die Gedanken begeben sich auf Neuland.

Mitunter meint man als Mediator in dieser Phase fast die Denkanstrengung im Raum zu spüren: Es liegt ein „Knistern in der Luft". Danach werden erste zaghafte und vorsichtige Schritte gewagt, um Dinge auszusprechen, Meinungen zu äußern oder Teufelskreise zu durchbrechen. Der Mediand, der gerade zuhört, ist meist „ganz Ohr" und wartet gespannt auf die Antwort.

Wenn dann unkonventionelle Antworten auftauchen, gibt es mitunter ein gemeinsames entspanntes Lachen. Wenn beide Medianden einen Sachverhalt gleich einschätzen, ist eine weitere Hürde zur Konfliktlösung geschafft. Wenn eine Antwort vollkommen verblüfft (das kann sowohl die beantwortende Person selber als auch die jeweilige andere Konfliktpartei betreffen), dann regt dies zu weiteren Überlegungen an. Wenn die zuhörende Person den Sachverhalt anders einschätzt, so benennt sie dies, und es gibt ein Gespräch zu Unterschieden und Gemeinsamkeiten in den Sichtweisen, Gefühlen, Bedürfnissen.

Systemische und vor allem zirkuläre Fragen sollten mit Bedacht und eher nach dem Motto „Weniger ist mehr" in eine Mediation eingestreut werden. Sie sind mitunter mächtige Interventionen und müssen als solche behandelt werden.

Technische Hinweise

Keine

Quellen/Literatur

Die Technik des zirkulären Fragens wurde in den 1970er-Jahren in Mailand von der Gruppe um Mara Selvini Palazzoli entwickelt. Im Mittelpunkt stand dabei die Idee, sich mit der zirkulären Organisation sozialer Systeme im therapeutischen Bereich zu befassen.

- Radatz, Sonja: Einführung in das systemische Coaching. Carl Auer, Heidelberg, 4. Aufl. 2010.

- Simon, Fritz B./Rech-Simon, Christel: Zirkuläres Fragen. Systemische Therapie in Fallbeispielen. Ein Lernbuch. Carl Auer, Heidelberg, 3. Aufl. 2000.
- von Schlippe, Arist/Schweitzer, Jochen: Lehrbuch der systemischen Therapie und Beratung. Vandenhoeck & Ruprecht, Göttingen, 7. Aufl. 2000.

Weiteres Vorgehen

Nach der Anwendung einer systemischen bzw. zirkulären Frage wird ein Gesprächsraum eröffnet, der ausgefüllt werden muss. Meist werden Beziehungsstrukturen und Beziehungsmuster im Konfliktsystem bzw. zwischen den Medianden sehr deutlich. Das nachfolgende Gespräch führt damit oft auf eine tiefere Ebene und wird von allen Beteiligten als intensiv und nah erlebt. Manchmal ergibt sich eine Situation, die für die Medianden „berührend“ ist, sei es in trennender oder in verbindender Struktur.

Skalenfragen

Ein effizientes Multifunktionswerkzeug in der Mediation

Von Prof. Dr. Ulla Gläßer

Kurzbeschreibung

Skalenfragen sind in der Mediation vor allem zur Erhebung von Stimmungen, Perspektiven und Positionen – und damit insbesondere zur Klärung der Verfahrensmotivation sowie als Feedbackinstrument in und zwischen Sitzungen –, aber auch als Grundlage und Anstoß für die Lösungsfindung vielfältig einsetzbar. Da sich die Antworten auf eine Skalenfrage sehr gut visuell darstellen lassen, ermöglichen Skalenfragen auch in größeren Gruppen schnell einen Eindruck von der aktuellen Stimmungslage oder dem gegenwärtigen Meinungsstand. Das erhobene Stimmungs- oder Meinungsbild kann dann durch den nachfolgenden Einsatz von passenden Fragetechniken vertieft und bei Bedarf weiter bearbeitet werden.

Rahmen

- Da die Methodik der Erhebung und Nachbearbeitung der Antworten an die involvierte Personenzahl angepasst werden kann (und muss!), können Skalenfragen in allen Settings – von Einzelgesprächen über Zweipersonen-Mediationen bis hin zu Team- oder Großgruppen-Szenarien mit mehr als hundert Personen – eingesetzt werden.
- Für das Stellen und die bloße Beantwortung einer Skalenfrage (ohne weitere Nachbearbeitung der Antworten) ist sehr wenig Zeit erforderlich: Je nach Beteiligtenzahl werden ca. zwei bis fünf Minuten benötigt.

Anlässe/ Anwendungsbereiche

Das Tool ist insbesondere im Rahmen der Bestandsaufnahme (Phase 2) oder der vertieften Bearbeitung von Themen- bzw. Konfliktfeldern (Phase 3) sowie über den ganzen Mediationsverlauf hinweg zur Abfrage der Verfahrensmotivation und als Feedbackinstrument einsetzbar. Darüber hinaus können aus den skalierten Antworten durch weiterführende Fragen Impulse für die Lösungsfindung gewonnen werden.

Zielsetzung/Nutzen

Skalenfragen **reduzieren** die **Komplexität** ausführlicher Antworten auf Befindlichkeits- oder Einschätzungsfragen punktuell auf eine einzelne Zahl. So lässt sich auf sehr effiziente Weise ein **schneller Überblick** über aktuelle Befindlichkeiten, Perspektiven und Positionen der Mediationsbeteiligten gewinnen. Indem alle Mediationsbeteiligten zur Antwort aufgefordert werden, werden **alle Anwesenden einbezogen und aktiviert.** Dadurch, dass die Antworten (zunächst) als bloße Zahl, also in einer äußerst knappen und abstrahierten Form gegeben werden, fällt es auch sehr zurückhaltenden, wortkargen oder eingeschüchterten Beteiligten **leicht, sich zu äußern.** Dies gilt insbesondere für unbequeme oder (vermeintlich) unpopuläre bzw. unerwünschte Antworten. Da jeder Beteiligte seine Zahl möglichst intuitiv und zunächst für sich alleine festlegen kann (und sollte), bevor die Antworten „veröffentlicht" werden, ermöglicht das Tool einen **Moment der individuellen Besinnung und Positionierung** und fördert **Ehrlichkeit und Authentizität.**

Das „Einsammeln" der Antworten verbal durch Zahlennennung oder visuell durch Klebepunkte oder eigene Positionierung im Raum geht auch bei großen Gruppen **extrem schnell.** Das so unmittelbar entstehende Gesamtbild des Antwortspektrums dient als **„Momentaufnahme"**, die – zumindest in erster Annäherung – Gemeinsamkeiten und Unterschiede der Befragten und damit **Erörterungs- und Weiterbearbeitungsbedarf unmittelbar sichtbar** macht, die bei wiederholtem Einsatz zur gleichen Frage **(Veränderungs-)Prozesse dokumentiert** und die als Motivation und **Ausgangspunkt für die Lösungsfindung** genutzt werden kann.

Beschreibung

Grundsätzliches

Die klassische Form einer Skalenfrage sieht – abstrahiert – folgendermaßen aus: *„Auf einer Skala von x bis y, wobei x A und y B bedeutet, wo stehen Sie mit Blick auf …?"*

Beispiel: *„Auf einer Skala von 0 bis 10, wobei 0 ‚überhaupt nicht' und 10 ‚vollkommen' bedeutet, wie weit vertrauen Sie gegenwärtig auf die Konfliktlösungsbereitschaft der anderen Mediationsbeteiligten?"*

Unabhängig vom Einsatzzeitpunkt sind bei der Formulierung einer Skalenfrage folgende Aspekte zu beachten:

- Die Mediatorin muss sich zunächst über die **genaue Zielsetzung der Frage** klar werden – worauf soll die Aufmerksamkeit der Beteiligten fokussiert werden? Sollen die Befragten eine Bewertung abgeben, zu einer Aussage Stellung nehmen oder über ihre Gefühlslage Auskunft geben? Geht es darum, den Fokus eher auf Positives oder Negatives zu lenken?

- Dann gilt es, in der **Benennung der zu skalierenden „Messgröße"** einen diesem Ziel möglichst präzise entsprechenden Begriff zu wählen. Hier ist mit sprachlichem Feingefühl darauf zu achten, dass vermeintlich ähnliche Begriffe in ihren Bedeutungsnuancen unterschiedliche Wirkungen entfalten. So macht es einen Unterschied, ob Mediatoren nach der „Motivation" oder der „Zufriedenheit" der Beteiligten fragen, ob es um „Vertrauen" oder „Zuversicht" geht etc.

- Für die Skalierung selbst wird am häufigsten eine **Skala** von 0 bis 10 verwendet, da sie nicht zu komplex ist, aber zugleich ausreichende Differenzierungsmöglichkeiten bietet. Es können – je nach Art und Ziel der Frage und erwünschter Differenziertheit der Antworten – aber auch andere Ausschnitte des Zahlenraums gewählt werden, z.B. „-5 bis +5", „0 bis 5" oder „0 bis 100".

- Wesentlich ist, dass zur eindeutigen Orientierung der Befragten die **Extrempole der Skala** noch einmal erläuternd **verbal definiert** werden sollten.

- Die Befragten sollten nach der Formulierung der Frage einen **Moment der Stille** erhalten, um in sich gehen und unbeeinflusst die für sich stimmige Antwortzahl finden zu können. Da die Befragten die Zahl möglichst intuitiv wählen sollen, sollte diese Reflexionszeit allerdings nicht zu lang sein, damit die Befragten nicht beginnen, analytisch die „richtige" Zahl zu konstruieren; 5 bis 10 Sekunden reichen in aller Regel aus.

- Für die **Erhebung der gefundenen Antworten** stehen unterschiedliche Methoden zur Verfügung, die passend zur Zahl der Befragten ausgewählt werden sollten: Die Befragten können ihre Zahl schlicht verbal nennen (eher für geringe Personenzahl geeignet), ihre Antwort-Zahlen mit Klebepunkten auf einem mit der Skala beschrifteten Flipchart-Blatt markieren (für mittlere bis größere Personenzahlen geeignet) oder sich im Raum entsprechend ihrer Zahl auf einer auf dem Boden ausgelegten Skala platzieren (für jede Teilnehmeranzahl geeignet).

Nachfolgend werden einige Variationsmöglichkeiten zu Skalenfragen in ihrer konkreten Anwendung vorgestellt:

Beispiel 1: „Starthilfe“ (rein verbale Abfrage)

Diese Anwendung des Tools bietet sich dafür an, in Mediationssettings mit einer überschaubaren Zahl von Beteiligten (2-8 Personen) in der Einführungsphase oder zu Beginn einer neuen Sitzung einen Eindruck von der Verfahrensmotivation und den Verfahrensinteressen der Beteiligten zu gewinnen.

Die Mediatorin fragt: *„Auf einer Skala von 0 bis 10, wie zuversichtlich sind Sie, dass dieses Mediationsverfahren zu einem guten Ergebnis kommen wird bzw. dass sich die Dinge in der heutigen Sitzung in eine gute Richtung bewegen werden? 0 bedeutet dabei ‚Ich bin ohne Hoffnung‘, 10 bedeutet ‚Ich bin mir sicher, dass es gut werden wird.‘ Bitte gehen Sie kurz in sich und notieren Sie dann die Zahl, die Ihre gegenwärtige Einschätzung am besten wiedergibt, auf dieser kleinen Karte.“*

Die Beteiligten erhalten 5-10 Sekunden Zeit, zu überlegen und ihre jeweilige Zahl für sich zu notieren. Dann bittet die Mediatorin alle Beteiligten, nacheinander zunächst einmal nur kommentarlos die Zahlen zu verlesen. Anschließend können durch weitere Fragen die hinter den Zahlen stehenden Befindlichkeiten, Überlegungen, Interessen und Bedürfnisse näher beleuchtet und herausgearbeitet werden, z.B.: *„Sie haben alle relativ hohe Zahlen genannt. Ich freue mich über Ihre Zuversicht und Motivation. Was genau hat Sie, Herr X/Frau Y dazu gebracht, die 8 zu nennen? ...“ – „Herr A, dies ist Ihr erstes Mediationsverfahren und Sie haben den Grad Ihrer gegenwärtigen Zuversicht soeben mit 4 beziffert. Mögen Sie kurz erläutern, warum Sie diese Zahl gewählt haben?“*

Aus den Erläuterungen des Herrn A lassen sich dann sicherlich Befürchtungen und aus diesen wiederum Verfahrensinteressen heraushören: *„Frau B, im Gegensatz zu Ihrer ‚7‘ zu Beginn der letzten Sitzung haben Sie heute Ihre Zuversicht nur mit ‚2‘ beziffert. Woher rührt dieser Unterschied?“* Aus den Ausführungen von Frau B lassen sich dann ebenfalls Verfahrensinteressen herausarbeiten.

Beispiel 2: „Stimmungsbarometer“ (Klebepunkte auf Flipchart)

Diese Anwendung des Tools ist besonders geeignet für Gruppen- und Teammediationen, um zum Einstieg in die inhaltliche Arbeit zu Beginn der Bestandsaufnahme oder zu Beginn einer neuen Sitzung einen Eindruck von der Atmosphäre in der Gruppe zu erhalten. Der Mediator fragt: *„Auf einer Skala von -5 bis +5, wobei -5 ‚Ganz furchtbar, ich wäre lieber heute als morgen weg‘ und +5 ‚Optimal, es könnte besser nicht sein‘ bedeutet, wie empfinden Sie derzeit die Stimmung in Ihrem Team. Bitte gehen Sie kurz in sich und legen sich innerlich auf eine Zahl fest.“*

Nach kurzer Pause fordert der Mediator die Beteiligten auf, einen Klebepunkt zu nehmen und ihn zunächst kommentarlos auf die auf dem Flipchart vorbereitete Skala zu kleben – ohne sich von den Markierungen der anderen Beteiligten beeinflussen zu lassen. Das so entstandene „Stimmungs-Bild" sollte einen Moment lang unkommentiert auf alle wirken können. Dann kann der Mediator mit dem Befragungsergebnis – je nach dessen Ausprägung – mit der Gruppe weiterarbeiten, indem er z.B. nach Themen fragt, die zur Unzufriedenheit geführt haben und die sich verändern sollten, indem Bewertungsunterschiede näher beleuchtet werden oder indem das aktuelle Stimmungsbild mit dem vom Beginn der letzten Sitzung verglichen wird.

Beispiel 3: „Meinungsspektrum" (Aufstellung im Raum)

Diese Anwendung des Tools kann z.B. dazu eingesetzt werden, um in unterschiedlichen Phasen der Mediation (in der Bestandsaufnahme, Konflikterhellung oder auch Lösungsfindung) den Meinungsstand einer – auch größeren – Gruppe zu einer bestimmten Position oder Aussage zu erheben. Die Mediatorin moderiert: *„Herr M hat vorhin die Position vertreten, dass sich Ihr Verein auflösen sollte. Manche von Ihnen haben spontan genickt, andere haben die Köpfe geschüttelt. Ich mache Ihnen einen Vorschlag, wie wir schnell ein aktuelles Meinungsbild zu dieser Grundsatzfrage erheben können: Ich werde auf dem Boden Karten auslegen, die mit den Zahlen 0 bis 10 beschriftet sind und Sie platzieren sich jetzt gleich so, wie Sie persönlich die Situation beurteilen: 0 bedeutet ‚Der Verein sollte sich möglichst schnell auflösen'; 10 bedeutet ‚Der Verein sollte unbedingt weiterbestehen.' Bitte verstehen Sie dabei Ihre Platzierung als unverbindliche Momentaufnahme: Es geht darum, wie Sie die Situation jetzt gerade sehen – das kann sich natürlich im Verlauf unserer Arbeit hier wieder ändern."*

Die Mediatorin legt die beschrifteten Karten in einem der Gruppen- und Raumgröße entsprechenden gleichmäßigen Abstand aus und bittet die Beteiligten um Positionierung – möglichst ohne sich von den Standorten der anderen Beteiligten beeinflussen zu lassen. Das so entstandene „Meinungs-Bild" sollte einen Moment lang unkommentiert auf alle wirken können. Dann kann die Mediatorin mit dem Befragungsergebnis weiterarbeiten, indem sie z.B. – je nach Gruppengröße – alle oder exemplarisch einzelne Personen nach den Hintergründen ihrer Positionierung befragt und dies als Einstieg in die Interessensammlung nutzt.

Beispiel 4: „Feedback" (rein verbale Abfrage)

Diese Anwendung des Tools bietet sich besonders dafür an, in Mediationssettings mit einer überschaubaren Zahl von Beteiligten (2-8 Personen) systematisch am Ende der einzelnen Mediationssitzungen oder spontan an schwierigen Stellen im Mediationsverlauf Feedback von den Medianden einzuholen.

- Wenn ein Mediator im Verlauf einer Mediation das Gefühl hat, den Kontakt zu einer oder mehreren der beteiligten Personen zu verlieren, kann er an alle die folgende Frage richten: *„Auf einer Skala von 0 bis 10, wobei 0 ‚Überhaupt nicht' und 10 ‚Vollkommen' bedeutet, wie gut fühlen Sie sich in Ihrer gegenwärtigen Situation von mir als Mediator unterstützt?"*

  Die Beteiligten erhalten kurz Zeit, zu überlegen und ihre jeweilige Zahl für sich zu notieren. Dann bittet der Mediator alle Beteiligten, nacheinander zunächst kommentarlos die Zahlen zu verlesen. Anschließend bittet der Mediator, die Hintergründe für die Wahl der Zahl zu erläutern. Mit Bezug auf diese Ausführungen der Medianden können – im Wege einer eingeschobenen Ergänzung von Phase 1 – Verfahrensinteressen herausgearbeitet, Mediationsprinzipien erörtert und auf dieser Basis (weitere) Verfahrensvereinbarungen getroffen werden.

- Am Ende einer Sitzung kann die Mediatorin fragen: *„Auf einer Skala von 0 bis 5, wie zufrieden sind Sie mit dem Verlauf der heutigen Sitzung? 0 bedeutet dabei ‚Sehr unzufrieden', 5 bedeutet ‚Sehr zufrieden'. Bitte gehen Sie kurz in sich und notieren Sie dann die Zahl, die Ihre gegenwärtige Einschätzung am besten wiedergibt, auf dieser kleinen Karte."*

  Die Beteiligten erhalten kurz Zeit, zu überlegen und ihre jeweilige Zahl für sich zu notieren. Dann bittet die Mediatorin alle Beteiligten, nacheinander zunächst kommentarlos die Zahlen zu verlesen. Abschließend kann sie z.B. die Frage stellen, was sich verändern müsste, damit am Ende der nächsten Sitzung eine höhere Zahl genannt werden würde – und diese Wünsche in die Vorbereitung der nächsten Sitzung einfließen lassen.

Erfahrungen/ Kommentare

Ich schätze an den Skalenfragen die Variationsbreite ihrer Einsetzbarkeit und methodischen Ausgestaltungsmöglichkeit – und die universelle Anwendbarkeit in allen denkbaren Mediationskontexten. Eine besondere Stärke dieses Tools ist es, komplexe Gefühlszustände oder Gedankenwelten in einer einfachen, intuitiv gefundenen Zahl bündeln und von dieser Zahl ausgehend aber auch wieder erläuternd/hinterfragend entfalten zu können.

Sehr wichtig für den wirksamen Einsatz von Skalenfragen ist es, dass mit Blick auf die genannten Zahlen nicht deren „Richtigkeit" diskutiert wird, sondern dass die Zahl Anlass und Einstieg dafür bieten soll, die hinter der ausgewählten Zahl stehenden Sichtweisen, Beweggründe und darin enthaltenen Anliegen der Antworteten zu beleuchten.

Technische Hinweise

Idealerweise sollte immer **ein Blatt Papier/eine Moderationskarte** und **ein Stift pro Person** verfügbar sein, um die jeweilige individuelle Antwortzahl zunächst für sich zu notieren. Je nachdem, wie die individuell gefundenen Antworten dann erhoben werden sollen, sind unterschiedliche zusätzliche Materialien und weitere Vorbereitungshandlungen erforderlich:

- **rein verbale Erhebung:** keine weiteren Materialien und Vorbereitungen nötig
- **Erhebung auf Flipchart:** Flipchartständer, -papier und -stifte, ein Klebepunkt pro Person; Aufmalen der Skala auf das Flipchartblatt; passende Überschrift
- **Erhebung durch Aufstellung im Raum:** Flipchartstift und Moderationskarten für Skalenpunkte; Beschriftung der Moderationskarten mit den Skalenpunkten; Auflegen der Karten auf dem Boden im Raum

---

Quellen/Literatur

Grundlegende Literatur:
- De Shazer, Steve: Der Dreh – Überraschende Lösungen und Wendungen in der Kurzzeittherapie. Carl Auer, Heidelberg 2002.
- De Shazer, Steve: Wege der erfolgreichen Kurzzeittherapie. Klett-Cotta, Stuttgart 1999.

Spezifische Literaturangaben zu Skalenfragen:
- Bamberger, Günther: Lösungsorientierte Beratung. Beltz, Weinheim, 2. Aufl. 2001, S. 62 ff.
- De Jong, Peter/Berg, Insoo Kim: Lösungen (er-)finden. Verlag modernes lernen, Dortmund, 6. Aufl. 2008, S. 168 ff.
- Gebhardt, Raimund: Komplexität reduzieren mittels Skalierungsfragen. In: Einblick 07/2007, S. 1 ff., abrufbar unter: www.transform.profil-concept.net/images/stories/profilconcept/Downloads/einblick profcon skalierungsfragen_komplexitaet_reduzieren 2007_07.pdf (PDF-Datei)

Literatur zur Verwendung von Skalenfragen in der Mediation:

- Ade, Juliane/Gläßer, Ulla: Lehrmodul 12: Feedback in der Mediation. In: ZKM 2/2009, S.60 ff. (S. 61).
- Troja, Markus: Lehrmodul 9: Sieben Methoden für die Mediation in Gruppen. In: ZKM 2/2008, S. 53 ff. (S. 55 f.).

Weiteres Vorgehen

Im Anschluss an die reine, zunächst unkommentierte Antworterhebung kann und sollte mit dem so entstandenen abstrakten Stimmungs- oder Meinungsbild vertiefend weitergearbeitet werden. Aus den Erläuterungen der Beteiligten zu den Hintergründen ihrer Zahlenwahl können zum einen Themen für die Mediation, zum anderen Wünsche und Befürchtungen und darauf aufbauend Interessen und Bedürfnisse auf der Verfahrens- und/oder inhaltlichen Ebene herausgearbeitet werden.

Außerdem kann ausgehend von den Antwortzahlen der Beteiligten deren Selbstverantwortung und Mitgestaltung auf der Verfahrens- oder Lösungsebene aktiviert werden, indem z.B. gefragt wird *„Was müsste sich in der Gestaltung der Mediation verändern, damit Ihre Zufriedenheitsbewertung um mindestens zwei Punkte ansteigt?"* oder: *„Wie würde ein Lösungsszenario aussehen, das von Ihnen mit mindestens 7 (von 10) Punkten bewertet wird?"*

Die Kunst des Doppelns

Statt zwischen den Zeilen auf den Tisch

Von Peggy Keller

Kurzbeschreibung

Das Doppeln ist eines der zentralen Werkzeuge bei der professionellen Klärung zwischenmenschlicher Konflikte. Es ist ein vermittelndes Übersetzungswerkzeug, das für das Hören und Verstehen der unterschiedlichen Sichtweisen der Konfliktparteien von entscheidender Bedeutung ist. Anders als bei der Technik des Aktiven Zuhörens, die in der „Du- bzw. Sie-Sprache" eingesetzt wird, („Sie fürchten, dass an Ihrem Stuhl gesägt wird"), spricht der Mediator als Doppler anstelle der Partei die „Ich-Du-Sprache" („Also Ulrich, ich ..."). Damit ist das Doppeln bereits dialoghaft angelegt, spricht die andere Partei also direkt an.

Rahmen

Je nachdem, ob eine kurze Intervention durch das Doppeln oder ein moderierter Streitdialog mittels Doppeln geführt wird, gestaltet sich der zeitliche Rahmen unterschiedlich. Einer Vorbereitungszeit im Sinne von Flipchart erstellen, Pinnwand vorbereiten etc. bedarf es nicht. Lediglich sollte der Mediator mit seinen vier Ohren hören (Schulz von Thun), damit er den Streitdialog um die fehlenden Aspekte der Äußerung der Konfliktparteien i.S.d. „Nachrichtenquadrates" ergänzen kann. Das Doppeln eignet sich für alle Formen der Mediation. Es ist sowohl bei einer Zweier-Mediation, als auch bei einer Teammediation einsetzbar. Eine Einschränkung der Einsetzbarkeit dürfte das Tool ab einer Gruppengröße von über 70 Personen erlangen, wenn die Stimmen nicht mit Mikrofon verstärkt werden können.

Anlässe/ Anwendungsbereiche

In der Phase der Interessen- und Bedürfnisklärung eignet sich Doppeln immer dann, wenn der Mediator das Gefühl hat: „So wird das nie etwas! So, wie die Parteien jetzt miteinander reden, werden sie einander nie erreichen." Dann kann der Mediator die Konfliktparteien mit dem Doppeln unterstützen, sich vollständiger auszudrücken und dadurch besser zu verstehen. Wenn Sender A also nur Sprache „X" und der Empfänger nur „Y“ versteht, dann muss der Mediator das in „X“ Gesagte in „Y“ wiederholen.

Zielsetzung/Nutzen

Wenn Konflikte ausgetragen werden, verläuft die Kommunikation häufig in einer Sackgasse. Es herrscht ein Teufelskreis von Angriff und Verteidigung, wobei sich jeder nur als reagierend auf die Äußerungen des anderen empfindet und sich in der Regel unverstanden fühlt. Möchte der Mediator die Parteien miteinander ins Gespräch bringen, einen Gesprächsfaden spinnen, so gelingt ihm dies über das Doppeln und Dialogisieren (Dialogisieren heißt, den einen dazu auffordern, zu dem, was der andere gesagt hat, etwas zu sagen). Das Ziel ist, die Parteien zu unterstützen, eine wertvolle Aussage für den Streitdialog zu machen. Dies ist sie dann, wenn sie:

- den Sender möglichst voll und wahr zeigt und ihn so entlastet von Missverstandenwerden, Nicht-erkannt-Sein, Unterdrücken-verschweigen-Müssen, Falsch-interpretiert-Werden und
- den Empfänger so erreicht, dass er möglichst alles verstehen und innerlich nachvollziehen kann (dies heißt nicht, dass er mit allem einverstanden sein muss).

Der Mediator vervollständigt beim Doppeln die Aussagen der Parteien. Dies in einer ruhigen und direkten Sprache. Er beschönigt nichts, formuliert es jedoch so, dass es der andere verstehen kann. Er reichert das von den Parteien Gesagte mit folgenden Elementen an:

- zwischen den Zeilen Gespürtes
- Kommunikationsebenen, die vernachlässigt werden (siehe das Kommunikationsquadrat von Schulz von Thun)
- Aussagen, um die sich jemand drückt, die aber geäußert werden müssen

Der Nutzen des Doppelns: Es ...
- fördert das gegenseitige Verstehen durch die Ausdrucksorientierung, Vervollständigung und Adressatenbezogenheit der beidseitigen Mitteilungen.
- trägt zur Klärung der Beziehungsebene bei.
- trägt zur Entgiftung der Kommunikation zwischen den Konfliktparteien bei.
- verlangsamt den Streitdialog (kein „Ping-Pong-Schlagabtausch“).
- führt die Kommunikation in einen Dialog, indem aufeinander Bezug genommen und reagiert wird.

- hilft dem Mediator – gerade auch in hoch eskalierten Konflikten das Gespräch zieldienlich zu steuern.
- entlastet die Streitparteien, weil sie durch das Doppeln unterstützt werden und dies gleichzeitig zu ihrer Selbstklärung beiträgt, aus dem „Konflikt-Gefühls-Einheitsbrei" wieder klarer zu sehen.
- kann zwischen den Zeilen Gespürtes auf die Zeilen bringen. Dies in einer ruhigen und direkten Sprache.
- fördert das Zuhören bis hin zum Verstehen. Spricht der Mediator als allparteiliche Person für eine der Parteien, ist der Adressat der Äußerung noch unvoreingenommen, was da wohl kommt. Während er womöglich schon „allergisch" auf die kleinste körperliche Regung der Konfliktpartei reagiert, diese sofort interpretiert und ein Zuhören, gar Verstehen unmöglich wird (zum Beispiel: „Augenbrauen hochziehen"). Zur Erinnerung: Verstehen heißt nicht, einverstanden sein.

Beschreibung

Lassen Sie mich anhand eines konkreten Beispiels das Vorgehen beim Doppeln beschreiben. Der Schwerpunkt des Beitrags liegt darin, die äußere Form des Doppelns vorzustellen. Im Artikel von Tilman Metzger („Doppeln als Weg zur Beziehungsklärung", S. 185) finden Sie Ausführungen zum inhaltlichen Vorgehen.

Kurz zur Situation: Eine Mediation zwischen zwei Mitarbeitern der Chemischen Industrie.

- Herr Ulrich Sommer ist 52 Jahre und seit 25 Jahren im Unternehmen
- Frau Andrea Genau ist 43 Jahre und seit 11 Jahren im Unternehmen

Vor vier Jahren wurden beide in ein Labor versetzt. Dort gibt es ein Messinstrument, welches beide zu unterschiedlichen Zeiten nutzen müssen und dabei auf die Ergebnisse des anderen angewiesen sind. D.h., der Ablauf der Untersuchung muss jeweils von beiden gemäß einer Arbeitsanleitung des Unternehmens genau dokumentiert werden.

Frau Genau: *„So geht das nicht weiter. Du behinderst mich in meiner Arbeit. Wir haben klare Vorschriften und Du hältst Dich nicht daran."*

Herr Sommer: *„Was heißt hier klare Vorschriften? Ich arbeite bereits seit 25 Jahren im Unternehmen. Ich weiß, was ich zu tun habe. Bisher war meine Arbeit immer ausgezeichnet."*

Frau Genau: *„Ja, zu Beginn unserer Zusammenarbeit war ich auch guter Dinge. Doch nach und nach musste ich erkennen, dass ich wegen Deiner ungenauen Dokumentation der Arbeitsabläufe eine erhebliche Mehrarbeit leiste. Das kann ich nicht mehr akzeptieren."*

Herr Sommer: *„Was soll das heißen? Meinst Du ich arbeite schlampig? Das lasse ich mir nicht gefallen. Das hat noch niemand zu mir gesagt. Nein, das nehme ich so nicht hin."*

So könnte es noch ewig weitergehen. Hier steigt der Mediator mit dem Doppeln ein.

Mediator (zu Herrn Sommer, da er zuletzt gesprochen hat): *„Darf ich mal neben Sie kommen, für Sie etwas sagen und Sie sagen dann, ob das stimmt?"* (Hierbei bleibt der Mediator noch auf seinem Stuhl sitzen!)

Herr Ulrich: *„Ja."*

Mediator (steht von seinem Platz auf, geht neben Herrn Sommer in die Hocke, klärt kurz, wie sich die beiden ansprechen, dann ist die Blickrichtung des Mediators zu Frau Genau): *„Andrea, jetzt bin ich aber echt auf der Palme. Ich habe mich bei meiner Dokumentation, auf welche Deine Arbeit aufbaut, an unsere Anweisungen gehalten. Bisher bin ich auch davon ausgegangen, dass alles so in Ordnung ist. Du hast meine Arbeit zu keinem Zeitpunkt bemängelt – außer jetzt. Ich halte mich für einen gewissenhaften Mitarbeiter, schließlich habe ich bereits 25 Jahre Erfahrung. Das ich ungenau arbeiten soll, das kann ich so nicht stehen lassen. – Stimmt das so?"*

„Stimmt das so?", ist die Frage an den Gedoppelten, d.h., dieser wird dabei angeschaut. Wenn der Gedoppelte mit einem überzeugenden „Ja" antwortet oder in sonstiger Weise 100 Prozent mit dem Gesagten einverstanden ist, kann die Aussage so stehen gelassen werden. Kommt ein „Nein" oder Zögern, muss der Mediator den Gedoppelten zur Korrektur auffordern. Anschließend geht der Mediator auf seinen Platz zurück und fragt von dort aus die andere Partei.

Mediator: *„Was sagen Sie dazu?"* oder: *„Wie reagieren Sie darauf?"* – Kommt eine positive Rückmeldung: *„Glauben Sie das?"*

Nach der Aussage von Frau Genau doppelt der Mediator auch sie. Er fragt sie also auch: *„Darf ich mal neben Sie kommen, für Sie etwas sagen und Sie sagen dann, ob das stimmt?"* Dieser Satz enthält drei Ebenen, die wichtig sind, damit sich der Gedoppelte nicht überrannt fühlt.

1. *„Darf ich mal neben Sie kommen ..."* (Ich hole mir die Erlaubnis ein, näher zu kommen.)
2. *„... für Sie etwas sagen ..."* (Was mache ich da?)
3. *„... und Sie sagen, ob das so stimmt?"* (Der Gedoppelte erhält die Korrekturmöglichkeit.)

Durch das wechselseitige Doppeln entsteht ein dialogisches Gespräch, das zu einer lösungsorientierten Dynamik der Auseinandersetzung führt.

Der Ablauf des Doppelns im Überblick

1. Erlaubnis einholen: Von seinem Platz aus fragt der Mediator die Partei, die gerade gesprochen hat:

   „Darf ich mal neben Sie kommen ..."
   „... und für Sie etwas sagen ..."
   „... und Sie sagen dann, ob das stimmt?"

2. Erst wenn der Angesprochene bejaht hat, steht der Mediator auf, geht langsam neben die zu doppelnde Person in die Hocke, blickt zu der anderen Konfliktpartei und spricht, diese anschauend, in der ...

3. ... „Ich-Du-Sprache" für den Gedoppelten, als wäre er die Person selber, in ruhigem Ton. Der Mediator macht eine direkte Aussage, von der er meint, dass sie für das volle Verstehen zwischen beiden hilfreich sei, z.B.: *„Ulrich, seit einiger Zeit geht es mir bei unserer Zusammenarbeit nicht so gut. Ich weiß nicht, was los ist, möchte es jedoch mit Dir besprechen."* (Duzen sich beide, so duzt der Mediator auch.)

4. Nach kleineren Sinneinheiten wendet er sich – immer noch in der Hocke neben den Gedoppelten – und fragt ihn: *„Stimmt das so?"*

5. Wenn gleich ein „Ja" oder „Genau, so ist es", also eine hundertprozentige Zustimmung zu dem, was gedoppelt wurde, kommt, ist der Doppelvorgang abgeschlossen. Der Mediator geht dann auf seinen Platz zurück und fragt von diesem aus die Gegenpartei: *„Was sagen Sie dazu?"* oder: *„Wie reagieren Sie darauf?"* Wurde etwas Positives gesagt, z.B. *„Mensch, so habe ich es nicht gemeint, es tut mir leid"*, fragt er: *„Glauben Sie das?"* (diese Methode heißt Dialogisieren und schließt sich an das Doppeln an, vgl. Beitrag „Dialogisieren" von Christoph Thomann, S. 148).

6. Wenn der Gedoppelte zögert oder ein klares „Nein" kommt, sagt er sofort in Richtung des Angesprochenen: *„Nein, das stimmt so nicht."* Und fordert danach den Gedoppelten auf, zu korrigieren: „Wie stimmt es dann?" Nach der Korrektur ist das Doppeln abgeschlossen. Der Mediator geht auf seinen Platz zurück und fragt von dort aus, *„Was sagen Sie dazu?"* oder *„Wie reagieren Sie darauf?"*.

Erfahrungen/ Kommentare

Für mich persönlich ist das Doppeln ein unverzichtbares Werkzeug in meinem Methodenkoffer geworden. Ich kenne keine wirkungsvollere Technik, bei der sich sowohl die Medianden verstanden fühlen (weil ich für sie spreche) als auch ein Verstehen und damit ein Vermitteln, zwischen den Konfliktparteien möglich wird.

Technische Hinweise

- Gleichmäßig auf beiden Seiten doppeln: A – B – A – B. Spätestens wenn der Mediator zweimal auf einer Seite gedoppelt hat, muss er auf der anderen Seite doppeln.

- Wenn die „Erlaubnisfrage" (*„Darf ich mal neben Sie kommen ..."*) nicht verstanden wurde, einfach die gleiche Frage langsam und ruhig noch einmal stellen. Fragt die Konfliktpartei nach, warum ich doppeln möchte, dann ist meine Standardantwort folgende: „In erster Linie ist es für mich, damit ich schauen kann, ob ich Sie richtig verstanden habe. Mir ist es wichtig, Sie voll und ganz zu verstehen." Der Mediator vermeidet eine Methodendiskussion. Er macht nur deutlich, dass dies sein Werkzeug ist, welches er zum Arbeiten braucht. Wie ein Gärtner seine Heckenschere.

- Beim Doppeln spricht der Mediator in ruhiger und direkter Sprache. Dies hilft der Konfliktpartei, sich die Sachen anzuhören.

- Inhaltlich ist der Mediator frei, in dem was er doppelt. Wichtig ist, dass er immer wieder nachfragt, ob das, was er doppelt, stimmt. Möchte er den Dialog vertiefen, so kann er hierzu die Methode des „Vertiefenden Doppelns" anwenden (siehe Intervention von Tilman Metzger, S. 185).

- Erhält der Mediator ein „Nein", auf das Gedoppelte, so ist auch dies hilfreich. Vielleicht war dies eine Vermutung der angesprochenen Konfliktpartei. Nun weiß sie, dass es so nicht ist.

- Während des Doppelns hält der Mediator Blickkontakt mit dem Angesprochenen und schaut auch den Gedoppelten an, wenn er fragt, ob es so stimmt.

Quellen/Literatur

- Thomann, Christoph: Klärungshilfe 1: Handbuch für Therapeuten, Gesprächshelfer und Moderatoren in schwierigen Gesprächen. Rowohlt, Reinbek bei Hamburg, 4. Aufl. 2007.
- Thomann, Christoph: Klärungshilfe 2: Konflikte im Beruf. Rowohlt, Reinbek bei Hamburg 2004.

- Thomann, Christoph/Prior, Christian: Klärungshilfe 3: Das Praxisbuch. Rowohlt, Reinbek bei Hamburg 2007.
- Thomann, Christoph, in: Schulz von Thun, F./Kumbier, D.: Impulse für Beratung und Therapie. Rowohlt, Reinbek bei Hamburg 2008.
- Stahl, E., in: Schulz von Thun, F./Kumbier, D.: Impulse für Beratung und Therapie. Rowohlt, Reinbek bei Hamburg 2008.
- Metzger, Tilman: Doppeln als Weg der Beziehungsklärung. S. 185 in diesem Buch.

Weiteres Vorgehen

Im Anschluss an das Tool könnten Lösungsoptionen entwickelt werden.

Doppeln als Weg der Beziehungsklärung

Vertiefen – Zusammenfassen – Erklären

Von Tilman Metzger

Kurzbeschreibung

Doppeln bedeutet: Der Mediator hockt sich neben einen der Medianden und sagt etwas für ihn. Die Ziele, Wirkungen und grundlegenden Techniken des Doppelns hat bereits Mitautorin Peggy Keller beschrieben (siehe „Die Kunst des Doppelns" von Peggy Keller, S. 178). Im folgenden Beitrag wird beschrieben, welche Inhalte der Mediator in welcher Reihenfolge doppelt, um den Parteien bei der Klärung ihrer Konfliktbeziehung behilflich zu sein.

Rahmen

Doppeln kann bei der Mediation in allen Konfliktfeldern und mit jeder Art von Konfliktbeteiligten genutzt werden.

Anlässe/ Anwendungsbereiche

Doppeln ist immer dann indiziert, wenn die Medianden ihre Perspektive nicht klar genug einbringen und dadurch der Mediationsprozess ineffizient zu werden droht.

Auf gar keinen Fall sollte der Mediator Lösungsideen hineindoppeln: *„Na gut, Frau Neu, ich, Herr Alt, bin bereit, mich ihren neuen Vorstellungen der Qualitätssicherung anzupassen."* Es gehört zum zentralen Grundsatz der Mediation, dass die Parteien ihre Lösung eigenverantwortlich entwickeln. Die Medianden nehmen es daher zu Recht übel, wenn der Mediator ihnen Lösungsideen in den Mund schiebt.

Zielsetzung/Nutzen

Ziel des Doppelns ist es, den Dialog zwischen den Medianden zu verlangsamen, Aussagen zu vervollständigen, Missverständliches in „Gemeintes" zu übersetzen und die Verständigung der Parteien auf einer tieferen Ebene zu ermöglichen.

Beschreibung

In diesem Beitrag geht es nun nicht darum, wie man fachgerecht doppelt, sondern vielmehr um die Frage, was der Mediator doppelt. Das Doppeln ermöglicht eine Tiefe der Beziehungsklärung, die mit anderen Mitteln nur schwer zu erreichen ist. Eine Grundlage dafür bietet das Modell des „Vertiefens" nach Christoph Thomann. Danach geht der Mediator in der Phase 3 vierstufig vor: Nacheinander werden folgende Ebenen geklärt:

1. Die Beobachtungen
2. Die gegenseitigen Vorwürfe
3. Die Aggression (die „harten Gefühle")
4. Die innere Not (die „weichen Gefühle")

Warum diese vier Stufen? Das lässt sich am besten erklären, wenn man sich die „Treppe" von unten her betrachtet: Das Modell des Vertiefens geht davon aus, dass jeder Streit unbewusst schmerzliche Erinnerungen an frühere Konflikte hervorruft. Als Kinder im Alter von bis zu vier Jahren haben wir uns einer übermächtigen Umwelt ausgesetzt gefühlt. Selbst wenn unsere Hauptbezugspersonen wohlmeinend waren, war es unvermeidbar, dass wir Gefühle spürten wie Angst, Schmerz, Hilflosigkeit, Ohnmacht, Scham, Einsamkeit, sich missverstanden fühlen, sich übergangen fühlen etc. Das war unvermeidbar, denn wir konnten uns nur unvollkommen den Erwachsenen mitteilen. Und bei aller Liebe konnten unsere Eltern es uns nicht jederzeit „recht" machen. Die dadurch entstandene „innere Not" war umso größer, als Kinder in diesem frühen Alter noch kein Zeitgefühl haben. Jeder Zustand war dadurch „absolut": Schmerz fühlte sich wie endlose Pein an, Einsamkeit wie endgültiges Verlassensein etc.

In jedem Menschen, der in einen Konflikt verwickelt ist, steckt unbewusst die Erinnerung an diese innere Not. So erhalten Konflikte um scheinbare „Lappalien" durch die unbewusste Erinnerung an früheren Konfliktschmerz mitunter eine emotionale Wucht, die für den Gegner kaum verständlich ist. Wenn die „aufgewärmten Gefühle" der inneren Not dagegen erkannt und benannt werden, hat das enorm entwaffnende Wirkung. Der zuvor übermächtig, starrköpfig, besserwisserisch wirkende Gegner wird auf einmal zu einem Menschen, der sich hilflos, allein, unverstanden, verzagt, sorgenvoll und traurig fühlt. (Wichtig ist natürlich, dass in der Mediation nicht etwa über das konkrete frühkindliche Erleben gesprochen wird, sondern über die jetzt mit dem aktuellen Konflikt verbundenen, aufgewärmten Gefühle der inneren Not.) Mit diesem Menschen mag man wieder Kontakt aufnehmen.

Doch so einfach ist es nicht. Kaum einer mag im Konflikt der anderen Seite gerne die innere Not, also seine „weiche Seite" zeigen. Leichter ist es, die Aggression hervorzukehren. Auch dazu gibt es eine entwicklungsgeschichtliche Parallele: Irgendwann möchte das kleine Kind nicht mehr die innere Not spüren und weinend kolabieren. Es beginnt die Trotzphase. Das Kind „macht sich stark" gegen eine Umwelt, von der es sich nicht verstanden fühlt. Die aggressiven Gefühle legen sich wie eine schützende Schale um die innere Not: Ärger, Trotz, Neid, Hass, aber auch melodramatisches Weinen (das anklagend auf den „Täter" weist) legen sich über die innere Schale der weichen Gefühle, damit diese nicht mehr gespürt werden müssen.

Genauso ist es in der Mediation: Es ist zumeist viel leichter, die Medianden auf ihre „harten Gefühle" anzusprechen als auf ihre innere Not. Doch auch harte Gefühle sind Gefühle und nicht jeder wird gerne darauf angesprochen. Viel leichter ist es, Vorwürfe gegen den anderen auszusprechen (zweite Stufe von oben). Und ganz leicht und wunderbar ist es, wenn der Mediator die „Beobachtungen" des Medianden erfragt und korrekt wiedergeben kann. So ist das Erarbeiten jeder dieser Stufen von oben herunter die beste Voraussetzung dafür, dass danach die nächsttiefere Stufe erreicht werden kann. Das klingt dann folgendermaßen:

Fallbeispiel

Bei einem PKW-Hersteller ist Frau Neu die Leiterin der Abteilung für die Prüfung der Produktionsmaschinen. Herr Alt ist Leiter der Abteilung für die Instandhaltung der Produktionsmaschinen. Sie geraten sich in die Haare darüber, in welcher ihrer Abteilungen der aktuelle Status der Produktionsmaschinen digital erfasst wird. Ihr Bereichsleiter lässt ihnen dabei freie Hand, sie sollen das im Wege einer Mediation klären. Wie immer bei Menschen, die eine kontinuierliche (Arbeits-) Beziehung haben, ist der „Streit um die Sache" nur die Spitze des Eisbergs. Darunter brodelt der Beziehungskonflikt. Gelingt die Klärung des Beziehungskonflikts, fällt den Beteiligten die Lösung auf der Sachebene wie eine reife Frucht in den Schoß. Bleibt die Beziehung ungeklärt, ist die Enigung auf der Sachebene mit Schwerstarbeit verbunden oder gar nicht möglich.

Mediator (M) fragt zu Beginn der Phase 3: *„Frau Neu, Sie sind sich mit Herrn Alt uneinig darüber, in welcher Ihrer Abteilungen die Daten zum Status der Produktionsmaschinen erfasst werden sollen. Wie ist das denn zurzeit geregelt?"* (= Frage nach den Beobachtungen)

Frau Neu (N): *„Na ja, zurzeit werden die Daten in der Abteilung von Herrn Alt erfasst. Das ist traditionell so, weil Herr Alt dabei war, als dieser Produktionsstandort hier aufgebaut wurde. Er hat den Aufbau der Datenbank geleitet. Er war damals Leiter der Prüfabteilung und ich seine Mitarbeiterin. Ich habe wahnsinnig viel von ihm gelernt. Als Herr Alt Leiter der Instandsetzung wurde und ich seine Nachfolgerin als Leiterin der Prüfabteilung, hat er ‚seine' Datenbank mitgenommen. Aber effizient ist das nicht. Schließlich werden die Verschleißerscheinungen an den Maschinen zuerst durch meine Abteilung festgestellt. Es wäre viel einfacher, wenn wir das direkt in die Datenbank einpflegen könnten, statt den Umweg über die Mitarbeiter von Herrn Alt nehmen zu müssen.* (Direkt zu Herrn Alt gewendet:) *Ich verstehe nicht, warum Du Dich da querstellst, Arthur."* Damit ist N bereits zur zweite Ebene übergegangen, die des Vorwurfs: *„Du stellst Dich quer!"*

M: *„Was sagen Sie dazu, Herr Alt?"*

Anmerkung: Diese Technik, die Parteien in der Phase 3 in den direkten Dialog miteinander zu führen, nennt sich „Dialogisieren" und wird in diesem Buch von Christoph Thomann genauer beschrieben (S. 148).

Herr Alt (A): *„Was gibt es da zu verstehen? Niemand kennt diese Datenbank so gut wie ich und niemand kennt diesen Maschinenpark so gut wie ich. Es gibt bei den Maschinen Abweichungen von der Norm, die ich mit meinem Erfahrungshintergrund als völlig unbedenklich einschätzen kann. Deine Mitarbeiter schlagen dagegen bei Lappalien Alarm und machen meine Leute kirre. Was da für Zeit draufgeht! Umgekehrt gibt es parallel auftretende Verschleißerscheinungen an verschiedenen Maschinenteilen, die für sich genommen noch unbedenklich wirken, aber in der Gesamtwürdigung eine Instandhaltung rechtfertigen. Es ist gut, wenn diese Daten in meiner Abteilung erfasst werden, damit wir einen unmittelbaren Zugriff haben."*

Zwischenbemerkung: In diesem Abschnitt der Mediation stellt der Mediator sicher, dass die relevanten Beobachtungen und Vorwürfe alle genannt werden können: Damit alle wissen, worum es genau geht und damit die Vorwürfe, die ohnehin im Hals stecken, herauskommen können. Denn alles, was an Vorwürfen „geschluckt" und „unterdrückt" wird, kann leicht die Bereitschaft zur Klärung und Lösung blockieren oder kommt nach einer Lösung verspätet hoch und zerstört diese. Daher ist es gut, wenn der Mediator durch Doppeln hilft, dass alle Vorwürfe auf den Tisch kommen:

M: *„Herr Alt, darf ich mal neben Sie kommen, etwas für Sie sagen und Sie sagen dann, ob das stimmt?"*

A: *„Wie bitte?"*

M: *„Darf ich mal neben Sie kommen und etwas für Sie sagen und Sie sagen dann, ob das stimmt?"*

A: *„Ja, äh ... bitte!"*

M hockt sich neben A und schaut zu N hinüber: *„Nadja, Du überschätzt Dich und Deine Mitarbeiter. Ihr könnt die Daten oft nicht genau genug interpretieren und produziert dadurch Kosten."* Zu A gewandt: *„Stimmt das?"*

A: *„Hm, na ja ... im Grunde genommen ist das so, ja."*

M geht zurück an seinen Platz und wendet sich zu N: *„Was sagen Sie dazu?"*

N: *„Also, das ist doch ...! Dass Du mit sooo ollen Kamellen kommst! Ich war zwar Deine Schülerin und – ja – es gab anfangs ein paar Fehlalarme. Aber wir haben dazugelernt! Und bevor Du jemandem vorwirfst, Kosten zu produzieren, denk mal lieber darüber nach, warum Deine Mitarbeiter so demotiviert sind! ‚Anerkennung' scheint für Dich ja ein Fremdwort zu sein!"*

Zwischenbemerkung: In einer realen Mediation könnten hier gut noch ein paar Runden „Vorwürfe" kommen, aus denen deutlich würde, was hier – aus der jeweiligen Sicht – genau im Argen liegt. Dafür ist hier nicht der Platz. Daher zeigen wir, wie der Mediator die nächste Stufe nimmt. Er führt die Parteien aus den sich allmählich wiederholenden Vorwürfen hinunter zu der Aggression. Denn die Idee ist: Indem diese klar benannt wird (statt indirekt durch Vorwürfe ausagiert zu werden), verliert sie an zerstörerischer Kraft – so wie sich im Märchen Rumpelstilzchen zerreißt, als er beim Namen genannt wird.

M zu N: *„Frau Neu, darf ich mal neben Sie kommen und etwas für Sie sagen und Sie sagen dann, ob das stimmt?"*

N: *„Ja, gerne!"*

M hockt neben N und spricht zu A hinüber: *„Arthur, ich habe in der Zeit als Deine Mitarbeiterin sehr viel von Dir gelernt."* Zu N gewandt: *„Stimmt das?"*

N: *„Ja, sicher!"*

M, immer noch neben N hockend, wieder zu A: *„Aber ich bin Ingenieur, so wie Du. Ich habe mittlerweile 15 Jahre Berufserfahrung auf dem Buckel, drei Jahre als Leiterin dieser Abteilung."* Zu N: *„Stimmt das?"*

N: *„Ja."*

M, wieder zu A: *„Ich werde sauer (= 3. Ebene, aggressive Gefühle), wenn Du immer noch behauptest, ich beherrschte meine Arbeit nicht!"* Zu N: *„Stimmt das?"*

N: *„Absolut!"*

M, zurück auf seinem Stuhl, zu A gewandt: *„Was geht in Ihnen vor, wenn Sie das hören?"*

A: *„Von solchen emotionalen Ausbrüchen wird die Interpretation der Messergebnisse auch nicht besser! Ich lege mich seit 20 Jahren für dieses Werk krumm und fühle mich dafür verantwortlich, dass die Produktion läuft! Was in unserer Arbeit zählt, ist Wissen, Erfahrung, und Genauigkeit – sonst nichts!"*

M zu A: *„Darf ich noch mal?"* Anmerkung: Nur beim ersten Mal Doppeln auf jeder Seite braucht es den langen Fragesatz. Alle weiteren Male reicht: *„Darf ich noch mal?"*

A: *„Ja."*

M, neben A hockend, zu N: *„Ich bin überrascht, dass Du drei Jahre Leitungserfahrung schon für ausreichend erachtest, um die Prüfabteilung fehlerfrei zu führen."* Zu A: *„Stimmt das?"*

A: *„Allerdings!"*

M, weiter hockend, wieder zu N: *„Ich habe das 17 Jahre lang gemacht, habe das von Grund auf aufgebaut und werde ärgerlich, wenn ich sehe, wie Du so sorglos damit umgehst."* Zu A: *„Stimmt das?"*

A: *„Also, ärgerlich bin ich nicht ..."*

M, zu N gewandt: *„Nein, stimmt nicht!"* Zu A: *„Wie stimmt's dann?"*

A: *„Ich verstehe einfach nicht, wie Du so tun kannst, als wenn in der Prüfabteilung alles super läuft!"*

M, zu N gewandt: *„Ich will nicht sagen, dass ich ‚empört' bin, das ist ein vielleicht zu starkes Wort, aber ich kann nur die Stirn runzeln, wenn Du glaubst, Du könntest die Prüfabteilung ohne meine genaue Kenntnis des Maschinenparks und ohne mein Fachwissen führen."*
Zu N: *„Stimmt das?"*

A: *„Mja, ... im Grunde ist es wohl so ..."*

Anmerkung: A mag offenbar nicht klar zu seinen harten Gefühlen stehen, ist sich vielleicht selbst dieser Gefühle nicht wirklich bewusst. Daher wird es vom Mediator etwas verpackt, „empört ist vielleicht ein zu starkes Wort" ... und kann so, in abgeschwächter Form, angenommen werden. In der Mediation sind hier wiederum einige Runden mit der Benennung der „harten Gefühle" gefolgt. Nicht selten fühlt sich das mit zunehmender Dauer anstrengend und ausweglos an. Die Parteien hängen dann wie die Boxer in der 11. Runde in den Seilen, die Schale der „harten Gefühle" ist voll ausgekostet worden und die Mediianden sind bereit für das, was darunter liegt. Wir spulen hier also in die „11. Runde" vor.

N: *„Auch wenn Du es nicht wahr haben willst: Genau die objektiven Daten, die Dir angeblich so wichtig sind, beweisen es: In 96 Prozent der*

Fälle liegen wir in der Prüfabteilung mit unserer Einschätzung der Maschinen richtig. Das ist verdammt gut! Und das weißt Du auch! Was muss denn noch passieren, damit Du mal von Deinem Kontrollwahn lassen kannst?!

M zu N: *„Darf ich noch mal?"* – N: *„Ja!"*

M, neben N hockend und zu A sprechend: *„Ich fühle mich total hilflos: Die Faktenlage spricht für mich, aber ich erreiche Dich nicht damit und wir drehen uns hier endlos im Kreis."* Zu N: *„Stimmt das?"*

N: *„Ja, genau!"*

Anmerkung: In der Schicht der inneren Not treffen wir auf „heikle" Gefühle, die die Konfliktbeteiligten nicht so leicht preisgeben. Die „Hilflosigkeit" angesichts eines sich scheinbar endlos drehenden Karussells von Argumenten, Vorwürfen und harten Gefühlen ist dagegen ein Gefühl aus der Schicht der inneren Not, das relativ leicht zu bejahen ist. Denn die Situation ist für alle erkennbar zerfahren und keiner möchte das eigentlich. Die „Hilflosigkeit" wird dadurch häufig zu einem Türöffner für die innere Not. Plötzlich schlägt die Stimmung um: Die Parteien schauen erst betroffen unter sich, sprechen mit leiser Stimme und schauen sich dann nicht selten mit feuchten Augen an.

M, zurück auf seinem Platz, zu A: *„Was geht in Ihnen vor, wenn Sie das hören?"*

A, blickt einen Augenblick unter sich und sagt dann tonlos: *„Ich hatte mir das auch anders vorgestellt, als ich Dich als Abteilungsleiterin vorgeschlagen habe. Ich erkenne Dich gar nicht wieder. Wir hatten jahrelang hervorragend zusammengearbeitet. Wir waren ein super Team. Du hast mir durch Deine sehr verlässliche Arbeit den Rücken freigehalten. Jetzt habe ich den Eindruck, Du arbeitest gegen mich."*

Anmerkung: Dahinter steckt viel innere Not. Die Gefahr ist aber, dass durch den Vorwurf, „Du arbeitest gegen mich", die innere Not überdeckt wird. Daher interveniert der Mediator schnell und macht die innere Not intensiv erlebbar, indem sie benannt wird:

M zu A: *„Darf ich noch mal?"* – A: *„Ja."*

M, neben A hockend, zu N sprechend: *„Du warst meine beste Mitarbeiterin! (Zu A) Stimmt das?"* – A nickt. M zu N: *„Ich bin ein wenig traurig, dass unsere Arbeitsbeziehung in der letzten Zeit so schwierig geworden ist."* Zu A: *„Stimmt das?"*

A schürzt die Lippen und zieht die Augenbrauen zusammen: *„Hmm ..."*

M, immer noch hockend, zu N sprechend: *„Nein, stimmt nicht!"* Zu A: *„Wie stimmt's dann?"*

A: *„Also, ‚traurig' ist zu hoch gegriffen. Aber enttäuscht bin ich schon."*

M, zu N: *„Ich bin enttäuscht, ich vermisse Deine Loaylität."* Zu A: *„Stimmt das?"*

A: *„Ja."*

M, zurück auf seinem Stuhl, zu N: *„Was geht in Ihnen vor, wenn Sie das hören?"*

N: *„Arthur, was soll ich denn noch sagen? Wie oft habe ich Dir schon gesagt, dass ich nach wie vor Dich fachlich sehr schätze. Aber ich bin seit drei Jahren Abteilungsleiterin. Ich muss und will meine Arbeit selbst verantworten. Und dazu gehört auch ein ehrliches Wort darüber, in welche Abteilung die Pflege der Datei gehört. Wieso kannst Du nicht sehen, dass ich mich dadurch für gute Arbeit und nicht etwa gegen Dich einsetze?"*

M zu N: *„Darf ich noch mal?"* – N: *„Ja."*

M, neben N hockend, zu A: *„Es tut mir weh, dass Du denkst, ich würde gegen Dich arbeiten."* Zu N: *„Stimmt das?"* N nickt.

M, aus der Hocke wieder zu A sprechend: *„Ich bin traurig, dass Du meinen fachlichen Blick in dieser Sache nicht anerkennst."* Zu N: *„Stimmt das?"* N atmet scharf ein und beißt sich auf die Lippen, nickt. Sie wischt sich mit den Handballen über die Augen.

M geht zurück zu seinem Stuhl und schweigt ein paar Augenblicke zusammen mit den beiden sichtlich bewegten Medianden.

Erfahrungen/ Kommentare

Es wurde deutlich, wie sehr es beide Seiten schmerzte, dass das früher von gegenseitiger Anerkennung geprägte Einvernehmen zwischen ihnen gestört war. Für beide Seiten wurde dadurch klar spürbar, wie wichtig dem jeweils anderen diese Arbeitsbeziehung immer noch ist. Das lockerte die erstarrten Positionen und machte neue Lösungswege möglich: Die Daten werden jetzt in der Prüfabteilung erfasst. Zugleich wurde vereinbart, dass Herr Alt und Frau Neu sich wöchentlich zum Austausch über die Arbeit der Abteilungen treffen. Insbesondere wurde festgehalten, dass Anregungen von Herrn Alt zur Bewertung von Messergebnissen erwünscht waren, um deren Bewertungen weiter zu optimieren.

Technische Hinweise

Bei der Gestaltung des Mediationsraumes ist zu beachten, dass ein Tisch in der Mitte zwischen Mediator und Medianden beim Doppeln stören könnte. Zum einen passt ein Tisch, durch den die Beteiligten halb verdeckt werden, nicht so recht zur Philosophie der Offenheit, Direktheit und Klarheit, die im Doppeln liegt; zum anderen kann es merkwürdig aussehen, wenn der Mediator beim Doppeln nur knapp mit der Nase über die Tischkante hinausragt. Empfehlenswert ist es daher, einen niedrigen Couchtisch in die Mitte zu stellen – oder diese ganz freizulassen.

Quellen/Literatur

Das Doppeln wurde bereits von Moreno im Psychodrama genutzt:
- Yablonsky, Lewis: Psychodrama. Klett-Cotta, Stuttgart 1998.
- Christoph Thomann hat das Doppeln für die Nutzung in der Klärungshilfe bzw. in der Mediation optimiert. Zur psychologischen Theorie hinter dem Vertiefen:
- Thomann, Christoph: Klärungshilfe 2 – Konflikte im Beruf. Rowohlt, Reinbek bei Hamburg 2004.

Details zur Theorie und Technik des „Zusammenfassens und Erklärens":
- Thomann, Christoph/ Prior, Christian: Klärungshilfe 3. Rowohlt, Reinbek bei Hamburg 2007, S. 255 ff.

Weiteres Vorgehen

Durch das Doppeln und Vertiefen wird sichtbar, was die Medianden emotional bewegt, die Beziehung wird geklärt. Klarheit heißt nicht automatisch „Harmonie". Klarheit kann auch erschütternd sein: „So tief gehen die Verletzungen!", „So weit liegen wir auseinander!" Der Mediator redet hier nichts schön, sondern hilft zu sehen, was ist. Und nicht immer gelingt es, die entwaffnende innere Not sichtbar werden zu lassen. Manche Parteien spüren diese Ebene (noch) nicht. Andere meinen, sich schützen zu müssen und wollen diese Gefühlsebene nicht offenbaren. Das ist unbedingt zu respektieren. In diesem Fall bleibt der Dialog in der Aggression hängen. In allen diesen Fällen, wo die Parteien am Ende der Phase 3 noch mitten in ihren Emotionen stecken, braucht der Mediator die Fähigkeit, die Medianden wieder aus der emotionalen Ebene heraus in die kognitive Ebene zu führen. Hierfür ist die pendelnde, wertschätzende Zusammenfassung geeignet:

Mediator: *„An dieser Stelle möchte ich den Dialog unterbrechen und Ihnen sagen, wie ich die Sache von außen sehe. Bitte lehnen Sie sich zurück und nicken Sie jedesmal, wenn es stimmt, was ich sage …"*

Im Folgenden fasst der Mediator zusammen, was er gehört hat: Wie die Beziehung zwischen den Parteien ursprünglich entstanden ist, wie der Konflikt entstanden und eskaliert ist, wie das Gespräch in der Mediation verlaufen ist und wo die Parteien aktuell stehen. Wichtig ist dabei, dass der Mediator die Entwicklung auf allparteiliche Weise darstellt, denn jede Partei hat ja aus ihrer Sicht nur das getan, was für sie logisch, folgerichtig und gerecht war. Wichtig ist weiterhin, dass der

Mediator während der Zusammenfassung zwischen den Sichtweisen der beiden Seiten chronologisch hin und her pendelt.

Die Wirkung dieser Intervention ist, dass die Medianden von der Bühne des Dramas hinunter in den Zuschauerraum gehen und sich den Verlauf ihres Konfliktes von außen, aus der Meta-Perspektive betrachten, sie „dissoziieren". Sie verlassen den emotionalen Tumult und denken über den Konflikt nach und wie beide dazu beigetragen haben.

Als krönenden Abschluss kann der Mediator noch ein psychologisches Modell anbringen, das zeigt, wie es zu so einem Konflikt kommen kann (z.B. die „Vier Seiten einer Nachricht" nach Schulz von Thun). Das ist die Technik des sogenannten „Erklärens".

Dieses Duett von „Zusammenfassen und Erklären" bewirkt, dass die Parteien sich ein Stück weit mit dem Konflikt versöhnen können und Impulse wach werden, Wege aus dieser schwierigen Situation zu suchen. Damit ist der Boden bereitet für die Frage, die zur Lösungssuche in derart schwierigen Konflikten überleiten kann:

Mediator: *„Da es so ist, wie es ist, und sich nicht so leicht ändern lässt: Was möchten Sie jetzt miteinander vereinbaren?"*

Eine ausführliche Beschreibung und Technik des Zusammenfassens und Erklärens liefert Christian Prior in seinem Beitrag „Das Erklärungshaus", siehe S. 277.

Die Waage als Metapher

Mit Ambivalenzen und Blockaden umgehen

Von Andreas Eilsberger

Kurzbeschreibung

Der Fokus des Artikels richtet sich auf zwei Aspekte, zum einen auf den Umgang mit Ambivalenzen und zum anderen darauf, wie in blockierten Situationen die Motivation zur Veränderung befördert werden kann.

In der Mediation erleben die Mediandenn verschiedene Elemente von persönlichen Veränderungen. Möglicherweise Veränderungen in Haltungen oder Verhaltensweisen, die anstehen, um Konfliktsituationen gemeinsam zu bewältigen. Oft sind es auch schwierige Entscheidungen, die in Folge von Veränderungen getroffen werden müssen oder Veränderungen, die verhindert werden sollen. Das transtheoretische Veränderungsmodell von DiClementi und Prochaska gliedert den Veränderungsprozess in aufeinander abfolgende Phasen. Jeder Phase stehen spezifisch abgestimmte Interventionen des Mediators gegenüber, um die Motivation zur Veränderung zu unterstützen. Dieses Veränderungsmodell dient auch als Grundlage für die „Motivierende Gesprächsführung“ (auch Motivational Interview, kurz MI) nach Miller/Rollnick.
In der „Motivierenden Gesprächsführung“ wird mit der Metapher der „Entscheidungswaage“ (oder auch der Schaukel) gearbeitet. Wir haben Elemente dieser Gesprächsführung mit einer Skalierung und einer haptischen Umsetzung mit einer Balkenwaage verfeinert.

Zeitlicher Rahmen

Um das Tool (auch im Kontext des MI) in einem Workshop vorzustellen, brauche ich ca. sechs Stunden. Die Umsetzung in einer Mediations- oder Coachingsitzung braucht bei einer Person (durchaus auch in Einzelgesprächen) eine Stunde, mit zwei Personen entsprechend zwei Stunden.

Anlässe/ Anwendungsbereiche

Der Einsatz ist vorstellbar vor dem Einstieg in die Mediation, wenn es Widerstände bei einzelnen Beteiligten gegen die Mediation gibt (bedingte Freiwilligkeit, z.B. in beruflichen Zwangskontexten). Dann hat sich der Einsatz in der 3. Phase bewährt, um Interessen hinter den Positionen zu verdeutlichen und um Haltungen und Motive der Handelnden für die jeweils andere Seite nachvollziehbar zu machen.

Zielsetzung/Nutzen

Das Führen von Vor- und Nachteilslisten eignet sich, um den Medianden zu helfen, sich differenziert mit ihrer Ambivalenz auseinanderzusetzen. Der Fokus verlagert sich zunächst auf die eigene Perspektive des Medianden, ohne durch Wertungen oder Kommentare der anderen Partei unterbrochen zu werden. Eskalierende „Ping-Pong"-Situationen werden unterbrochen, die Personen konzentrieren sich auf ihr inneres Erleben. Die Vielschichtigkeit der Ergebnisse vergrößert die Perspektiven in der Einschätzung des eigenen Problems und sie erleichtert damit auch den Perspektivwechsel. Subjektive Wertungen und Einschätzungen können von der anderen Konfliktpartei wahrgenommen (vielleicht zum ersten Mal) und besser nachvollzogen werden.

In komplexen Entscheidungssituationen werden die Kernpunkte herausgearbeitet, um dann gezielte Strategien zum Umgang mit diesen konkreten Punkten zu erarbeiten. Die Arbeit mit der Waage und den Gewichten variiert die Mediation als gesprächslastiges Format mit einer haptischen Komponente. Das Reagieren der Waagschalen wird mit großer Spannung und Freude beobachtet.

Beschreibung

Das folgende Fallbeispiell illustriert den Einsatz des Tools: Ein Vorstandsgremium eines deutschen Tanzverbandes, bestehend aus drei Personen, war beauftragt, ein internationales Tanzprojekt in Deutschland umzusetzen. In dieser Angelegenheit waren sich die Beteiligten in mehreren Punkten uneinig, man entschied sich zur Mediation durch eine außenstehende Person. In der ersten Sitzung (2 Std.) wurden verschiedene Themen herausgearbeitet, über die verhandelt werden sollte. Es ergaben sich immer wieder „Pattsituationen", in denen es den Beteiligten nicht möglich war, sich den Argumentationen der jeweils anderen Seite zu öffnen – soweit erst einmal nichts Ungewöhnliches am Anfang einer Konfliktbearbeitung. Da sich alle Beteiligten schon länger kennen und öfter gemeinsam miteinander verhandeln müssen, war die Situation auch durch die Vorkenntnisse, die jeder Einzelne von den jeweils anderen hatte, geprägt. Daraus ergab sich, dass Inhalt und Intention eines Arguments mit großer Wahrscheinlichkeit einen „Filter" der Beziehungserfahrung und somit auch einer Bewertung auf dieser Ebene durchlaufen musste. Das Resultat war eine große Unklarheit, alle fühlten sich unverstanden. Die damit einhergehenden Kränkungen schufen neue Konfliktpotenziale. Es drohte eine weitere Eskalation.

Vor dieser Ausgangssituation habe ich entschieden, in der zweiten Sitzung mit der Waage zu arbeiten. Die zweite Sitzung wurde mit einer Zusammenfassung und Befindlichkeitsrunde begonnen. Dann habe ich vorgeschlagen, mit einem Streitpunkt aus der Themensammlung in die Verhandlung zu gehen: „Bleiben wir bei einer verantwortlichen Choreografin oder setzen wir mehrere ein?“ Alle Beteiligten waren bereit, sich auf dieses Thema einzulassen.

Im nächsten Schritt habe ich alle Beteiligten aufgefordert, zwei Listen zu führen: Vorteile/Nutzen bei einer Choreografin sowie Nachteile/Kosten bei einer Choreografin. An dieser Stelle ist es wichtig darauf hinzuweisen, immer die Vor- und Nachteile entweder des Status quo, oder aber der Veränderung miteinander zu vergleichen – also nicht etwa die Nachteile bei einer Choreografin mit den Vorteilen von mehreren zu vergleichen.

Jede Konfliktpartei bekommt ein Klemmbrett und ein Blatt Papier und soll in Tabellenform jeweils eine Liste zu den Vor- und Nachteilen führen. Ich weise darauf hin, dass die Ergebnisse der Liste veröffentlicht werden. Die Mediánden sollen also Formulierungen finden, die klar und verständlich sind und die die anderen Beteiligten nicht verletzen. Alle bekommen jetzt 20 Minuten Zeit, um ihre Listen zu erstellen. Wenn mehr Zeit benötigt wird, kann auch mehr Zeit gewährt werden. In anderen Fällen habe ich auch schon die Medianden aufgefordert, ihre Listen als „Hausaufgabe“ bis zur nächsten Sitzung zu führen und sie dann mitzubringen.

Als alle die Arbeit an der Liste beendet haben, bitte ich Frau X, nachdem ich das Einverständnis der anderen Beteiligten eingeholt habe, ihre Liste zu präsentieren. Die anderen mögen während dieser Zeit bitte nur beobachten und noch nicht eingreifen oder kommentieren. Sie bekommen später dieselbe Möglichkeit wie Frau X und dürfen sich zu geeigneter Zeit zu den Ergebnissen von Frau X äußern.

Jetzt platziere ich eine Balkenwaage auf dem Tisch und stelle eine Schale mit gleich schweren Gewichten dazu (ich verwende Ein-Cent-Münzen, insgesamt ca. 200 Stück). Danach bitte ich Frau K sich zu entscheiden, ob sie mit den Vor- oder Nachteilen ihrer Liste beginnen möchte. Sie entscheidet sich für die Vorteile. Ich fordere sie auf, jeden Listenpunkt zu benennen und ihn dann, je nach subjektiver Wichtigkeit, zu skalieren. Die Skala bewegt sich von einer Münze – entsprechend „weniger wichtig" – bis hinauf zu maximal fünf Münzen für „außerordentlich wichtig". Nacheinander benennt Frau K ihre Punkte und legt die entsprechende Anzahl von Münzen in die Waagschale, welche die Vorteile repräsentiert. Als Mediator höre ich „aktiv zu" und spiegele die Äußerungen von Frau K auf der Gefühls- und Bedürfnisebene, vermittle somit mein Verständnis für ihre subjektive Sichtweise und enthalte mich jeder Bewertung. Sobald die Vorteilsliste abgearbeitet ist, gehen wir auf die gleiche Art und Weise mit der Nachteilsliste um. Die folgende Tabelle gibt einen Überblick der Wertung (in den Klammern die Wertungen resp. Münzen):

Vorteile eine Choreografin	Nachteile eine Choreografin
Höheres Honorar (4)	Viel Arbeit für eine (5)
Weniger Besprechungszeiten (3)	Es werden weniger Tänzerinnen zur Teilnahme motiviert (5)
Zeit sparen/Termine (5)	Verantwortung bleibt an mir alleine hängen (4)
Kann mein Konzept durchsetzen (3)	Andere werden sich mit dem Projekt weniger identifizieren/Qualität leidet (2)
Bekomme mehr fachliche Anerkennung (3)	Weniger „Öffentlichkeit", weil weniger Kontakte (5)
Kann mir einen Namen machen (1)	

Beim Füllen der Waagschale mit den Nachteilen kippt die Waage, die Nachteile überwiegen. Alle Beteiligten verfolgen gebannt den Ablauf und die Reaktion der Waage. Wichtig: Vor den Auswertungsfragen relativiere ich das Ergebnis: *„Dieses Ergebnis ist eine Momentaufnahme und muss nicht unbedingt die Realität abbilden. Wenn man diese Übung zu einem anderen Zeitpunkt, in einer anderen Stimmung durchführt, mag das Ergebnis völlig anders ausfallen."*

Ich frage Frau K, ob sie das Ergebnis überrasche oder ob sie es so erwartet hätte. Frau K ist überrascht, eigentlich wollte sie alleine choreografieren, hatte auch dafür argumentiert und war über das Anliegen der anderen, die Choreografie aufzuteilen verärgert bzw. gekränkt. Um tiefer einzusteigen, frage ich Frau K, ob sie einzelne Punkte auf ihrer Vor- und/oder auch Nachteilsliste benennen könne, die sie mit mehr als fünf Münzen gewichten will, möglicherweise mit 10, 50 oder gar 100 Gewichten. Sie soll sich in Ruhe ihre Listen ansehen und solche Punkte dann einfach einkreisen. Nach kurzer Zeit benennt Frau K den Punkt „Bekomme mehr Anerkennung" (ursprünglich mit drei Münzen gewichtet) von der Vorteilsliste und von der Nachteilsliste den Punkt „Verantwortung bleibt bei mir alleine hängen" (vorher vier Münzen).

Es ist Frau K gelungen, die Kernpunkte ihres Anliegens herauszuarbeiten. Auch für die anderen Parteien wird deutlich (von mir als Mediator deutlich gemacht), wenn es zu einer für alle akzeptablen Lösung mit mehreren Choreografinnen kommen soll, muss es zu diesem Entwurf vorher Angebote und Lösungsideen geben, die die Punkte „Anerkennung“ und „Gerechte Verteilung von Verantwortung“ entsprechend der Bedürfnislage von Frau K berücksichtigen.

Im weiteren Verlauf der Mediation haben die beiden anderen Konfliktparteien darauf verzichtet, ihre Ergebnisse anhand der Waage zu bearbeiten. Es war möglich, über die Verantwortungsverteilung zu verhandeln. Das Bedürfnis nach fachlicher Anerkennung war für alle Beteiligten nachvollziehbar. Es konnte darüber gesprochen werden, in welcher Form die Leistung von Frau K nach außen erkennbar bleibt und inwieweit sie „ihre Handschrift“ im Projekt weiterhin identifizieren kann.

Erfahrungen/ Kommentare

Drei Effekte sind bei der Umsetzung dieser Methode besonders hervorzuheben:

- Das Führen der Listen schafft Ruhe und Besinnung und hilft den Beteiligten, eine Komplexität zu ihren Konfliktpunkten zu entwickeln, derer sie sich vorher nicht unbedingt bewusst waren.
- Die Arbeit mit der Waage und den Gewichten erfüllt eine sinnliche Komponente. Die einzelnen Argumente werden spürbarer, dadurch verbessert sich die Fähigkeit zur Empathie.
- Der spielerische und indirekte Zugang zu den Konfliktthemen „verführt“ zu mehr Offenheit, als es der verbal- kognitive Ausdruck zulassen würde.

Damit wird natürlich auch deutlich, dass wir als Mediatoren bei der Anwendung dieser Methode ganz besonderes Augenmerk auf den Schutz der Integrität und Würde der Medianden haben müssen. Wir müssen sicherstellen, dass niemand sein Gesicht verliert oder dass sich seine Offenheit nachteilig für ihn auswirkt.

Bisher sind fast alle Klienten gerne in diese Arbeit mit der Waage eingestiegen. Ich habe es wiederholt erlebt, dass einzelne Medianden anfingen, das Ergebnis gemäß ihrer Erwartung zu manipulieren, während sie die zweite Waagschale gefüllt haben. Es sollte also genau das herauskommen, was ihren Wünschen entspricht. Darauf angesprochen, wurde wiederholt erwidert, dass diese „Eindeutigkeit“ sich erst im Prozess mit der Waage ergeben hat. In einigen Fällen war es auch so, dass es zunächst gewichtige Gründe gab, sich zu bestimmten Fragen nicht klar zu positionieren. Wichtig sind also nicht unbedingt nur die einzelnen Punkte auf den Listen und das Ergebnis des Abwägens, sondern vielleicht die Möglichkeit zur Bewegung selbst.

Technische Hinweise

Man braucht einen Tisch, eine Balkenwaage und ausreichend (gleich schwere) Gewichte, wie z.B. Münzen, sowie Schreibutensilien zum Führen der Listen.

Quellen/Literatur

- Miller, William R./Rollnick, Stephen: Motivierende Gesprächsführung. Lambertus, Freiburg i.Br., 3. Aufl. 2009.
- Prochaska, James O./Norcross, John C./DiClemente, Carlo C.: Changing for good. HarperCollins, New York 2007.
- Eilsberger, Andreas/Keydel, Birgit: Wir können auch anders – vom kreativen Umgang mit Blockaden in der Mediation. In: Frischer Wind für Mediation. Bundesverband Mediation, Berlin 2007.
- Eilsberger, Andreas/Streuff, Heiko: „SMS" – Schluss mit Suff. Vortrag DHS (Deutsche Hauptstelle für Suchtgefahren) im Rahmen der Fachtagung 2005.

Weiteres Vorgehen

Die Arbeit mit der Waage schafft oft konkrete Verhandlungspunkte. Wir können Kernaussagen oder -interessen herausarbeiten, die sich als Verhandlungsthemen anbieten. Auf den beschriebenen Fall bezogen bedeutet das: Wir kommen weg von der subjektiven Befindlichkeit der Einzelnen (die ja auch zu würdigen ist, die von Außenstehenden ja oft auch nachzuvollziehen ist), hin zu einem Thema – hier die Verteilung von Verantwortung –, das vereinbarungsfähig besprochen werden kann.

Vorwürfe übersetzen – empathisch zuhören

Gewaltfreie Kommunikation (GFK) als zentrale Haltung des Mediators

Von Anja Kenzler

Kurzbeschreibung

Die Gewaltfreie Kommunikation (GFK) nach Marshall B. Rosenberg unterstützt uns als Mediatoren, eine Haltung der Wertschätzung einzunehmen. Sie ist ausgesprochen hilfreich, um herauszuarbeiten, was dem Konflikt wirklich zugrunde liegt und die Konfliktparteien allparteilich zu begleiten.

In der Darstellung der Sichtweisen zu Beginn des Mediationsprozesses wird das aktive Zuhören benötigt, während in der Phase der Erhellung das tiefer gehende einfühlende bzw. empathische Zuhören seinen Platz hat. Wenn sich die Konfliktparteien hier sichtbar verstanden fühlen, wächst ihre Bereitschaft, die Beweggründe für das Handeln des Gegenübers und seine darunter liegenden Bedürfnisse zu hören.

Rahmen

Dieses methodische Handwerkszeug begleitet laufend die gesamte Erhellungsphase und ist für alle Mediationen geeignet.

Anlässe/ Anwendungsbereiche

In der Erhellungsphase.

Zielsetzung/Nutzen

Die Übersetzung von Vorwürfen in der Konflikterhellung und -vertiefung bekommt Genauigkeit und Tiefe. Dies wird dadurch erreicht, dass der Mediator die hinter den Vorwürfen liegenden Gefühle und Bedürfnisse vermutet, wodurch die Arbeit in dieser Phase um ein Vielfaches erleichtert wird. Das trägt zum gegenseitigen Verständnis der Konfliktparteien bei und führt weg von der Suche nach Schuld.

Durch das einfühlende Zuhören und Übersetzen von Vorwürfen oder Bewertungen in Gefühle und Bedürfnisse unterstützt der Mediator die Parteien, ein tieferes Verständnis füreinander herzustellen – nicht nur für die andere Konfliktpartei, sondern auch für das eigene Verstehen. Auf diesem Weg kann leichter eine einvernehmliche Lösung gefunden werden.

Beschreibung

1. Vorwürfe übersetzen

Folgende Art, Vorwürfe in Gefühle und Bedürfnisse zu übersetzen, kann deeskalierend wirken:

„Sind Sie ... (Gefühl)/„Fühlen Sie sich ... (Gefühl),

- *weil Sie gerne ... (Bedürfnis) hätten/gehabt hätten?"*
- *weil Sie ... (Bedürfnis) brauchen?"*
- *weil Ihnen ... wichtig ist?"*

Beispiele:

„Sie macht immer totalen Krach und schreit fast schon ins Telefon."

- Mediator: *„Sind Sie gestresst, weil Sie gerne Ruhe bei der Arbeit hätten?"*

„Wenn er weiter so lahm vor sich hinwurschtelt, fährt das ganze Projekt noch gegen die Wand."

- Mediator: *„Fühlen Sie sich unter Druck, weil Sie über die zeitlichen Abfolgen Klarheit brauchen?"*

Auch wenn Ihre Vermutungen nicht stimmen, wird es dem Mediand en in der Regel klarer, worum es ihm geht bzw. benennt er das stimmige Gefühl und/oder Bedürfnis. Deswegen ist es notwendig, die Vermutungen immer als Frage zu formulieren.

2. Einfühlendes bzw. empathisches Zuhören

Jemandem einfühlend zuhören heißt, mit aller Aufmerksamkeit bei der anderen Person zu sein. Wenn Sie den Medianden einfühlend zuhören, ist es hilfreich, die Gefühle und Bedürfnisse der jeweiligen Konfliktpartei zu vermuten. Diese Vermutungen können Sie mit ähnlichen Sätzen äußern, wie zuvor beim „Vorwürfe übersetzen" beschrieben: *„Fühlen Sie sich ..., weil Sie ... brauchen?"*

Gefühle und Bedürfnisse, die die Medianden von sich aus äußern, geben Sie beim einfühlenden Zuhören ebenfalls wieder. Spiegeln Sie ruhig auch die gleichen Bedürfnisse mehrmals, wenn der Mediand sich beim Erzählen wiederholt. Wichtig ist dabei, nicht nur das Gefühl zu nennen, sondern es in der Fragestellung immer mit einem vermuteten Bedürfnis zu koppeln. Sie können die Bedürfnisse auch ohne Gefühle formulieren. Gefühle alleine zu vermuten, kann hingegen meiner Erfahrung nach beim Mediaanden Stress auslösen.

Sätze wie „Wie fühlen Sie sich?“, „Welche Bedürfnisse haben Sie?“ oder „Was brauchen Sie?“ sollten vermieden werden, da die Mediaanden durch solche Informationsfragen eher weg von ihren eigenen Gefühlen und Bedürfnissen kommen.

In der GFK wird unterschieden zwischen den wirklichen Gefühlen sowie den Worten, die Urteile und Bewertungen ausdrücken. Ein Beispiel: Die Aussage „Ich fühle mich ausgegrenzt“ impliziert, dass jemand etwas tut, das zu der persönlichen Bewertung führt, dass man ausgegrenzt wird. Der Satz „Ich fühle mich ausgegrenzt“ beinhaltet zugleich einen Vorwurf: „Du grenzt mich aus!“ Der Mediator wird hier im Sinne der GFK „übersetzend“ tätig, indem er etwa fragt: *„Fühlen Sie sich enttäuscht, weil Sie gerne Kontakt hätten?“* oder *„Sind Sie ärgerlich, weil Sie gerne an dem Vorhaben beteiligt wären?“*

Erfahrungen/ Kommentare

Die GFK macht es dem Mediator leichter, unterstützend tätig zu sein und herauszufinden, welche unerfüllten Bedürfnisse eine Person zu ihrer Handlung führen bzw. welche Bedürfnisse sich eine Person mit ihrer Handlung erfüllen möchte. Grundannahme der GFK ist, dass wir in jedem Moment etwas tun, um unsere Bedürfnisse zu erfüllen. Das geschieht bisweilen auf eine Art und Weise, die andere verletzen oder anderen schaden kann.

Ausschlaggebend bei jeder Mediationsarbeit ist die Haltung des Mediators, wirklich verstehen zu wollen, was eine Person handeln lässt und sich nicht in eigenen Analysen und Bewertungen zu verlieren bzw. stecken zu bleiben.

Technische Hinweise

Keine

Quellen/Literatur

Kenzler, Anja: Gewaltfreie Kommunikation in der Mediation. In: Spektrum-Heft, Bundesverband Mediation e.V., 2007.

Weiteres Vorgehen

Wenn durch dieses methodische Vorgehen genügend erhellt wurde, gehen die Mediaanden oftmals von alleine in die Lösungsphase über.

Eins, zwei, viele ...

Der Einsatz des Inneren Teams in der Mediation

Von Alexandra Bielecke

Kurzbeschreibung

Die Erarbeitung der individuellen Interessen der Konfliktbeteiligten wird oftmals als das Herzstück in der Mediation angesehen. Insbesondere in dieser Phase der Mediation steht daher das empathische Einfühlen in die Konfliktbeteiligten sowie die Hintergründe des Konflikts im Vordergrund. Das Modell des Inneren Teams kann hierbei wirkungsvoll Unterstützung leisten. Es hilft sowohl den Parteien als auch dem Mediator, verschiedene Facetten und Empfindungen einer Person angesichts eines Konfliktthemas in den Vordergrund der Betrachtung zu rücken und Widersprüchlichkeiten sowie entsprechende Handlungen besser zu verstehen. Ziel dieses Beitrags ist es, unaufwendige Einsatzmöglichkeiten des Inneren Teams für Mediatoren aufzuzeigen.

Rahmen

Die ursprüngliche Arbeitsweise nach Schulz von Thun beinhaltet eine sorgfältige Auseinandersetzung mit sich selbst angesichts einer schwierigen Situation mittels einer Erhebung des Inneren Teams und einer anschließenden Vertiefung durch sogenannte erlebnisaktivierende Methoden.

Auch die vertiefte Selbstreflexion innerhalb einer Mediation wird von dem Mediator angeleitet und im direkten Gespräch mit den Konfliktparteien durchgeführt – pro Person sollte etwa eine Stunde eingeplant werden. Für die nachstehend vorgestellten angepassten Interventionen kann jedoch ein kürzerer Zeitrahmen (von 5 bis 45 Minuten je nach Intervention) angesetzt werden, da nicht alle Prozess-Schritte der „Langversion" durchgeführt werden müssen.

Anlässe/ Anwendungsbereiche

Die Arbeit mit dem Inneren Team ist vor allem dann geeignet, wenn angesichts eines konkreten Konflikts innerhalb einer Person sehr unterschiedliche oder sogar widersprüchliche Interessen vorhanden sind, die zu *intra*personellen Patt-Situationen oder auch *inter*personellen Handlungsunfähigkeiten führen. Als chaotisch empfundene Gefühlszustände, die einer klaren Kommunikation der Interessen entgegenstehen, können ebenfalls ein Anlass zur Selbstklärung mit dem Inneren Team sein. Darüber hinaus kann das Modell in eskalierenden Teufelskreisen zwischen zwei oder mehreren Personen hilfreich sein, die Antriebsdynamik und den eigenen Anteil an dem Konflikt zu verdeutlichen.

Eine weitere Indikation liegt im Prozess begründet: Dementsprechend ist das Innere Team geeignet, wenn das Konfliktthema mittels eines klar strukturierten Vorgehens vertieft analysiert werden soll, bevor eine ressourcen- und lösungsorientierte Handlungsstrategie erarbeitet wird.

Die Interventionen können sowohl mit zwei Personen als auch ganzen Teams durchgeführt werden. Bei der Arbeit in Gruppen muss jedoch die Vorgehensweise an die Zahl der Personen angepasst werden. Es bedarf zudem einer grundsätzlichen Bereitschaft, einander zuzuhören und einem tiefer gehenden Interesse, die oder den anderen verstehen zu wollen.

Zielsetzung/Nutzen

Ein Mediator erlebt oft Situationen, in denen Menschen verwirrt und durcheinander, mit sich selbst uneins, auf den ersten Blick wütend und aggressiv und dahinter zugleich verletzt und enttäuscht sind. Für ihn besteht die Herausforderung nun darin, sich in all diese höchst unterschiedlichen menschlichen Strebungen und Emotionen gleichermaßen empathisch einzufühlen – Schulz von Thun spricht angesichts dessen von einer „pluralistischen Empathie". Das Innere Team als Metapher für die Vielfalt der menschlichen Seele bietet hierfür eine Möglichkeit, die unterschiedlichen Emotionen, Bedürfnisse und Interessen äußerst differenziert aufzunehmen.

Indem jedes Bedürfnis bzw. Interesse als ein einzelnes Mitglied eines Inneren Teams (analog zu einem äußeren Team) personifiziert und damit sichtbar wird, gelingt es den Konfliktbeteiligten, innerlich einen Schritt zurückzutreten und eine plastische Vorstellung des komplexen Entstehungs- oder Aufrechterhaltungsprozesses eigener oder fremder Widersprüchlichkeiten und Empfindungen zu gewinnen.

Die Beteiligten beschreiben meist eine große Erleichterung, den Konflikt von außen betrachten zu können. Durch die Analyse des inneren Mit- und Gegeneinanders aus der Distanz verstehen sie häufig zum ersten Mal, dass auch wiederstreitende *intra*personelle Interessen (z.B.

Aufrechterhaltung der Beziehung versus sofortige Trennung) einer Lösung des *inter*personellen Konflikts im Wege stehen können.

Für den Konfliktpartner ist es häufig sehr bewegend, dem anderen zuzuhören und ihn seit langer Zeit das erste Mal wieder in seinem gesamten Gefühlsspektrum, aber auch in seiner emotionalen Zerrissenheit wahrzunehmen. Plötzlich wird verständlich, wie sich eine innere Unklarheit im äußeren Verhalten des Gegenübers widerspiegelt. Oftmals entwickelt sich zugleich ein Verständnis dafür, welche eigenen Gefühle und inneren Teammitglieder angesprochen werden und wie bei einem „roten Tuch" allergisch auf den anderen reagieren. Unvermutet finden sich mitunter ähnliche innere Teammitglieder bei den Konfliktpartnern – Gemeinsamkeiten treten anstelle von Unterschieden zu Tage.

Durch die Arbeit mit dem Inneren Team besteht dementsprechend ganz nebenbei die Chance, dass sich die Konfliktparteien sowohl vom Mediator als auch von dem Konfliktpartner „vollständig" verstanden fühlen.

Beschreibung

Die konkrete Arbeit mit dem Inneren Team beginnt sowohl in der „Langversion" als auch bei den „Kurzinterventionen" immer mit einer Situations- oder Problembeschreibung bzw. mit einer Konkretisierung des Konfliktthemas. Hierfür bittet der Mediator zunächst eine Konfliktpartei, die schwierige Situation aus ihrer Sicht zu schildern. Dabei hört er aktiv zu, fragt nach oder fasst das Gehörte in eigenen Worten zusammen.

Klassische (explizite) Erhebung des Inneren Teams

Nachdem der Mediator den äußeren Kontext verstanden und die wichtigsten Aspekte auf einem Flipchart visualisiert hat, wird der Blick nach innen gerichtet: *„Sie werden bereits bemerkt haben, dass Sie angesichts der zu treffenden Entscheidung mindestens zwei Seelen in Ihrer Brust spüren (einerseits … und andererseits …). Möglicherweise sind es sogar noch mehr. Wir wollen deshalb gemeinsam genauer ergründen, wie Ihnen angesichts des Themas/des Konflikts innerlich zumute ist. Welche Gedanken oder Gefühle beschäftigen Sie? Was geht Ihnen durch den Kopf oder hinterlässt ein (un-)gutes Gefühl im Magen?"*

Während die Konfliktpartei zu erzählen beginnt, unterstützt der Mediator durch aktives Zuhören die Selbstreflexion. Oftmals können die Parteien ihre inneren Teammitglieder sofort selbst benennen: *„Wenn ich an die Entscheidung denke, wer von uns in Zukunft das Sorgerecht bekommen soll, taucht sofort ein kleiner Racheengel auf. Der will es ihm* *heimzahlen und ihn genauso verletzen, wie er es mit mir gemacht hat ...“* Mitunter zeigen sie sich allerdings auch nur vage zwischen den Zeilen: *„Wenn ich dann allerdings an unseren Sohn denke, möchte ich ihn am liebsten vor all unseren Streitereien beschützen. Er soll davon unbeeindruckt aufwachsen können und beide Elternteile gleichermaßen lieben – auch wenn wir nicht mehr als Familie zusammenleben.“*

Abb. 1: Identifikation innerer Teammitglieder

In beiden Fällen ergründet der Mediator gemeinsam mit der erzählenden Konfliktpartei, um welches konkrete Bedürfnis und welches begleitende Gefühl es dem jeweiligen Teammitglied geht. Wichtig ist, ihm einen Namen zu geben, der sowohl das Bedürfnis als auch das Gefühl möglichst genau widerspiegelt. Als Unterstützung wird auch die Grundbotschaft mit aufgenommen, die ein Teammitglied zum Ausdruck bringt. Der Mediator fragt hierfür nach: *„Wenn Sie diesem Teammitglied ein paar Worte in den Mund legen könnten, wie würden diese dann lauten? Was würde es sagen?“*

Um die inneren Teammitglieder sichtbar festzuhalten, zeichnet der Mediator auf einem zweiten Flipchart eine große Figur als Sinnbild für die gesamte Person mit all ihren unterschiedlichen Facetten. In den Bauch dieser Figur „füllt“ er alle inneren Anteile, die sich angesichts des Konfliktthemas innerlich zu Wort melden. Allmählich entwickelt sich so ein Abbild von der Interessen- und Gefühlslage der jeweiligen Konfliktpartei (vgl. Abb. 1 und 3).

Der Mediator nutzt das Innere Team also in einer transparenten Weise. Er macht jeden Schritt explizit, erläutert die Grundidee des Modells und exploriert differenziert, wie der jeweiligen Konfliktpartei innerlich zumute ist usw.

Den zuhörenden Konfliktparteien wird viel Disziplin abverlangt, sich selbst zurückzuhalten und erst einmal nur zu verstehen, wie es dem anderen geht, ohne selbst zu reagieren. Nicht in jedem Konflikt bietet sich deshalb diese Form der ausführlichen Selbstklärung an. Dennoch kann der Mediator mit dem Inneren Team in sogenannten Kurzinterventionen arbeiten. Er lässt sich während seiner Vermittlungsarbeit von der Grundidee leiten und nutzt das Modell implizit.

Mit dem „Inneren-Team-Ohr" hören

Während der Mediator die Konflikthintergründe und Interessen der Konfliktbeteiligten wechselseitig ergründet, bringen die Parteien ihre innere Zerrissenheit in der Regel auch ohne die Kenntnis ihres Inneren Teams zum Ausdruck. Der Mediator hört deshalb sorgsam zu, welche inneren Teammitglieder seiner Meinung nach bei den Konfliktparteien ihre Anliegen zwischen den Zeilen hervorbringen. Er kann sie unmittelbar im Gespräch zurückspiegeln: *„Wenn ich Sie richtig verstanden habe, möchte ein Teil von Ihnen auf keinen Fall an der Beziehung festhalten. Er ist sogar sehr froh, wenn sie endlich ein Ende findet – eine Art ‚Grenzwächter', der sich Sorgen um Ihre Gesundheit macht. Doch sobald der ‚Grenzwächter' auf die Bühne tritt, meldet sich sofort Ihr ‚Mutterherz', das genau weiß, wie wichtig eine intakte Familie für Ihren Sohn ist. Es würde alles daransetzen, die Beziehung zu retten. Und es fällt Ihnen sehr schwer, sich für eine dieser Richtungen zu entscheiden. Stimmt das so?"*

Für den Mediator besteht bei dieser Interventionsform die Hauptarbeit darin, innere Teammitglieder im Sinne des aktiven Zuhörens herauszufiltern und sensibel anzusprechen. Dabei verfolgt er das Ziel, die Konfliktparteien bei der Selbstklärung zu unterstützen und ihren inneren Konflikt zu verdeutlichen. So kann er eine Konfliktpartei z.B. darum bitten, nur einem der beiden Teammitglieder länger zuzuhören und ihm aus der Seele zu sprechen: *„Wenn wir einmal annehmen, es gäbe nur Ihren ‚Grenzwächter' und dieser allein dürfte für Sie sprechen. Wie ist ihm zumute? Was wäre ihm wichtig? Was würde er Ihnen am liebsten mitteilen?"* Mit den Techniken des Aktiven Zuhörens, offenen Fragens und Paraphrasierens gilt es sodann, die Interessen und Bedürfnisse sowie Gefühle der Konfliktpartei in Bezug auf dieses eine Teammitglied herauszuarbeiten.

Nicht immer muss bei dieser Intervention eine Zeichnung angefertigt werden. Wichtig ist jedoch, dass die herausgearbeiteten Interessen am Ende für alle sichtbar festgehalten werden.

Innere Teammitglieder entknoten

In ähnlicher Weise kann das Modell dafür genutzt werden, die Konfliktdynamik zwischen Konfliktparteien zu erläutern. So können sich innere Teammitglieder der einen Streitpartei mit Teammitgliedern der anderen auf ungute Weise in einem Streit verstricken.

Um sich beispielsweise vor den befürchteten oder tatsächlichen Verletzungen des jeweils anderen zu schützen, werden oftmals sehr robuste

Teammitglieder (wie z.B. der Moralapostel) zur Abwehr der Angriffe mobilisiert. Die verletzlichen, traurigen und enttäuschten Anteile bleiben versteckt hinter dieser harten Schale für den anderen verborgen. Spürt der Streitpartner jedoch nur die entwertenden, konfliktgeladenen Teammitglieder des anderen, aktiviert er ebenfalls zu seinem Schutz abwehrende innere Anteile und kommuniziert entsprechend – der Konflikt wird so stets aufs Neue wieder entfacht (siehe Abb. 2).

Abb. 2: Innere Teammitglieder in Interaktion

Um diese Eskalationsschleifen zu durchbrechen, bietet sich das Innere Team als Erklärungsmodell an: *„Lassen Sie uns einen Moment hinter die Kulissen schauen. Ich habe von Ihnen verstanden, Frau Meyer, dass Ihnen Planungssicherheit wichtig ist. Und wenn Herr Meyer zu spät kommt und Sie nicht rechtzeitig informiert, ruft das Hilflosigkeit hervor. Sie sind enttäuscht und möchten ihm klar und deutlich Ihre Meinung sagen. Sie, Herr Meyer, bekommen den Moralapostel zu spüren und fühlen sich in Ihren Bemühungen nicht gesehen. Bei Ihnen entsteht das Bedürfnis, den ungerechtfertigten Vorwürfen sofort zu entfliehen und Sie machen dicht. Und Sie beide beschreiben, sich in diesem Kreislauf wie gefangen zu fühlen. Können Sie damit etwas anfangen?"*

Der Mediator nutzt das Modell des Inneren Teams als ein Feedback-Instrument. Die Streitbeteiligten erfahren zunächst, was der Mediator von der Dynamik wahrgenommen hat und wie er sie von außen sieht. Dabei benennt er nur die Teammitglieder, die für diesen Aspekt entscheidend sind. Die Parteien erhalten anschließend die Gelegenheit, die Rückmeldung zu kommentieren, abzulehnen oder zu korrigieren. Es kann sich ein vertiefendes Gespräch darüber anschließen, welchen Beitrag die Streitbeteiligten (bzw. einzelne innere Anteile) zu der Entstehung oder Aufrechterhaltung des Konflikts leisten, was jeweils in ihnen ausgelöst wird und welches ungute Zusammenspiel daraus entsteht. Im besten Fall eröffnen sich Ausstiegsmöglichkeiten aus diesem Teufelskreis, indem beide Parteien die Verantwortung für das eigene Handeln erkennen und Veränderungen in ihrem Tun vornehmen.

Abb. 3: Laute und leise Stimmen im Inneren Team

Verborgenen inneren Teammitgliedern eine Stimme verleihen

Wie beschrieben, treten vor allem in eskalierten Konflikten eher die abwertenden und abwehrenden Inneren Teammitglieder in den Vordergrund (wie bei Frau Meyer z.B. der Racheengel oder der Moralapostel). Die Streitbeteiligten wollen sich vor den Angriffen des Gegenübers schützen und sich nach bestem Wissen und Gewissen verteidigen. Die leisen, verletzlichen inneren Anteile sind deshalb jedoch nicht verschwunden. Sie verstecken sich hinter den lauten und teilweise aggressiven Teammitgliedern und machen sich vor allem in den Momenten bemerkbar, in denen die Parteien allein sind und zur Ruhe kommen.

Um die Konfliktlinien in einer Mediation aufzuweichen, kann es hilfreich sein, stellvertretend für die Parteien auszusprechen wie ihnen innerlich zumute ist. Der Mediator nähert sich – das Modell im Hinterkopf – den verborgenen Anteilen mittels des Doppelns. Zunächst bindet er die Vertreter der Abwehr ein, um sich anschließend den Gefühlen und Bedürfnissen zu nähern, die bislang im Verborgenen blieben (Mediator doppelt eine Partei): *„Für mich ist es sehr schwer, hier mit Dir zu sitzen und ganz sachlich über das Sorgerecht zu sprechen. Vor allem, wenn Du Deine Vorstellungen von Deinem neuen Familienleben äußerst, werde ich unruhig und möchte Dir am liebsten sagen, wie rasend wütend ich bin. – Stimmt das so? – Du triffst bei mir einen sehr wunden Punkt. In diesen Momenten fühle ich mich an die Zeit erinnert, in der wir noch unsere gemeinsame Zukunft planten und ich bin unendlich traurig, dass dies nun mit einer anderen Frau geschieht. – Stimmt das so?"*

Nach und nach wird in dieser Weise das gesamte Gefühlsspektrum sichtbar, die Hintergründe für die plötzlich auftretenden Wutausbrüche von Frau Meyer werden für Herrn Meyer deutlich spürbar, ohne dass jedoch damit eine Schuldzuweisung oder ein Handlungswunsch an ihn verbunden wäre.

Visualisierung leicht gemacht

Natürlich muss bei einer Anwendung des Inneren Teams nicht zwingend eine figürliche Zeichnung angefertigt werden. Dennoch sei an dieser Stelle darauf hingewiesen, dass insbesondere die Visualisierung

Abb. 4: Holzfiguren für die Identifikation innerer Teammitglieder

der Gefühle und Bedürfnisse in Form von inneren Teammitgliedern – also einer konkreten Metapher – unterstützend dabei wirkt, Unbewusstes auf die bewusste Ebene zu holen (vgl. Thomann und Schulz von Thun, 2000, König und Volmer, 1994). Bislang unbewusste Inhalte werden darüber hinaus durch die personifizierten Darstellungen einer verbalen Kommunikation zwischen dem Mediator und den Streitparteien zugänglich gemacht. Das gemeinsame Gespräch über die einzelnen inneren Anteile, über ihre Zusammenarbeit und ihre Führung (analog zu einem äußeren Team) erhöht das Verständnis für sich selbst und den anderen und ermöglicht eine langfristige Veränderung bisheriger Verhaltensweisen.

In der Reflexion beschreiben die Konfliktparteien, dass die Zeichnungen sehr darin unterstützen, auch unliebsame Teammitglieder zu benennen und ihnen sogar etwas Positives abzugewinnen. Durch die zum Teil sehr humorvolle Art, sich den eigenen Schwächen zu nähern, ist es leichter möglich, sie bei sich, aber auch beim schwierigen Gegenüber, anzunehmen (vgl. Bielecke, 2008).

Für den unaufwendigen Einsatz des Inneren Teams in der Mediation eignen sich alternativ zu Zeichnungen kleine Holzfiguren (vgl. Abb. 4). Auch mit ihnen lassen sich auf unkomplizierte Weise sowohl innere Teammitglieder identifizieren als auch innermenschliche oder interpersonelle Dynamiken verdeutlichen. Kleine Aufkleber mit den Namen der Teammitglieder sichern den Überblick über die Beteiligten. Auf Klebepunkten lassen sich zudem Emotionen und Gesichtsausdrücke differenziert aufnehmen.

Abb. 5: Visualisierung der Interessen innerer Teammitglieder mit Moderationskarten

Eine weitere Möglichkeit besteht darin, Moderationskarten mit den Namen der inneren Teammitglieder zu versehen; die Karten ermöglichen eine ähnliche Flexibilität, um Zusammenspiele zwischen den Teammitgliedern anschaulich darzustellen. Des Weiteren können die Interessen der einzelnen Teammitglieder auf einfache Weise mit festgehalten werden (siehe Abb. 5).

Erfahrungen/ Kommentare

Jeder Mensch war in seinem Leben irgendwann einmal Teil eines Teams. Die Herausforderung, verschiedene Meinungen und Vorstellungen unter einen Hut zu bekommen und die Kräfte der verschiedenen Mitglieder sinnvoll zu bündeln, sind deshalb jedem bekannt. Das Modell des Inneren Teams macht sich diese Erfahrungen aus einem äußeren Team in Bezug auf Kommunikation, Führung, Zusammenarbeit und Teamentwicklung im Inneren gewinnbringend zunutze. Daher ist das Modell auch in jedem Kontext anwendbar – Familienmediationen eignen sich hierfür ebenso wie Mediationen im wirtschaftlichen Anwendungsbereich. Es ist immer wieder beeindruckend, wie schnell sich der Zugang zu den eigenen, aber auch den fremden Interessen und Bedürfnissen über dieses Modell kognitiv *und* emotional erschließt.

Bei aller positiven Wirkung gibt es jedoch auch „Durchführungsbedingungen". So geht die Arbeit mit dem Inneren Team häufig in kurzer Zeit sehr tief. In Anwesenheit des Konfliktpartners erfordert deshalb insbesondere die Identifikation verletzlicher innerer Anteile eine besondere Sensibilität des Mediators. Vor allem dann, wenn die Beziehung zwischen den Konfliktbeteiligten sehr von Vorsicht geprägt ist, unterliegen innere Teammitglieder einer inneren Zensur. Die Grenze des Erzählenden sollte deswegen stets beachtet werden – ggf. lässt sich die Identifikation innerer Teammitglieder auch in Einzelgespräche (mit all ihren Herausforderungen) verlagern.

Technische Hinweise

expliziter Einsatz:	▶ Moderationskoffer ▶ Flipchart oder Stellwand ▶ Flipchart-Papier ▶ Stifte ▶ oder: Holzfiguren, Moderationskarten, ...
impliziter Einsatz:	kein spezielles Material
räumliche Voraussetzungen:	ausreichend Platz
Vorbereitung:	in der Regel keine explizite Vorbereitung notwendig

---

Quellen/Literatur

Die Idee vom „Inneren Team" geht auf Prof. Dr. Friedemann Schulz von Thun zurück, von dem ich sowohl die Arbeitsweise als auch die damit verbundene humanistische Grundhaltung lernen durfte. Für die vielen lehrreichen Einblicke gilt ihm mein Dank – ebenso wie dem Netzwerk der Kolleginnen und Kollegen aus dem Arbeitskreis Kommunikation und Klärungshilfe und des Schulz-von-Thun-Instituts für Kommunikation in Hamburg. Den interessierten Lesern seien diese weiterführenden Quellen empfohlen:

- Schulz von Thun, Friedemann: Miteinander Reden 3. Das Innere Team und situationsgerechte Kommunikation – Kommunikation, Person und Situation. Rowohlt, Reinbek bei Hamburg 2001.
- Schulz von Thun, Friedemann/Stratmann, R.: Das Innere Team in der Mediation: eine aussichtsreiche Perspektive? In: Schulz von Thun, Friedemann/Kumbier, Dagmar (Hrsg.): Impulse für Beratung und Therapie – Kommunikationspsychologische Miniaturen 1. Rowohlt, Reinbek bei Hamburg 2008, S. 145-163.
- Benien, Karl: Beratung in Aktion. Erlebnisaktivierende Methoden im Kommunikationstraining. Windmühle, Hamburg, 3. Aufl. 2009.
- Bielecke, A.: Gerichtliche Mediation – zwischen innerem Anspruch und äußerer Wirklichkeit. Unveröffentlichte Masterarbeit 2008.
- König, Eckard/Volmer, Gerda: Systemische Organisationsberatung. Grundlagen und Methoden. Deutscher Studienverlag, Weinheim, 7. Aufl. 2000.
- Thomann, Christoph: Klärungshilfe 3 – Das Praxisbuch. Rowohlt, Reinbek bei Hamburg 2007.

Weiteres Vorgehen

Idealerweise konnte durch die differenzierte Selbstklärung der Konfliktbeteiligten ein vertieftes Verständnis für die jeweiligen Gedanken und Gefühle sowie die entsprechenden Interessen angesichts einer bestimmten Situation/eines Themas erreicht werden. Je nach zur Verfügung stehender Zeit kann sich an die klassische Erhebung des Inneren Teams auch noch eine Vertiefung mit erlebnisaktivierenden Methoden anschließen (vgl. z.B. Benien 2009).

In der Regel wird die Mediation mit der Aushandlung von Lösungen mit dem Leitgedanken fortgesetzt: *„Wenn es nun einmal so ist, wie es ist ... Wie gehen wir zukünftig damit um? Wie könnten wir die Situation innerlich und äußerlich verändern?“* Die Ausgangsbasis für die Lösungssuche und -bewertung bilden die jeweiligen Abbildungen der Inneren Teams bzw. die erarbeiteten Interessenprofile der Konfliktbeteiligten.

Das soziale Atom

Konfliktbeziehungen sichtbar machen

Von Dr. Birgit Keydel

Kurzbeschreibung

Diese ursprünglich von Jacob Levi Moreno entwickelte Methode dient dazu, mithilfe von Gegenständen (Steinen, Muscheln, Spielfiguren ...) soziale Beziehungen bzw. soziale Netzwerke darzustellen. So wird beispielsweise für jede beteiligte Person ein Stein auf den Tisch gelegt, wobei die Abstände der Steine „emotionale Nähe" oder „Distanz" ausdrücken. Auf Konfliktsituationen angewandt, kann „Das soziale Atom" dafür genutzt werden, dass jede Konfliktpartei ihre Perspektive auf den Konflikt und dessen Folge für die sozialen Beziehungen darstellt. Durch die Vergegenständlichung und Visualisierung der Konfliktsituation entsteht für alle Konfliktparteien mit einer räumlichen wie emotionalen Distanz ein gemeinsamer Blick auf die Situation, der unter anderem einen Perspektivenwechsel ermöglichen kann. Darüber hinaus besteht die Chance, Zukunftsperspektiven zu entwickeln und Veränderungspotenziale zu erkennen.

Zeitlicher Rahmen

Abhängig von der Dauer der Bearbeitung: 10 Minuten bis 1 Stunde.

Anlässe/ Anwendungsbereiche

„Das soziale Atom" ist insbesondere für die Konflikterhellung wertvoll und effizient, denn durch die „Draufsicht" wird scheinbar Unsichtbares deutlich und bisher Ungesagtes gesagt sowie Missverständnisse geklärt. Zudem kann „das soziale Atom" zur Situations- bzw. Konfliktdarstellung genutzt werden. Anwendungsbereiche sind Konfliktcoaching und Mediation (insb. bei zwei Konfliktparteien), wobei Bildungsgrad und Alter der beteiligten Personen keine Rolle spielen.

Zielsetzung/Nutzen

Mithilfe des „sozialen Atoms" kann das innere Erleben von Konfliktsituationen einen bildlichen Ausdruck finden. Jenseits der Sprache wird deutlich gemacht, wie sich im Konflikt die sozialen Beziehungen darstellen bzw. verändern und welche Wünsche die Konfliktpartei/-en an die Zukunft haben. Durch den gemeinsamen Blick auf die jeweilige Sicht der Situation können auch Lösungsideen entstehen. Insofern dient „das soziale Atom" dem Perspektivenwechsel und ist vor allem ein Instrument der Konflikterhellung.

Beschreibung

Moreno hat „das soziale Atom" vor allem für die Einzelarbeit entwickelt. Zunächst nur auf dem Papier (später auch mittels Gegenständen), lässt er von Protagonisten alle Personen (lebende und tote) aufzeichnen, die für sein/ihr aktuelles Leben wichtig sind. Die Entfernung jedes/jeder Einzelnen zum Protagonisten, der in der Mitte steht, wird durch die emotionale Nähe oder Distanz bestimmt (teilweise gibt Moreno auch Kreise für Familie, Freunde, Beruf vor). Am Ende entsteht ein Bild vom sozialen „Netz" des Protagonisten, welches bisweilen an das Atom-Modell erinnert.

„Das soziale Atom" lässt sich, leicht verändert, sehr gut im Konfliktmanagement anwenden. Hier wird nicht das gesamte soziale Netz, sondern die Beziehung der am Konflikt Beteiligten dargestellt. Dabei ist es hilfreich, nicht zu zeichnen, sondern bewegliche Elemente zu nutzen, damit das Bild immer wieder verändert werden kann – um Positionen zu korrigieren, aber auch um mögliche Wünsche darzustellen.

Im **Konfliktcoaching** leitet der Coach dabei die jeweils einzelnen Schritte an:

Coach: *„Nehmen Sie einen Stein für sich und legen Sie ihn bitte auf den Tisch. Wer ist noch wichtig in dem Konflikt?"*
Klient: *„Person A."*
Coach: *„Dann nehmen Sie einen Stein für A. Wenn Sie diesen Stein nun hinlegen, legen Sie ihn bitte so weit oder so nah an Ihren Stein, wie Ihnen die Person emotional nah bzw. fern ist ... Wer ist noch wichtig in dem Konflikt?"*
Klient: *„Person B."*
Coach: *„Dann nehmen Sie einen Stein für B."*

Das wird so lange fortgesetzt, bis aus Perspektive des Protagonisten alle notwendigen Personen gelegt wurden. Im Anschluss reflektiert der Coach mit dem Coachee über das Bild. Zum Beispiel: *„Wie fühlt sich das an, wenn Sie so draufschauen? Was macht den meisten Stress? Wo ist die größte Spannung? Was würden Sie gern ändern?"* In diesem Zusammenhang können auch Feedbacks gegeben werden: *„Das wirkt alles sehr eng. Das sieht nach zwei Fronten aus. Person Y scheint sehr einsam zu sein."*

Im Anschluss können Zukunftsversionen gelegt werden: *„Wenn sich die Situation positiv entwickelt (das Coaching erfolgreich war), was wäre dann anders? Wie würde das Bild dann aussehen?"* ...

Aus diesen Zukunftsvisionen sind nun gemeinsam mit dem Coachee praktische Schritte abzuleiten.

In der **Mediation** ist „das soziale Atom" anders zu verwenden, denn hier sitzen dem Mediator mindestens zwei Personen gegenüber. Deshalb leitet der Mediator den Prozess nur allgemein an und erklärt das Verfahren. Die Konfliktparteien legen anschließend selbstständig und parallel ihre Steine. Im Anschluss werden unter Anleitung des Mediators nacheinander die gelegten Bilder erklärt und gemeinsam reflektiert. In der Folge kann zum normalen Mediationsprozess zurückgegangen oder die Zukunftsvision (wenn die Mediation erfolgreich verläuft) gelegt werden.

Ein Praxisbeispiel

Das folgende Beispiel illustriert das Vorgehen in der Mediation. Ein Paar hat sich vor drei Monaten getrennt. Sie haben einen gemeinsamen Sohn (vier Jahre alt), die Umgangsregelung ist dabei ungeklärt. Die Frau verhindert seit mehreren Wochen den Kontakt zwischen Vater und Sohn. Im Verlauf des Gesprächs wird deutlich, dass die Frau die Trennung noch nicht verkraftet hat und erst einmal Ruhe will, um wieder „zu sich zu kommen". Der Mann, der zu seiner neuen Freundin gezogen ist, kann dieses Argument nicht akzeptieren. Ihm fehlt sein Sohn sehr und er findet, er habe ein Recht, ihn zu sehen. Beide haben große Angst, den Sohn zu verlieren.

Zu Beginn der zweiten Mediationssitzung lasse ich sie – nach dem üblichen Small Talk und Rückblick auf die Zwischenzeit – die Steine legen. *„Lieber Herr X und liebe Frau Z, ich habe noch kein genaues Bild von der Situation. Damit ich Sie besser verstehe, würde ich heute gern einmal anders beginnen und mir nochmals einen Überblick über die Situation verschaffen. Wäre das für Sie okay?"* Beide nicken.

„Sehen Sie diese Steine hier? Jeder Stein steht für eine Person. Suchen Sie also bitte für jede an der Situation beteiligte Person einen Stein aus. Für sich selbst bitte auch. Je ferner oder näher Sie dann die einzelnen Steine zueinander liegen, desto nah oder so fern sind Sie sich emotional. Es geht um heute, das heißt um die gegenwärtige Situation." Dabei demonstriere ich kurz mit zwei Beispielsteinen, was nah bzw. fern bedeuten kann. Anschließend fordere ich Herrn X und Frau Z auf, ihr je-

weiliges Bild zu legen. Nach kurzem Überlegen fangen beide an. Herr X legt relativ schnell drei Steine hin. Frau Z betrachtet erst jeden Stein, den sie gewählt hat, sorgsam und dreht ihn in den Händen, tauscht zwei nochmals aus und legt dann viele Steine hin.

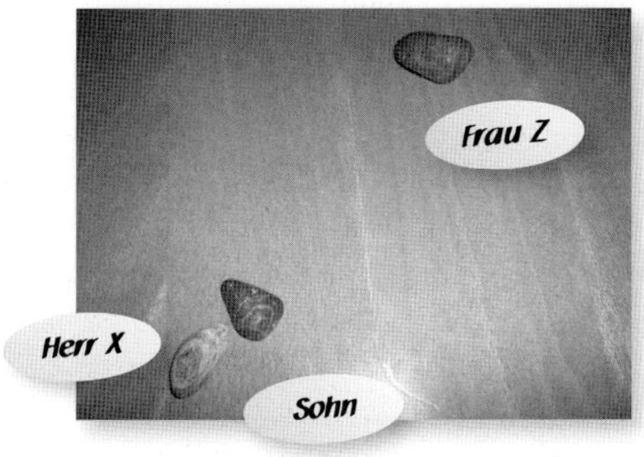

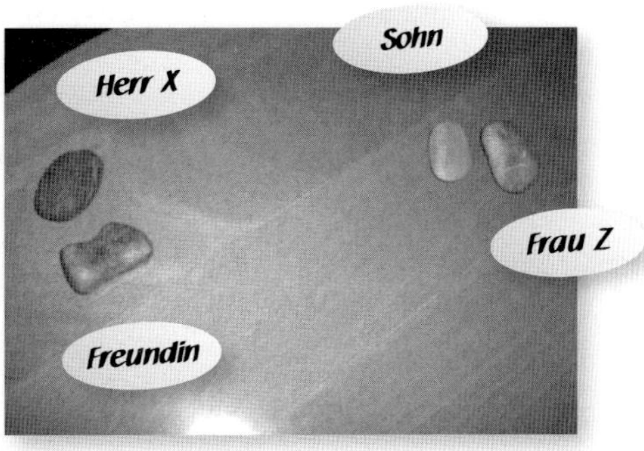

links: Darstellung von Herrn X
rechts: Darstellung von Frau Z

Als beide fertig sind, bitte ich zunächst Herrn X, in seinem Bild zu erläutern, welcher Stein für welche Person steht. (Mit wem ich anfange, entscheide ich spontan, ggf. in Abhängigkeit von der vorangegangenen Mediation.) Wenn es keine Verständnisfragen mehr gibt, bitte ich Frau Z, ihr Bild zu erläutern. Wieder gibt es danach die Möglichkeit für Verständnisfragen. Anschließend besprechen wir, was jeden bewegt, wenn er die beiden Bilder sieht.

Spannend in dem Fall ist, dass die beiden Bilder zunächst die jeweiligen Befürchtungen des anderen zu bestätigen scheinen. Im Bild des Mannes liegt der Sohn sehr nah bei ihm und sehr weit weg von Frau Z (und Frau Z befürchtet ja, dass er ihr den Sohn wegnehmen will). Im Bild der Frau ist es genau umgekehrt, d.h., der Stein des Sohnes liegt fast symbiotisch eng neben ihrem und weit weg von Herrn Z (auch seine Befürchtungen scheinen sich zu bestätigen). In der darauf folgenden Diskussion lässt sich diese auch im Alltag stets wahrgenommene Nähe bzw. Ferne als eine Fehlinterpretation klären. Es wird deutlich, dass emotionale Nähe und Ferne, die sie jeweils beim anderen empfinden, nichts mit dem Versuch, etwas „wegzunehmen", zu tun hat. Es folgt ein Austausch darüber, wie wichtig sie den anderen Elternteil für ihren Sohn finden. Und beide sprechen sich unabhängig voneinander dafür aus, dass sie Mutter und Vater zu gleichen Anteilen als wichtig für ihn betrachten. Dadurch wird für beide eine wichtige Gemeinsamkeit herausgearbeitet.

Eine zweite wichtige Erkenntnis liefern die ersten Bilder. Die neue Freundin, mit der Herr X jetzt zusammenlebt, taucht in seinem Bild gar nicht auf, bei Frau Z hingegen schon. Auch hieraus entspinnt sich eine spannende Diskussion. Frau Z kann über ihre Ängste sprechen, dass die neue Freundin so etwas wie eine Mutter für ihren Sohn sein will. Herr X kann diese Ängste wahrnehmen und durch sein Bild, in dem die neue Freundin ja nicht auftaucht, deutlich machen, dass er sie in einer solchen Rolle keinesfalls sieht. Gleichzeitig versteht er, dass ein Weglassen der Freundin das Problem nicht löst, sondern eher misstrauisch macht.

Nach dieser Diskussion lasse ich Frau Z und Herrn X nun eine Zukunftsversion legen: *„Stellen Sie sich vor, die Mediation ist erfolgreich und wir treffen uns in zwei Jahren wieder. Wie würde dann das Bild aussehen?"* Beide verändern ihre Steine.

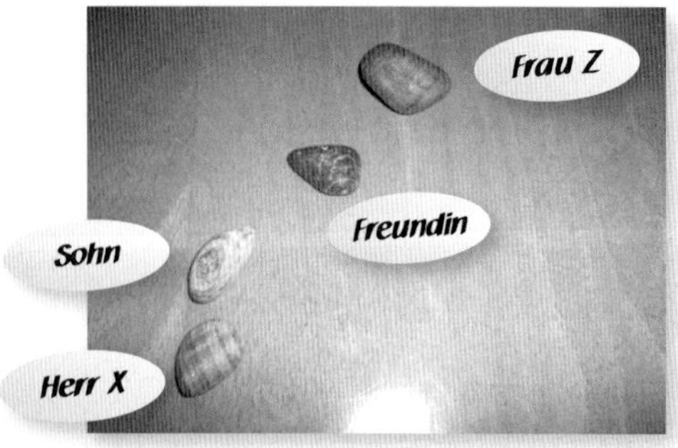

links: Darstellung von Herrn X
rechts: Darstellung von Frau Z

Erstaunlich an diesen Bildern ist nun, dass zwei relativ ähnliche Bilder entstanden sind. Durch diese Bilder tritt eine deutliche Entspannung ein, weil beide merken, dass sie im Prinzip ein gemeinsames Ziel erreichen wollen. Sie sind sich wieder nähergekommen, der Sohn hat zu beiden eine relativ gleiche Entfernung. Die Freundin hat auch in beiden Bildern ihren Platz gefunden. Nachdem über die jeweiligen Konstellationen reflektiert wurde, wird nun gemeinsam überlegt, welche Schritte notwendig sind, um zu diesem Zukunftsbild zu gelangen. Am Ende der Mediation, die insgesamt drei Sitzungen dauert, wird sowohl eine Auszeit für die Frau als auch eine Umgangsregelung zwischen Vater und Sohn vereinbart.

Erfahrungen/ Kommentare

Wie der oben beschriebene Fall verdeutlicht, kann mithilfe des „sozialen Atoms" sehr schnell zum Kern des Problems vorgedrungen werden. Es hilft sowohl mir als Mediatorin, schnell die Situation zu verstehen als auch dem Coachee/den Medianden, Missverständnisse zu klären. Mein Verständnis kann wiederum Voraussetzung für das Verstehen der anderen sein. Es ist besonders gut in Familienmediationen, aber durchaus auch in der Arbeitswelt einsetzbar.

Größe, Form und Farbe der Steine, Muscheln, Knöpfe (oder was auch immer man an Materialien benutzt) können zudem ein Hinweis auf die Situation sein – müssen es aber nicht. Hier sollte der Mediator unbedingt dem folgen, was die Konfliktbeteiligten sagen. Jede Interpretation seinerseits ist nur eine Hypothese und bei Verneinen wieder fallen zu lassen.

Da „das soziale Atom" eine sehr effiziente und intensive Methode ist, sollte es insgesamt sehr behutsam eingesetzt werden. Als Konfliktmanager sollte ich sie unbedingt zunächst mit mir selbst ausprobieren – um zu erfahren, wie tief diese Methode wirkt –, bevor ich sie im Konfliktmanagement zum Einsatz bringe.

Technische Hinweise

- Materialien: Kiste mit Steinen, Knöpfen, Muscheln, Figuren etc. (siehe Fotos); ein Tisch ist hilfreich.
- Inhaltlich braucht das soziale Atom keine weitere Vorbereitung.

Quellen/Literatur

Kennengelernt habe ich diese Methode in meiner systemischen Ausbildung und sie dann auf Mediationsprozesse selbstständig adaptiert. Zum ursprünglichen Modell des sozialen Atoms bei Moreno wird man in der psychodramatischen Literatur fündig, u.a. bei:

- Leutz, Grete A.: Psychodrama I. Das klassische Psychodrama nach J. L. Moreno. Theorie und Praxis. Springer, Berlin 1974.

Weiteres Vorgehen

Nach Anwenden dieser Methode in der Erhellungsphase kann versucht werden, in die Lösungssuche zu gehen. Probleme sind erkannt und Potenziale zur Veränderung oder auch Zukunftsbilder sind deutlich geworden. Aus diesen Erkenntnissen können Schlussfolgerungen gezogen und erste Handlungsschritte festgelegt werden. Wichtig dabei ist, auch hier auf die Ideen und Vorschläge der Konfliktparteien selbst zu warten bzw. diese zu erfragen.

Das Reflecting Team

Kooperieren statt intervenieren

Von Traute Harms

Kurzbeschreibung

Die Methode des „Reflecting Teams" wird in der Regel bei einer Mediation mit zwei Mediatoren angewendet. Sie gewährt beiden Konfliktseiten die Möglichkeit, in scheinbar festgefahrenen Situationen innezuhalten. Den Mediatoren eröffnet sich die Chance eines konstruktiven Austauschs über den Prozess. Gleichzeitig erhalten die Medianden (Konfliktbeteiligten) eine Spiegelung ihrer Situation mit zudem deeskalierendem Charakter.

Rahmen

Der zeitliche Rahmen beträgt in Mediationen bei zwei bis drei Medianden etwa 20 bis 30 Minuten. Das „Reflecting Team" kann mit zwei Medianden genauso eingesetzt werden wie auch in Teammediationen. Die Gruppengröße sollte aus meiner Sicht sechs bis acht Personen nicht überschreiten.

Anlässe/ Anwendungsbereiche

Das „Reflecting Team" kommt zum Einsatz, wenn der Mediationsprozess ins Stocken gerät. Zeichnet sich beispielsweise in der Klärungsphase, in der das Erarbeiten der Gefühle und Interessen der Medianden im Vordergrund steht, ein „Auf-der-Stelle-Treten" ab, ist das Reflecting Team eine gute Interventionsmöglichkeit. Auch in der Lösungsphase ist es geeignet, um gedankliche Blockaden zu lösen und den Ideenprozess anzuregen. Es eröffnet allen Beteiligten – Medianden wie Mediatoren – neue Perspektiven, die das Gespräch voranbringen.

Zielsetzung/Nutzen

Durch die Diskussion der Mediatoren darüber, wie sie den Prozess gerade erleben, erhalten die Medianden eine erweiterte Perspektive zu ihrer eigenen Wahrnehmung. Sie können beobachtend das Gesagte auf sich wirken lassen, ohne sofort in das Gespräch mit einbezogen zu werden. Für die Mediatoren bietet das „Reflecting Team" die Chance, das bisherige Handeln zu überprüfen und ggf. zu verändern.

Beschreibung

In der Klärungsphase kann es passieren, dass es trotz verschiedenster Techniken wie Aktives Zuhören, Herausarbeiten der Interessen und Bedürfnisse oder des bewussten Perspektivwechsels nicht vorangeht. Die Mediatoren vermuten möglicherweise bereits Ursachen des Konflikts, und entscheiden sich an dieser Stelle für den Einsatz des „Reflecting Teams". Das „Reflecting Team" bietet in einer derartigen Situation die Möglichkeit, das eigene Erleben über den bislang gelaufenen Prozess transparent zu machen, indem die Mediatoren nach einem bestimmten Ablauf ihre Wahrnehmung vor den Medianden schildern. Darüber hinaus können auch die ggf. unterschiedlichen Interpretationen des Gehörten geklärt werden.

Einführung des Reflecting-Teams:

Wie das „Reflecting Team" den Medianden vorgestellt wird, zeigt beispielhaft die folgende Gesprächssequenz.

Mediator: *„Ich würde gerne einen Vorschlag zum weiteren Vorgehen machen. Meine Kollegin und ich wollen gerne an dieser Stelle den Gesprächsverlauf kurz reflektieren, um zu schauen, wie wir anschließend weiterarbeiten. Unsere Idee ist, dass wir unsere Gedanken laut vor Ihnen aussprechen. Das mag für Sie erst einmal ungewohnt sein. Wir haben die Erfahrung gemacht, dass es für die Zuhörenden sehr spannend und anregend sein kann, unsere Gedanken mitzubekommen und sie hinterher zu ergänzen oder zu kommentieren. Können Sie sich das vorstellen?"*
Medianden: *„Was müssten wir denn währenddessen tun?"*
Mediator: *„Sie hätten die Rolle der Zuhörer und können sich gerne Notizen machen, falls es etwas für Sie Wichtiges gibt. Nach unserem Austausch würden wir Sie befragen, was Ihnen aufgefallen ist bzw. welche Gedanken Ihnen durch den Kopf gingen."*

Im Anschluss wenden sich die Mediatoren mit ihren Stühlen und ihrer Körperhaltung einander zu und beginnen das Gespräch. Die Medianden bleiben dabei entweder auf ihren Plätzen sitzen wie bisher oder man bietet ihnen an, den Mediatoren den Rücken zuzuwenden, um sich besser auf das Gehörte konzentrieren zu können.

Einer der Mediatoren beginnt das Gespräch z.B. mit einer kurzen Zusammenfassung über den bisherigen Gesprächsverlauf. Bei der Gesprächsführung ist es wichtig, darauf zu achten, dass die Wortwahl möglichst neutral gewählt wird, sodass sich keiner der Medianden angegriffen fühlt. Außerdem wird eher konjunktivisch gesprochen („*Es könnte sein ...“ – „Ich bin mir nicht ganz sicher, ob ...“*) als festlegend und diagnostisch.

Beispielauszüge für den weiteren Verlauf des Gesprächs:

Mediator 1: *„Wenn ich den bisherigen Verlauf zusammenfasse, dann haben wir bislang folgende Schritte durchlaufen ...“*

Mediator 2: *„Wenn ich noch ergänzen darf ... Mir ist bei der Themenfindung aufgefallen, dass Frau H. sich sehr zurückgehalten hat und sehr schnell ein Okay zu den Themen von Frau B. gegeben hat. Meine Vermutung ist, dass ihre Themen noch nicht wirklich behandelt wurden.“*

Mediator 1: *„Vielleicht erklärt sich auch dadurch das zähe Vorankommen zum jetzigen Zeitpunkt. Mein Eindruck ist, dass Frau B. mit dem Verlauf ganz zufrieden ist. Bei Frau H. bin ich mir nicht sicher – sie wirkt zeitweise unzufrieden auf mich. Sie wirkt so, als ob sie sich zwischendurch innerlich ausklinkt und in sich selbst zurückzieht.“*

Mediator 2: *„Es könnte auch sein, dass wir gerade ein Beispiel dafür erhalten, wie es im Alltag zwischen ihnen läuft. Frau H. sagte vorhin, dass sie sich wenig an Gesprächen beteiligt, weil sie den Eindruck hat, dass Frau B. meistens schneller sei. Andererseits äußerte sie aber auch den Wunsch, in Zukunft mehr in Gespräche einbezogen werden zu wollen. Wir sollten Frau H. direkt fragen, was sie braucht, damit es für sie in Zukunft möglich wird, sich aktiv am Gespräch mit Frau B. zu beteiligen.“*

Die Mediatoren wenden sich nun wieder den Medianden zu und laden sie ein, ihre Gedanken zu äußern. Sie können entweder auf ihren Stühlen sitzen bleiben oder man kann auch einen Stuhlwechsel vornehmen. Nach dieser kurzen Einheit setzen sich alle Beteiligten wieder auf ihre alten Plätze und die Mediatoren leiten das gemeinsame Gespräch an: *„Wie war es für Sie, in der Rolle der Zuhörer zu sein?“ – „Wie erging es Ihnen mit dem Gehörten?“* oder auch *„Welche Gedanken klingen noch in Ihnen nach?“*. Die Mediatoren hören aktiv zu und visualisieren ggf. einzelne Punkte. Häufig ergibt sich aus dem gemeinsamen Gespräch ein nächster Impuls für das weitere Vorgehen.

Erfahrungen/ Kommentare

Der Begründer des „Reflecting Teams“, Tom Andersen, ist der Meinung, dass Veränderung optimal dort geschehen kann, wo es einen Freiraum für den Gedankenaustausch zwischen zwei oder mehreren Menschen gibt und wo die Integrität aller gesichert ist (vgl. Andersen, 1990, in: von Schlippe/Schweitzer, 2003, S. 199). Das könnte auch ein Leitsatz in der Mediation sein. Mir gefällt in Anlehnung an den oben genannten Gedanken, dass in diesem „Freiraum" darüber hinaus Kooperation im Denken und Handeln praktiziert wird. Die Medianden merken durch den Austausch zwischen den Mediatoren, dass es nicht um die eine „richtige" und endgültige Erklärung geht, sondern um eine Vielfalt von Ideen, die helfen, zu einer Lösung zu kommen. Es geht nicht um ein „Entweder-oder", sondern um ein „Sowohl-als-auch". Von daher hat die Methode für mich einen transformatorischen Charakter.

Bevor ein Mediatorentandem das „Reflecting Team" einsetzt, sollte es sich vor der Mediation grundsätzlich darüber verständigt haben, ob sich beide das Arbeiten mit dieser Methode vorstellen können und bereits damit Erfahrung haben. Wichtig ist auch, darauf zu achten, dass das Instrument nur dann zum Einsatz kommt, wenn sich die Mediatoren in ihrer Rolle und in dem Setting sicher fühlen. Ansonsten könnte sich die Verunsicherung auf die Medianden übertragen. In der oben geschilderten Situation ist daher aus meiner Sicht eine Pause angebracht, in der die Mediatoren sich verständigen, ob sie diese oder eine andere Methode einsetzen wollen.

Des Weiteren würde ich das „Reflecting Team" erst einsetzen, wenn die Medianden bereits Vertrauen zu den Mediatoren gewonnen haben. Umso leichter fällt es ihnen dann, sich auf eine für sie fremde und komplexe Methode einzulassen.

Technische Hinweise

Flipchart

Quellen/Literatur

Das „Reflecting Team" ist eine von Tom Andersen entwickelte Methode des Reflexionsgesprächs in der Systemischen Therapie aus den 1980er-Jahren. Es wurde aus dem Setting des therapeutischen Ansatzes des „Mailänder Modells" geboren. Der norwegische Sozialpsychiater war unzufrieden mit der Vorgabe des Zweikammermodells, dass „klassisch" in der systemischen Therapie angewendet wurde. Es bedeutete, dass die Klienten mit dem Therapeuten in einem Raum arbeiteten, während hinter der Scheibe, nicht sichtbar für die Klienten, diskutiert wurde, ohne dass die Klienten wussten, was über sie gesprochen wird. Dieses Verfahren erlebte Andersen als zunehmend erniedrigend für das Klientensystem. Durch einen technischen Defekt hörte eine Familie, wie das Team hinter der Scheibe über ihre Situation debattierte. Die Familie reagierte nicht, wie zuerst befürchtet, verärgert über die Äußerungen, sondern sie waren motiviert und interessiert an dem Gesagten. Danach ermöglichte Andersen Familien zunehmend, der Diskussion hinter der Scheibe zuzuhören (vgl. von Schlippe/Schweitzer, 2003, S. 38).

Literaturhinweise/Links:

- Andersen, Tom: Das reflektierende Team. Verlag modernes lernen, Dortmund 1990.
- von Schlippe, Arist/Schweitzer, Jochen: Lehrbuch der systemischen Therapie und Beratung. Vandenhoeck & Ruprecht, Göttingen, 9. Aufl. 2003.
- http://methodenpool.uni-koeln.de/reflecting/

Weiteres Vorgehen

Die mit den Medianden erarbeiteten Ergebnisse werden visualisiert bzw. in Stichwörtern festgehalten. Diese im Reflexionsprozess gewonnenen Ergebnisse ermöglichen es, den vorher ins Stocken geratenen Mediationsprozess weiter voranzubringen. An dieser Stelle kann es hilfreich sein, dass die Mediatoren die bis hierher erzielten Ergebnisse kurz zusammenfassen und damit würdigen, um dann nach einer kurzen Pause ggf. mit der Ideensammlung in der Lösungsphase weiterzuarbeiten.

Via Fragetreppe zum Perspektivwechsel

Wie verlorene Empathie Schritt für Schritt wiedergewonnen werden kann

Von Dirk Splinter

Kurzbeschreibung

Der Perspektivwechsel – der Moment, in dem es den Konfliktparteien gelingt, sich (wieder) ein wenig in den anderen hineinzuversetzen – ist für die Mediation regelmäßig von größter Bedeutung. Er setzt voraus, dass tiefere Beweggründe und Empfindungen der Parteien ausgesprochen worden sind. Auf dieser Basis hilft das vorliegende Frageset, den Perspektivwechsel zu befördern.

Rahmen

- Dauer: 5 bis 20 Minuten
- Geeignet sowohl für die Zwei-Personen- als auch für die Gruppenmediation sowie für Einzelgespräche und -beratung

Anlässe/ Anwendungsbereiche

Das Tool kommt am Ende der Interessenklärung bzw. Vertiefungs-/ Erhellungsphase zum Einsatz. In Einzelgesprächen wird es angewandt, wenn – nachdem sich der Kunde bereits gut vom Berater verstanden fühlt – eine Einfühlung des Kunden in die abwesende Gegenpartei erreicht werden soll.

Zielsetzung/Nutzen

Durch den Perspektivwechsel entsteht ein gewisses Maß an gegenseitigem Verständnis. Daraus erwächst häufig die Bereitschaft zu (Teil-) Entschuldigungen, Worten des Bedauerns („Wenn ich das gewusst hätte, ...") und Schritten aufeinander zu. Ein „Ping-Pong im Guten" entsteht, d.h., eine Äußerung von Verständnis für die Gegenseite wird in der Regel von dieser ebenfalls mit Verständnis quittiert usw. Dies ist die Voraussetzung, um sich zu einer konstruktiven Haltung durchzuringen, in der die Parteien über Win-win-Optionen nachdenken. Der Perspektivwechsel ist damit das Scharnier zwischen Vertiefungsphase und Lösungsoptionen.

Beschreibung

Das vorliegende Frageset beruht auf dem Modell der Stufen der Anerkennung (Splinter/Wüstehube), in welchem Überlegungen von Robert Baruch Bush und Joseph Folger sowie Bernd Fechler weiterentwickelt wurden. Die These ist, dass sich der Perspektivwechsel stufenweise vollzieht: Nach und nach werden verschiedene Formen von Anerkennung geäußert. Die Fragestellungen, mit denen Mediatoren diesen Prozess voranbringen (falls er sich nicht sogar spontan vollzieht), lassen sich diesen Stufen zuordnen.

1. Anerkennung als Partei:
„Ich akzeptiere Dich als Verhandlungspartner."

Zunächst geschieht die Anerkennung des anderen als Verhandlungspartner. Ihm wird zumindest die Existenzberechtigung zugestanden und eine prinzipielle Bereitschaft gezeigt, die Situation ins Blickfeld zu nehmen. Robert Baruch Bush und Joseph Folger beschreiben dies als die Erwägung, Anerkennung zu geben. In Pre-Mediationsprozessen, wenn die Parteien nicht unmittelbar bereit sind, sich mit dem anderen auseinanderzusetzen, ist dies ein zentrales Thema.

2. Zuhören und Wiederholen:
„Ich höre, was Du sagst."

Die zweite Stufe der Anerkennung besteht in der Bereitschaft, wirklich zuzuhören und das Gehörte wiederzugeben. Allein das Wiederholen kann eine Herausforderung sein: Oftmals empfinden die Parteien geradezu körperlichen Ekel, die Worte des anderen „in den Mund zu nehmen". Die Mediatoren fördern die Bereitschaft zum Zuhören durch Fragen wie:

- *„Könnten Sie kurz zusammenfassen, was Sie vom anderen gehört haben?"*
- *„Was ist bei Ihnen angekommen?"*
- *„Was war neu für Sie von dem, was Sie bisher vom anderen gehört haben?"*

Diese Fragen setzen voraus, dass bereits die Interessen und tieferen Beweggründe der Konfliktparteien, die Kränkungen, Emotionen und die „1.000 guten Gründe für mitunter blödes Verhalten" (Wüstehube) in einfühlsamer Weise herausgearbeitet wurden, wodurch sich bereits beide Seiten gut von den Mediatoren verstanden fühlen. Anderenfalls können wir keine Bereitschaft erwarten, sich in das Gegenüber hineinzuversetzen.

3. Anerkennung der subjektiven Wahrheit des anderen:
„Ich glaube Dir, dass Du es so meinst/empfindest, wie Du sagst – selbst wenn ich (noch) nicht verstehe, warum Du es so empfindest."

Gelingt es den Parteien wiederzugeben, was sie vom anderen gehört haben, können wir zur nächsten Stufe übergehen. Hier geht es darum, ob die Parteien ihrem Gegenüber das, was er über sein Erleben/seine Bedürfnisse gesagt hat, glauben (selbst wenn es ihnen unverständlich erscheint) oder ob sie unterstellen, dass der andere sich bewusst taktisch verhält bzw. lügt. Die Fragen dazu sind z.B.:

- *„Können Sie das glauben? Was davon können Sie glauben und was bezweifeln Sie eher?"*
- *„Können Sie ihm vorbehaltlos abnehmen, dass er es so empfindet?"*
- *„Frau X, wenn Sie das so hören, ..."* (ist eine etwas vorsichtigere Formulierung, die aber oft dieselben Antworten wie bei den Fragen zuvor zutage fördert)

Diese Fragen erscheinen zunächst eskalierend. In der Tat stellen wir sie erst, wenn offensichtlich ist, dass sich die Parteien keine heimlichen oder hinterhältigen Absichten unterstellen. Sonst würden wir tatsächlich Misstrauen säen, wo vorher keines war. Glaubt A nicht, dass B ehrlich von dem überzeugt ist, was er sagt, so nähern wir uns durch diese Frageform immerhin dem eigentlichen Thema: dem schwerwiegenden Misstrauen und den Ursachen dafür.

Oftmals hören wir als Antworten *„Na ja, so halb ..."* oder *„Ich würde ihm ja gerne glauben."*. Auch dies weist auf ein produktives Nachdenken hin, die Parteien bewegen sich aufeinander zu. Die Frage *„Und unter welchen Umständen würden Sie es eher glauben?"* hilft, den Boden auf dieser dritten Stufe sicherer zu machen.

4. Kognitives und/oder emotionales Verstehen:
„Ich verstehe, worum es Dir geht (und kann es nachempfinden)."

Sobald sich die Parteien gegenseitig abnehmen, dass der andere nicht bewusst die Unwahrheit sagt (3. Stufe der Anerkennung), versuchen wir als Nächstes, das gegenseitige Verständnis im eigentlichen Sinne zu vertiefen – und zwar mit Fragen wie:

- *„Und was davon (was Sie vom anderen gehört haben) erscheint Ihnen verständlich?"*
- *„Inwiefern können Sie das nachvollziehen?"*
- *„Zu wie viel Prozent können Sie das verstehen? Was müssten Sie noch von B wissen, um ein wenig mehr zu verstehen?"*

Wenn auf diese Fragen ein gewisses Verständnis für den anderen geäußert wird (im Sinne von: Verständnis hinsichtlich der Bedürfnisse und Emotionen, nicht unbedingt der Positionen), dann führt dies häufig auch zu Worten des Bedauerns (*„Na ja, wenn ich das gewusst hätte, hätte ich vielleicht damals nicht …“*) oder gar zu Entschuldigungen. Dies ist Auslöser für das bereits erwähnte „Ping-Pong im Guten“ und bereitet den Boden für die konstruktive Lösungssuche. Zur Vertiefung des Verständnisses oder in Einzelsettings sind hier auch die aus der systemischen Familientherapie stammenden zirkulären Fragen äußerst hilfreich:

- *„Was glauben Sie, hat B in diesem Moment gedacht?“*
- *„Was ist das Schlimme für B? Was wünscht sich B?“*
- *„Was erzählt B einem Freund über Sie/diesen Vorfall?“*

Folgender Ausschnitt einer Mediation mit Hausmeister A und Mieterin B verdeutlicht, dass auf dem Weg in den Perspektivwechsel selten eine einzelne Frage den Durchbruch bringt. Wir erleben es eher als ein beharrliches, aber wohlwollendes „an die Hand nehmen“ der Konfliktparteien:

Dialog	Kommentierung
MediatorIn (M): „Herr A, was denken Sie, war für Frau B das Schlimmste an diesem Vorfall?“	Die zirkulären Fragen beziehen sich auf konkrete Situationen. Einfühlung ist dann leichter …
Klient A: „Keine Ahnung …“	… wenngleich nicht immer leicht!
M: „Was hat sie wohl an diesem Abend zu Hause erzählt?“	
A: „Sie hat gesagt: Der Herr A ist ein blöder, alter Bock …“	Jetzt werden oft die bekannten Beleidigungen wiederholt. Das hat noch nicht viel mit Empathie zu tun, deshalb weiter:
M: „Und was, glauben Sie, veranlasst Frau B, das zu denken?“ Oder: „Wie kommt sie darauf? Woran macht sie das fest?“	
A: „Weil ich nun mal darauf beharre, dass hier im Haus bestimmte Regeln eingehalten werden!“	Auch das ist noch keine Empathie.
M: „Und was ist daran das Problem für Frau B?“	
A: „Na ja, sie ist halt zu faul …“	Weiterhin die alten Beleidigungen.

M: „Und glauben Sie, sie würde z.B. einer Freundin gegenüber so über sich selbst sprechen?"	Das ist schon ziemlich suggestiv, aber er ist auch ein wirklich harter Knochen.
A: „Woher soll ich das wissen?"	
M: abwartender Blick, Schweigen oder: „Und wenn Sie's wüssten?"	Es scheint absurd, aber diese Frage funktioniert an dieser Stelle praktisch immer.
A: „Na ja, sie würde sagen, dass sie so viel zu tun hat mit den Kindern ..."	Jetzt bezieht er sich zum ersten Mal in empathischer Weise auf die Sichtweise von Frau B.
M: „Und was genau würde sie da erzählen, wie das mit den Kindern ist?"	Die Einfühlung fällt leichter, wenn es etwas plastischer ist.
A: (beschreibt)	
M: „Und was von dem können Sie nachvollziehen?"	Das bereits oben erwähnte Fragemuster.
A: „Na ja, das mit den Kindern verstehe ich schon, hab ja schließlich selbst zwei gehabt, aber ... xyz!"	
M: „Also, xyz sehen Sie anders und prinzipiell können Sie nachvollziehen, dass ...?" (wartet Nicken ab)	Das Aber wird zunächst zurückgestellt.
M: „Frau B, wussten Sie das?" B: „Nein, das höre ich jetzt zum ersten Mal von ihm." M: „Und wie hört sich das an?"	In dem Moment, wo A ein wenig Verständnis äußert, startet der Versuch, dass er auch wieder Anerkennung für die Anerkennung bekommt, um das Verständnis wachsen zu lassen und ein „Ping-Pong im Guten" einzuleiten.
B: „Na ja, das tut schon gut und ... mir ist ja schon auch klar, dass er auf seine Regeln im Haus achten muss ..."	... jetzt wird etwas zurückgegeben.

Erfahrungen/ Kommentare

Auf folgende Herausforderungen und Fallstricke sollte der Mediator beim Perspektivwechsel gefasst sein:

- Grundvoraussetzung für den Perspektivwechsel ist es, dass sich beide Parteien von den Mediatoren bereits verstanden fühlen. Der häufigste Fehler bei der Anwendung dieses Tools besteht meistens darin, dass es zu früh eingesetzt wird: Die konträren Positionen wurden noch nicht ausreichend gespiegelt und die von den Parteien jeweils erfahrenen Kränkungen noch nicht genügend anerkannt.
- Zu vermeiden sind weiterhin Formulierungen, die moralisierend daherkommen könnten. Wer kennt nicht aus Schule oder Elternhaus Sätze wie *„Kannst Du denn nicht verstehen, dass die anderen auch mal gerne an die Tischtennisplatte wollen?"*? Das ist im Kern eine Suggestivfrage und wirkt parteilich. Mediaanden müssen zu jeder

Zeit wissen, dass ein *„Nein, dass kann ich nicht verstehen!"* genauso akzeptabel ist wie ein *„Ja"*.

- Daher bitte lieber offene Fragen stellen: Nicht *„Können Sie das verstehen?"*, sondern *„Was davon können Sie verstehen?"*.
- Häufig tendieren Mediatoren zum übertriebenen Paraphrasieren: *„Also, Sie haben ja gerade von der Frau Schmitz gehört, dass sie das damals soundso empfunden hat und ... weil ... Was davon können Sie nachvollziehen?"* Das wirkt leicht parteiisch. Besser kurz und knapp fragen mit einer Handbewegung zu Frau Schmitz hin: *„Was von dem, was Sie gerade gehört haben, können Sie nachvollziehen?"*

Technische Hinweise

Keine

Quellen/Literatur

Quelle:

- Splinter, Dirk/Wüstehube, Ljubjana: Perspektivwechsel – der Weg auf den Stufen der Anerkennung. In: perspektive mediation 2005/2.

Mit Bezügen zu:

- Baruch Bush, Robert A./Folger, Joseph P.: The Promise of Mediation. Responding to Conflict Through Empowerment and Recognition. San Francisco 1994.
- Fechler, Bernd: Dialog der Anerkennung – Möglichkeiten und Grenzen der Mediation bei „interkulturellen" Konflikten in der Schule. In: Kloeters, Ulrike/Lüddecke, Julian/Quehl, Thomas: Schulwege in die Vielfalt. Handreichung zur Interkulturellen und antirassistischen Pädagogik in der Schule. IKO-Verlag, Frankfurt/M. 2003, S. 103-148.
- Kerntke, Wilfried: Perspektivwechsel als Erkenntnisquelle. Vom Gewinn, das Erleben des Anderen zu verstehen. In: TPS, Theorie und Praxis der Sozialpädagogik, 6/2000, S. 30-32.
- Simon, Fritz B./Rech-Simon, Christel: Zirkuläres Fragen. Systemische Therapie in Fallbeispielen: Ein Lernbuch. Carl Auer, Heidelberg, 8. Aufl. 2009.

Weiteres Vorgehen

Einmal geäußertes Verständnis wird vom Mediator mit Nachfragen vertieft (siehe Gesprächsbeispiel). Dabei wird auf Wechselseitigkeit geachtet, d.h., dass von der anderen Seite auch etwas zurückkommt. Häufig gehen die Parteien nun von sich aus zur Lösungsphase über: *„Na gut, aber wie können wir das denn nun in Zukunft besser machen?"* Ist dies nicht der Fall, so fasst der Mediator die Aussagen nochmals zusammen – insbesondere die Bereiche des gegenseitigen Verständnisses – und fragt, ob dies eine ausreichende Grundlage sei, um darüber nachzudenken, wie es nun weitergehen soll (Optionssuche).

Das Farbengespräch

Eine nonverbale Intervention deckt festgefahrene Beziehungsmuster auf

Von Angelika Ciesielski

Kurzbeschreibung

Das „Farbengespräch" ist eine zentrale, kreative Intervention, die nonverbal durchgeführt wird. Sie eignet sich besonders gut zum Thema „Umgang in der Kommunikation" zu Beginn der Phase 3. In dieser Malübung erhalten die Mediandien einen schnellen und direkten Zugang zu ihren täglich erlebten festgefahrenen Beziehungsmustern.

Rahmen

- Die Durchführung dauert ca. 5 Minuten.
- Die anschließende Auswertung der Bilder kann 15 bis 45 Minuten dauern.
- Das Tool eignet sich für alle Arten von Zweierbeziehungen (Paare, Kollegen, Freunde – ebenso für Teams).

Anlässe/ Anwendungsbereiche

Gut geeignet ist die Übung in Konstellationen, in denen Klienten ihre persönlichen Anteile und Grenzen innerhalb des Konfliktgeschehens noch nicht erkennen und formulieren können und diese stattdessen in vielfältigen Schuldzuweisungen und Vorwürfen dem Streitpartner gegenüber zum Ausdruck bringen.

Zielsetzung/Nutzen

Der konkrete Nutzen besteht in dem unmittelbaren und schnellen Erleben und Erkennen der gestörten zwischenmenschlichen Kommunikationsstrukturen. Dieses Tool ist zeiteffizient, weil das verbale Erarbeiten des „Teufelskreises" entfällt. Die Mediatoren können in der Regel nach Auswertung der Malübung mit den Medianden direkt zur Phase der sozialen Fantasie weitergehen.

Beschreibung

Farben sprechen das seelische Erleben unmittelbar im Menschen an und zwar auf der nicht voll bewussten Ebene. Beim spontanen Malen „denkt" sich der Mensch keine Farben aus, sondern reagiert intuitiv entsprechend seiner aktuellen persönlichen Gefühlslage. Wenn Farben in Form und Bewegung auf das Papier gebracht werden, kann man diese als recht genaue Spiegelung der momentanen inneren Gefühlszustände und Stimmungen ansehen und entsprechend ablesen. So, wie wir an manchen Tagen gerne kräftige und aktive Farben für unsere Kleidung wählen und an Tagen, an denen wir weniger euphorisch gestimmt sind, eher gedeckte oder dunklere Farben bevorzugen.

Die Medianden werden zu Beginn der Gespräche freundlich gebeten, sich für kreative Experimente offen zu zeigen: *„Frau Maschke und Herr Schulte, ich setze in Mediationsgesprächen – bei gegebenem Anlass – häufig kreative Übungen ein, um Sie in Ihrer Klärung konstruktiv zu unterstützen. Ich bitte Sie daher um Offenheit für ein kleines Experiment."*

Es ist sinnvoll, dies vorauszuschicken, weil es dann später nicht zu langwierigen Fragen und Diskussionen bezüglich des Einsatzes kommt. Erfolgt schließlich die Aufforderung zum Farbengespräch, sind die Medianden bereits innerlich auf den Einsatz einer ungewöhnlichen Intervention vorbereitet und können sich meist schnell auf das Malen einlassen. Das Material hierfür ist denkbar einfach (siehe Material) und liegt griffbereit in der Nähe.

Die Malpartner setzen sich an einen (nicht zu breiten) Tisch gegenüber. Zwischen ihnen liegt Malpapier im Hochformat (möglichst DIN-A3-Bögen auf glatter Unterlage).

„Frau Maschke und Herr Schulte, die gesamte Übung erfolgt nun bitte schweigend. Wählen Sie sich – ohne dies abzusprechen – je eine Farbe aus dem Malkasten und bleiben Sie bitte bei der einmal gewählten Farbe. Sie dürfen wie beim Schachspielen Zug um Zug abwechselnd eine Malaktion ausführen. Das kann z.B. eine Linie, eine Fläche oder eine andere zusammengehörende Aktion sein. Bitte malen Sie ungegenständlich, also keine Männchen oder Sprechblasen o.Ä. Sie ‚sprechen' solange miteinander in Farbe, bis einer von Ihnen das Farbblöckchen weglegt und damit schweigend signalisiert: Hier höre ich auf! Daraufhin darf Ihr Partner noch maximal eine Farbaktion durchführen."

Die Mediatoren beobachten nun das Geschehen (den Prozess und die Dynamik) aus respektvollem Abstand, um später durch geeignete Fragen den Erfahrungsaustausch anzuregen.

Angeleitete Auswertung zum Farbengespräch

Die folgenden Fragen sind als Anregung bzw. Auswahl für das an den Malvorgang anschließende Klärungsgespräch gedacht. Sie können von Ihnen abgewandelt, ergänzt oder in ganz anderer Weise gestaltet werden. Zunächst erfragen Sie die Erlebnisse und Erfahrungen, die die Medianden in dieser Übung gemacht haben. Nach und nach übertragen Sie die Malerlebnisse auf die Beziehungs- und Alltagsebene der Medianden.

Fotos: Beispiel für Setting und Ergebnis des Farbengesprächs

Im Folgenden ein beispielhafter Gesprächsverlauf; an beide Partner abwechselnd werden dabei folgende Fragen gerichtet:

1. Selbstklärung:

- *„Wie war diese Übung für Sie?“* oder:
- *„Wie haben Sie diese Übung erlebt?“*
- *„Wann haben Sie sich wohlgefühlt, wann unwohl?“* oder:
- *„Was hat Sie erstaunt, geärgert oder gestört?“* oder:
- *„Was genau hat Sie daran gestört?“*
- *„Womit kamen Sie gar nicht klar?“*

Jetzt könnte der Übertrag von der Mal- auf die aktuelle Beziehungsebene beginnen:

- *„Kommt Ihnen das bekannt vor, was Sie beim Malen erlebt haben?“*
- *„Können Sie das an einem Beispiel aus Ihrem Beziehungsalltag erklären?“*

2. Beziehungsklärung:

- *„Wie haben Sie Ihren Partner in der Aktion erlebt?“*
- *„Was ist Ihnen aufgefallen im Dialog/Miteinander?*
- *„Erleben Sie Parallelen zu Ihrer momentanen Kommunikation?“*

Schirm spannen:

- *„Können Sie nachvollziehen oder verstehen, dass diese Geste/Handlung/Aktion (z.B. Übermalen der Partnerformen) auf Frau/Herrn X verletzend gewirkt hat?“*

Anliegen und Interessen/Bedürfnisse ansprechen:
- *„Wie wäre es besser für Sie gewesen?"* oder:
- *„Was hätten Sie gebraucht?"*

3. Abschluss
Nun wieder zurück in der Gesprächsrunde:
- *„Was nehmen Sie an Erkenntnissen für sich und Ihren Partner aus diesem Experiment mit?"*

An dieser Stelle könnten Sie in die Phase der Ideenfindung überleiten:
- *„Was bedeuten Ihre frisch erworbenen Erkenntnisse für Ihre gemeinsame Zukunft/Arbeit/Beziehung konkret?"*
- *„Was genau können Sie Ihrem Partner jetzt anbieten bzw. was wünschen Sie sich von Ihrem Partner?"*

Ein Praxisbeispiel

Frau und Herr Kaufmann erscheinen in meiner Praxis, weil ihre häusliche Situation seit längerer Zeit angespannt ist. Frau Kaufmann klagt über eine aggressiv-geladene Stimmung und beschäftigt sich mit dem Gedanken einer möglichen Trennung. Herr Kaufmann findet den Trennungsgedanken erschreckend und für sich nicht vorstellbar. Aus dieser Sorge heraus war er zu einem Mediationsgespräch bereit. Nach den jeweiligen Schilderungen der beiden Eheleute, was aus ihrer Sicht schwierig ist, fordere ich beide auf:

„Frau und Herr Kaufmann, setzen Sie sich bitte an diesem Tisch auf die beiden gegenüberliegenden Plätze. Die gesamte Übung erfolgt nun bitte schweigend. Wählen Sie sich – ohne dies abzusprechen – je eine Farbe aus dem Malkasten und bleiben Sie bitte bei der einmal gewählten Farbe. Sie dürfen wie beim Schachspielen Zug um Zug abwechselnd eine Malaktion ausführen. Das kann z.B. eine Linie, eine Fläche oder eine andere zusammengehörende Aktion sein. Bitte malen Sie ungegenständlich, also keine Männchen oder Sprechblasen etc. Sie ‚sprechen' solange miteinander in Farbe, bis einer von Ihnen das Farbblöckchen weglegt und damit schweigend signalisiert: Hier höre ich auf! Daraufhin darf Ihr Partner noch maximal eine Farbaktion durchführen. Wenn Sie die Aufgabe verstanden haben, können Sie jetzt anfangen."

Ich beobachte, wie Frau Kaufmann mit gelb-orangefarbener Kreide in „ihrer" Blatthälfte einen winzig kleinen Punkt malt. Herr Kaufmann langt daraufhin mit seinem dunkelblauen Malblöckchen über die Länge des Malbogens und kreist den gelben Punkt dick ein. Dabei berührt er so gerade eben ihr Gelb. So geht es weiter: Frau Kaufmann malt immer

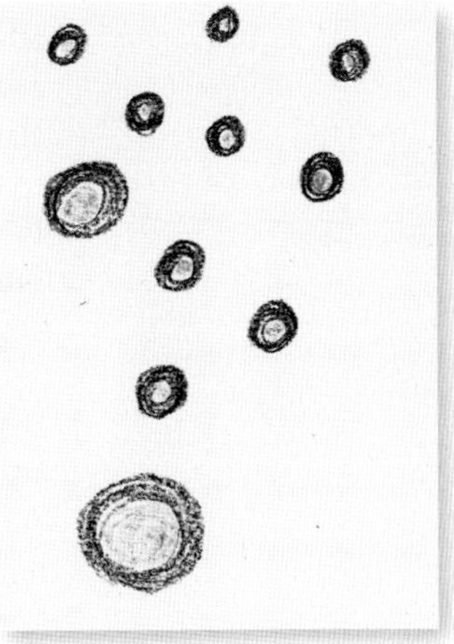

Foto: Eingekreiste Kreise – das Bild von Herrn und Frau Kaufmann.

wieder auf „ihrem Terrain" gelbe Kreise, die langsam etwas größer werden. Schließlich wagt sie sich, bereits sehr angespannt wirkend, auch in „sein Gebiet" vor. Herr Kaufmann tut ebenfalls immer wieder dasselbe und umkreist die gelben Punkte seiner Frau. Diese Aktion dauert ca. vier bis fünf Minuten, Frau Kaufmann sieht inzwischen sehr aufgebracht und schließlich wütend aus. Ihrem sanften Erscheinungsbild widersprechend, knallt sie schließlich die Kreide auf den Tisch und ruft: „So ist er immer!" Herr Kaufmann ist völlig verdutzt und weiß nicht, worüber sie sich aufregt.

Mit der Eingangsfrage *„Wie haben Sie diese Übung erlebt und was daran kommt Ihnen so bekannt vor?"* bricht ihr Ärger über die eheliche Beziehung aus ihr heraus: *„Maßlos geärgert habe ich mich, weil er in dieser Weise immer so mit mir umgeht. Egal, was ich sage oder zu wem ich etwas sage, er gibt ständig seinen Senf dazu! Er kommentiert alle meine Aktionen, besonders vor Freunden und Nachbarn usw. Es bleibt nichts unkommentiert! Ich halte diese Bevormundung nicht mehr aus!"*

Herr Kaufmann ist zunächst sprachlos. Nach meiner Aufforderung, nun auch von ihm hören zu wollen, wie er die gemeinsame Malaktion erlebt hat, berichtet er: *„Ich will sie doch nur unterstützen und ihr helfen. Sie ist immer so unsicher und hilflos in dem, was sie macht. Ich denke immer, ich muss sie schützen vor … – ich weiß auch nicht was."* Nach meiner Frage *„Können Sie verstehen, dass Ihre Frau diesen ‚Beistand' als unangenehm erlebt?"* antwortet Herr Kaufmann: *„Jetzt merke ich, dass sie das gar nicht mehr will und auch nicht mehr braucht."*

Frau Kaufmann entspannt sich sichtlich. Frau und Herr Kaufmann einigen sich im weiteren Gespräch dahingehend, dass Frau Kaufmann ab sofort für sich spricht und wenn sie seinen Beistand braucht, fragt sie ihn unmittelbar danach. Falls er ihr zuvorkommen sollte (altes Beziehungsmuster), darf sie ihn liebevoll daran erinnern, indem sie mit dem Zeigefinger auf sich zeigt. Es stellt sich noch heraus, dass Herrn Kaufmann diese Rolle – ein Beziehungsmuster aus den frühen Ehejahren – schon lange belastet hat und er nun froh ist, dass seine Frau in Zukunft für sich selbst einstehen kann und will.

Von Trennung ist nun keine Rede mehr. Beide sind gespannt auf ihre veränderten Rollen und ihre gemeinsame, freiere Beziehung, die nun auf gleicher Augenhöhe stattfinden kann.

Erfahrungen/ Kommentare

Ich schätze diese Übung besonders, weil sie kurz, effektiv und einfach anzuwenden ist. Sowohl während des Malens als auch im Ergebnis wird sichtbar: Jetzt gibt es nichts mehr wegzudiskutieren.

Dieses Tool ist für Kommunikationsprobleme verschiedenster Art einsetzbar. Es ermöglicht den Streitpartnern auf rein intuitiver Ebene ein ehrlicheres und unmittelbareres Erleben ihrer Beziehung zueinander.

Der Malprozess selbst dauert meistens nur wenige Minuten. Oft hört einer der Partner nach relativ kurzer Zeit (ca. 3 bis 5 Minuten) verärgert auf zu malen mit Bemerkungen wie: *„So ist sie/er immer!"* Das „Wie" des Miteinanders wird in diesen wenigen Minuten deutlich. Damit können die entsprechenden Gefühle und das Mangelerleben bewusst gemacht werden, da beides jetzt nicht mehr „versteckt" oder ignoriert werden muss.

Das Malgeschehen verlangsamt zunächst den mediativen Prozess. Bezogen auf das Gesamtvorhaben, beschleunigt es aber eindeutig die Bearbeitung. Der Malvorgang als prozessuales Geschehen bewirkt eine Verschiebung von der Verstandesebene in die Gemütsebene. Das „Problem" ist nicht mehr nur im Kopf (Denken und Vorstellen), sondern liegt nun als Bild sichtbar vor den beteiligten Personen, womit es einer Bearbeitung leichter, freier und entspannter zugänglich wird.

Ich möchte Ihnen unbedingt empfehlen, diese Übung zunächst mit Partnern und Freunden auszuprobieren, bevor Sie sie in der Mediation einsetzen. Machen Sie bitte Erfahrungen mit mindestens zwei bis drei unterschiedlichen „Paaren", indem Sie zunächst selbst aktiv teilnehmen und anschließend erst Erfahrungen im Anleiten des Experiments sammeln. Natürlich werden Sie mit befreundeten Menschen meist nette Erlebnisse haben und es werden schön anzuschauende „Gemälde" entstehen. Erst mit etwas gereizten oder angespannten Malpartnern kann es zu Erfahrungen der besonderen Art kommen.

Technische Hinweise

Sie benötigen einen Tisch (ca. 80 cm breit) mit zwei Stühlen, Zeichenpapier im Format DIN A3 auf glatter Malunterlage (Pappe mit glatter Oberfläche); Kreppband zum Fixieren des Blattes und Wachsfarbblöckchen (die der Firma Stockmar sind hierfür optimal).

Quellen/Literatur

Die Malübung „Farbenschach oder Farbengespräch" kommt ursprünglich aus der Psychologie (eine genaue Quelle ist mir nicht bekannt).

Ich selbst habe sie vor Jahren mediationstauglich ausgestaltet und auch die Auswertungen entsprechend meinen Erfahrungen angepasst.

Weiteres Vorgehen

In der Regel kann nach der Auswertung der Übung in die Phase der Ideen und Lösungen übergeleitet werden. Das Farbengespräch eignet sich ebenso hervorragend für die Arbeit mit Jugendgruppen oder in Teamentwicklungsgesprächen, um die jeweiligen Beziehungsstrukturen bzw. Konfliktmuster sichtbar werden zu lassen. Diejenigen, die diese Malübung anleiten, geben die Auswertungsfragen auf einem Flipchart für die Gruppe/das Team bekannt und laden die jeweiligen Partner zu Auswertungen in Eigenregie, jeweils zu zweit, ein.

„Es war einmal …"

Storytelling als Intervention in der Mediation

Von Dr. Hanna Milling

Kurzbeschreibung

Über das Erzählen einer geeigneten Geschichte im richtigen Moment der Mediation können die Konfliktparteien sowohl auf der Verstandesebene als auch auf der emotionalen Ebene erreicht werden. Darüber können relevante Perspektivwechsel, Stimmungs- und Haltungsänderungen sowie ungeahnte Lösungsansätze bewirkt bzw. ausgelöst werden.

Rahmen

- Geschichten können bei Einzelgesprächen ebenso erzählt werden wie in Zweiparteien-Mediationen und in Gruppen und Teams.
- Der zeitliche Rahmen hängt ganz von der Länge der Geschichte und den Reaktionen der Klienten ab. Prinzipiell sollten eher kurze, eingängige Geschichten (2-5 Minuten) gewählt werden.

Anlässe/ Anwendungsbereiche

Im Grunde kann zu jedem Zeitpunkt der Mediation auf geeignete Geschichten zurückgegriffen werden. Besonders geeignet sind sie jedoch dann, wenn die rein sachliche Berichterstattung nicht weiterführt, wenn Widerstände gegen das Eintauchen in die Hintergründe und die emotionale Ebene (Phase 3) das Gespräch blockieren. Darüber hinaus eignen sich viele Geschichten zum Einleiten der Phase der kreativen Lösungsfindung (Phase 4), indem sie Perspektivwechsel einleiten und die spielerische, kreative Ebene anregen.

Zielsetzung/Nutzen

Geschichten sind ein Medium der Mehrebenenkommunikation, wodurch sie das Potenzial haben, die Mediandenn sowohl auf der Ebene des Verstandes – also der linken, rationalen Hirnhälfte – als auch auf der Ebene des Herzens und des Bauches – also der rechten, emotionalen Hirnhälfte – zu erreichen und damit Blockaden aufzuweichen, die durch die in Konflikten so typische Perspektivenverengung und Widerstände gegen das Berühren von Gefühlen und Emotionen entstehen.

Gehen wir davon aus, dass für eine tragfähige und nachhaltige Lösung das Nadelöhr der emotionalen Ebene des „Inneren“ durchschritten werden muss, kommen wir angesichts solcher Widerstände mit den kognitiven Methoden der rationalen Ebene des „Äußeren“ nicht weiter. Diese Versuche gleichen dann eher der vergeblichen Schlüsselsuche Mullah Nasruddins:

Mullah Nasruddin hat die ganze Nacht mit Freunden gezecht. Auf dem Heimweg stellt er fest, dass er den Hausschlüssel verloren hat, und beginnt kurzerhand, ihn im Lichtkegel der einzigen Laterne weit und breit zu suchen. „Warum denn ausgerechnet dort?“, fragt ihn ein Vorüberkommender. „Na, weil das die einzige Stelle ist, wo ich etwas sehen kann!“

Geschichten bieten einen Weg, um neben der rationalen auch die emotionale Ebene zu erreichen und so Fantasie und Intuition in der Selbsterfahrung und Lösung von Konflikten mehr Raum zu geben.

Geschichten erleichtern die Kommunikation über schwierige Themen und dienen als Spiegel und Mittler

Da Geschichten losgelöst von der unmittelbaren Erfahrungswelt des Hörers sind, können sie helfen, eine in mancher Hinsicht veränderte Beziehung zu den eigenen Konflikten zu gewinnen. Zum einen ermöglichen sie ein vorübergehendes Heraustreten aus dem eigenen Konflikterleben und damit eine Distanzierung von der eigenen Problemfokussierung. Zum anderen erleichtert die bildhafte Darstellung von Geschichten die Identifikation mit ihren Figuren und Handlungen. So kann der Hörer seine Bedürfnisse auf die Geschichten übertragen und ihre Aussagen so gliedern, wie es seiner momentanen Verfassung, seinen Strukturen und seinen Bedürfnissen entspricht. Wenn der Hörer anschließend zu einer Geschichte assoziiert, spricht er letztlich über sich selbst, seine Konflikte und Wünsche. Die Geschichte wird zu einem Spiegel, dessen Spiegelbild reflektiert werden kann. Denn das Assoziieren zu einer Geschichte fällt häufig wesentlich leichter als das direkte Ansprechen schwieriger Themen und Verhaltensmuster.

Zudem können Geschichten die Funktion des „Normalisierens“ übernehmen, indem sie dem Hörer deutlich machen, dass ähnliche Themen und Probleme auch andere Menschen beschäftigen. So wird die Geschichte zum Mittler, der es ermöglicht, frei von Widerständen und konfliktfokussierten Schutzmechanismen in konstruktiven Austausch zu treten.

Geschichten regen Kreativität und Intuition an und ermöglichen Perspektivwechsel

Die Mediation folgt der Annahme, dass Menschen prinzipiell die Fähigkeit besitzen, ihre Schwierigkeiten und Konflikte zu überwinden und zu lösen, wenn die eigenen Ressourcen und der Blick freigelegt sind für alternative Möglichkeiten und neue Denkwege. Ausgehend von diesem ressourcenorientierten Ansatz können Geschichten dabei helfen, Prozesse des Umdenkens anzustoßen. Denn Geschichten bieten Gegenkonzepte zu gewohnten Denkbahnen und laden dadurch zum Experimentieren mit ungewohnten Konzepten und Lösungsmöglichkeiten ein. Gedankengänge, Wünsche und Vorstellungen, die einem vertraut und gewohnt waren, erscheinen durch die Geschichten in einem neuen Licht. Bekannte Situationen können plötzlich unter einem anderen Blickwinkel gesehen werden, der ihnen zugleich einen anderen Charakter verleiht und den Blick für bisher unsichtbare Lösungen öffnen kann. Indem sie gleichzeitig Kreativität, Fantasie und Intuition anregen, geben Geschichten Raum für spielerische Suchbewegungen und für ungewöhnliche Alternativen zur bisher gelebten „Wirklichkeit".

Geschichten lösen Suchprozesse in uns aus und wirken in unserem Unterbewussten nach

Menschen lernen durch übergreifende Muster, indem sie überlieferte und erlebte Erfahrungen bewusst oder unbewusst auf neue übertragen. Wenn wir aufmerksam einer Geschichte lauschen, werden unwillkürlich Suchprozesse in uns ausgelöst. Zugleich bewusst denkend und intuitiv erfassend suchen wir nach Bezügen zu unserem eigenen Leben, unserer aktuellen Situation und unserer persönlichen Geschichte. Durch die anschauliche Bildhaftigkeit von Geschichten prägen sie sich uns leichter ein als abstrakte Diskussionen, werden in Gedächtnis und Unterbewusstsein gespeichert und können so ihre Wirkung gleich eines gesäten Samens noch lange nach dem Hören weiterentfalten.

Beschreibung

Der Gesprächsprozess ist festgefahren, dreht sich im Kreis und die üblichen Methoden wie Spiegeln, Fragen und Reframen helfen nicht weiter. Fällt Ihnen als Mediator vielleicht eine passende Geschichte ein, die Sie erzählen könnten?

Ein Beispiel: Am Tisch sitzt ein Ehepaar, das gemeinsam ein Familienunternehmen führt. Es geht um Fragen der Unternehmensnachfolge, denn der baldige Ruhestand steht an. Die Situation ist festgefahren. In vielen Jahren angestaute Wut ist greifbar zu spüren, macht sich aber stets nur in gegenseitigen Vorwürfen und Angriffen Luft. *„Genauso, wie Du Dich jetzt mit der Übergabe verhältst, war es auch bei der Erziehung unserer Kinder! Ich habe immer alle Arbeit gemacht, und wenn es um wichtige Entscheidungen ging, hatte ich nichts mehr zu sagen!“ – „Ich habe Dir den Raum gegeben, Dich entspannt um die Kinder kümmern zu können und Dir den Rücken von diesen belastenden Entscheidungen freigehalten! Wie gerne hätte ich auch mal so viel Zeit mit unseren Kindern verbracht!“ – „Wie bitte? Du mir den Rücken freigehalten? Ich habe Dir den Rücken freigehalten, damit Du Dich in unserer Firma austoben kannst!“ – „Austoben? Mit Kusshand hätte ich mehr Unterstützung von Dir in der Firma entgegengenommen!“* usw.

Alles Spiegeln und Fragen vermag es nicht, diese unfruchtbare Dynamik zu durchbrechen. Der Mediatorin fällt eine Geschichte ein und sie entschließt sich, den Versuch zu wagen.

Die Geschichte einleiten

„Das mag Ihnen jetzt vielleicht etwas komisch erscheinen, aber mir ist gerade eine Geschichte in den Sinn gekommen. Ich würde sie Ihnen gerne erzählen, darf ich?“ Die Mediatorin holt sich das Einverständnis der Konfliktparteien ab. Eine alternative Einleitungsmöglichkeit wäre auch: *„Kennen Sie die Geschichte von ...? Die fiel mir soeben ein, möchten Sie sie hören?“* Ed Watzke wählt gerne die augenzwinkernde Version: *„Mir fällt da gerade eine Geschichte ein. Die hat bestimmt gar nichts mit Ihnen zu tun, aber ich würde sie gerne erzählen ...“*

Das Erzählen der Geschichte

Nachdem die Medianden etwas erstaunt zugestimmt haben, beginnt die Mediatorin mit einer Geschichte (von Ed Watzke):

> Ein Hund und eine Eselin verlieben sich unsterblich ineinander und feiern schließlich im Kreise ihrer Freunde ihre Hochzeit. Alle geladenen Tiere nehmen teil an dem berauschenden Fest und sind sich einig, kaum je ein schöneres, glücklicheres Brautpaar erlebt zu haben. Das Fest ist vorüber, das strahlende Paar bezieht frohen Mutes seine Hütte, um fortan zusammenzuleben. Die Jahreszeiten

ziehen ins Land und ein Jahr darauf kommt der Dachs – ehemals Hochzeitsgast – in die Gegend der beiden, erinnert sich der glücklichen Hochzeit und beschließt, Hund und Eselin einen Besuch abzustatten. Er kommt zu deren Hütte, betritt diese und ist angesichts der beiden tief erschrocken. Sie geben ein Bild des Jammers ab. Total geschwächt und bis auf die Knochen abgemagert, kauern sie auf dem Boden, ringen um Atem, siechen dahin. Der Dachs wendet sich zutiefst besorgt an den Hund und flüstert ihm ins Ohr: „Was ist nur Deiner ehemals blühenden Braut widerfahren, dass ich sie in diesem Zustand sehen muss?" – „Ich habe keine Ahnung, ich bin völlig verzweifelt. Sie wird weniger und weniger, obwohl ich ihr immer die besten Knochen und das beste Fleisch überlasse." Der Dachs stellt daraufhin der Eselin die Frage, was mit dem Hund geschehen sei. Darauf die Eselin: „Es ist ganz schrecklich, mein Gemahl wird immer schwächer und kränker, obwohl ich ihm immer das duftigste Heu und die feinsten Disteln überlasse."

Im Anschluss an die Geschichte

Als die Geschichte beendet ist, blickt sie in zwei nachdenkliche, aber deutlich entspannter wirkende Gesichter. Schweigen. Die Mediatorin hält den Moment des Schweigens bewusst aus, schlägt dann eine kurze Pause vor und bietet einen Tee an. Kaum sitzen sie wieder, beginnt der Mann: *„Das mit der Geschichte ... da ist etwas dran. Manchmal wird man sich erst zu spät bewusst, was man sich eigentlich gewünscht hätte. Oder man wusste es und hat es nicht kommuniziert. Vielleicht habe ich das nie zum Ausdruck gebracht, dass ich mir eine ausgeglichenere Rollenverteilung in Firma und Familie gewünscht hätte. Und ich dachte, ich tue alles, um es meiner Frau leichter zu machen. Nun erfahre ich, dass ich ihr etwas ermöglicht habe, was ich mir selbst an ihrer Stelle gewünscht hätte, was sie sich aber gar nicht wünschte. Das macht mich sehr traurig."*

Die Mediation nimmt an dieser Stelle eine entscheidende Wendung. Es entsteht ein ehrlicher Austausch darüber, was jeder gebraucht hätte. Rechtfertigungen und Angriffe bleiben aus. Es fließen Tränen. Der Übergang vom Sprechen über die Geschichte zum Sprechen über den eigenen Konflikt ist fließend. Am Ende kann konstruktiv in die Zukunft geblickt werden, mit der klaren Entscheidung, sie nun nach den kommunizierten Bedürfnissen beider zu gestalten.

So konnte an dieser Stelle eine Geschichte das bewirken, was alles Spiegeln und alle klugen Fragen nicht vermochten.

Erfahrungen/ Kommentare

Das Erzählen einer Geschichte bringt in aller Regel zunächst spürbare Entspannung in den Raum: Die Klienten lehnen sich zurück und dürfen lauschen. Meine Erfahrung ist, dass die Gesichtszüge und Körperhaltung der Mediandenden anschließend wesentlich entspannter sind und das Gespräch mit wesentlich größerer Leichtigkeit und Tiefe fließt. Häufig kommen sie in anschließenden Sitzungen selbst nochmals auf die Geschichte oder auf in ihr verwendete Bilder zurück.

Entscheidend dafür, dass sich die Hörer auf die Geschichte einlassen und diese frei wirken kann, ist, dass sie ohne moralisierende Zuschläge und belehrenden Charakter erzählt wird. Dies wiederum setzt voraus, dass die Haltung des Erzählers von Wertfreiheit, Offenheit und Empathie geprägt ist. Die Geschichten müssen dabei nicht aus dem reichen Schatz alter Weisheitsgeschichten entspringen. Auch Geschichten aus dem eigenen Leben oder der eigenen Fantasie können dieselbe Wirkung entfalten.

Wann genau nun aber welche Geschichte erzählt werden kann, dazu gibt es keine rationalen, linear-kausalen Regeln. Hier ist die Intuition des Erzählers gefragt, die sich entwickelt, je mehr man sich selbst auf die Welt von Geschichten einlässt und sich von ihnen berühren lässt. Dasselbe gilt für die Kunst, Geschichten so zu erzählen, dass sie die Zuhörer geistig und emotional in die Welt der Geschichte zu entführen vermag. Dies gelingt, wenn der Erzähler mit seinen Worten Bilder, Töne, Geschmack, Gerüche, Empfindungen und Gefühle wachzurufen versteht. Eine multisensorische Sprache, d.h. ein harmonisches Ensemble aus Worten, Stimme, Mimik, Gestik, Blickkontakt, Rhythmus, Tempo und Lautstärke, hilft dabei, nicht bloß die Vernunft, sondern auch Herz, Bauch und Gefühl der Medianden anzusprechen. Und dies wiederum setzt ein bildhaftes inneres Erleben des Erzählers voraus.

Das Erzählen von Geschichten ist für uns heute häufig mit einiger Überwindung verbunden, insbesondere in professionellen Kontexten, in denen wir meinen, dass vornehmlich unsere linke Gehirnhälfte gefragt ist. Wir glauben, es sei unangebracht, oder trauen es uns nicht zu, sie angemessen wiederzugeben. Dabei haben wir alle viel mehr Potenzial und Erfahrung im Geschichtenerzählen, als wir glauben. In uns schlummern unzählige Geschichten. Und wenn uns nicht Erwachsene, sondern Kinder gegenübersitzen, fällt es uns plötzlich ganz leicht, sie zu erzählen. Die gute Nachricht: Geschichtenerzählen kann wiederentdeckt und trainiert werden. Probieren Sie es aus!

Technische Hinweise

Um geeignete Geschichten erzählen zu können, bedarf es keines besonderen Materials, wohl aber eines guten Gedächtnisses und einiger Übung im multisensorischen Erzählen von Geschichten. Es gibt zahlreiche Bücher mit Sammlungen alter Weisheitsgeschichten aus der ganzen Welt, die als Anregung und Quelle dienen mögen. Je geübter man im Erzählen dieser Geschichten wird, desto mehr wird man sie individuell an Situation und Kontext anpassen, verändern und nach und nach eigene Geschichten erfinden oder aus eigenen Erlebnissen formen. Übung macht auch hier den Meister!

Wer sich nicht traut, Geschichten auswendig zu erzählen, kann sich alternativ eine kleine Geschichtenbibliothek im Beratungsraum einrichten und bei Bedarf eine Geschichte aus einem Buch vorlesen.

Quellen/Literatur

Storytelling als Methode ist vor allem im Bereich systemischer Therapie und Beratung dokumentiert und beschrieben. Lehrreiche Bücher über und mit Geschichten sind hier:

- Bucay, Jorge: Komm, ich erzähl dir eine Geschichte. Fischer, Frankfurt/M., 10. Aufl. 2010.
- Peseschkian, Nossrat: Der Kaufmann und der Papagei. Orientalische Geschichten als Medien in der Psychotherapie. Fischer, Frankfurt/M. 1989.

Einen schönen Geschichtenfundus findet man außerdem bei:

- Poostchi, Kambitz (Hrsg.): Goldene Äpfel. Spiegelbilder des Lebens. Lehrreiche und humorvolle Geschichten, Weisheiten und Aphorismen aus aller Welt für Alltag, Beruf und Training. Verlag Via Nova, Petersberg, 3. Aufl. 2007.
- Heß, Hans (Hrsg.): Erzählbar. 111 Top-Geschichten für den professionellen Einsatz in Seminar und Coaching. managerSeminare, Bonn 2011.

Direkt auf die Konfliktarbeit und Mediation bezieht sich Ed Watzke:

- Watzke, Ed: Wahrscheinlich hat diese Geschichte gar nichts mit Ihnen zu tun … Geschichten, Metaphern, Sprüche und Aphorismen in der Mediation. Forum Verlag, Godesberg, 2. Aufl. 2008.

Weiteres Vorgehen

Nach dem Erzählen einer Geschichte ist es wichtig, zunächst den häufig auftretenden Moment des (nachdenklichen) Schweigens auszuhalten. Erfolgen direkte Reaktionen der Mediananden, sollte diesen Raum gegeben werden. Häufig entspinnt sich dadurch ein sehr fruchtbares Gespräch über Kernpunkte des Konflikts. Der Übergang vom Sprechen über die Geschichte ins Sprechen über den eigenen Konflikt ist fließend. Wenn das Schweigen anhält, kann eine kurze Pause (ca. 5 Minuten) eingeleitet werden, in der die Geschichte „sacken“ kann. Anschließend sollte den Mediananden die Möglichkeit gegeben werden, auf das Gehörte zu reagieren. Aber auch am Ende einer Mediationssitzung kann eine Geschichte „mit auf den Weg“ gegeben werden. Die Klienten kommen häufig in der Folgesitzung selbst nochmals auf sie zurück.

Kampf der Farben

Malen in der Mediation

Von Lisa Kosman

Kurzbeschreibung

Bilder sind die Sprache der Seele. Mit dieser Intervention werden die Gefühle und das subjektive Konfliktempfinden sichtbar und ansprechbar gemacht. Der Mediationsprozess geht in die Tiefe, indem die Konfliktparteien in sich gehen und sich nonverbal ausdrücken. Dieser Wechsel der Ebenen geschieht intuitiv, das Gespräch über das Bild kann unvoreingenommener geschehen als das Hören von Worten und Sätzen, die eine Konfliktgeschichte haben.

Rahmen

Das Malen des Bildes dauert im Durchschnitt 5 bis 10 Minuten. Die anschließende Auswertung kann 30 bis max. 90 Minuten umfassen. Die Intervention eignet sich für Einzelsitzungen, Zweierkonstellationen oder Kleingruppen.

Anlässe/ Anwendungsbereiche

Das Tool ist ein Gesprächsöffner bei introvertierten Parteien, sprachlichen Schwierigkeiten, bei Problemen, Gefühle zu verbalisieren, im Einzelgespräch oder in der Mediation zu zweit und mit Gruppen. Das Tool eignet sich, um Hintergründe zu erhellen.

Zielsetzung/Nutzen

Ein Bild sagt mehr als 1.000 Worte. Durch das Malen können unproduktive, sich im Kreis drehende Gespräche unterbrochen werden. Der häufig versperrte Zugang zur Gefühlsebene wird eröffnet. Durch den Wechsel von Wort zu Bild entsteht die Möglichkeit, zum Wesentlichen vorzudringen. Das kann im Ergebnis sehr viel Zeit sparen.

Beschreibung

Malen in der Mediation ist eine tief gehende, berührende Intervention, die Fingerspitzengefühl für den richtigen Zeitpunkt, eine sensible und einladende Einführung der Parteien und eine behutsame Auswertung im Gespräch voraussetzt.

Anhand des nachfolgenden Praxisbeispiels erläutere ich den Ablauf:

Die Mediander einer Trennungsmediation sitzen in der dritte Sitzung vor mir und meinem Kollegen. Frust, Vorwürfe und Erklärungen beider Parteien sowie Übersetzungen und das gute Reflecting Team unsererseits liegen hinter uns. Der Mann sitzt mit roten Flecken im Gesicht da, die Frau ringt mit den Händen. Wie soll es weitergehen? Ich wende mich beiden zu und frage: *„Wären Sie bereit, mit mir etwas auszuprobieren?"* Ich schaue beide aufmunternd an, mein Kollege nickt. Beide werden neugierig und hoffen, dass uns etwas Förderliches eingefallen ist. Ich hole die bereitliegenden Ölkreiden und das Malpapier hervor und erkläre, was ich vorhabe.

„Manchmal sagt ein Bild mehr als viele Worte. Man kann sich über ein Bild anders ausdrücken. Keine Sorge, Sie müssen hierzu nicht malen können. Es geht vielmehr darum, Ihren Konflikt in zwei Farben abstrakt und vor allem intuitiv darzustellen. Das heißt, Sie schauen jetzt mal nach innen, wie es Ihnen mit dem Konflikt gerade geht. Dann wählen Sie sich aus dem Bauch heraus zwei Farben aus, nehmen ein Blatt Papier, setzen sich abgewandt vom jeweils anderen an den Tisch und malen los. Zeichnen Sie keine Gegenstände oder Symbole sondern eher die Bewegung oder Dynamik des Konfliktes, also etwas Abstraktes. Und bitte sprechen Sie währenddessen nicht."

Am Anfang schaut mich der Mann etwas verunsichert an, wird dann aber zusehends entschlossener und greift sich als Erster zwei Farben – einen Rotton sowie eine bläuliche Kreide – und begibt sich zu einem kleinen, extra aufgebauten Tisch. Ohne großes Zögern legt er los. Die rote Farbe wird mit kräftigen, gleichmäßigen Farbstrichen aufgetragen und füllt bald das halbe Blatt aus. Die Frau, die überrascht die Entschlossenheit ihres Mannes registriert hat, greift ebenso sicher eine rotorange und eine grünblaue Kreide und findet ihren Platz. Ihre Bewegungen sind leichter und ein bisschen kreisend, sie beginnt mit dem Blau und zieht einen vertikalen, fast unsichtbaren Strich in der Mitte des Blattes. Sodann arbeitet sie sich von der Mitte aus zum rechten Blattrand vor. Ihre Wangen fangen an zu glühen. Währenddessen hat er die Farbe gewechselt und malt nun mit Blau die andere Hälfte des Blattes aus. Er wird immer ruhiger, entspannt sich beim Malen, wird sorgfältig beim Ausmalen des Bildes. Sie steigert nun den Farbauftrag beim Farbwechsel, scheint sich abzuarbeiten, ist mit voller Aufmerksamkeit dabei. Beide haben für einen Moment vergessen, dass der andere im Raum ist. Das Malen lässt fast parallel nach, beide werfen einen prüfenden Blick auf das Bild, bessern noch einmal nach und wenden sich dann wieder unserer gemeinsamen Runde zu.

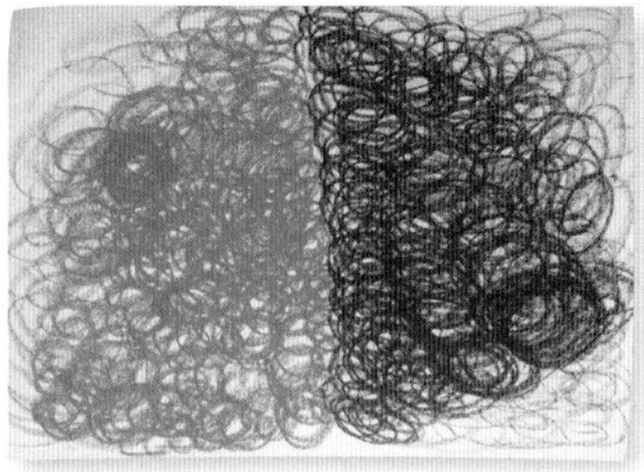

Fotos: Die verblüffend ähnlichen Malergebnisse der beiden Konfliktpartner

Sie legen ihre Bilder beide auf den Tisch und fangen an zu staunen, denn sie haben fast das Gleiche gemalt (siehe Fotos): Das Blatt ist aufgeteilt in zwei quadratische Flächen, die das Blatt fast bis zum Rand ausfüllen – eine blaue und eine rote. Bei der Frau berühren sich diese Flächen in der Mitte. Der eher kreisförmig vorgenommene Farbauftrag wird zur Mitte hin intensiver, nach außen hin wird er leichter, luftiger. Bei ihm berühren sich die Flächen nicht, sondern halten einen Abstand von zwei Millimetern ein. Die Flächen folgen in der Mitte einer Zickzacklinie. Das blaue Feld ist durch diagonal aufgetragene Farbstriche bestimmt, das rote Feld lässt keine Striche erkennen. Offenbar hat er die Seite der Kreide benutzt und so eine ebenmäßige Fläche hergestellt. Beide Flächen weisen einen durchgängig kräftigen Farbauftrag auf. Zum Rand hin verbleiben bei beiden Bildern etwa fünf Millimeter unbemalte Fläche.

„Wie ist es Ihnen mit dem Malen gegangen?“, ist meine erste Frage. *„Irgendwie entlastend“*, sagt er. Sie antwortet: *„Ich habe mich aufgeregt währenddessen, kann aber noch nicht sagen warum. Ich bin total überrascht von Deinem Bild. Ich hätte nie vermutet, dass wir so etwas Ähnliches malen würden. Da bin ich gespannt, was jetzt rauskommt.“* – *„Ja, ich bin auch erstaunt, dass wir die gleichen Farben und die gleiche Bildaufteilung gewählt haben! Vielleicht haben wir mehr gemeinsam, als wir uns momentan vorstellen können“*, meint er nachdenklich. Beide schauen uns und sich fragend an.

„Was sehen Sie beide denn, ich meine nur das Phänomen?“ Beide fangen an zu beschreiben, wie was aussieht. Es zeigen sich Gemeinsamkeiten und Unterschiede.

„Was fühlen Sie zu dem Bild des anderen? Bevor Sie antworten, spüren Sie mal nach. Ob Sie Druck, Verspannung oder Herzklopfen bei sich wahrnehmen, das kann helfen, die Gefühle zu orten“, sage ich erklärend und spüre währenddessen selber nach, falls die beiden einen Anstoß brau-

chen. *„Ich fühle Stress und Druck und so etwas wie einen Sog. Das Rot kommt vom Blau nicht weg. Das ist beklemmend"*, sagt er über das Bild seiner Frau. Sie ist berührt, schweigt, bekommt Tränen in die Augen. Er reicht ihr ein Taschentuch. *„Ich fühle mich, als müsste ich bersten. Ich bin unbeweglich und ohnmächtig. Ich bekomme Herzklopfen bei dem Bild. Es ist mir alles zu viel."* Auch er ist sichtlich ergriffen von den Worten seiner Frau.

„Was denken Sie zum Bild des anderen?", lautet meine nächste Frage. *„Ich denke, mein Mann hat Angst vor all der Verantwortung, die durch die Trennung auf ihn zukommt. Ich habe doch immer das Büro und die Buchhaltung gemacht, weiß über alle Zahlen Bescheid, kenne die Kunden. Ich weiß, wann es knapp wird. Und nun gehe ich und lasse ihn allein, noch dazu mit einem Kumpel. Das verstehe ich, das ist schwer für ihn." – „Ich denke, sie hat das Gefühl, dass ich ohne sie nicht leben kann und fühlt sich verantwortlich. Sie kommt nicht so richtig los. Sie will wissen, dass es o.k. ist, dass sie geht. Ich dachte, sie muss das mit sich selbst klären. Ich will ihr nicht meinen Segen geben, wenn ich schon der Gehörnte bin."* Beide sind nachdenklich, sie weint noch ein bisschen vor sich hin. Er wirkt erschöpft und ruhig.

„Was wollen Sie über das eigene Bild noch sagen?" setze ich mit einer weiteren Frage an. *„Wir kennen uns gut und sind beide starke Persönlichkeiten. Unsere Zeit kann uns niemand nehmen. Das habe ich gemerkt, als ich die Farben aufgetragen habe. Ich bin das Blau und sie das Rot. Ich bin gradliniger als sie. Sie ist manchmal so glatt, da schau ich nicht durch."* Die Vorwürfe ruhen, werden nicht mehr erhoben. Sie nickt. *„Ja, wir haben so symbiotisch gelebt, dass ich das Gefühl habe, dass ich nicht gehen darf, dass er dann, na ja stirbt oder so …"* sie schaut ihn unsicher an. *„Das kostet mich aber so viel Kraft, dass mir hier am Rand die Farbe ausgeht." – „Was bedeutet in Ihrem Bild die Zickzacklinie?"*, *richte ich eine Frage an ihn. „Ach, das sind die vielen Versuche von uns, die Beziehung zu retten."* Ich schaue sie an. *„Ja, meine Linie ist die Grenze, die wir erreicht und ausgelotet haben. Da geht nix mehr."*

„Welche Fragen haben Sie an den anderen?", könnte nun noch eine weiterführende Frage sein, aber ich lasse es, wie es ist und frage lieber beim Gehen, wie es beiden mit der heutigen Sitzung geht. *„War intensiv, aber gut"*, sagt er, während sie meint, das etwas Wesentliches passiert sei. Beide bedanken sich und gehen. In der nächsten Sitzung geht es produktiv weiter. Der Mann wirkt zwar traurig, aber ist weich und zugänglich. Sie ist behutsam mit ihm, aber traut sich mehr zu sagen, was sie braucht.

In der Kurzfassung lautet die Anweisung:
- Besinnung auf den Konflikt.
- Intuitive Auswahl von zwei Farben.
- Schweigend arbeiten, aus dem Bauch heraus.
- Abstrakt malen.

Die Auswertung orientiert sich an den Fragen
- Was sehen Sie rein äußerlich? Beschreibung der Farben, der Art zu malen etc. (Phänomen)
- Welche Gefühle löst das Bild aus?
- Wie interpretieren Sie das Bild?

Wichtig ist, die Parteien mit Fragen durch den Auswertungsprozess zu führen und erst einmal keine eigenen Gedanken, Gefühle und Interpretationen einzubringen. Die Übung öffnet die Menschen auf der seelischen Ebene, und diese Öffnung braucht Achtsamkeit und Raum. Gegebenenfalls kann im weiteren Gespräch auf der rationalen Ebene ein Bezug zum Konflikt hergestellt werden.

Erfahrungen/ Kommentare

Wesentlich bei dieser Intervention ist, dass ich mich selber innerlich auf die Intervention vorbereite, indem ich die Medianden aufmerksam beobachte. Ich durchlaufe entsprechend meiner Fragen beim Betrachten der Bilder innerlich folgende Schritte:

1. Was sehe ich, ohne es zu bewerten. Rein phänomenologisches Sehen. Wo sehe ich durch einen starken bis hin zu einem kaum sichtbaren Farbauftrag welche Dynamik? Ist das Bild vollständig ausgemalt oder nur zum Teil, mittig angeordnet oder schwerpunktmäßig auf einer Seite? Welche Farben wurde wie aufgetragen, d.h. Striche, Punkte, Schraffuren ...?
2. Was empfinde ich beim Betrachten des Bildes? Bedrückt mich das Bild, regt es mich auf oder an? Empfinde ich Erleichterung oder Verwirrung? Spüre ich Druck, Verspannung, Freude oder Gelassenheit? Ich durchsuche das Gefühlsinventar und merke mir meine Eindrücke.
3. Was denke ich zu diesem Bild? Welche Assoziationen erweckt es? Wie interpretiere ich das Bild? Vielleicht kann ich mit den Medianden ein Motto finden.

Diese Vorbereitung macht mich aufmerksam, sie hilft mir, meine Professionalität zu wahren, die ich benötige, wenn die Übung ihre Wirkung entfaltet und die Emotionen hochkommen. Ich bin auch vorbereitet, wenn die Parteien erst einmal ratlos sind. Dann kann ich helfen.

Wenn ich von den Medianden gefragt werde, warum man nur das Phänomen beschreiben soll, dann erkläre ich, dass wir ganz häufig sofort zu wissen glauben, was etwas bedeutet, dass uns das in anderen Zusammenhängen hilft, aber im Konflikt gerade nicht. Es kann helfen, den anderen nicht sofort (negativ) zu bewerten, einen Abstand einzuhalten.

Häufig ist es schwer, nur Gefühle zu benennen. Bei dieser Frage kommen zumeist Interpretationen. Ich begleite die Medianden dabei, wirklich zu spüren. Ich sage: *„Ah, das wäre jetzt meine nächste Frage, wie Sie das interpretieren, aber ich bitte Sie, noch mal Ihr Gefühl zu befragen. Dann erst sind die Interpretationen und Gedanken dran."* Bei Schwierigkeiten helfe ich und benenne ein Gefühl, das ich wahrgenommen habe und warte eine Reaktion ab. Die Interpretation bereitet den meisten Menschen keine Probleme. Durch das von mir vorgeschlagene Vorgehen sind diese jedoch viel behutsamer und ausgewählter, als wenn jeder sofort mit der Aus- und Bewertung loslegen würde.

Manchmal ist es erkenntnisreich, das Bild aus der Entfernung zu betrachten oder es von verschiedenen Seiten anzuschauen. Etwas, das auf der einen Seite ganz schwer erscheint, kann sich beim Drehen des Bildes in Leichtigkeit auflösen. Daran können weitere Fragen entwickelt werden.

Eine Gefahr ist, wenn jemand anfängt, sich lustig zu machen. Dann greife ich sofort ein, indem ich erkläre, dass dies eine sehr intime Intervention ist und unbedingt Schutz braucht. Das ist ausreichend. Wenn ich von Anfang an Bedenken habe, ob jemand diese Übung ernst nehmen wird, unterlasse ich sie.

Ich empfinde diese Übung immer als einen großen Gewinn für den Mediationsprozess. In den meisten Fällen baue ich erst einmal ein gewisses Vertrauen zu den Medianden auf, damit sie mir folgen und nicht sofort in einen Widerstand gehen. Diesen respektiere ich, sollte er auftreten. Ich zwinge niemanden, sich zu überwinden.

Technische Hinweise

In der Mediation malen beide Parteien alleine, zumindest voneinander getrennt oder abgewandt an einem Tisch, wenn möglich an zwei getrennten Tischen. Es werden vorzugsweise Ölkreiden benutzt. Möglich ist auch die Verwendung von Pastellkreiden, die sich mit den Fingern verstreichen lassen, wobei diese abfärben und Farbstaub produzieren können. Dies kann eine Pause zum Händewaschen verursachen. Empfehlenswert ist das Papierformat DIN A3. Die Farben werden zur freien Auswahl auf den Tisch gestellt. Die Blätter liegen bereit.

Quellen/Literatur

Diese tief gehende Methode habe ich von meiner Ausbilderin Angelika Ciesielski erlernt, die sie speziell für die Mediation entwickelt hat (vgl. „Das Farbengespräch", S. 231). Ihrer genauen Einführung der Übung habe ich es zu verdanken, dass ich Malen in der Mediation von Anbeginn meiner Berufstätigkeit gewinnbringend für die Medianden anwenden konnte.

Weiteres Vorgehen

Es können sich weitere, häufig zirkuläre Fragen folgender Art an die Intervention anschließen:

- Was nehmen Sie aus dieser Übung für den Umgang mit der Situation mit?
- Was muss geschehen, damit sich der Punkt x in Zukunft auflöst?
- Was war eine neue Erkenntnis für Sie?

Zumeist kommt die Mediation einfach in Fluss, weil auf der seelischen Ebene eine Blockade gelöst wurde. Häufig nehme ich in späteren Terminen nochmals Bezug auf das Bild und hole es hervor. Manchmal wollen die Parteien ein zweites, neues Bild malen. Hieran kann ein Entwicklungsprozess sichtbar werden.

Das Glaskugelmodell

Subjektive Wirklichkeiten verstehen

Von Dr. Doris Klappenbach und Prof. Dr. Annegret Böhmer

Kurzbeschreibung

Die Glaskugeln sind in unserer Kultur als Schneekugeln bekannt. Wir verwenden im Folgenden den Begriff Glaskugelmodell, denn nicht der Schnee ist der relevante Inhalt für das Tool, sondern die Kugel als Bild der Eigenständigkeit, aber auch Begrenztheit der Wahrnehmung.

Obwohl sich professionelle Kommunikatoren das kaum vorstellen können, gibt es immer noch sehr viele Menschen, die ihre Gefühle für „die Realität" halten. Das Glaskugelmodell zeigt, dass jeder Mensch eine andere Realität hat. Man kann das wertschätzend so kommunizieren, dass jeder eine andere Biografie hat und deshalb die Welt anders erlebt. Die Glaskugeln helfen, dies auch ohne viele Worte deutlich zu machen. Dabei ist es sinnvoll, nicht nur die visuelle, sondern auch die auditive Ebene zu benennen: „Jedes Leben hat eine andere Form und Farbe und eine andere Melodie."

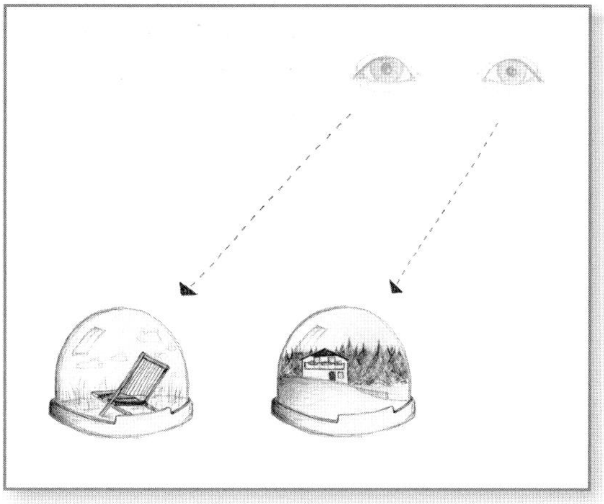

Das Modell ist eine anschauliche Hilfe zum Verständnis der Grundidee von Mediation und zur Prozessgestaltung. Es erklärt und erinnert an das personenzentrierte und auf die Bedürfnisse hinter den Positionen ausgerichtete Herangehen durch Mediative Kommunikation in Konfliktbearbeitung, Supervision und Coaching.

Rahmen

Um mit dem Modell arbeiten zu können, hat der Mediierende eine Kugel für jeden der am Prozess Beteiligten dabei, auch eine für sich selbst. Jede Kugel stellt ein Symbol für die legitime subjektive Realität eines Beteiligten dar.

Die Einführung der Glaskugeln als Bild für subjektive Wirklichkeiten geht mit den üblichen Erklärungen des Verfahrens einher, nimmt also kaum Zeit in Anspruch. Die Visualisierung begleitet den gesamten Mediationsprozess. Man kann in dessen Verlauf immer wieder auf dieses Bild Bezug nehmen. Das Glaskugelmodell eignet sich für das Vorgespräch, für die Arbeit mit Einzelpersonen, zwei Personen und beliebig großen Gruppen.

Anlässe/ Anwendungsbereiche

Das Glaskugelmodell kann man für interpsychische Themen (Konflikte zwischen Personen) ebenso gut einsetzen wie für intrapsychische Belange (Konflikte innerhalb einer Person). Bei dem Interpsychischen wird der Respekt vor der eigenen inneren Wirklichkeit und vor der der anderen Person(en) fokussiert. Beim Intrapsychischen geht es entweder um die symbolische Beschreibung der eigenen Erfahrungswelt oder um die Möglichkeit der Selbststeuerung innerer Zustände durch Aufmerksamkeitsfokussierung. In Teammediationen kann man so viele Kugeln wie Teammitglieder verschiedener Art einsetzen.

Als Veranschaulichung zum mediativen Umgang mit dem Phänomen subjektiver Wirklichkeit kann das Modell sowohl zur Einstimmung und zum Einstieg in die Mediation als auch zum Herausarbeiten von Gefühlen, Interessen und Bedürfnissen, zum gegenseitigen Verständnis sowie zum Perspektivwechsel herangezogen werden.

Mit einer Kugel für sich selbst kann der Mediierende seine Rolle als „außenstehende Instanz" veranschaulichen; hierzu ist insbesondere eine der vielerorts als Bilderrahmen verkauften Schneekugeln hilfreich, in die man statt eines Fotos oder Bildes auch etwas Spiegelfolie einlegen kann.

Zielsetzung/Nutzen

Im Vorgespräch und der ersten Phase der Mediation kann der Verweis auf die Möglichkeit konstruktivistischen Denkens mithilfe des Glaskugelmodells helfen, die Wirkungsweise eines mediativen Herangehens zu versinnbildlichen.

In der zweiten Phase lässt sich dann auf die individuell gestalteten Glaskugeln zurückgreifen, um zu erinnern, dass die Konfliktparteien unterschiedliche Erfahrungswelten beschreiben und es darum geht, dass der Einzelne sich in seinem Erleben und mit seinen Themen und Anliegen gesehen fühlt.

In der dritten Phase lassen sich durch die Arbeit mit den Glaskugeln die Perspektiven beschreiben, die die jeweils Beteiligten einnehmen. Zu beschreiben oder anzumalen, wie genau die eigene Glaskugel gestaltet ist, ist ein symbolischer Weg, um Gefühle und Bedürfnisse im Konflikt herauszufiltern. Die Glaskugel des anderen zu reflektieren ist eine Möglichkeit, einen Perspektivwechsel umzusetzen.

In der vierten Phase kann der Blick auf die unterschiedlichen Glaskugeln der Beteiligten die Kreativität bei der Ideensammlung anregen. Um beim abschließenden „Öko-Check" die Tragfähigkeit der festgehaltenen Lösungen und Maßnahmen mit Blick auf die inneren und äußeren Systeme der Beteiligten zu überprüfen, lassen sich die bereits verwendeten und ggf. auch weitere Glaskugeln heranziehen.

Beschreibung

Im Sinne einer mediativen Haltung wird dieses Tool herangezogen, wo es prozessbegleitend naheliegt. Insbesondere ziehen wir es in Situationen heran, in denen sich zwei Realitäten der Beteiligten unversöhnlich gegenüberstehen und genau der Moment des Unverständnisses im Prozess erreicht ist, weshalb die Beteiligten externe Hilfe suchten.

Zur Beschreibung wählen wir hier Beispiele aus der Verwendung in der dritten Phase der Mediation, deren Zielstellung das Herausfiltern von Gefühlen und Bedürfnissen hinter den von den Beteiligten im Konflikt eingenommenen Positionen ist, dargestellt an einem Konflikt zwischen einer Geschäftsführerin und ihrer Mitarbeiterin:

Die Geschäftsführerin in ihrer individuellen Realität hat einen hohen subjektiven Qualitätsmaßstab für eine Dienstleistung, ist selbst hoch kompetent in diesem Bereich und investiert sehr viel Energie, um diesen Standard stets zu verbessern. In der Kommunikation mit ihrer Mitarbeiterin vergisst sie, dass die Mitarbeiterin sie in einer hierarchischen Rolle wahrnimmt und drückt ihren „Feuereifer" und ihre von ihr selbst als produktiv empfundene Ungeduld aus, ohne auf die Rollensituation mit ihrer Mitarbeiterin Rücksicht zu nehmen. Die Mitarbeiterin ihrerseits ist engagiert, allerdings noch nicht so bewandert in dem Feld und fühlt sich ständig herabgesetzt und gemaßregelt. Beide sind starke Charaktere und kommen beim Schildern einer konkreten Situation in beträchtlichen Erregungszustand. Beide haben das dringende Bedürfnis, von den Mediatorinnen Recht zu bekommen.
In diesem Moment zieht eine der Mediierenden zwei Glaskugeln mit verschiedenen Farben und Formen heran und stellt sie auf den Arbeitstisch. Eine Kugel ist stellvertretend für die Geschäftsführerin (A), eine für die Mitarbeiterin (B). Die Betonung, dass beide inneren Realitäten

gleichberechtigt sind, vermittelt die Grundhaltung der Mediation ohne viele Worte. Dass beide jetzt auf diese Kugeln schauen, ist eine Form der Dissoziation, die es ermöglicht, in dem Gespräch immer wieder gemeinsam auf eine Meta-Ebene zu gehen.

Die Mediatorin stellt die Kugel der Geschäftsführerin ca. 5 cm erhöht auf eine dafür geeignete Unterlage (umgedrehte Kaffeetasse, Stiftebox o.Ä.) und sagt zu der Mitarbeiterin: *„Frau B, ich habe gehört, dass Sie das Verhalten von Frau A sehr stark als eine Kritik Ihrer Vorgesetzten und damit in der Hierarchie höher gestellten Person erleben."* Sie wendet sich an Frau A, die Geschäftsführerin: *„Bei Ihnen habe ich gehört, dass es Ihnen vor allem um die Qualität geht und um das Ergebnis – und dass Sie die Heftigkeit Ihrer Worte gar nicht bewusst aus Ihrer Vorgesetztenrolle heraus gemeint haben."*

Die körpersprachlichen Reaktionen auf diese rein visuelle Intervention sind eindeutig. Sollte z.B. das Thema Hierarchie eine Bedeutung haben, hat man jetzt ein Bild. Falls nicht, stellt man die Kugel wieder herunter und geht einen anderen Weg.

Wenn sich in dieser Phase der Mediation zeigt, dass es den Beteiligten schwerfällt, einander ausreden zu lassen und das Gespräch nicht in Rede und Gegenrede verfallen zu lassen, kann man beide Kugeln in die Hand nehmen, leicht gegeneinanderstoßen und damit verdeutlichen, wie sinnlos eine Machtkonfrontation ist, dass es hier nicht um ein Win-lose-Prinzip geht, sondern um eine Lösung, die beide Realitäten respektiert. Die Beteiligten können dissoziieren, sich entspannen und sich konzentrieren, wenn die Mediatorin immer markiert, bei wessen Kugel das Gespräch gerade ist. Dadurch können die Mediandinnen auch in Phasen heftiger Gefühle unterstützt werden, das eigene und das andere zu differenzieren und Raum für beides zu geben.

Ähnlich hilfreich, wie bei den verschiedenen Aufstellungsinterventionen im psychologischen Arbeitsbereich, handelt es sich um den Prozess der Externalisierung von psychisch Erlebtem. Es ist ein großer Unterschied, ob sich zwei Kontrahenten oder Medianden „Aug in Aug" auseinandersetzen oder ob man gemeinsam auf die Kugeln schaut. Auch systemische Aspekte von Lösungen lassen sich leicht durch Nähe und Distanz der Kugeln symbolisieren.

Erfahrungen/ Kommentare

Der besondere Reiz des Tools liegt in dessen Einfachheit. Der Konstruktivismus erleichtert den Umgang mit dem Phänomen subjektiver Wirklichkeiten, gerade wenn es schwer vorstellbar ist, dass diese nebeneinander und gleichberechtigt sein können. Die Arbeit mit dem Glaskugelmodell ist durchaus humorvoll umzusetzen und kann Leichtigkeit in den Konfliktbearbeitungsprozess bringen, wo zunächst der Kampf um richtig und falsch, das Ringen um die vermeintlich objektive Wahrheit aufkommt.

Besonders wichtig ist, die Allparteilichkeit strikt zu wahren und darauf zu achten, dass nicht dem einen oder der anderen ein bestimmtes Glaskugelmodell einfach zusortiert wird. Zu betonen, dass das Glaskugelmodell eine Hilfestellung ist und Modelle immer ihre Grenzen haben, kann bei der Umsetzung helfen. Hat man ein Sortiment von unterschiedlichen Kugeln parat, können sich die Mediandinnen selbst eine aussuchen, die ihnen am passendsten erscheint.

Technische Hinweise

Man benötigt mindestens zwei Schneekugeln mit möglichst unterschiedlicher Innengestaltung. Notfalls lassen sich auch schnell ein Glas Milch und ein Glas Kaffee oder ein Glas Orangensaft und ein Glas Wasser füllen und nebeneinander stellen, um damit zu symbolisieren, dass es ein anderes Lebensgefühl ist, ob man in dem einen oder dem anderen Glas zuhause ist und der Blick von innen nach außen (sowie auch von außen nach innen) ebenfalls ein jeweils anderer ist.

Leere Schneekugeln, die als Fotorahmen zu kaufen sind, kann man gut mit einer düsteren und einer hellen Seite gestalten. Während die Mediatorin beim Zusammenfassen des Gehörten über beispielsweise eine als ambivalent empfundene Situation die Seiten abwechselnd zeigt, werden hochkomplexe psychische Abläufe der Ressourcen- oder Defizitorientierung in ein sofort verständliches Bild gebracht.

Es gibt Kugeln, die statt Schnee mit Herzen gefüllt sind, oder mit Eurozeichen. Es gibt sie als Fotorahmen, in dem das Bild vom Kind drin ist. Es gibt Schneekugeln, in denen mehrere Personen sitzen, ein Liebespaar oder eine Familienszene ... Mit solchen Bildern lassen sich umfassende Werteorientierungen und Belief-Systeme veranschaulichen.

Quellen/Literatur

- Böhmer, Annegret/Klappenbach, Doris: Mit Humor und Eleganz. Supervision und Coaching in Organisationen und Institutionen. Junfermann, Paderborn 2007.
- Klappenbach, Doris: Mediative Kommunikation. Mit Rogers, Rosenberg & Co. konfliktfähig für den Alltag werden. Junfermann, Paderborn, 2. Aufl. 2011.

- Watzlawick, Paul (Hrsg.): Die erfundene Wirklichkeit. Piper, München, 18. Aufl. 2002.
- Einen Überblick über weitere Veröffentlichungen ist auf www.diversity-kompetenz.com zu finden.

Weiteres Vorgehen

Auf das Bild der Glaskugeln kann im weiteren Verlauf der Mediation mit oder ohne Worte immer wieder Bezug genommen werden. Nicht selten begleitet dieses Bild die Medianden weiterhin. Diese Kugeln sind überall erhältlich. Wie bekannt, sind sie Sammlerstücke und vielerorts zu sehen. Viele unserer Klienten aus Mediation, Coaching oder Trainings haben inzwischen ihre eigene Sammlung angelegt und berichten, dass sie der Blick auf die Kugeln an den Verständnisprozess in Mediation und Mediativer Kommunikation erinnert und ihnen dies immer wieder hilft, zu eigenverantwortlichen Lösungen zu kommen.

Mit dem Platz die Perspektive wechseln

Sich mit der Methode „leerer Stuhl" in die Lage des Gegenübers versetzen

Von Holger Specht und Ljubjana Wüstehube

„Beurteile nie einen Menschen, bevor Du nicht mindestens einen halben Mond lang seine Mokassins getragen hast."
– Indianisches Sprichwort –

Kurzbeschreibung

Eine der größten Herausforderungen in der Mediation ist die Frage: Wie kann der Mediator die Parteien dazu bringen, einen Perspektivwechsel zu wagen? Die wohl bekannteste Methode der Gestalttherapie, der leere Stuhl (Fritz Perls), bietet in einer an die Mediation angepassten Form die Möglichkeit, sich zwar auch mit dem Kopf, viel wesentlicher aber mit allen Sinnen mit der anderen Partei zu identifizieren, sich einzufühlen. (Zitat Perls: „Verliert euren Kopf und kommt zu euren Sinnen.")

Rahmen

Der Platzwechsel eignet sich besonders bei Zwei-Parteien-Mediationen, lässt sich aber auch in abgewandelter Form in Gruppen anwenden, z.B. mit der Fishbowl. Die Parteien denken und fühlen sich – unterstützt durch Sie als Mediator – für kurze Zeit (ca. fünf bis sieben Minuten) in die Lage und Emotionen des Gegenübers ein.

Anlässe/ Anwendungsbereiche

Voraussetzung für den Platzwechsel ist, dass die Parteien die Bereitschaft haben, das Gehörte wiederzugeben und sich gegenseitig bereits das subjektive Erleben bzw. die subjektiven Bedürfnisse glauben, selbst wenn es ihnen unverständlich erscheint (siehe Stufen der Anerkennung im Tool „Via Fragetreppe zum Perspektivwechsel", S. 225).

Zielsetzung/Nutzen

Die Methode nutzt die Dynamik, dass Plätze, die im Raum (an einem Tisch oder auf einem Stuhl) eingenommen werden, sehr schnell mit den entsprechenden Personen identifiziert werden. Zudem werden einmal gewählte Sitzplätze z.B. bei Besprechungen und in Seminaren immer wieder gerne von denselben Personen eingenommen. Die Stühle werden praktisch vom ersten Moment an zu „ihren“ Plätzen: die gewohnte Perspektive verspricht Orientierung und Sicherheit.

Der Platzwechsel ist eine Methode, die tiefere Schichten von Gefühlen anspricht und einiges von den Parteien verlangt. Er sollte daher von Ihnen als Mediator klar und sicher angeleitet werden. Wir von inmedio haben zur Vereinfachung und als Strukturierungshilfe eine Art „Choreografie“ entwickelt, die die Schritte gut voneinander trennt. Entscheidend ist dabei die Meta-Position des Beobachterstuhls. Hier kann der Klient mit Distanz beobachten, wie sich sein Gegenüber in ihn einfühlt. Er wird nicht gezwungen, sich gleichzeitig (durch das Platznehmen auf dessen Stuhl) in diesen einzufühlen. So kann Verwirrung und Doppelidentifizierung vermieden werden.

Beschreibung

Ein möglicher Ablauf, hier im Beispiel mit idealerweise zwei Co-Mediatioren dargestellt:

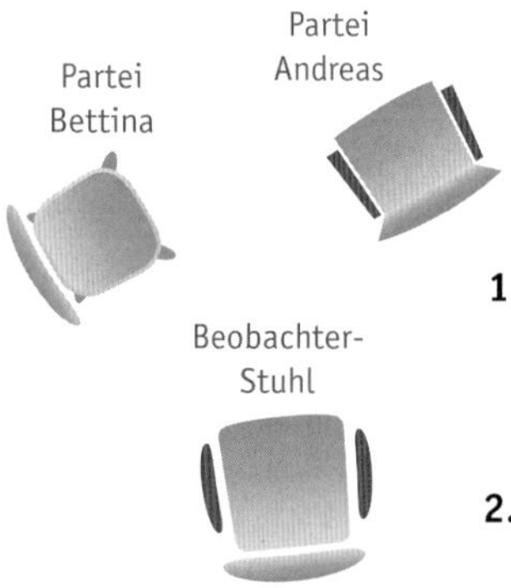

Auch in der Mediation haben die Parteien Andreas und Bettina „ihre“ Plätze. Für den Platzwechsel sollte ein weiterer Stuhl, der Beobachterstuhl, im Raum bereitstehen.

1. Kurze **Einleitung** (Mut machen) seitens des Mediators: *„Darf ich etwas vielleicht Ungewöhnliches vorschlagen, durch dass wir, so denke ich, einen großen Schritt weiterkommen?“*

2. Die Mediatoren bitten die Parteien aufzustehen *„Darf ich Sie beide bitten, einmal aufzustehen“* und stehen dabei wie selbstverständlich ebenfalls beide gleichzeitig auf. Dadurch ensteht ein „Sogeffekt“, dem die Parteien folgen.

3. Ein Mediator bittet zunächst z.B. die **Partei Andreas** auf dem **Stuhl von Partei Bettina** Platz zu nehmen. **Bettina** wird gebeten, auf dem **Zuhörerstuhl** Platz zu nehmen.

Der eine Mediator stellt oder setzt sich auf Augenhöhe zu Andreas während der andere Mediator in der Nähe von Bettina stehen oder sitzen bleibt (auf keinen Fall auf den leeren Stuhl setzen!).

Diese Einführung der Methode sollte knapp, freundlich und direktiv sein. Das Sicherheitsgefühl für die Parteien und die erforderliche Tranceinduktion entsteht gerade durch eine solche Einleitung; weniger hilfreich bzw. kontraproduktiv sind wortreiche Heranführungen.

4. Der eine Mediator befragt Andreas. Andreas wird jetzt nicht mehr mit seinen Namen angesprochen, sondern mit Bettina!

   - Sie als Mediator beschreiben eine **konkrete Situation** aus dem Konflikt: *„Stellen Sie sich vor, Ihnen (als) Bettina ist Folgendes passiert ... Wie haben Sie (als) Bettina diese Situation erlebt?"*
   - Fragen nach **Gefühlen, Wünschen, Bedürfnissen**: *„Was haben Sie, (als) Bettina, da gedacht? Was ging in Ihnen, (als) Bettina, vor? Was hätten Sie, (als) Bettina, sich in dieser Situation gewünscht? Was würden Sie, (als) Bettina, sich jetzt von Andreas wünschen?"* (Je nach Stufe der Anerkennung kann „als" weggelassen werden.)

Indem sich eine Partei auf den Platz der anderen setzt, schlüpft sie quasi in diese Person hinein, schaut nun aus ihrer Perspektive. Das Einfühlen in innere Haltungen und Denkweisen, in Gefühls- und Bedürfniswelten wird erleichtert. Das bedeutet nicht, dass sie deren Handeln oder deren Position gutheißen soll, sondern dass die Partei bezogen auf spezifische konflikthafte Ereignisse die Gefühls- und Bedürfniswelt der anderen Partei für einen Moment erlebt und dies auch verbalisieren kann. Währenddessen nimmt Partei B eine Meta-Position ein: Sie verfolgt von einem Beobachterstuhl aus das Geschehen.

5. **Rücktausch:** Beide Mediatoren stehen auf: *„Darf ich Sie jetzt bitten, Ihre Plätze wieder einzunehmen!"*

6. **Einbeziehen** der **Partei Bettina** durch den Mediator: Nach dem Platzwechsel folgt nun eine Phase der Überprüfung, in der alle wieder auf ihren angestammten Plätzen sitzen. Jetzt wird die zweite Partei befragt, an welchen Stellen die Einfühlung gelungen ist. Ist dies ausreichend dafür, dass sich diese Parteien im Großen und Ganzen (also nicht: komplett) verstanden fühlten, werden die Punkte, die nicht oder nicht genau zutrafen, gar nicht mehr weiter vertieft. Fühlt sich Partei B jedoch überwiegend nicht verstanden,

so leitet das eine vertiefte Runde der Klärung und der gegenseitigen Verständigung im weiteren Verlauf der Mediation ein.

7. Wenig später empfiehlt sich ein **erneuter Platzwechsel** für die Partei Bettina als Einfühlung in die Partei Andreas. Dieses leitet idealerweise der andere Mediator ein. In aller Regel fällt der Platzwechsel beim zweiten Mal schon leichter, da die Parteien erlebt haben, wie hilfreich diese – auf den ersten Blick merkwürdige – Methode für den Prozess ist.

Ein Beispiel: Ein Paar, seit sieben Jahren zusammenlebend, ein Kind, ca. 1,5 Jahre alt. Sie druckst in der dritten Sitzung, als es um das Thema „Sauberkeit im Haushalt" geht, lange herum (hier etwas verkürzt): *„Ich weiß ja, dass Du ein Mann bist. Und ich will Dich ja auch nicht in Deiner Männlichkeit beschneiden. Aber ... hm ... wenn ich nach Dir auf die Toilette gehe, dann muss ich erst einmal den ganzen Bereich um die Toilette putzen. Das ärgert mich jedes Mal enorm und ich bekomme manchmal, wenn ich es besonders eklig finde, Herpes. Ich erkenne schon an der hoch stehenden Klobrille, dass Du im Stehen gepinkelt hast."* Daraufhin er: *„Okay. Kein Problem. Ich kann mich auch hinsetzen."* Nun entbrennt ein Streit über die Glaubwürdigkeit. Sie kann ihm diese plötzlich zugesicherte Verhaltensänderung nicht abnehmen. Er wird wahnsinnig wütend darüber.

Wir entscheiden uns für den Platzwechsel. Er, von dem wir vermuten, er könne sich gut in sie einfühlen, nimmt auf dem Stuhl von ihr Platz und sie auf dem Beobachterstuhl. Nach kurzer Schilderung – hoch gestellte Brille – putzen – Herpes – fragen wir ihn, wie es ihm in dieser Situation als Partnerin geht. Er kann sich tatsächlich gut einfühlen und es sprudelt aus ihm heraus. Nach dem Rücktausch ist sie erstaunt über seine weitgehende Einfühlung.

Dann nimmt sie auf seinem Stuhl Platz. Der Mediator schildert die Situation: *„Du hörst zum ersten Mal, dass das ‚Im-Stehen-Pinkeln' für Deine Partnerin schwierig ist. Du siehst es ein und gelobst Besserung. Dir wird nicht geglaubt."* Und auch sie kann nun auf dem Stuhl von ihm verstehen, wie wütend ihn der Unglaube an seinem Versprechen macht.

Nach dem Rücktausch gewinnt sie die Einsicht, dass nach so langer Zeit (sieben Jahre) des „Ertragens" der Situation der Glaube an „spontaner" Veränderung kaum möglich ist. Die Glaubwürdigkeit steigt und beidseitige Entschuldigen sorgen für eine nachhaltige Veränderung der Gesprächsatmosphäre.

Erfahrungen/ Kommentare

Der Platzwechsel, zum richtigen Zeitpunkt angewendet, fördert Erkenntnisse in den Parteien, die es ihnen ermöglichen, ihre eigene Wahrheit als Teilwahrheit zu relativieren und die subjektive Wahrheit des anderen im gemeinsamen Konflikt anzuerkennen. Oft gelingt auch das kognitive und/oder emotionale Verstehen (siehe Stufen der Anerkennung im Tool „Via Fragetreppe zum Perspektivwechsel", S. 225). Das ist eine gute Grundlage für das Erarbeiten von Win-win-Optionen.

Die Lösungseuphorie ist nach einem erfolgreichen Platzwechsel auch aufseiten der Mediatoren oft groß und deshalb gilt es hier, mit Bedacht fortzufahren. Ein Blick auf die Themensammlung der Parteien ist unabdingbar. Nur die Parteien können dann entscheiden, worüber nun noch gesprochen werden sollte oder ob bereits Optionen kreiert werden können. Natürlich können erste Lösungsideen festgehalten werden und nach einem weiteren Besprechen und Vertiefen anderer Konfliktthemen in der Optionsphase mit einbezogen werden.

Warum der Perspektivenwechsel durch Platzwechsel so erstaunlich gut funktioniert, ist bislang nicht wirklich nachgewiesen. Neben der Gestalttherapie arbeiten auch die unterschiedlichsten Formen von Statuenarbeit und Aufstellungsarbeit mit dieser Dynamik. Die Wirkung des Platzwechsels ist wunderbar. Die Parteien geraten in eine nachdenkliche Ruhe und Konzentration und empfinden tatsächlich nach, wie es der anderen Partei ergangen ist. Diese Einfühlung auf dem Beobachterstuhl zu hören, verändert einiges an der Perspektive der zuhörenden Partei. Wer sich von seinem Konfliktpartner verstanden fühlt, kann und will offener sein für das Denken und Fühlen des Gegenübers.

Da die andere Partei während des Einfühlens anwesend ist, bestehen möglicherweise emotionale und/oder auch strategische Hemmnisse, die fremde Perspektive einzunehmen. Durch die Schilderung einer möglichst konkreten konfliktrelevanten Situation auf der reinen Sachebene des Nachrichtenquadrates (siehe Schulz von Thun) hilft der Mediator der Partei, sich einzudenken. Ebenso durch das wiederholte Ansprechen mit dem Namen der anderen Partei. Seitens der Mediatoren erfordert es oft Geduld und Beharrlichkeit.

Technische Hinweise

- Hilfreich ist, wenn ein leerer Stuhl schon in Griffnähe bereitsteht.
- Bei der Co-Mediation ist es wichtig, dass an der entsprechenden Stelle beide zusammen aufstehen und der Co-Mediator nicht etwa sitzen bleibt, während die Parteien zum Aufstehen ermuntert werden.

Quellen/Literatur

Dank an die Quellen/Weiterführende Literatur/Links:

- Perls, Fritz: Grundlagen der Gestalt-Therapie. Einführung und Sitzungsprotokolle (Leben Lernen 20). Klett-Cotta, Stuttgart, 12. Aufl. 2007.
- Staemmer, Frank-Matthias: Der ‚leere Stuhl'. Ein Beitrag zur Technik der Gestalttherapie (Leben Lernen 99); Klett-Cotta, Stuttgart 1995.
- Schulz von Thun: alle Werke.

Weiteres Vorgehen

Oft stellen wir, neben allen anderen möglichen Interventionen, Veränderungsfragen, wie z.B. *„Wenn Sie das jetzt so wissen/so erfahren haben, was ist jetzt bei Ihnen/zwischen Ihnen anders?"* oder *„Auf einer Skala von 1 bis 10, wobei 1 ‚weniger gut' und 10 ‚sehr gut' heißt, wie gut können Sie nun Ihren Konfliktpartner verstehen/wie gut können Sie nun sein Handeln nachvollziehen?"* Antwort abwarten, dann fortfahren *„Ah, okay. (Zahl nennen)! Wie sind Sie dahin gekommen?"* oder *„Was ist passiert, damit Sie bei dieser (Zahl) ankommen konnten?"* Antwort abwarten und dann, ohne zu paraphrasieren, die andere Partei durch die kurze Frage einladen: *„Wenn Sie das hören ...?"* Gewiss können Sie auch einen Dialog einleiten und die Parteien ermutigen, sich bestimmte Dinge gegenseitig und einander zugewandt mitzuteilen. Selbstverständlich kann sich auch die Frage eignen: *„Was bräuchten Sie, um einen Schritt mehr gen 10 zu gehen?"* Letztlich gilt: Folgen Sie Ihren Impulsen zur (Ver-)Stärkung des Perspektivenwechsels und stützen Sie so die Parteien auf dem Weg zu ihrer gemeinsamen Lösung.

Eine starke Basis!

Eine gemeinsame Grundeinstellung formulieren („Common Ground")

Von Juliane Ade

Kurzbeschreibung

Die Formulierung der gemeinsamen Grundeinstellung in Hinblick auf das Mediationsanliegen ist besonders geeignet als Einstieg in die Abschlussphasen der Mediation. Die Intervention aktiviert die Zusammenarbeit und das gegenseitige Verständnis der Parteien. Die Medianden identifizieren miteinander Prinzipien, Überzeugungen, Werte, welche grundlegend sind für ihr Vorhaben, das, worin sie miteinander übereinstimmen, was sie verbindet. Sie erarbeiten diese schrittweise und entwickeln dabei zusammen konkrete Formulierungen.

Rahmen

Der Zeitumfang der Intervention hängt von den Klärungsinhalten, der Anzahl der Medianden und der Ausgestaltung des methodischen Vorgehens ab. Meiner Erfahrung nach umfasst sie einen Zeitbedarf von bis zu einem halben Tag. Die Intervention eignet sich für verschiedenste Konstellationen, für klassische Zwei-Parteien-Mediationen ebenso wie für Team-, Gruppen- und Großgruppenmediation (> 30 Personen).

Anlässe/ Anwendungsbereiche

Die Intervention ist insbesondere geeignet, wenn es den Beteiligten um eine gemeinsame Gestaltung der Zukunft geht. Voraussetzung für ein Gelingen ist, dass die Medianden ihre unterschiedlichen Sichtweisen einbringen konnten und erlebt haben, dass auch das Trennende, die Unterschiede zwischen ihnen wahrgenommen und gehört wurden. Auch im Rahmen einer „Trennungsmediation" kann die Intervention geeignet sein, wenn zuvor ausreichend Raum für Differenzen und Emotionen vorhanden war und Ansätze für Perspektivwechsel und gegenseitiges Verständnis sichtbar sind. Es gibt (allerdings eher selten) Mediationen, in denen es möglich ist, mit der gemeinsamen Grundeinstellung einzusteigen, wenn die Beteiligten sich bereits gut kennen und prinzipiell eine konstruktive Konfliktkultur miteinander haben.

Zielsetzung/Nutzen

Eine explizite und positive Formulierung der gemeinsamen Grundeinstellung in Form von Prinzipien vor dem Einstieg in konkrete Verhandlungen am Ende der Mediation kann sich in vielfältiger Weise positiv auswirken: Das gemeinsame Wissen und die Einigkeit hinsichtlich der gemeinsamen Basis (und dem, was nicht dazugehört) führen zu mehr Klarheit und damit Sicherheit bei den Medianden. Die Blickrichtung in die Zukunft wird unterstützt. Die Handlungsfähigkeit und der Handlungsspielraum werden größer – den Beteiligten fällt es leichter, ihre Sache selbst in die Hand zu nehmen. Die Zuversicht, selbstverantwortlich zu einer zufriedenstellenden Zukunftsgestaltung zu kommen, wächst.

Beim Aktiven Zuhören greifen zwar Mediatoren neben unterschiedlichen Sichtweisen regelmäßig auch an geeigneter Stelle die Gemeinsamkeiten der Parteien auf. Die eigene Erarbeitung und Formulierung der gemeinsamen Basis durch die Beteiligten hat jedoch eine ungemein stärkere Wirkung.

Beschreibung

Methodisch gibt es eine Bandbreite von Arbeitsweisen. Hier ein vergleichsweise einfaches Vorgehen. Grundsätzlich wird dabei in drei Schritten gearbeitet: Auf Einzelarbeit (1) folgt eine Phase, die dem Austausch und der Zusammenführung und Konkretisierung dient. Sie kann in Form von einer oder mehreren Kleingruppeneinheiten stattfinden (2). Im anschließenden Plenum werden die Ergebnisse zusammengeführt und die abschließenden Formulierungen entwickelt (3).

Der Ausgangspunkt für die Intervention besteht darin, dass die unterschiedlichen Perspektiven und Sichtweisen im Hinblick auf die Fragestellung, den Konflikt, zuvor deutlich geworden sind und alle Seiten das Gefühl haben, in ihrer Unterschiedlichkeit gehört und verstanden worden zu sein. Gegenseitiges Verständnis der Konfliktbeteiligten für die jeweils anderen Perspektiven ist erkennbar. Es ist fühlbar, dass sich die Atmosphäre zwischen den Medianden entspannt hat.

Der Mediator hält nun den Zeitpunkt für gekommen, den Blick auf Gemeinsamkeiten und Verbindendes für die Zukunft zu richten. Er leitet den nächsten Schritt zum Beispiel mit folgenden Worten ein: *„Bevor wir in eine konkrete Lösungsfindung einsteigen, kann es hilfreich sein, sich die gemeinsame Grundeinstellung, die Basis der Kooperation zu vergegenwärtigen. Bei allen Unterschiedlichkeiten gibt es das Gemeinsame – Prinzipien, Überzeugungen, Ziele, die Sie teilen –, das die Basis Ihrer Zusammenarbeit darstellt. Das ist der Boden, von dem aus Sie miteinander Ihre Dinge erfolgreich voranbringen."*

1. Schritt: Selbstreflexion in Einzelarbeit

„Nehmen Sie sich einen Stift und ein Blatt Papier und notieren Sie – zuerst einmal jede/jeder für sich alleine – ungefähr fünf bis maximal sieben Prinzipien Ihrer Zusammenarbeit, die für Sie wichtig sind. Schauen Sie dafür ruhig noch einmal auf die Bedürfnisse und Interessen, die bislang visualisiert wurden. Sie können sich auch einen ganz spezifischen Moment gelungener Kooperation vergegenwärtigen: ‚Wann macht mir die Kooperation Freude?' … Notieren Sie Ihre Prinzipien in knappen Worten, Stichpunkten oder maximal zwei bis drei Sätzen." Die Formulierung der konkreten Aufgabenstellung bedarf sorgfältiger Überlegung seitens des Mediators, sie soll für die Situation der Mediananden, zu ihrem Anliegen, passen und nicht zu einer Diskussion auf der Meta-Ebene („Was sind Prinzipien?") verleiten.

Wie viel Zeit die Beteiligten für die Notizen benötigen, ist unterschiedlich, erfahrungsgemäß zwischen 15 und 30 Minuten. *„Ich schlage vor, dass Sie zunächst eine Viertelstunde für sich arbeiten. Wenn Sie dann mehr Zeit benötigen, verlängern wir die Phase. Suchen Sie sich einen angenehmen, ruhigen Platz."*

2. Schritt: Austausch, Zusammenführung und Konkretisierung

Je nach Anzahl der Medianden folgt im Anschluss an die Einzelarbeit der zweite Schritt, bei dem es um Austausch und eine erste Zusammenführung und Konkretisierung geht, in Form von Kleingruppenarbeit. Er wird folgendermaßen eingeleitet: *„Stellen Sie sich innerhalb der Kleingruppe Ihre Prinzipien untereinander vor. Anschließend formulieren Sie vorläufige Überschriften zu fünf bis maximal sieben gemeinsamen Prinzipien und notieren zu jedem drei charakteristische Schlagworte. In 20 Minuten werde ich fragen, wie weit Sie sind und ob Sie noch mehr Zeit benötigen."* Je nach Anzahl und Inhalt dessen, was die Einzelnen mitbringen, findet also sowohl eine Auswahl als auch die Zusammenführung statt; Prinzipien (Grundlagen, Werte, Anliegen …), die nicht alle in der Gruppe als etwas Gemeinsames/Verbindendes betrachten, finden keinen Eingang in die Sammlung.

Foto: In Kleingruppen werden die gemeinsamen Prinzipien erarbeitet.

3. Schritt: Gemeinsame Formulierung

Im Anschluss an die Kleingruppenphase werden die Ergebnisse im Plenum vorgestellt. Nun einigen sich alle Beteiligten wiederum auf ungefähr fünf bis maximal sieben Prinzipien, welche sie als ihre gemeinsamen ansehen. Auch hier geht es wieder um Übereinstimmung, nicht um einen Kompromiss – zutage tretende Unterschiede, trennende Aspekte, werden als solche gesehen und anerkannt.

Anschließend formulieren die Medianden ihre Prinzipien miteinander in wenigen Sätzen, möglichst kurz und auf den Punkt gebracht. Eine mögliche Arbeitsanweisung für diesen dritten Schritt könnte lauten: *„Schreiben Sie die Titel der Prinzipien jeweils oben auf ein Flipchart-Papier. Hängen Sie diese einzelnen Blätter verteilt im Raum so auf, dass Sie alle Charts gut sehen können. Eine bewährte Vorgehensweise ist es nun, wenn Sie alle von Flipchart zu Flipchart spazieren und Formulierungsvorschläge aufschreiben, die Ihnen einfallen. Sie können Ihre Vorschläge untereinander auch ergänzen. Anschließend werden Sie sich in der Gruppe zusammensetzen und ein gemeinsames Endprodukt entwickeln."*

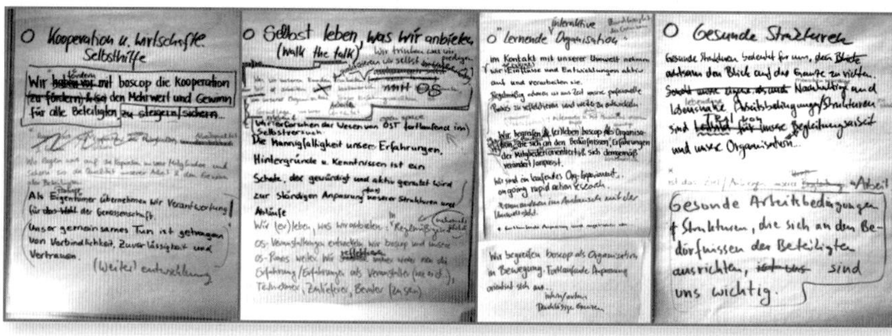

Foto: Die gemeinsamen Prinzipien werden individuell ausformuliert.

Für die Sammlung der Formulierungen ist es schön, die Flipcharts im Raum verteilt aufzuhängen und die Stühle beiseite zu stellen. Anschließend können sich die Beteiligten in einen Halbkreis setzen, mit jeweils einem Flipchart vor Augen, die anderen hängen in Sichtweite. Für die gemeinsame abschließende Formulierung wird die Gruppe selbstorganisiert zu verschiedenfarbigen Stiften, ergänzenden Blättern etc. greifen. Am Ende werden alle Prinzipien noch einmal vorgelesen. Danach ist erfahrungsgemäß ein guter Zeitpunkt für eine Pause.

Erfahrungen/ Kommentare

Ich schätze an dieser Intervention besonders, dass sie die Selbstorganisationskräfte der Beteiligten stärkt. Sie unterstützt die Übernahme/ Rückführung der Prozessverantwortung durch die Medianden aus der Hand des Mediators. Die Parteien entwickeln Zuversicht in Bezug auf ihre Fähigkeit, zusammen das voranzubringen, was jedem wichtig ist. Es entsteht eine positive, gelöste Stimmung. Ein sehr schönes Erlebnis war es zum Beispiel, als eine Gruppe den Vortrag jedes einzelnen Prinzips mit Applaus feierte. Sich seiner Werte und Grundlagen bewusst zu werden und diese gemeinsam auszuformulieren, ist in sich ein schöpferischer und wertschätzender Akt. Die Wertschätzung geben sich die Mediandcn selbst, sie kommt nicht von dem Mediator. Je mehr dieser die Beteiligten selbst arbeiten lässt (Flipcharts aufhängen, Stifte holen, Stühle stellen etc.), desto deutlicher wird die Verantwortungsübernahme durch die Parteien.

Es kommt vor, dass Einzelne zu Beginn der Intervention mit Widerstand reagieren. Darauf sollte der Mediator vorbereitet sein und damit umgehen können. In einer solchen Situation ist zu prüfen, was der Hintergrund für den Widerstand ist. Handelt es sich um ein Widersetzen, weil der Sinn des Vorgehens nicht verstanden wurde? Dann erkläre ich ihn noch einmal in anderen Worten und bemühe mich um Einverständnis. Rührt er eher daher, dass der/die Betreffende/n sich nicht auf Gemeinsamkeiten einlassen wollen, weil die Anerkennung der Differenzen noch im Vordergrund steht und/oder nicht abgeschlossen ist, so lasse ich das Vorhaben gerne los und schlage einen anderen nächsten Schritt vor. Die Formulierung der gemeinsamen Grundeinstellung macht keinen Sinn, wenn es für die Beteiligten nicht der richtige Zeitpunkt ist.

Was auch möglich ist: Die Mediandcn erkennen, dass die gemeinsame Basis, anders als erwartet, sehr gering ist. Nun, das ist kein Problem, sondern eine erfreuliche Erkenntnis, von der aus die Beteiligten noch besser die nächsten Schritte vom Boden der Tatsachen aus planen können. Die positive Wirkung des Formulierens der gemeinsamen Grundeinstellung bleibt erhalten.

Technische Hinweise

Der Bedarf an Material und Ausstattung beschränkt sich auf Flipchart-Papier, Moderationsstifte in verschiedenen Farben, DIN-A4-Papier, Schreibstifte für die Beteiligten, Krepp-Klebeband, Pinn-Nadeln, evtl. Moderationskarten, Flipchart-Ständer und Pinnwände oder Raumwände, an welche Flipchart-Papiere geklebt werden können.

Quellen/Literatur

Vermutlich gibt es viele Quellen. Ich habe die bewusste Arbeit mit dem Fokus auf die gemeinsame Grundeinstellung insbesondere durch Marvin Weisbord und Sandra Janoff schätzen gelernt. Ihr Buch – „Don´t Just Do Something, Stand There!" (2007), aus dem Amerikanischen von Georg Bischoff und Michael M. Pannwitz „Einfach mal Nichts tun! Zehn Leitsätze, mit denen jedes Treffen etwas Besonderes wird" (2011) – ist meines Erachtens eine der wichtigsten Veröffentlichungen für die prozessbegleitende Arbeit mit Gruppen überhaupt.

In der Praxis profitierte ich insbesondere von der Zusammenarbeit mit meinen Kolleginnen und Kollegen der „berlin open space cooperative" (boscop eg) und Monia Ben Larbi und Ulla Gläßer, mit ihnen allen verbindet mich eine zuverlässige gemeinsame Basis, welche das Arbeiten zur Freude macht.

Weiteres Vorgehen

Nach der Pause kann an den konkret regelungsbedürftigen Themen/Fragen weitergearbeitet werden: Möglicherweise ist im Rahmen der Arbeit an der gemeinsamen Basis weiterer Klärungsbedarf entstanden, bzw. ein Thema hat sich gewandelt, ist deutlicher geworden o.Ä. Dann kann der Klärungsbedarf aufgegriffen, also im Format der Phase 3 der Mediation weitergearbeitet werden. Entstand kein neuer Klärungsbedarf, so folgt nun die Phase 4 – Entwicklung von Optionen zu den einzelnen Themen mit Regelungsbedarf. Neben den in Phase 3 erarbeiteten Bedürfnissen und Interessen der Parteien, kann auch die „gemeinsame Grundeinstellung/Basis" als Maßstab für die Bewertung von Optionen und ersten Einigungsentwürfen sowie die abschließende Vereinbarung herangezogen werden.

Pause als Intervention

Durch bewusst gesetzte Pausen Distanz zum Konfliktgeschehen schaffen

Von Peter Knapp

Kurzbeschreibung

Eine bewusst gesetzte und gelebte Pause in der Mediation schafft Distanz zum aktuellen Konfliktgeschehen. In dieser kurzen Phase der Unterbrechung können sowohl der Mediator als auch die Konfliktparteien sich neuer Gedanken und Ideen bewusst werden. Die Pause wird vom Mediator bewusst eingesetzt, um den bis dahin wirkenden Prozess der Konfliktbearbeitung zu unterbrechen und sowohl den Konfliktparteien als auch sich selbst einen Moment der Distanz zu ermöglichen. Statt in der Mediation mit demselben wie bisher fortzufahren, soll in der Pause Raum für Neues und anderes entstehen. Solche Wahrnehmung von bisher nicht Gedachtem kann sowohl für den Mediator als auch für die Mediandenwichtig sein und dem weiteren Verlauf der Konfliktbearbeitung wertvolle Impulse geben. Die Pause als Interventionsmethode ist in fast jeder Mediation und Konfliktbearbeitung einsetzbar.

Zeitlicher Rahmen

Die Mediation sollte lang genug sein, damit es sinnvoll ist, eine sinnvolle Pause vorzuschlagen. Wenn eine Sitzung 1,5 bis 2 Stunden dauert, ist ausreichend Zeit für eine kurze (klar begrenzte) Pause vorhanden, deren Wirkung dann auch genutzt werden kann.

Anlässe/ Anwendungsbereiche

Eine Pause kann in jeder Mediation gemacht werden. Besonders empfiehlt sie sich, wenn der Mediationsprozess ins Stocken gerät oder die Situation blockiert erscheint.

Zielsetzung/Nutzen

Die Pause als Intervention zielt auf „less is more" – weniger ist mehr. Statt wie bisher fortzufahren, schlägt der Mediator eine Pause vor. Damit wird allen Beteiligten die Möglichkeit gegeben, kurzzeitig Abstand zum Geschehen der Konfliktbearbeitung zu gewinnen und emotionale Distanz zum Geschehen in der Mediation zu erhalten. Eher routinierte Pausenaktivitäten wie Händewaschen oder Kaffeeholen erlauben es außerdem, dass sich Assoziationen und Gedanken zum soeben Geschehenen melden können. Solche intuitiven „Spätmelder", die vorher in der Sitzung noch nicht gedacht oder bewusst wahrgenommen wurden, können wichtige Impulse für die Konfliktlösung geben.

Beschreibung

Unwillkürliche Entstehungsart von Ideen

Neue Ideen entstehen häufig nicht durch bewussten Abruf, sondern unwillkürlich und plötzlich. In Momenten des selbstvergessenen Tuns, wie dem Händewaschen oder dem Eingießen von Kaffee, ist der Verstand von dieser Tätigkeit in Anspruch genommen und neue Aspekte und Ideen können bewusst werden. Der rationale Wachzustand wird kurzzeitig von einem Entspannungszustand abgelöst, in dem die unwillkürliche Entstehung neuer Ideen am leichtesten möglich ist.

Für das Verhalten des Mediators und der Konfliktparteien in der Pause bedeutet das, sich diesem Entspannungszustand hinzugeben und auf die Entstehung eines anderen Gedankens zu vertrauen. Deshalb ist es wichtig, in der Pause auch wirklich Pause zu machen, und zum Beispiel den Raum zu verlassen, für frische Luft zu sorgen, ein Glas Wasser zu trinken oder zur Toilette zu gehen. Die Wirkung solcher Pausen ist nicht kalkulierbar, da Ideen unwillkürlich in der Pause entstehen können.

Impuls zur Pausensetzung

Für den Einsatz der Methode ist es wichtig, den Signalen der eigenen Intuition zu folgen. Dies beginnt bereits damit, den verspürten Impuls nach einer Pause wahr- und ernst zu nehmen. Wenn der Mediator denkt, dass eine Pause angebracht wäre, weil es ihm zum Beispiel schwerfällt, sich weiter zu konzentrieren oder weil es irgendwie nicht weitergeht, der Prozess ins Stocken geraten ist, sollte er diesen Impuls ernst nehmen und eine Pause vorschlagen. Ausgehend von der Idee, dass wir Menschen stärker miteinander verbunden sind als wir vermuten, ist es wahrscheinlich, dass auch andere Personen im Raum das Bedürfnis nach einer Pause haben und der Vorschlag dankbar angenommen wird. Für den Mediator ist es wichtig, die Signale seiner Intuition wahrzunehmen und ihnen zu folgen.

Der geeignete Zeitpunkt für die Pause

Ein günstiger Zeitpunkt für eine Unterbrechung findet sich häufig dann, wenn schon ein gutes Stück der Mediationsarbeit getan ist, z.B. nach 60 Prozent der verabredeten Zeit, wenn die Sichtweisen und

Hintergründe zum größten Teil ausgesprochen sind. In eine Pause zu gehen ist generell dann möglich, wenn die Mediation gut aufgesetzt ist und schon wichtige Konfliktpunkte besprochen wurden.

Umgang mit Einwänden gegen die Pause

Es kann passieren, dass Konfliktparteien mit einer Unterbrechung nicht einverstanden sind. Darauf reagieren Sie am besten, indem Sie den Einwand zum Beispiel spiegeln: *„Ihnen ist wichtig, die Zeit möglichst optimal zu nutzen und Sie ziehen es vor, die Mediation ohne Pause fortzusetzen.“*

Falls der Mediator eine Pause trotzdem für sinnvoll und wichtig hält, kann er unter Verweis auf seine eigenen Bedürfnisse, die er als Ich-Botschaft vermittelt, darauf bestehen: *„Mir ist es wichtig, eine kurze Pause zu machen. Ich gehe davon aus, dass eine kurze Pause genau dazu führt, dass wir die uns zur Verfügung stehende Zeit optimal nutzen. Ich bitte um Ihr Verständnis. Wir machen in 10 Minuten (in 5 Minuten) weiter.“*

Wird eine Pause z.B. sehr spät vorgeschlagen, könnten die Mediananden einwenden, dass man jetzt auch noch bis zum Ende durchhalte. Ist dem Mediator trotz des fortgeschrittenen Zeitpunkts die Pause wichtig, geht er auf den Einwand ein, bittet um Verständnis und begibt sich in Richtung Toilette oder Teeküche. Sollten die Einwände sehr stark sein, kann der Mediator auch von seinem Vorschlag einer Pause abrücken. Es ist nur wichtig, nach dem ersten Einwand nicht einzuknicken. In der Praxis kommen Einwände gegen Pausen aber eher selten oder gar nicht vor.

Zu beachten bei der Pauseneinführung

Pausen sollten deutlich angekündigt werden. Es ist wichtig, die Pause auch wirklich zur Pause zu machen. Eine Pause anzukündigen und dann mit einem der Konfliktparteien ein Gespräch zu einem bestimmten Aspekt fortzuführen, ist keine Pause. In einem solchen Fall ist der gewünschte Effekt der Pause als Mittel zur Distanz und möglichem Ideenspender nicht gegeben. Am ehesten erreichen Sie, die Pause umzusetzen, indem Sie als Mediator einen klaren Führungsanspruch für den Prozess der Pause erkennen lassen. Günstig kann es auch sein, als Mediator den Raum zu verlassen – natürlich nur, wenn der Konflikteskalationsgrad zwischen den Teilnehmern es zulässt. Ein konkreter Vorschlag zur Pause könnte folgendermaßen formuliert werden: *„Ich habe den Eindruck, dass eine kurze Pause gut ist, um frische Luft rein-*

zulassen, einen Schluck Wasser, Tee oder Kaffee zu sich zu nehmen oder zur Toilette zu gehen – ich schlage 5 Minuten Pause vor – Pause bis 11:10 Uhr."

Von den Konfliktparteien erwartet der Mediator daraufhin irgendeine Art der Zustimmung. Dann steht der Mediator auf, öffnet ein Fenster, nimmt sich ein Glas Wasser und signalisiert damit den Pausenbeginn. Dieser Wechsel der Position durch Aufstehen oder den Raum verlassen kann wichtig sein, um die kurze Unterbrechung deutlich zu machen.

Gewinnung neuer Ideen und Gedanken während der Pause

Die Unterbrechung des Mediationsgeschehens schafft eine innere und möglicherweise auch kurze emotionale Distanz, die es den Beteiligten erlaubt, unwillkürlich entstehende Ideen und Gedanken zuzulassen und wahrzunehmen. William Ury beschreibt in seinem Buch „Schwierige Verhandlungen" dieses Phänomen der Distanzierung zum aktuellen Geschehen mit dem Bild des „Inneren Balkons". Der „Balkon" ist der Ort, um kurz innezuhalten und sich auf sich selbst und seine Bedürfnisse zu konzentrieren.

Beispiele für Ideen und Gedanken in der Pause

1. In der Mediation zwischen Geschäftsführung und Betriebsrat kommt dem Mediator der Gedanke, dass eine Partei Anerkennung benötigt, die sie anscheinend nicht erhält.
2. Der Mediator wird sich in der Pause bewusst, dass er sich unter Druck fühlt und Bedenken hat, wie die Mediation enden wird. In der Pause kann sich der Mediator dieses Drucks, der auf ihm lastet, bewusst werden. Dieser Druck kann auch ein Hinweis darauf sein, dass eine Konfliktpartei sich unter Druck fühlt.
3. Sie haben die Idee, dass es gut wäre, darzulegen, wie sich die Parteien eine funktionierende Zusammenarbeit vorstellen könnten, statt sich an der Darlegung, was alles nicht gut läuft, aufzuhalten. Die Konfliktparteien müssten darüber nachdenken, was sie bis zur nächsten Mediation in dem direkten Umgang anders miteinander machen könnten.

Dies sind Impulse, die der Mediator haben könnte. Auch die Konfliktparteien werden in der Pause Gedanken und Ideen gewonnen haben, die für die weitere Mediation wichtig sein können.

Erfahrungen/ Kommentare

Der Vorschlag einer Pause wird gut angenommen. Eine klare Führung durch den Mediator, der die Pause selbst auch mitmacht, ist sehr hilfreich.

Wie bei jedem Methodeneinsatz kann es auch bei der Pausenintervention passieren, dass die Methode für die Mediationssitzung geplant wird, aber dann nicht zum Einsatz kommt. Folgen Sie Ihrer Intuition und entscheiden Sie sich, wenn nötig, gegen die geplante Intervention.

Es kann passieren, dass die Konfliktparteien die Pause nutzen wollen, um dem Mediator einen Eindruck oder eine ihrer Meinung nach wichtige Information mitzuteilen. Um die Pause als Intervention im Sinne einer Unterbrechung nutzen zu können, ist es wichtig, diese Zweier-Diskussionen möglichst nicht entstehen zu lassen oder, mit einer kurzen Entschuldigung, sich Richtung Toilette oder einem anderem Pausenort zu verabschieden.

In Blockadesituationen können Gedanken und Impulse aus einer Pause hilfreich sein, um die Konfliktbearbeitung wieder in Bewegung zu bringen. Falls niemand neue Impulse einbringen kann, dient die Pause zumindest der Erholung.

Technische Hinweise

Es ist vorteilhaft, mehrere Räume – auch Toilette oder Teeküche – oder wenigstens einen Flur oder Vorraum zur Verfügung zu haben, damit die Konfliktparteien die Möglichkeiten haben, den Raum zu wechseln. Es ist aber keine technische Voraussetzung.

Quellen/Literatur

- Gigerenzer, Gerd: Bauchentscheidungen: Die Intelligenz des Unbewussten und die Macht der Intuition. Goldmann, München 2008.
- Knapp, Peter: Pause als Intervention in der Mediation. In: Perspektive Mediation 2010/2. Verlag Österreich, Wien 2010.
- Ury, William L.: Schwierige Verhandlungen. Campus, Frankfurt/M. 1995.

Weiteres Vorgehen

Nach der Pause

Zum vorher festgelegten Zeitpunkt sollte die Sitzung weitergeführt werden. Zeittreue wird von den Konfliktparteien meist sehr geschätzt. Für die Fortsetzung der Mediation ist es wichtig, den in der Pause möglicherweise entstandenen Ideen Raum zu geben. Einleitend fragt der Mediator zum Beispiel: „Gibt es noch etwas, was Sie gerne ansprechen wollen oder womit Sie fortfahren wollen? Gibt es einen Aspekt, der

Ihnen noch wichtig ist, anzusprechen, der Ihnen vielleicht in der Pause eingefallen ist? Was beschäftigt Sie gerade?"

Mit dieser Einleitung geben Sie Gelegenheit, bisher nicht beachtete Gedanken und Ideen in die Mediation einzubringen. Auch als Mediator können Sie Ihre Pausen-Gedanken einbringen.

- **Beispiel 1:** Nachdem Sie die Parteien nach deren Gedanken nach der Pause gefragt haben, können Sie Ihren Gedanken, den Sie während der Pause hatten, einbringen. *„Sie haben ausführlich Ihre Zusammenarbeit beschrieben. Wenn ich Sie, Herr A (Bertriebsrat) frage, was Herr B (Geschäftsführung) über die Zusammenarbeit mit Ihnen denkt, was würde er mir Ihrer Meinung nach antworten? Was würde er Ihrer Meinung nach zum Beispiel an der Zusammenarbeit schätzen?"*

  Der Mediator bringt den Gedanken aus der Pause in Form einer zirkulären Frage zur Wertschätzung zwischen Betriebsrat und Geschäftsführung ein.

- **Beispiel 2:** Nach der Pause fragen Sie die Konfliktparteien nach ihrem augenblicklichen Befinden und ihrer Zufriedenheit mit dem bisherigen Verlauf der Sitzung: *„Wir haben jetzt mehr als die Hälfte der Sitzung hinter uns – welche Punkte waren bisher für Sie wichtig in Bezug auf Ihr eingangs benanntes Ziel?"*

- **Beispiel 3:** Die Pause ist zu Ende. Sie fragen, ob es konkrete Ideen gibt, wie die Beteiligten in Zukunft miteinander zusammenarbeiten. *„Wir hatten ausführlich über die Zusammenarbeit gesprochen, und jetzt nach der Pause würde ich gern fragen, welche Ideen Ihnen durch den Kopf gehen, wie Sie zukünftig Ihre Zusammenarbeit gestalten wollen."*

Generell kann nach der Pause ganz offen und allgemein gefragt werden: *„Was ging Ihnen in der Pause so durch den Kopf?"*

Das Erklärungshaus

Emotional aufgewühlte Dialoge beruhigen – durch Zusammenfassen und Erklären

Von Christian Prior

Kurzbeschreibung

Die Methode „Erklärungshaus" hat zwei Phasen.

- Das **Zusammenfassen**: Dabei schildert der Klärungshelfer den Konfliktparteien, wie sich der Konflikt für ihn darstellt. Er geht kurz auf die Entwicklung im Vorfeld der Mediation ein, fasst dann den Verlauf des Gesprächs zusammen und benennt schließlich den erreichten aktuellen Stand, ohne diesen dabei schönzufärben.
- In der zweiten, fakultativen Phase des **Erklärens** verallgemeinert er zuerst das Geschehen (ist typisch), zerstört dann die ideale Lösung (machen Sie sich keinen unnötigen Stress, jetzt gut sein zu wollen) und ordnet zum Abschluss das kommunikative Geschehen in ein gängiges, theoretisches Modell ein. Ziel ist ein beidseitiges kognitives Verstehen und Akzeptieren.

Rahmen

- Zeit: fünf bis fünfzehn Minuten
- Geeignet für alle Formen der Mediation und jede Gruppengröße

---

Anlässe/ Anwendungsbereiche

„Es darf nur aufschneiden, wer auch zunähen kann." Mit „Aufschneiden" ist gemeint, dass der Klärungshelfer jenseits der Bedürfnisse und Interessen die tieferen emotionalen Dimensionen (Vorwürfe, Wut, Arroganz, Verzweiflung, Ohnmacht) offen thematisiert (siehe „Dialogisieren" von Christoph Thomann, Seite 148, und „Doppeln als Weg der Beziehungsklärung" von Tilman Metzger, Seite 185). Diesen Schritt hin zu den meist enorm mächtigen Phänomenen der Begegnung darf aber nur wagen, wer auch bereit ist, dort verhärtete und unversöhnliche subjektive Wahrheiten zu finden. Was aber dann mit den aufgewühlten Streitparteien tun? Wie sie in eine konstruktive Lösungssuche führen und am Ende dann auf die Straße entlassen? Hier kommt als „Zunähen" die Methode „Erklärungshaus" ins Spiel. Sie ist überall dort angezeigt, wo ein emotional aufgewühlter Dialog durch eine urteilsfreie Zusammenfassung und einen theoretischen Input beruhigt werden soll.

Zielsetzung/Nutzen

Bildlich gesprochen geht es darum, die Parteien aus dem „emotionalen Bauch" wieder in den „klaren Kopf" zu führen. Es geht um inneren Abstand, um eine Neubewertung des bisher Erlebten, um Sinnstiftung. Statt einseitiger Sicht, Verurteilung und Rache soll Verstehen und Akzeptieren der wechselseitigen Verstrickung möglich werden. Und all dies, ohne dabei auch nur im Mindesten die Situation schönzufärben. Die „Dicke des Eises" zwischen den Parteien soll in seiner Tragkraft realistisch benannt werden, um in der folgenden Lösungsphase spezifisch angepasste Lösungen zu finden, die nicht gleich bei der nächsten Begegnung einbrechen.

Beschreibung

Das Haus des Erklärens (siehe Abb.) wird von links kommend betreten mit dem **Eingangssatz**: *„Ich möchte hier Ihren Dialog mal abschneiden und Ihnen sagen, wie sich das Ganze für mich darstellt. Bitte lehnen Sie sich zurück und nicken Sie, wenn das, was ich sage, aus Ihrer Perspektive stimmt."* Diese Ankündigung schafft sofort eine spürbare Veränderung der Gesprächsatmosphäre. Nahezu alle Beteiligten nehmen die Einladung zum Zurücklehnen dankbar an und sind neugierig, was nun der Konfliktexperte zum Geschehen zu sagen hat.

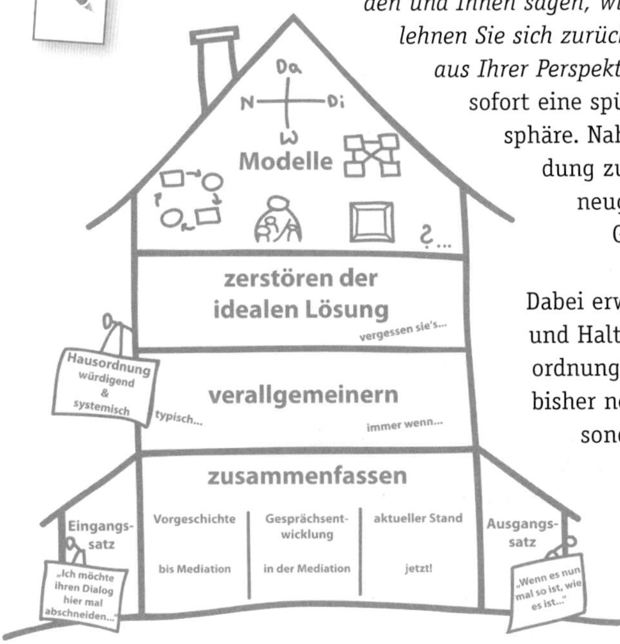

Dabei erweitert und verändert sich die **Rolle** und Haltung des Klärungshelfers (siehe Hausordnung): Er ist jetzt kurzfristig nicht nur wie bisher neutraler und allparteilicher Moderator, sondern noch dazu systemischer Coach und Kommunikationstrainer, der die Dynamiken auf eine theoretische Ebene abstrahiert und an der konkreten Situation dann verdeutlicht.

Dies macht er mit einer **würdigenden** und **systemischen Grundhaltung**: Aus den üblichen Schuldzuschreibungen wird eine nicht verurteilende Situationsbeschreibung, die die jeweilige Beteiligung aller aufzeigt. Statt um Täter und Opfer geht es jetzt um teufelskreisartige Wechselwirkungen ohne Anfang und Schuld. Alle Beteiligten agieren in dieser Schilderung letztlich „normal" und „gesund" und sind in ihren konfliktproblematischen Reaktionen (aggressiv, verlogen, gemein) nachvollziehbar – im Idealfall auch von der Gegenseite, die damit das menschliche, allzumenschliche Antlitz hinter der hässlichen Konfliktfratze erkennen lernt.

Im **„Pflichtdurchgang" durch das Erdgeschoss** (die oberen Stockwerke sind enorm hilfreich, aber nicht nötig) geht es darum, die bisherige Entwicklung in drei Schritten zusammenzufassen. Zuerst: Was ist die Vorgeschichte, die zur Mediation geführt hat? Dann: Was ist im klärenden Gespräch geschehen? Und zum Abschluss: Wie ist es jetzt aktuell zwischen den Parteien? Konkret klingt das so: „... *und nicken Sie bitte, wenn das, was ich sage, aus Ihrer Perspektive stimmt. Okay?*"

1. Vorgeschichte: *„Also: Sie zwei sind beide als Justiziare für Ihre Unternehmen schon lange Jahre tätig, Sie, Herr Hut, acht Jahre* (nickt), *Sie, Frau Jordan, sieben Jahre* (nickt). *Ihre Unternehmen wurden dann fusioniert – vor zwei Jahren?* (Beide nicken) *Im ersten Jahr hat sich fast nichts verändert – Sie hatten Ihre alten Büros, fünf Kilometer entfernt. Auch in den Abläufen ist erst mal alles beim Alten geblieben* (beide nicken). *Und Sie hatten entsprechend wenig Kontakt* (nicken). *Erst mit dem Neubau sind Sie sich notwendigerweise näher gekommen – Ihre Büros Tür an Tür. Und Sie, Herr Hut, sind durch eine Mail des Vorstandes Vorgesetzter Ihrer Abteilung geworden, und damit Ihr Chef, Frau Jordan* (nickt) *– weil Ihr Unternehmen das größere war* (er nickt). *Und da haben Ihre Spannungen angefangen. Die Atmosphäre wurde immer schlechter – bis hin zur Abmahnung, die Sie, Herr Hut, ausgesprochen haben, als Sie, Frau Jordan, ohne auszustempeln Pause gemacht haben. Die darauf folgende Kriegsatmosphäre – so haben Sie es beide benannt* (beide nicken) *– war dann auch der Anlass, jetzt dieses Gespräch mit mir zu führen."*

2. Gesprächsentwicklung: *„Sie haben deutlich gemacht, Herr Hut, dass Sie, im Laufe des letzten Jahres immer weniger Zugang zu Frau Jordan bekamen. Alle Ihre Versuche, ins Gespräch zu kommen, gemeinsam Fälle zu besprechen oder einfach mal zum Mittagessen zu gehen, sind aus Ihrer Perspektive an einer eiskalten Mauer abgeprallt* (er nickt). *All diese Versuche haben Sie, Frau Jordan, eher als lästiges Einmischen erlebt, denn als gelungene Versuche, über die Arbeitsweise und über Strukturen ins Gespräch zu kommen* (sie nickt). *Überhaupt war für Sie* *bis dato nicht klar, was durch die Fusion und den Umzug konkret anders werden sollte* (nickt) *– und Versuche ihrerseits, dies anzusprechen, auf ganz klare und sachliche Weise, kamen bei Ihnen, Herr Hut, wie sich gezeigt hat, in den völlig falschen Hals – nämlich als viel zu schnelles Vorpreschen hin zu Vereinbarungen, die aus Ihrer Sicht zum damaligen Zeitpunkt überhaupt noch nicht angesagt waren* (nickt) *– damals ging es für Sie erst mal um eine Sondierung der Situation, um Kennenlernen des Ist-Zustandes* (er nickt). *Für Sie, Frau Jordan, waren die Reaktionen seitens Herrn Huts aber ausweichend und unprofessionell – wie Sie es im Gespräch vorhin klar benannt haben* (nickt). *Sie, Herr Hut, hatten immer mehr Bestätigung für Ihren bereits am Anfang entstandenen Eindruck, nicht als Chef von Frau Jordan akzeptiert zu sein* (er nickt) *– was Sie, Frau Jordan, jetzt auch klar bestätig haben* (sie nickt). *Die Abmahnung war in dieser schwierigen Atmosphäre nichts weiter als eine logische, nämlich psychologische Konsequenz – beim ersten Funken kam das Gemisch zur Explosion* (beide nicken). *Es ist für Sie, Herr Hut, glaubhaft klar geworden, dass Frau Jordan nichts von dieser Regelung des Ausstempelns wusste* (er nickt). *Sie, Frau Jordan, haben eingeräumt, mit Ihrer Reaktion, auf die Ankündigung der Abmahnung einen befreundeten Anwalt einzuschalten, leichtfertig den Weg der Eskalation gewählt zu haben, statt das klärende Gespräch zu Herrn Hut zu wählen, was aus Ihrer heutigen Sicht angemessener gewesen wäre* (sie nickt).*"*

3. Aktueller Stand: *„Das Eis zwischen ihnen beiden ist dünn – obwohl Sie beide in dem Gespräch wechselseitig einiges voneinander verstanden haben, ja sogar gut nachvollziehen konnten – zum Beispiel als Sie, Frau Jordan, vorhin gesagt haben, dass Sie sich gut vorstellen können, wie Ihre Art zu reagieren bei Ihren Gesprächspartnern als von oben herab und aggressiv ankommt und alle Rollläden zugehen lässt, ja dass Sie sich sogar wundern, wie freundlich Herr Hut lange Zeit darauf reagiert hat* (sie nickt). *Und Sie, Herr Hut, haben, nachdem sie verstanden haben, dass Frau Jordan von der Regelung nichts wissen konnte, angekündigt, die Abmahnung zurückzunehmen* (er nickt). *Und trotz der kleinen Schritte aufeinander zu, ist zwischen Ihnen beiden die Atmosphäre alles andere als gelöst und rosig, ist das Eis eben nach wie vor sehr dünn und kann bei jeder Kleinigkeit nach meiner Einschätzung einbrechen."*

Auf der nonverbalen Ebene ist es das Ziel, die Parteien (zehn Mal) zum Nicken zu bringen. Dies geht nur, indem abwechselnd die jeweilige subjektive Wahrheit der Parteien benannt wird.

Nach dem „Pflichtdurchgang" kann der Klärungshelfer jetzt das Haus des Erklärens verlassen und mit dem **Ausgangssatz** *(„Wenn es nun mal so ist, wie es ist, und sich nicht so leicht ändern lässt, was wollen*

Sie jetzt unternehmen?") in die Lösungssuche überleiten. Wenn er aber noch Kraft hat, steigt er vorher noch in das erste Geschoss auf und **verallgemeinert** die Situation der Parteien.

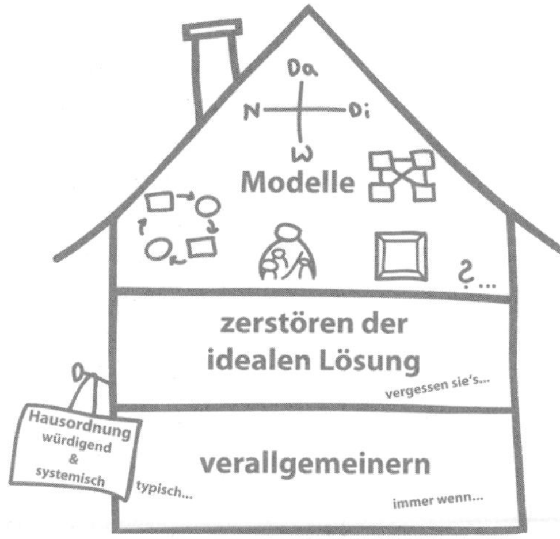

Verallgemeinern: *„Die Entwicklung Ihrer Situation ist übrigens typisch für Fusionen. Es bleibt leider oft lange Zeit unklar, wie sich die Kooperation auf den konkreten Ebenen gestalten kann und soll – und die Betroffenen werden von den Verantwortlichen dabei lange alleine gelassen. Und dann die ‚Inthronisierung' per Mail – eine klassische Katastrophe für die Betroffenen. Wie jetzt die neu geschaffenen Fakten mit Leben füllen, ohne querzukommen? Besonders bei zwei ähnlich erfahrenen Kollegen? Dazu kommt, dass zwei unterschiedliche Kulturen aufeinandertreffen, wobei es meist völlig unbewusst bleibt, was die einen oder anderen für normal und richtig halten – wie bei Ihnen der Umgang mit der Stempeluhr. Und wenn dann beide noch unterschiedliche Typen sind und die ersten Gespräche misslingen, dann ist es nahezu ein Zeichen von gesunder Normalität, wenn beide richtig quer kommen."*

Ziel des Verallgemeinerns ist es, beide Parteien zu entpathologisieren und damit weiterhin zu beruhigen – hier durch einen Blick auf den Kontext. Nicht Sie selber sind falsch, sondern die Situation und das Wechselspiel des Zwischenmenschlichen sind „schuld".

Wer noch kann und will, kann noch ein Stockwerk nach oben steigen. Hier geht es um das **„Zerstören der idealen Lösung"**. Im Beispiel klingt das so:

„Ja, wenn Sie jetzt beide über den Dingen stehen würden und nicht schon so tief in die Sache verstrickt wären, dann könnten Sie jetzt aufeinander zugehen, sich großherzig die schwierige Anfangszeit verzeihen und einfach noch mal bei null anfangen. Sie, Herr Hut, könnten geduldig und gründlich eine gemeinsame Linie ihrer juristischen Kulturen herausarbeiten, eine, die von allem das Beste enthält. Sie, Frau Jordan, könnten Ihre Klarsicht und Kampfbereitschaft statt gegen Herrn Hut zum Gedeihen Ihrer kleinen Abteilung im Konzern einsetzen und Herrn Hut nicht nur fachlich, sondern auch als Ihren Chef anerkennen. Ja, dass könnten Sie, wenn Sie so was in der Art wie ‚erleuchtet' wären und nicht all das geschehen wäre, was in den letzten Monaten zwischen Ihnen

geschehen ist. So aber ist das leider unmöglich. Vergessen Sie es gleich wieder."

Ziel ist es, den Parteien jeglichen Druck zu nehmen, jetzt edelmütig und gut handeln zu müssen – und ihnen vielleicht genau dadurch dies zu ermöglichen, sozusagen aus Trotz dem Experten gegenüber: *„Dem beweisen wir es – und wenn wir dabei scheitern, ist es ja nicht schlimm, da es eigentlich sowieso nicht klappen konnte."*

Und der Klärungshelfer, der jetzt immer noch Kraft und Ideen hat, der kann auch noch ins ausgebaute Dachgeschoss steigen und dort mit einem **kommunikationspsychologischen Modell** eine differenzierte Erklärung anbieten. Welche Modelle dabei zur Anwendung kommen, ist lediglich von zwei Komponenten abhängig: Sie müssen einerseits zur Klientel passen und andererseits zum Klärungshelfer – und natürlich der „Hausordnung" (würdigend und systemisch) entsprechen.

Zum Klärungshelfer passen heißt: Sie müssen ihm selber einleuchten und für ihn kommunikative Situationen verständlich machen – ihm also im Leben selber signifikant Nutzen geboten haben. Solange sie keine Schuld einseitig zuschieben, können dies die ausgefallensten Modelle sein. Wer zum Beispiel mit astrologischen Zusammenhängen etwas anzufangen weiß, muss lediglich noch den Faktor „passend zur Klientel" berücksichtigen – was mit Astrologie bei Juristen wahrscheinlich den Bogen überspannen würde. Ich möchte im Folgenden ein paar „Klassiker" skizzieren.

- Der **Teufelskreis** mit seiner grundlegenden Idee, dass das Verhalten von ihm (vorsichtig, aber hartnäckig Kontakt suchen, um Führung zu übernehmen) bei ihr innerlich etwas bewirkt (bedrängt fühlen – was will er?), was sie zu einem äußeren Verhalten bewegt (wird ruppig, abweisend), das dummerweise ein inneres Erleben bei ihm auslöst (abgewiesen, verunsichert), das genau sein problematisches Verhalten (ungeschicktes Dranbleiben) verstärkt, was wiederum bei ihr ...

- Das **Nachrichtenquadrat** mit seinen vier Feldern (Sache, Selbstkundgabe, Beziehung und Appell), die alle gleichzeitig bespielt werden. Meistens wird erklärbar, wo das Missverstehen liegt: Sie versucht sachlich zu agieren, während er hauptsächlich auf der Beziehungsebene die ablehnenden Du-Botschaften hört, aber unglücklicherweise auch in der Sache argumentiert, statt die Du-Botschaften zu klären und einen für beide stimmigen Umgang zu finden ...

- Das **Innere Team** erklärt, wie nach außen widersprüchliches Verhalten innerlich zusammenspielt. Zwei Seelen wohnen, ach, in Frau Jordans Brust – und meistens sind es noch viel mehr. Eine Seele, die schon viel vom neuen Kollegen gehört hat und sich auf die Zusammenarbeit richtig freut, und ihn auch heute noch fachlich schätzt. Eine andere Seele, die sich von der Chefetage übergangen fühlt und entsprechend die Zähne zeigt – allen, auch ihm. Einem anderen Teil ist bewusst, dass der Kollege dafür überhaupt nichts kann und dieser Teil schämt sich für das eigene Verhalten. Wieder eine andere Stimme in ihr, die seine vorsichtige, umständliche Art, das Gespräch zu suchen, einfach nur unprofessionell findet und sich klare Ansagen wünscht – wenn schon Chef, dann soll er aber auch entsprechend agieren ...

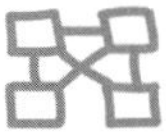

- Immer wieder sehr hilfreich: das **Wertequadrat.** Sie erlebt sich als belastbar, offen für klare Worte, während sie ihn als zu empfindlich, sensibel, viel zu schnell erschreckbar erlebt. Er wiederum erlebt sich als sensibel auf Zwischentöne hörend, die Stimmung aufgreifend, während er sie als hart und unsensibel erlebt. Dahinter stecken Werte, die sich nicht ausschließen, ja sogar gegenseitig ergänzen und brauchen: Empfindsamkeit kontra Belastbarkeit. Fehlt eine der beiden Qualitäten, rutscht die andere in ihre negative Ausprägung – aus der Belastbarkeit wird Härte, Kälte und aus der Empfindsamkeit wird Empfindlichkeit oder Mimosenhaftigkeit. Typisch für Konflikte ist nun, dass man sich selber in der positiven Ausprägung der einen Qualität erlebt, während wir den Konfliktgegner in der Entartung verorten und dort bekämpfen.

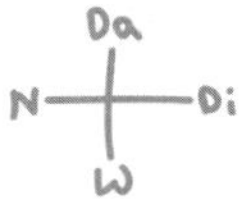

- Mein Lieblingsmodell ist das **Riemann-Thomann-Kreuz**, das die beiden Grunddimensionen von Beziehungen beleuchtet: die Verbindlichkeit mit den Themen Dauer und Wechsel und die Abgrenzung mit den Themen Nähe und Distanz. Er und sie sind, alleine schon durch ihren Beruf bedingt, im Quadranten Dauer/Distanz zu Hause – beide stehen als Juristen für Systematik, Objektivität und sachliche, emotionslose Betrachtung. Wenn man aber genauer hinschaut, wird deutlich, dass er relativ zu ihr mehr zu den Polen Nähe und Wechsel neigt – und damit die Rolle des „Nähe-Wechsel-Typen" übernimmt und sie damit den Gegenpart von Dauer-Distanz. Er will gemeinsam im Dialog die Führung langsam entfalten und dabei nichts erzwingen, wohingegen sie die klare Zuständigkeit bei ihm sieht, die er von sich aus initiativ ergreifen und klar umsetzen muss, wenn er Chef sein will – jegliches Darüberreden erlebt sie als ein Zunahetreten oder gar als Schwäche. Gerade auch diese relative Umkehrung der klassischen Chef- und Mitarbeiterrolle ist ein dichtgestreutes Minenfeld für die zwischenmenschliche Begegnung der beiden und kann mit einer distanzierten Betrachtung Verständnis bringen in seiner unglücklichen Eskalierung.

Es gibt unzählige weitere Erklärungsmodelle: das Kern-Schalen-Modell, das Modell von der Wahrheit der Situation, die Moderationstreppe nach Stahl, die Transaktionsanalyse, das Tuckman-Modell, die „Indianerreihe" (siehe Thomann: Klärungshilfe 3), systemische Modelle ...

Ein Mediator, der das Erklärungshaus einsetzen möchte, sollte es sich zum Grundsatz machen, stets nach hilfreichen Modellen Ausschau zu halten. Im Idealfall erklärt er diese auch anderen, um sich in der theoretischen Reflexion und Vermittlung zu üben.

Erfahrungen/ Kommentare

Immer wieder bin ich nach einem sehr emotionalen Dialog nicht mehr in der Lage, das Geschehen in treffende Worte und schon gar nicht in ausgefeilte Modelle zu packen. Dann sage ich zuerst: *„Uff, ich bin ganz schön erschöpft. So was, wie bei Ihnen habe ich lange nicht mehr erlebt. Ist schon sehr verhärtet und enorm komplex. Ich bin ziemlich erledigt und heilfroh, dass ich nicht in Ihrer Haut stecke. Ich brauche jetzt erst mal eine kleine Pause, bevor ich Ihnen danach sage, wie das alles aus meiner Sicht aussieht ...“* Dies geht aber nur, wenn ich die Parteien mag und einen guten Kontakt zu allen habe. Dieser Satz hilft mir, selber Abstand zu gewinnen und Ballast abzuwerfen – außerdem macht er den Parteien klar, dass es kein Wunder ist, dass sie sich selber so schlecht fühlen – wenn sogar der Profi klagt ...

Gar nicht so selten kommt es beim „Zusammenfassen und Erklären" zu positiven emotionalen Reaktionen (Erleichterung, Tränen), wenn sich eine Partei plötzlich umfassend verstanden und vertreten fühlt. Dies ist willkommen und für den weiteren Weg der Lösungssuche vorteilhaft.

Technische Hinweise

Für das Zusammenfassen und Erklären sind grundsätzlich keine Medien notwendig – eventuell kann ein Flipchart für die Visualisierung eines Modells nützlich sein.

Quellen/Literatur

Das Erklärungshaus ist von meinem geschätzten Lehrer, Kollegen und Freund Christoph Thomann entwickelt worden und wird hier das erste Mal publiziert. Ich danke ihm für die Möglichkeit, meine Erfahrungen mit dem Tool hier veröffentlichen zu können.

Eine Gelegenheit, eine komplette Erklärung zu lesen und innerlich nachzuvollziehen ist in dem Buch „Klärungshilfe 3 – Das Praxisbuch" möglich. Für das Riemann-Thomann-Kreuz ist „Klärungshilfe 2" und „Klärungshilfe 1" von Christoph Thomann eine gute Quelle. Sämtliche Bücher von Friedemann Schulz von Thun (allen voran „Miteinander Reden 1-3") sind wahre Fundgruben für die unterschiedlichsten Modelle wie: „Inneres Team", „Nachrichtenquadrat", „Wahrheit der Situation", „Das Wertequadrat".

Weiteres Vorgehen

Der Ausgangssatz lautet: *„Wenn es nun mal so ist, und sich nicht so leicht ändern lässt, was wollen Sie jetzt unternehmen?"* Danach können die Interessen und Bedürfnisse der Parteien ergründet und passende Lösungen gesucht werden. Dabei achtet der Klärungshelfer genau darauf, dass die Vereinbarungen zur „Dicke des vermessenen Eises" passen und die reale Stabilität nicht überfordern. Bei zu dünnem Eis reicht es z.B. nicht, locker zu vereinbaren, sich zusammenzusetzen und drüber zu sprechen, wenn es mal wieder zu Pannen gekommen ist – das wird dann nämlich ziemlich sicher nicht, zu spät oder im falschen Kreis geschehen – bei dünnem Eis gilt es, genau zu vereinbaren wer, wann, wo und wie …

Handlungsoptionen und Lösungsmöglichkeiten

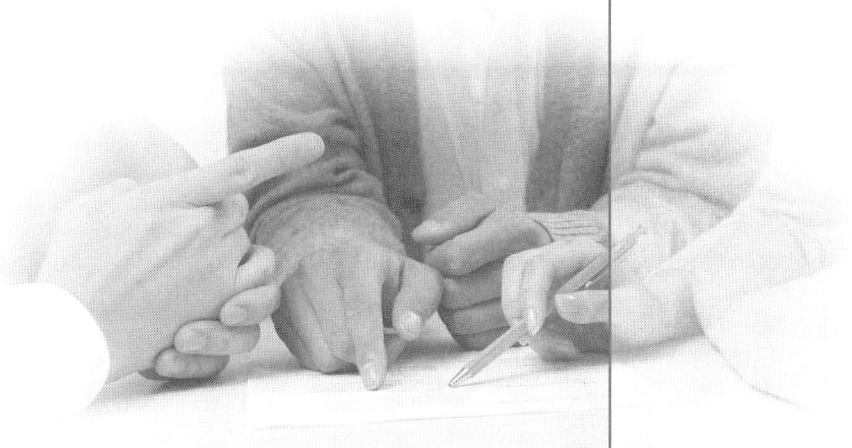

Im vierten Kapitel finden Sie folgende Tools:

Caspar Fröhlich beschreibt das **„Vektor-Gehen"** als eine Interventionsform aus der prozessorientierten Psychologie (Deep-Democracy-Ansatz). Dabei werden die beiden Seiten eines Konflikts als Pole von essenziellen Qualitäten verstanden. Diese beiden Seiten werden aus Sicht eines Individuums bewusst räumlich gegangen, dabei wird nach überraschenden Wahrnehmungen geforscht. (S. 289)

In **„Schenken und Bitten"**, einer Methode von *Rudi Ballreich*, können die Konfliktparteien aufgefordert werden, direkt über Handlungen zu sprechen, die Lösungen für die Probleme bringen sollen. Sie können dazu Angebote machen oder sie können bei der anderen Partei nachfragen bzw. sie um bestimmte Handlungen bitten. (S. 294)

„Ein guter Vorschlag für mein Gegenüber" von *Kirsten Schroeter* beinhaltet die Aufforderung der Mediatorin an die Beteiligten, eine oder mehrere Lösungsideen zu entwickeln, die insbesondere für das jeweilige Gegenüber im Konflikt gut geeignet sind. Dies kann überraschend und öffnend zugleich sein und die erneute Verhärtung der Positionen vermeiden. (S. 299)

Consolata Peyron & milan zeigen in **„Die Lösung springt im Dreieck"**, wie den Konfliktparteien durch strukturierte Fragestellungen neue Blickwinkel auf Lösungsideen vermittelt werden können. Neben Alternativen im Verhalten können auch Ideen zu Veränderungen der Rahmenbedingungen und der Änderung der subjektiven Bewertung entwickelt werden. (S. 304)

In **„Mit jedem Atemzug der Lösung näher"** stellt *Rita Wawrzinek* den Einsatz hypnotherapeutischer Sprachmuster in der Mediation vor. Die Konfliktparteien werden befähigt, in einen entspannteren Zustand zu kommen und sich mit ihrem inneren kreativen Potenzial in Richtung Lösung zu bewegen. (S. 310)

In **„Konsens mit Differenz"** thematisiert *Prof. Dr. phil. Angela Mickley* eine Konsensmethodik, die die Bedürfnisvielfalt aller Konfliktparteien klar benennt, um anschließend mehrere Optionen für die gemeinsame Zukunftsgestaltung zu identifizieren. Diese Optionen werden nicht gegeneinander abgestimmt, sondern alle Beteiligten bewerten alle Optionen. (S. 316)

Mary Cornelia Baßler stellt in **„Mediation in der Mediation"** vor, wie die direkt Beteiligten durch von ihnen gewählte Vertreter aktiv werden, ohne selbst zu verhandeln. Dieses Verfahren eignet sich vor allem für Mediationen, in denen einzelne Beteiligte nicht persönlich erscheinen können bzw. nicht wollen oder wenn Personengruppen nicht personell greifbar sind. (S. 321)

Deep Democracy „Vektor-Gehen"

Essenzielle Qualitäten eines Konflikts für die persönliche Entwicklung nutzen

Von Caspar Fröhlich

Kurzbeschreibung

„Vektor-Gehen" ist eine Interventionsform, die aus der prozessorientierten Psychologie (Deep-Democracy-Ansatz) stammt. Dabei werden die beiden Seiten eines Konflikts als Pole von essenziellen Qualitäten verstanden, die noch mehr in Kontakt kommen sollen. Beim Vektor-Gehen werden diese beiden Seiten aus Sicht eines Individuums bewusst räumlich gegangen und dabei nach überraschenden Wahrnehmungen geforscht, die mit dem aktuellen Entwicklungsprozess der Klientin zu tun haben. „Vektor-Gehen" stellt eine aus dem Subbewusstsein schöpfende Herangehensweise dar, die es einer Person erlaubt, die verschiedenen Aspekte, die aus einem Konflikt wahrgenommen werden, auf kreative Weise zu integrieren. Diese innovative und intuitive Herangehensweise basiert auf Körper- und Spür-Erfahrungen, die einem rein kognitiven Ansatz kaum zugänglich sind, und führt zu unerwarteten und überraschenden Lösungsmöglichkeiten für konkrete Fragestellungen einer Einzelperson oder eines Arbeitsteams. Vorteil dieser Vorgehensweise ist, dass ein Konflikt auch dann bearbeitet werden kann, wenn die andere Partei physisch nicht anwesend ist.

Rahmen

- Die Übung kann durch eine Person (und Konfliktpartei) ausgeführt werden. Die Person kann einen eigenen Konflikt oder den Konflikt zwischen zwei Gruppen oder zwei Organisationsbereichen bearbeiten.
- Wenn sich zwei an einem Konflikt beteiligte Personen bereit erklären, den Konflikt zu bearbeiten, so steht einer Anwendung zu dritt nichts im Wege. Bei einer solchen Anwendung erfolgt der Interventionsablauf mit beiden Klienten je einmal in Folge. Vektor-Gehen führt sehr schnell in sehr persönliche Sphären, in die man nicht alle „Gegenparteien" einen Einblick gewähren möchte. Die entsprechende Bereitschaft muss also zuvor sorgfältig geklärt werden.
- Die benötigte Zeitdauer ist rund eine Stunde bei einem Klienten und rund zwei Stunden bei zwei Klienten.

Anlässe/ Anwendungsbereiche

Diese Intervention eignet sich für stark blockierte Situationen, falls verschiedene eher kognitiv orientierte Methoden nicht weitergeführt haben. Speziell eignet sich die Methode für Konfliktsituationen, in denen nur eine Seite des Konfliktes für eine Bearbeitung Interesse zeigt und alleine als Klient anwesend ist. Die Methode ist geeignet für die Phasen 3 und 4 im Mediationsprozess, in denen es darum geht, tiefere Interessen, Gefühle und Bedürfnisse herauszukristallisieren und daraus Handlungsoptionen für die eigene Person unabhängig vom Verhalten des Gegenübers abzuleiten.

Zielsetzung/Nutzen

Zielsetzungen sind:

1. Erkennen eigener Anteile im Konflikt,
2. Nutzung der tieferen Konfliktqualitäten für die Entwicklung von eigenen Handlungsoptionen und
3. Einbettung des Konfliktes in einen größeren Systemzusammenhang.

Beschreibung

Die hier dargestellte Interventionsform „Vektor-Gehen" wird üblicherweise durch einen Mediator zu zweit mit einen Klienten durchgeführt. Zunächst muss die Bereitschaft des Klienten geklärt sein, grundsätzlich den Konflikt bearbeiten zu wollen und für eine innovative Vorgehensweise offen zu sein. Bevor der Kern der Intervention erfolgt, ist es ratsam, den Klienten aufzuklären, was er vom Ablauf erwarten kann. Reagiert der Klient sowohl auf verbaler als auch auf nonverbaler Ebene mit positivem Feedback, so kann mit der Intervention begonnen werden. Der Mediator sorgt nun für eine angenehme Arbeitsatmosphäre und entspannte Sitzposition und führt den Klienten durch folgende Schritte:

1. *Denken Sie an den Konflikt, den wir heute bearbeiten wollen. Können Sie diesen nochmals beschreiben? Wer ist in welcher Rolle beteiligt? Sind Einzelpersonen beteiligt oder ganze Gruppen, die miteinander im Clinch liegen? Welche Interessen von Ihnen sind tangiert? Um was geht es? Was ist das Verhalten von Ihnen? Wie fühlen Sie sich dabei? Was würden Sie noch mehr zum Ausdruck bringen wollen, wenn Sie es übertreiben würden?*

2. *Nun fokussieren Sie sich auf das Verhalten der anderen Seite (oder des anderen Teams). Wie sieht das Verhalten des Gegenübers aus? Wählen Sie nun eine konkrete, schwierige Situation und beschreiben Sie diese kurz. Was ist so schwierig, verwerflich, respektlos oder ungehörig am Verhalten des Gegenübers? Was ist besonders belastend? Wie würden Sie die Atmosphäre der Interaktion mit dem Gegenüber* *beschreiben? Ist sie von Angst geprägt, distanziert, abwehrend oder ist sogar eine Prise Humor mit im Spiel?*

3. *Markieren Sie nun den Punkt, auf dem Sie stehen, mit A. Nun stehen Sie auf und drehen sich einmal um sich selber und finden dann eine ‚Richtung', welche der Qualität des Verhalten des Gegenübers am ehesten entspricht. Nun schreiten Sie in die gewählte Richtung, so lange, wie es für Sie richtig ist. Beim Gehen fokussieren Sie sich auf alle Wahrnehmungen, zum Beispiel leichtes Zittern in den Beinen, vielleicht ein Geräusch oder ein Bewegungsablauf oder Ähnliches. Markieren Sie den Punkt, wo Sie stehen bleiben, mit B und gehen den Weg nochmals und versuchen Sie dabei eine tiefere Qualität der eben gemachten Erfahrung zu finden. Wie ist diese Erfahrung richtig und wichtig im Moment, wenn auch vielleicht schwierig oder unangenehm? Wie kennen Sie diese essenzielle Qualität in Ihrer Tätigkeit oder im Leben allgemein? Was ist sinnvoll an ihr, was ist invariant? Machen Sie ein paar Notizen.*

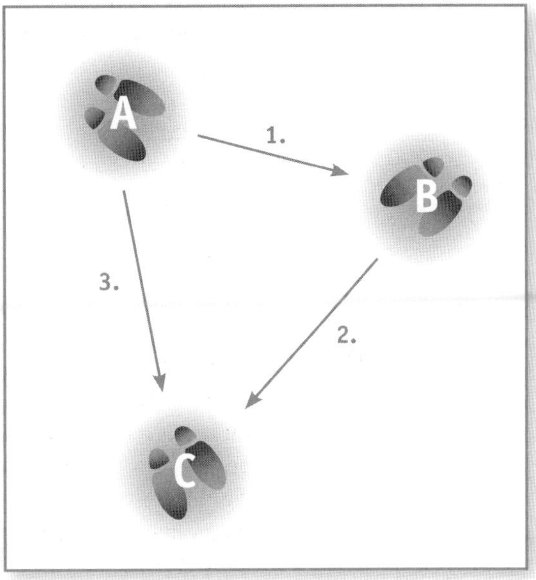

Abb.: Verlauf des Vektor-Gehens (adaptiert nach Hetzer 2011)

4. *Sie stehen nun auf Punkt B und drehen sich einmal um sich selbst und finden die Richtung, welche am ehesten Ihrem Verhalten und Ihren Haltungen gemäß Abschnitt 1 dieser Übung entspricht. Nun schreiten Sie in die gewählte Richtung, so lange Sie dies für richtig halten. Folgen Sie Ihren Wahrnehmungen, zum Beispiel einem inneren Bild oder einer Bewegungsqualität. Finden Sie nun die Bedeutung dieser Erfahrung. Inwiefern ist der wahrgenommene Aspekt eine wichtige Qualität in Ihrem Leben oder des Arbeitsteams? Markieren Sie nun den Punkt, an dem Sie stehen, mit C.*

5. *Gehen Sie nun zurück zu A und gehen Richtung C. Sie nehmen wiederum wahr, was Sie empfinden, spüren, was Sie mit den verschiedenen Sinnen erleben, wie zum Beispiel unebener Boden, Licht- oder Temperaturunterschiede im Raum oder ein begrenzendes Hindernis wie ein Stuhl oder Ähnliches und finden die tiefere Qualität dieser Erfahrung. Diese Qualität ist ein invarianter Aspekt des Konflikts. Diesen Weg gehen die beiden Konfliktparteien zusammen, im Einklang – oder auch nicht.*

6. *Wie können Sie aus dieser Perspektive die Beziehung zur anderen Seite neu betrachten, und welche neuen Möglichkeiten zur Verbesserung der Beziehung ergeben sich daraus? Was heißt das konkret für die Beziehung? Was machen Sie anders oder nicht mehr? Was würden Sie daraus gewinnen? Was würde das System um die beiden Konfliktparteien daraus gewinnen? Inwiefern würde die Welt davon profitieren?*

Zum Abschluss der Session macht sich der Klient Notizen zum Erlebten und den daraus gewonnenen Erkenntnissen in kurzer Selbstarbeit. Anschließend sorgt der Mediator für einen nahtlosen Abschluss der Session. Dabei kommt den nächsten Schritten eine besondere Wichtigkeit zu.

Erfahrungen/ Kommentare

Das Vorgehen ist ein innovatives, kreatives Vorgehen, das unterschiedlich aufgenommen wird. Ein Teil potenzieller Klienten ist begeistert, andere entwickeln gegenüber der offenen, nicht „vernunft-geleiteten" und sich pragmatischen Nutzenvorstellungen vorerst entziehenden Vorgehensweise Ablehnung und Widerstand. In solchen Fällen sind andere Methoden vorzuziehen.

Vektor-Gehen aktiviert subbewusste Schichten und Ressourcen auf offene, dem Prozess der Klientin angemessene Art und kann zu überraschenden Ergebnissen führen, die auf traditionell kognitive Art nicht erreicht werden können.

Die Art und Weise des Vorgehens dockt bei der Klientin bei grundsätzlichen Polaritäten im eigenen Entwicklungsprozess an, deshalb hat diese Intervention oft starke Wirkung (Berührtsein etc.) auch mittelfristig. Ein Vorteil des hier beschriebenen Vorgehens ist, dass die Konfliktarbeit auch dann durchgeführt werden kann, wenn die andere Partei nicht anwesend ist.

Technische Hinweise

Zur Durchführung der Übung braucht es keine speziellen Medien und Materialien. Wichtig ist jedoch ein geeigneter Raum, der ungestörtes Arbeiten und „Gehen-im-Raum" zulässt. Vom Ablauf und der erforderlichen Technik her ist die Übung einfach durchzuführen. Aufgrund des intuitiven und innovativen Methodenansatzes ist es für Klienten hilfreich, über den Gesamtablauf informiert zu werden. Es empfiehlt sich, die Übung zunächst mit sich selbst durchzuführen, allenfalls von einem Kollegen angeleitet, zu dem man schon länger ein Vertrauensverhältnis hat.

Quellen/Literatur

Die Methode stammt aus der Prozessarbeit (Prozessorientierte Psychologie oder Deep-Democracy-Ansatz) wie er ursprünglich von Dr. Arnold Mindell (www.aamindell.org) und Mitarbeitenden in den 1980er-Jahren in Zürich entwickelt wurde (www.prozessarbeit.ch). Die hier dargestellte Übung ist stark beeinflusst von Dr. Max Schupbach (www.deepdemocracyinstitute.org). Vektorübungen sind auch im Buch von Dr. Arnold Mindell: Earth Based Psychology (2007), in ihrer Grundstruktur nachzulesen. Weitere Anwendungen von Vektorübungen sind auch im Buch von Dr. Tanja Hetzer: Gespaltene Wurzeln – Prozessarbeit in Deutschland mit den Folgen vom Zweiten Weltkrieg und Holocaust für die Nachgeborenen (2011) zu finden (www.biografik.eu). Eine Darstellung des Deep-Democracy-Ansatzes im Organisationkontext ist in der Zeitschrift OrganisationsEntwicklung unter dem Titel Deep Democracy von Caspar Fröhlich im Heft 3/2011 beschrieben (www.zoe.ch).

Weiteres Vorgehen

Nach der Erfahrung des Vektor-Gehens empfiehlt sich eine Phase der Besinnung auf das, was die jeweilige Partei gerade erlebt und erfahren hat. Dies kann eine kurze Selbstarbeit sein. Alternativ hierzu könnte nach dem Vektor-Gehen die jeweils andere Konfliktpartei gefragt werden, was sie gerade erfahren hat, was für die Lösung des Konflikts wichtig sein könnte.

Schenken und Bitten

Lösungsfokussiertes Angebots- und Nachfrageverhandeln

Von Rudi Ballreich

Kurzbeschreibung

Konfliktparteien können aufgefordert werden, direkt über Handlungen zu sprechen, die Lösungen für die Probleme bringen sollen. Sie können dazu Angebote machen, die der anderen Konfliktpartei helfen, oder sie können bei der anderen Partei nachfragen bzw. sie um bestimmte Handlungen bitten. Wenn diese Methode im richtigen Moment eingesetzt wird, sind sehr schnell konkrete Schritte in einer Mediation möglich.

Rahmen

- Im Rahmen einer Mediation können in der Lösungsphase 30 bis 45 Minuten ausreichen.
- Wenn diese Methode direkt angewendet wird, können zwischen zwei Personen 90 Minuten und zwischen zwei Teams drei Stunden ausreichen.
- Diese Methode kann in jeder Gruppengröße angewendet werden, wenn die entsprechenden technischen Hilfsmittel vorhanden sind.

Anlässe/ Anwendungsbereiche

- Nach dem Prozess der Vertiefung kann sich direkt das Anbieten und Nachfragen anschließen. Das ergibt dann zusammen die Schritte des mediativen U-Prozesses.
- Im Verlauf eines länger dauernden Mediationsprozesses kann die Methode aber auch Schwerpunkt in einer Mediationssitzung sein.
- Bei nicht so tief eskalierten Konflikten eignet sich die Methode auch als lösungsfokussierter Einstieg in eine Mediation.
- In Gruppen ist es ein sehr wirkungsvoller Beitrag zur Teamentwicklung, wenn die Methode angewendet wird, nachdem die Problemfelder und Leidenszonen sowie die damit zusammenhängenden Bedürfnisse besprochen sind.

Zielsetzung/Nutzen

Mit dieser Methode werden konkrete Handlungsschritte gefunden, die zur Problemlösung und Befriedigung der nicht erfüllten Bedürfnisse beitragen. Durch das Anbieten wird die selbstlose Seite der Streitenden aktiviert.

Beschreibung

Anwendung im Rahmen der Mediationsphasen bzw. des mediativen U-Prozesses

Vater und Sohn in einem Familienunternehmen haben einen Konflikt. Der Sohn fühlt sich vom Vater kontrolliert und der Vater hat das Gefühl, sich auf den Sohn nicht verlassen zu können.

Wenn es gelungen ist, durch den bereits durchlaufenen Vertiefungsprozess* die Sichtweisen gegenseitig zu verstehen, die Gefühle und Bedürfnisse auszusprechen und empathisch zu verstehen, dann haben sich die Verhärtungen im Denken, Fühlen, Wollen und Verhalten gelockert. Die Bereitschaft ist gewachsen, sich auch für die Bedürfniserfüllung des Streitpartners einzusetzen. Mediatoren können in einer solchen Stimmung die Fragen stellen:

- *„Was sind Sie bereit, der anderen Partei anzubieten, damit sich deren Bedürfnisse erfüllen? Beschreiben Sie bitte konkrete Handlungen!"*
- *„Worum möchten Sie die andere Person bitten, damit sich Ihre eigenen Bedürfnisse erfüllen? Beschreiben Sie bitte konkrete Handlungen!"*

Der Vater und der Sohn können sich in dem Beispiel zur Besinnung zurückziehen und ihre Angebote und Nachfragen/Bitten aufschreiben. Wenn sie zusammenkommen, dann werden zuerst die Angebote auf den Tisch gelegt und besprochen. Danach können beide schauen, ob alle Wünsche, die sie als Nachfragen aufgeschrieben haben, erfüllt sind oder ob noch etwas offen ist. Die offenen Themen werden als Bitten vorgebracht und verhandelt. Dabei ist es wichtig, dass kein Druck entsteht, sondern ein Geben aus Freiheit möglich ist. Oft werden auch im Gespräch neue Lösungen entdeckt.

Anwendung in der Mediation zwischen zwei Teams

Ich beschreibe hier die Anwendung der Methode ohne vorhergehende Phase der Vertiefung. Das ist möglich, wenn ein Konflikt noch nicht sehr tief eskaliert ist oder im Verlauf einer Konfliktbearbeitung, wenn der Zeitpunkt gekommen ist, direkt über das konkrete Verhalten zu

---

* Das Fallbeispiel wird im Beitrag „Vertiefungsprozesse in der Mediation" im Folgeband „Konflikte lösen in Teams und großen Gruppen" (Bonn 2012) ausführlich beschrieben.

Abb.: Flipchart-Blätter für das lösungsfokussierte Angebots- und Nachfrageverhandeln (aus: Ballreich 2011b)

Angebot der Gruppe A an die Gruppe B

Damit Ihr Eure Arbeit besser machen könnt, bieten wir Euch an, folgendes konkretes Verhalten ...

a) neu/mehr/öfter zu zeigen:
...

b) nicht mehr/weniger zu zeigen:
...

c) beizubehalten wie bisher:
...

Angebot der Gruppe B an die Gruppe A

Damit Ihr Eure Arbeit besser machen könnt, bieten wir Euch an, folgendes konkretes Verhalten ...

a) neu/mehr/öfter zu zeigen:
...

b) nicht mehr/weniger zu zeigen:
...

c) beizubehalten wie bisher:
...

Nachfrage der Gruppe A an die Gruppe B

Damit wir unsere Arbeit besser machen können, bitten wir Euch, folgendes konkretes Verhalten ...

a) neu/mehr/öfter zu zeigen:
...

b) nicht mehr/weniger zu zeigen:
...

c) beizubehalten wie bisher:
...

Nachfrage der Gruppe B an die Gruppe A

Damit wir unsere Arbeit besser machen können, bitten wir Euch, folgendes konkretes Verhalten ...

a) neu/mehr/öfter zu zeigen:
...

b) nicht mehr/weniger zu zeigen:
...

c) beizubehalten wie bisher:
...

sprechen und diesbezügliche Wünsche an die andere Gruppe zur Sprache zu bringen. Nach einer Einleitung, die auf die Bedeutung von Anbieten und Nachfragen für das Finden von konstruktiven Lösungen hinweist, wird das Vorgehen erklärt. Dann zieht sich jede Gruppe mit den beiden vorbereiteten Blättern (siehe Abb.) zurück und überlegt sich:

- Welche konkreten Handlungen wollen wir mehr oder weniger tun, damit die andere Gruppe ihre Arbeit gut ausführen kann und was wollen wir beibehalten?
- Um welche konkreten Handlungen (mehr – weniger – bleiben) wollen wir die andere Gruppe bitten, damit wir unsere Arbeit gut ausführen können?

Wenn die Gruppen mit ihren ausgefüllten Blättern zurückkommen, werden diese aufgehängt und gegenseitig präsentiert. In großen Gruppen kann das auch in einer Fishbowl-Runde mit Gruppenvertretern geschehen. Zuerst werden die Angebote vorgetragen. Die andere Gruppe nimmt jeweils Stellung, wie die Angebote ankommen. Dann überprüft jede Gruppe, welche Anfragen sich durch die Angebote bereits erledigt haben und bringt die offenen Themen ins Gespräch ein. Darüber wird dann verhandelt, d.h., die angefragte Gruppe klärt, ob sie der Bitte nachkommen will, ob sie der Bitte in einer veränderten Form nachkommen will oder ob sie der Bitte nicht entsprechen will. Mediatoren haben hier die Aufgabe, diesen Verhandlungsprozess zu moderieren und durch Zusammenfassungen und Fragen für Klarheit zu sorgen. Am Ende dieses Prozesses sollten klar definierte Handlungen aufgeschrieben sein, die dann von den Gruppen durch Unterschriften bestätigt werden. Ein Follow-up in 6 bis 8 Wochen wird vereinbart, um die Umsetzung der Vereinbarungen zu überprüfen.

Erfahrungen/ Kommentare

- Im Rahmen eines Mediationsablaufes kann diese Methode die Versöhnung zwischen den Parteien weiter unterstützen, weil das Geben und Empfangen das gegenseitige Vertrauen vertieft.
- In der direkten Anwendung zwischen zwei Teams ist es möglich, sehr schnell Verbesserungen der Zusammenarbeit zu erreichen. Das hilft auch, das Klima insgesamt zu verbessern.
- Dieses Tool sollte allerdings nur angewendet werden, wenn man davon ausgehen kann, dass die Parteien bereit sind, etwas zu geben. Wenn das nicht der Fall ist, kann man auch nur das Nachfrageverhandeln durchführen und kommt dadurch auch zu guten Handlungen. Die versöhnende Wirkung ist dann allerding nicht so stark ausgeprägt.

Technische Hinweise

Für die Anwendung zwischen Einzelpersonen im Rahmen des mediativen U-Prozesses oder des Phasenablaufes einer Mediation braucht man Moderationskarten und Stifte. In Teams sind je nach Anzahl der Teilnehmer genügend Flipchart-Papier und Platz zum Aufhängen notwendig. Die Blätter sollten vorher beschriftet sein. Für das Verhandeln zwischen Teams sind 2 bis 4 Pinnwände und Moderationsmaterial hilfreich.

Quellen/Literatur

- Das **Nachfrageverhandeln** zwischen Teams geht auf Roger Harrisons Rollenverhandeln (1971) zurück. Friedrich Glasl hat das Angebotsverhandeln dazugefügt (Glasl). Marshall Rosenberg (2001) beschreibt als Bitte auch eine Form des Nachfrageverhandelns.

- **Mediation zwischen Einzelpersonen:** Der Einsatz des Angebots- und Nachfrageverhandelns im Rahmen des mediativen U-Prozesses als Fortsetzung nach der Bedürfnisklärung ist beschrieben in Ballreich 2011a. In Ballreich/Glasl 2010 kann das im Film genau angeschaut werden.
- **U-Prozess:** Mehr Informationen in „Theorie U" von C. Otto Scharmer 2011.
- **Konfliktbearbeitung mit Teams:** Die Methode ist für den Einsatz in und zwischen Teams genauer beschrieben in Ballreich 2011b. In Ballreich/Glasl 2010 kann das im Film genau angeschaut werden.

- Ballreich, Rudi: Mediation zwischen Einzelpersonen. In: Ballreich, R./Glasl, F.: Konfliktmanagement und Mediation in Organisationen. Concadora, Stuttgart 2011a.
- Ballreich, Rudi: Konfliktbearbeitung mit Teams. In: Ballreich, R./ Glasl, F.: Konfliktmanagement und Mediation in Organisationen. Concadora, Stuttgart 2011b.
- Ballreich, Rudi/Glasl, Friedrich: Konfliktbearbeitung mit Teams und Organisationen. Ein Lehrfilm zur Team- und Organisationsmediation. Concadora, Stuttgart 2010.
- Ballreich, Rudi/Glasl, Friedrich: Mediation in Bewegung. Ein Lehr- und Übungsbuch mit Filmbeispielen auf DVD. Concadora, Stuttgart 2. Auflage 2011a.
- Ballreich, Rudi/Glasl, Friedrich: Konfliktmanagement und Mediation in Organisationen. Concadora, Stuttgart.
- Ballreich, Rudi/Glasl, Friedrich: Konfliktmanagement und Mediation in Organisationen. Ein Lehr- und Übungsbuch mit Filmbeispielen auf DVD. Concadora, Stuttgart 2011b.
- Harrison, Roger: Role negotiation: a tough minded approach to Team development. In: Burke, W./Hornstein, H. (eds.): The social technology of organization development. Washington 1971.
- Rosenberg, Marshall B.: Gewaltfreie Kommunikation. Junfermann, Paderborn 2011.
- Scharmer, C. Otto: Theorie U. Von der Zukunft her führen. Carl-Auer, Heidelberg 2011.

Weiteres Vorgehen

Nach dem Angebots- und Nachfrageverhandeln ist es notwendig, die geplanten Handlungsschritte zu konkretisieren und genau festzulegen, wer wann was tut. Und diese Verabredungen sind ggf. schriftlich zu fixieren und als gemeinsame Vereinbarungen zu unterschreiben.

Ein guter Vorschlag für mein Gegenüber

Den Perspektivwechsel in der Lösungsfindung unterstützen

Von Kirsten Schroeter

Kurzbeschreibung

Die Aufforderung der Mediatorin an die Beteiligten, eine oder mehrere Lösungsideen zu entwickeln, die insbesondere für das jeweilige Gegenüber im Konflikt gut geeignet sind, kann eine überraschende und öffnende Intervention zu Beginn der Lösungsfindung sein. Sie umschifft auf elegante Art die hier bisweilen drohende Klippe der erneuten Positionenverhärtung, indem sie die Perspektive des anderen zum jeweiligen Ausgangspunkt der Ideenentwicklung macht. Sofern die Aufforderung von den Beteiligten gut aufgegriffen werden kann, unterstreichen die Lösungsideen das in der vorherigen Phase der Mediation (neu) erarbeitete Verständnis von den jeweiligen Beweggründen und knüpfen daran an.

Rahmen

Es handelt sich um eine kleine, unaufwendige Intervention, deren Zeitbedarf hauptsächlich von der Anzahl der Konfliktbeteiligten bestimmt wird. Je mehr Beteiligte gefordert sind, sich für die Lösungsfindung in die Perspektive des jeweils anderen hineinzudenken, desto mehr Zeit braucht es, die Ideen zu hören und zu visualisieren. Geeignet ist die Frage sowohl für klassische Zwei-Parteien-Mediationen als auch für Großgruppen-Mediationen. Sollten Untergruppen von Beteiligten hinsichtlich ihrer Interessenlagen klar identifizierbar sein, bietet es sich an, diese Frage zunächst in entsprechenden Kleingruppen zu bearbeiten und das Ergebnis im Plenum präsentieren zu lassen.

Anlässe/ Anwendungsbereiche

Die Frage kommt zu Beginn der Phase 4 zum Einsatz, um das Finden von Lösungsmöglichkeiten einzuleiten. Voraussetzung für eine gelingende Wirkung ist der Eindruck der Mediatorin, dass es in der vorangegangenen Phase der Mediation gut gelungen ist, ein gegenseitiges Verständnis zwischen den Konfliktbeteiligten herzustellen. Die Beteiligten sollten bereits (implizit und/oder explizit) zu erkennen gegeben haben, dass sie vom Perspektivwechsel in der Mediation profitieren.

Zielsetzung/Nutzen

Durch den Wechsel der Perspektive, der von den Beteiligten eingefordert wird, scheint die Frage nach einem guten Vorschlag für das Gegenüber zunächst ein Umweg auf der Reise zu den Lösungen darzustellen. Doch diese möglicherweise unerwartete und überraschende Wendung der Sicht führt erfahrungsgemäß oft zu einer besonders schnellen Einigung. Die Möglichkeit, zunächst wieder auf die eigenen Lieblingslösungen zurückzugreifen, wird durch diese Denkrichtung unwahrscheinlicher. Das kleine Überraschungsmoment in der Frage unterstützt – wenn die Beteiligten sich darauf einlassen können – die Entwicklung von kreativen und interessenorientierten Ergebnissen und stärkt bestenfalls noch die gegenseitige Verständnissicherung.

Beschreibung

Die Interessen der Konfliktbeteiligten sind ausführlich ausgeleuchtet und festgehalten worden. Gegenseitiges Verständnis für die jeweils andere Perspektive ist sichtbar. Die möglicherweise anfangs vorhandene Spannung zwischen den Beteiligten hat sich fühlbar verringert. Die Mediatorin hält den Zeitpunkt für gekommen, nun auf die Lösungsebene zu wechseln und sagt dann zum Beispiel Folgendes: *„Aus meiner Sicht ist jetzt der Moment gekommen, an dem wir uns der Lösungsfindung zuwenden können. Dafür ist es wichtig, dass Sie zunächst, neben den Vorschlägen, die im Lauf der Mediation schon genannt wurden, möglichst viele Ideen entwickeln, die das, was Ihnen wichtig ist, gut berücksichtigen.*

Vielleicht kommt das für Sie jetzt überraschend – im ersten Schritt möchte ich jeden von Ihnen um Folgendes bitten: Schlagen Sie zunächst einmal eine Idee vor, die eine gute Lösung für Ihr Gegenüber wäre."

Falls diese kurze Aufforderung nicht genügt, kann die Mediatorin die Einladung zum Perspektivwechsel noch wie folgt unterstützen: *„Schauen Sie noch einmal auf die Interessen, die wir für Ihr Gegenüber festgehalten haben. Denken Sie an das, was für Sie im bisherigen Verlauf besonders wichtig war, um Ihr Gegenüber besser zu verstehen. Wenn Sie sich das in Erinnerung rufen: Was könnte wohl für Person xy eine Lösung sein, zu der sie sagt: ‚Das ist es, das ist eine gute Lösung!'?"*

Je nach Vorliebe der Mediatorin kann das Aufnehmen der Ideen per Zuruf in loser Folge und Visualisierung am Flipchart erfolgen oder über Karten, die die Beteiligten zunächst für sich mit entsprechenden Ideen beschriften und die anschließend präsentiert werden. Bei Großgruppen kann es sich anbieten, zunächst eine Bearbeitungsphase in Untergruppen vorzusehen, bevor die Ergebnisse in der Gesamtgruppe präsentiert werden.

Um die erarbeiteten Ideen in der weiteren Lösungsphase gut nutzen zu können, sollte – entweder fortlaufend, sonst aber auf jeden Fall am Ende der Bearbeitung – durch die Mediatorin sichergestellt werden, dass hier wirklich gute Lösungen für die jeweils andere Person vorliegen („*Was sagen Sie: Wäre das für Sie ein Bestandteil einer guten Lösung? ... Was fehlt noch? Was müsste anders sein?*"). Hier hat selbstverständlich jede Person das Recht, ein Veto gegen mutmaßlich gute Lösungen einzulegen bzw. kann die gemachten Vorschläge modifizieren.

Ein Praxisbeispiel: Zwischen zwei Bereichsleitern in der Außenstelle einer Technischen Hochschule hatte sich über Jahre das Arbeitsverhältnis immer mehr verschlechtert. Schließlich landeten die beiden – auf Anregung der Geschäftsführerin der Außenstelle – in der Mediation. Die Konfliktpunkte waren, angesichts der langen Vorgeschichte nicht weiter überraschend, zahlreich: Der eine, Leiter A, warf dem anderen etwa vor, Prüfungsarbeiten „seiner" Studierenden systematisch anders zu bewerten als die der „eigenen". Er ärgerte sich darüber, dass das für ihn erhebliche Mehrarbeit bedeutete, da die Studierenden sich bei ihm beschwerten. Leiter B hingegen war gekränkt darüber, dass die von ihm sorgsam ausgetüftelte Ordnung für das bereichsübergreifende Labor umgehend von Leiter A wieder außer Kraft gesetzt wurde, als dieser turnusgemäß die Verantwortung dafür übernahm. Darüber hinaus ärgerte er sich darüber, dass sein Kollege nur selten an den bereichsübergreifenden Besprechungen teilnahm und dadurch ein erheblicher Mehraufwand in der Kommunikation entstand.

Nach einer gut verlaufenen Interessenklärung, in der sich die beiden Männer mehrmals ganz offen anschauen konnten und einander signalisierten, dass sie jetzt erst so richtig verstünden, worum es jeweils ginge, schien mir die Einladung zum Vorschlag von Ideen für das Gegenüber stimmig. Leiter A musste nicht lange überlegen: „*Na gut, dann fange ich jetzt mal mit dem an, was mir zwar am schwersten fällt, aber was wohl für Sie am wichtigsten ist. Ich schlage vor, dass wir auf der Basis Ihrer Labor-Ordnung gemeinsam eine Ordnung entwickeln, die dann auch dauerhaft gültig ist – egal, wer von uns gerade die Verantwortung für das Labor hat.*" Daraufhin Leiter B: „*Das finde ich wunderbar. Schön, das freut mich wirklich! Tja, was kann ich Ihnen vorschlagen? Wie wäre es, wenn wir in Zukunft dafür sorgen, dass bei der Korrektur der Prüfungsarbeiten gar nicht mehr ersichtlich ist, aus welchem Bereich der Studierende stammt? Und wenn wir vielleicht anhand der letzten, besonders strittigen Fälle unsere Bewertungskriterien gemeinsam abgleichen?*" Auch diese Vorschläge trafen auf offene Ohren – und flossen in konkretisierter Form in die endgültige Vereinbarung der beiden ein.

Erfahrungen/ Kommentare

Mir gefällt an dieser schlichten Frage, dass sie abermals einen Akzent auf den Perspektivwechsel setzt und damit ein wesentliches Prinzip aus der vorherigen Phase fortführt. Wenn sich Beteiligte darauf einlassen, trägt die Intervention dazu bei, dass die Parteien sich durch ihre Fähigkeit, konsequent die Interessen des anderen zu berücksichtigen, gegenseitig überraschen. Die Wechselseitigkeit der Perspektiven kann bisweilen die Kreativität mehr anregen als jegliche Aufforderung, jetzt doch einmal auch abseits des bisher Gedachten zu überlegen.

Nicht immer wird die Einladung zum Wechsel der Lösungsperspektive gleich aufgegriffen. Sollte die erste Reaktion eines Teilnehmers ein ungehaltenes *„Was soll das denn jetzt bringen?"* sein, bin ich aufgefordert, für mich zu prüfen, ob dies lediglich ein generelles Widersetzen gegenüber etwas ungewöhnlichen Herangehensweisen darstellt – in diesem Fall würde ich mich dafür entscheiden, noch einmal mit Überzeugung für diesen Weg zu werben. Sollte ich aber den Eindruck gewinnen, der Widerstand rührt auch aus dem Wunsch des Beteiligten, sich nicht (schon wieder) in die Perspektive seines Gegenübers zu versetzen, verabschiede ich mich gerne schnell wieder von dieser Intervention. Widerwillig vorgebrachte Vorschläge sind in der Regel wenig treffgenau und erzeugen dann eher das Gegenteil des gewünschten Effekts. Im ungünstigsten Fall droht ein Wettbewerb in der Disziplin: „Wie schmuggele ich möglichst elegant meine Lieblingslösungen in die vermeintlich guten Lösungen für mein Gegenüber?"

Technische Hinweise

Außer Papier und Stift zum Visualisieren der Antworten ist dies eine Intervention ohne weiteren Materialbedarf und ohne Vorbereitungszeit.

Quellen/Literatur

Ich vermag die Quelle dieser Frage nicht eindeutig zu lokalisieren. Sicher bin ich mir, dass ich die Art und Weise, systematisch Perspektivenwechsel in der Konfliktbearbeitung einzubinden, am Arbeitsbereich Beratung und Training des Fachbereichs Psychologie an der Universität Hamburg kennen- und schätzen gelernt habe. So geht mein Dank an Prof. Dr. Alexander Redlich und die Kolleginnen und Kollegen des dortigen Netzwerkes, von deren Professionalität und Kollegialität ich bis heute profitiere.

Weiteres Vorgehen

Sollten von dem Ergebnis der Mediation noch weitere Menschen betroffen sein, die nicht direkt im Konfliktbearbeitungsverfahren beteiligt sind, bietet es sich an, im Anschluss deren Perspektive in die Lösungsfindung einzubringen: *„Im nächsten Schritt überlegen Sie bitte gemeinsam: Was könnte aus der Perspektive von xy eine gute Lösung sein?"*

Die erarbeiteten und visualisierten Ideen – sowie ggf. deren Modifizierung – können nun ganz klassisch in das Verhandeln über eine Lösung überführt werden; hierfür bieten sich verschiedene Vorgehensweisen an. Denkbar ist etwa, die Ideen zunächst zu kategorisieren (z.B. in „allseits gewünscht", „strittig/konkretisierungsbedürftig", „allseits abgelehnt") und auf diesem Weg zugleich zu reduzieren. Anschließend können, unter Berücksichtigung der erarbeiteten Interessen, Lösungspakete ausgehandelt werden.

Die Lösung springt im Dreieck

Mehr Lösungsideen entwickeln – inspiriert durch das Wirkfaktorendreieck

Von Consolata Peyron und milan

Kurzbeschreibung

Das Tool vermittelt den Konfliktparteien durch strukturierte Fragestellungen neue Blickwinkel auf Lösungsideen: Zusätzlich zu Alternativen im Verhalten werden Ideen auch im Bereich von Veränderungen der Rahmenbedingungen und der Änderung der subjektiven Bewertung entwickelt.

Rahmen

Der zeitliche Rahmen bewegt sich zwischen 15 Minuten und mehreren Stunden in komplexeren Mediationsprozessen. Das Tool eignet sich für alle Gruppengrößen, von Zwei-Parteien-Systemen bis zu Großgruppenverfahren, keine Begrenzung der Teilnehmerzahl. Wie bei anderen Brainstormings gilt es, eine optimale Gruppengröße zu beachten.

Anlässe/ Anwendungsbereiche

Das Tool kommt in der Entwicklung von Lösungsoptionen zum Einsatz, wenn die bereits genannten Lösungsideen nicht ausreichen oder nicht zufriedenstellend sind.

Zielsetzung/Nutzen

Die Konfliktparteien benennen bei einem Brainstorming häufig nur Lösungsideen, die sich auf eine Veränderung des Verhaltens beziehen (und zwar meist beim anderen!). Durch gezielte, zusätzliche Fragestellungen wird der Blick der Konfliktparteien auch in andere Richtungen gelenkt und damit die Vielfalt und Qualität der Lösungsmöglichkeiten erheblich erweitert.

Beschreibung

Wir gehen davon aus, dass Konflikte im Wesentlichen durch das Zusammenspiel von drei Faktoren zustande kommen:

- bestimmte Rahmenbedingungen (= Kontext),
- das konkrete Verhalten der Beteiligten (Handlungsebene) und
- die jeweiligen subjektiven Wahrnehmungen und Interpretationen.

Diese Faktoren beeinflussen sich gegenseitig. Da sie alle konstituierend sind für den Konflikt, kann auch die Veränderung jedes einzelnen dieser Faktoren zur Konfliktlösung führen (siehe Abb. 1).

Abb.: Zusammenspiel der Konfliktfaktoren

Veränderung der Bedeutung

Eine Frau fühlte sich tief verletzt durch das Benehmen ihres 17-jährigen Sohnes. Immer wenn sie zusammen ausgingen, lief er vor ihr her. Schämte er sich ihrer? Eines Tages sprach sie ihn darauf an. *„Aber nein, Mama"*, antwortete der Junge verlegen. *„Du siehst nur so jung aus, ich fürchte, meine Schulkameraden könnten denken, ich hätte eine neue Freundin."* Wie von Zauberhand war ihr Kummer verflogen.

Veränderung des Kontextes

In dem Film „A Beautiful Mind" gibt es eine interessante Szene: Ein Professor kommt in den Seminarraum, um seine Vorlesung zu halten. Es ist Sommer, die Räume sind heiß und stickig, die Fenster sind geöffnet, um ein wenig frische Luft zu haben. Als unten auf der Straße Bauarbeiten beginnen und der Lärm hoch in den Raum dringt, schließt der Professor die Fenster. Die Bitte der Studenten *„Können wir eins offen lassen, es ist so heiß hier drinnen?"* quittiert er mit der Bemerkung *„Ihr Komfort ist nachrangig gegenüber der Möglichkeit, meine Stimme zu hören."* Eine Studentin geht ans Fenster, öffnet es, erklärt den Bauarbeitern kurz die Situation, dass der Lärm so störend sei und fragt, ob sie für die nächsten 45 Minuten woanders arbeiten könnten. *„Kein Problem"*, ist die Antwort und sie ziehen ein Stück weiter. Das Resultat ist frische Luft und Stille.

Die einzelnen Schritte (strukturell)	**Fallbeispiel: ein Nachbarschaftsstreit**
	Herr K., ein älterer Lehrer fühlt sich in seiner Arbeitsfähigkeit gestört durch die spielenden Kinder in der Wohnung über ihm. Frau B., die Mutter der Kinder, ist genervt über sein ständiges Gemeckere und seine Klagen.
▶ Wenn die Interessen der Konfliktparteien herausgearbeitet und gegenseitig akzeptiert sind, geht es jetzt darum, Lösungsoptionen zu sammeln. ▶ Wie beim üblichen Brainstorming wird das Thema konkret benannt, für das Ideen oder Lösungen gesucht werden.	A: Was kann getan werden, damit Herr K. effizient arbeiten kann? B: Was kann getan werden, damit die Kinder frei spielen können und die Mutter sich durch Herrn K. nicht andauernd kritisiert fühlt?

Die einzelnen Schritte (strukturell)	**Fallbeispiel: ein Nachbarschaftsstreit**
▶ Wenn die genannten Ideen lediglich auf der Verhaltensebene liegen, wird durch gezielte Fragestellung der Blick zusätzlich auf die beiden anderen Wirkfaktoren gelenkt.	**Erste Sammlung** (Auswahl): ▶ Die Kids spielen draußen. ▶ Herr K. arbeitet in der Bibliothek. ▶ Herr K. schimpft nicht mehr so viel. ▶ Kinder tragen Filzpantoffeln im Haus etc.
1. Mögliche Fragen mit Blick auf den **Kontext:** ▶ *„Wie könnte man die Rahmenbedingungen verändern, damit die jeweiligen Interessen/Bedürfnisse erfüllt werden?"* ▶ *„Welche äußeren Faktoren beeinflussen den Konflikt? Wie könnte hier eine Veränderung aussehen?"* ▶ *„Wie müsste die Umwelt/die Umgebung beschaffen sein, in der sich die Parteien verhalten wie zuvor, es aber dennoch keinen Konflikt gäbe?"* ▶ *„Wenn Sie mit einem Zauberstab irgendetwas verändern könnten – abgesehen von dem Verhalten der beteiligten Personen – was würden sie her- oder wegzaubern?"*	**Berücksichtigung von Kontextfaktoren** (Auswahl): ▶ Schallschutzdecke ▶ Teppichboden oben, Oropax unten ▶ Gemeinschaftsspielraum im Keller, alte Quartiersbibliothek wiederbeleben ▶ „Lärm-Gutscheine" = Essenseinladung ▶ mehr Hortplätze im Quartier ▶ Wohnungstausch ▶ Hausfest zum Kennenlernen ▶ Generationsübergreifende Events ▶ Herr K. lädt Frau B. zum Kaffeetrinken ein, während die Kids oben laut spielen ▶ Herr K. gibt seinen Job als Lehrer auf ▶ Kinder werden schwerelos und schweben etc.
2. Mögliche Fragen mit Blick auf **Wahrnehmung/ Interpretation:** ▶ *„Wie könnte das als störend erlebte Verhalten im besten Falle – wohlwollend – interpretiert werden?"* ▶ *„Können Sie sich vorstellen, dass irgendein anderer Mensch genau diese Situation erlebt und sie wäre für ihn kein Konflikt? Wer fällt Ihnen da z.B. ein?"* ▶ *„Wieso hätte er/sie eine andere Sichtweise auf diese Situation?"* ▶ *„Warum würde er/sie in dieser Situation anders denken oder anders empfinden?"* Spätere Weiterarbeit: ▶ *„Was bräuchte es, damit Sie diese Sichtweise auch einnehmen können?"*	**Veränderung der Bedeutung** (Auswahl): ▶ Mutter wertet seine Kritik als Unterstützung und Legitimation. ▶ Das Klopfen gegen die Decke ist keine Beschwerde sondern „Feedback". ▶ Lärm der Kinder ist keine Störung, sondern „Pausenzeichen" für die Arbeit. ▶ „Die Kinder haben heute eine Freiheit, die ich nie hatte, damals aber gerne gehabt hätte." Andere Menschen ... ▶ *„Mein Bruder – der hat kleine Enkelkinder und findet sie entzückend, auch wenn sie lärmen ..."* ▶ *„Mein Kollege X – der bereitet sich ohnehin nie auf seinen Unterricht vor."* ▶ *„Ein Gehörloser, der sich darüber freut, dass er wieder hören kann."* etc.

Die gesammelten Optionen werden gesichtet, modifiziert und ggf. operationalisiert.	Vereinbart wurde, ▶ dass Herr K. sich melden darf, wenn das Spielen der Kinder ihn stört, ▶ dass Frau B. ihn auf einen Kaffee einladen darf, wenn er sich wegen der Störung meldet (Pausenbewusstsein!), ▶ dass Herr K. Zeiten an Frau B. geben darf, wann er besondere Ruhe braucht und ▶ dass sie einen gemeinsamen Brief an die Hausverwaltung schreiben mit zwei Punkten: 1. dem Wunsch nach baulichen Maßnahmen zum Lärmschutz 2. der Bitte, den alten Trockenraum im Keller als gemeinsamen Spielraum für die Kinder des Hauses nutzen zu dürfen.

Konflikte als Symptome sehen – eine Aufforderung zur gesellschaftlichen Veränderung

Erfahrungen/ Kommentare

„Eine gute Konfliktlösung zwischen ‚oben' und ‚unten' manifestiert das System von ‚oben und unten'."
– Mylos von Zülpos –

Wir sind der Ansicht, dass manche Konflikte wesentlich stärker durch die Rahmenbedingungen verursacht sind als durch individuelles Verhalten. Suchen wir in diesen Fällen (nur) nach Lösungen auf der individuellen Verhaltensebene, könnte dies fast einem „Kunstfehler" gleichkommen.

Angenommen, man nimmt zwei friedliche Tauben und sperrt sie in einen engen, dunklen Käfig: In kürzester Zeit werden sie übereinander herfallen und sich blutig picken. Anstatt den Tauben friedliches Verhalten anzudressieren, wären wir wahrscheinlich besserer beraten, den Käfig zu öffnen oder zumindest zu vergrößern.

Wenn zum Beispiel Lehrer und Schüler im Unterricht ständig aneinander geraten, könnte es sinnvoll sein, gemeinsam mit den Konfliktparteien die Rahmenbedingungen zu betrachten: wachsende Klassenstärken, zu kleine Lehrräume, suboptimale Stundenplangestaltung, fehlende Berufs- und Lebensperspektiven etc. Ein positiver „Neben"-Effekt: Der gemeinsame Blick auf ungünstige Rahmenbedingungen kann die Beziehung zwischen den Konfliktparteien verändern und ggf. aus Gegnern Verbündete machen im Bestreben um die Veränderungen äußerer Faktoren, die beide Parteien einengen.

Konflikte als persönliche „Kunst"-Werke sehen – erschaffen durch unsere Wahrnehmung, Interpretation und Bedeutungsgebung.

> *„Verändern Sie Ihre Sicht auf Umstände und Gegebenheiten, und die Umstände und Gegebenheiten, die Sie betrachten, werden sich verändern."*
> *– Wayne W. Dyer –*

Wenn wir davon ausgehen, dass einem Konflikt immer subjektive Sichtweisen, Werte und Bewertungen, Überzeugungen und Interpretationen zugrunde liegen, dann kann man daraus folgern, dass wir jeden Konflikt, den wir haben, potenziell einseitig durch eine neue Interpretation und andere Bewertung der Sachlage lösen könnten. Hier liegt in der Tat ein großes Potenzial an Gestaltungsmacht, das wir den Konfliktparteien bewusst machen können. Die Kehrseite dieser Sichtweise liegt auf der Hand, sie heißt „Verantwortung". Denn weisen wir die Konfliktparteien auf diese fantastischen Möglichkeiten hin, werden wir häufig Widerstand erfahren: *„Wollen Sie etwa behaupten, ich sei selbst schuld, dass ich diesen Konflikt habe?!"*

Beim Blick auf die eigenen Wirklichkeitskonstruktionen wird die Freude über die persönliche Wirkmächtigkeit oft überlagert durch die Schuldfrage. Zudem stehen Sichtweisen in enger Relation zur Identität. Sie vermitteln Stabilität und Sicherheit. Daher sollten wir respektvoll mit Widerstand umgehen und einen sicheren äußeren Rahmen schaffen, der es den Konfliktparteien ermöglicht, innere Veränderungen zu wagen.

Was es zu beachten gilt

Es kann hilfreich sein, die drei Wirkfaktoren auch schon während der Konflikterhellung (3. Phase) bewusst zu betrachten:

- Welches Verhalten prallt im Konflikt aufeinander und wäre ggf. veränderungswürdig?
- Welche Kontextbedingungen sind relevant für den Konflikt?
- Welche individuellen Sichtweisen und Interpretationen sind relevant für den Konflikt?

Technische Hinweise

Für das Brainstorming könnte eine vorbereitete Wandzeitung mit einem kleinen Wirkfaktorendreieck genutzt werden. Über die Einordnung der Ideen zu den verschiedenen Ecken wird das System verdeutlicht und es wird sichtbar, welche Faktoren ggf. noch unterrepräsentiert sind.

Quellen/Literatur

Das Wirkfaktorenmodell, das wir für unsere Ausbildungen entwickelt haben, basiert auf einem Konfliktmodell von Christopher R. Mitchell (The Structure of International Conflict. St. Martin´s Press, New York 1981).

Weiteres Vorgehen

Die üblichen Schritte: Optionen sichten, auswählen, modifizieren, vereinbaren.

Mit jedem Atemzug der Lösung näher

Hypnotherapeutische Sprachmuster in der Mediation

Von Rita Wawrzinek

Kurzbeschreibung

Der Einsatz hypnotherapeutischer Elemente in der Mediation befähigt die Medianden, in einen entspannteren Zustand zu kommen und sich mit ihrem inneren kreativen Potenzial in Richtung Lösung zu bewegen. Dabei führt der Mediator die Medianden in einen leichten Trancezustand. Im Rahmen des Tools werden einige Grundsätze zum hypnotherapeutischen Sprachgebrauch erläutert und konkrete Formulierungsbeispiele vorgestellt.

Rahmen

Hypnotherpeutische Sprachmuster können letztendlich in jeder Phase der Mediation hilfreich eingesetzt werden. Sie bilden eine Ergänzung zur ansonsten üblichen Gesprächsführung im Mediationsprozess und entfalten ihre Wirkung auch bei Team- und Gruppenmediationen.

Anlässe/ Anwendungsbereiche

Der Einsatz hypnotherapeutischer Sprachmuster unterstützt die Medianden bei der Suche nach Handlungsoptionen. Durch die beruhigende Wirkung der Sätze begleitet der Mediator die Medianden in einen Entspannungszustand. Letztendlich können diese Sprachmuster in allen Phasen hilfreich eingesetzt werden.

Zielsetzung/Nutzen

Der Einsatz hypnotherapeutischer Sprachmuster unterstützt die Medianden auf dem Weg Richtung Lösung bzw. lädt zur „Loslösung" von der Defizit- und Problemsicht ein. Durch die Formulierungen werden die Medianden angeregt, sich zu entspannen und loszulassen, um wieder mit dem eigenen kreativen Potenzial der Ideenwelt in Kontakt zu kommen. Zugleich können diese Sprachmuster auch in Situationen eingesetzt werden, in denen Medianden verzagt oder verzweifelt sind und keine Lösungsmöglichkeiten für sich sehen. Hypnotherapeutische Elemente bestärken die Beteiligten und dienen somit dem Empowerment der Medianden.

Beschreibung

Trance ist ein natürliches Phänomen, welches im Rahmen einer Mediation immer wieder auftritt. Medianden schweifen ab, wirken abwesend und verlieren den roten Faden. Auch als Mediatorin geraten wir unter Umständen in kurze tranceartige Zustände, bei denen wir halb das Geschehen verfolgen und mit uns selber im Gespräch sind oder gänzlich abschweifen und uns mit anderen Themen beschäftigen. Diese natürliche menschliche Fähigkeit können wir im Rahmen der Mediation hilfreich nutzen, indem wir die Medianden bewusst in den Zustand der leichten Trance führen und damit einladen, den konfliktbeladenen Tunnelblick zu verlassen. Der kritische Verstand wird mithilfe der beschriebenen Sprachmuster in die Pause geschickt und damit die Wahrscheinlichkeit erhöht, dass eine Vielzahl von Lösungsmöglichkeiten erdacht werden können.

Das Ziel dabei ist, das „Nicht-Bewusste" in den Medianden einzuladen, den Lösungen den Weg zu bereiten und den inneren bewussten und/ oder unbewussten Restriktionen ein „Schnippchen" zu schlagen. Die Anzahl an Lösungsmöglichkeiten ist in der Regel unendlich, wir können sie nur nicht sehen, weil sie unserer Aufmerksamkeit entzogen sind.

Überleitung zur Phase 4 – der Lösungssuche:

„Sie haben beide viel gearbeitet, geredet, verstanden und manches ist Ihnen vielleicht noch nicht ganz klar und das ist auch in Ordnung – nutzen wir diesen Moment, um innezuhalten, zu entspannen und erste Gedanken zu ermöglichen, wie Ihre nächsten Schritte aussehen könnten, was jetzt möglicherweise ansteht und vielleicht entsteht daraus auch etwas für die Zukunft ... im Ruhigwerden ... genau so ..."

- Wertschätzende Beobachtung
- Beruhigende Worte: Entspannung, Ruhe ...
- Permissive Formulierungen: könnten, möglicherweise, vielleicht
- Pacing: Beobachtung der Reaktionen und Verstärkung der Entspannungsanzeichen

Die Punkte in den Zitaten stehen für kurze Sprechpausen. Um die Medianden in die Entspannung zu begleiten hilft es, sich selber ruhig zurückzulehnen, auf den eigenen Atem zu achten, selber leicht und entspannt zu atmen. Die eigene Ruhe strahlt auf die Medianden über. Achten Sie auf Ihre Stimme und sprechen Sie langsamer, ruhiger und entspannter.

Die Mediananden in die Entspannung führen:

„Sie sitzen auf Ihren Stühlen und sehen mich an oder sehen etwas im Raum und Sie atmen leicht und ich spreche mit Ihnen und Sie können beginnen, sich zu entspannen, so wie es sich für Sie angenehm anfühlt. ... Sie atmen ... Sie sitzen hier und hören die Geräusche von draußen und meine Stimme und denken dabei vielleicht über verschiedene Dinge nach ... Weil Sie gerade auf der Suche sind und sich für Klärung interessieren, neue Wege suchen und lernen wollen ... Ich möchte Ihnen jetzt vorschlagen, wo Sie da so ruhig sitzen und so ruhig sitzen können, wie Sie es wollen, und während Sie Ihre Atmung ihren eigenen, ruhigen Rhythmus finden lassen können und Ihren entspannten Körper spüren ... Ihre Gedanken frei schweben zu lassen, nichts zu suchen und nur so in sich aufkommen zu lassen, zu warten, bis Ihnen Ihre weise innere Instanz/innere Weisheit/kreatives Potenzial vielleicht etwas zuflüstert. Und wenn Sie sie noch nicht hören, lassen Sie die Gedanken wandern und warten Sie, bis Ihre weise innere Instanz/innere Weisheit/kreatives Potenzial, sie kennt Sie ja durch und durch, Ihnen einen Gedanken eingibt."

- Pacing und Leading: Beschreibung dessen, was beobachtbar ist und dieses in Verbindung setzen mit dem gewünschten Zustand der Entspannung.
- Ansprechen des Unterbewussten durch Formulierungen wie „weise innere Instanz, innere Weisheit, das eigene kreative Potenzial, den inneren Experten, den inneren Leader ..."
- Konfusion: Überladung mit Informationen, die rational nicht mehr in eine logische Folge gebracht werden können.
- Ansprechen der Sinneskanäle Sehen, Riechen, Fühlen erhöht die Aufmerksamkeit.

In einen „Die Lösung für möglich halten"-Zustand begleiten und die Aufmerksamkeit auf Lösungen fokussieren:

„Ist es nicht wunderbar zu wissen, dass es für alles eine Lösung geben kann ... und diese Lösung schon längst sein kann ... und nur darauf wartet ... entdeckt zu werden ... und das, obwohl es uns manchmal fast unmöglich scheint, ist es jetzt und hier absolut möglich, ... Lösungen auszusprechen und damit auch einen Schritt weiterzugehen ... wo immer dieser Schritt auch hinführt ... Und die Lösung kommt zu einem sinnvollen Zeitpunkt, der vielleicht schon gekommen sein kann ...
Und es kann sein, dass es einfach Zeit braucht ... wie das Gras Zeit braucht zum Wachsen ... und es entstehen blühende Wiesen ... oder ein gepflegter englischer Rasen ... oder auch eine raue Steppe ... oder eine ganz andere Landschaft ... es ist möglich, zu lösen ... mittendrin oder

weit draußen ... und Sie können alles ... was Sie denken, jetzt anmerken ... oder nach einer Pause, die wir jetzt machen und Sie lösen sich aus der angenehmen Entspannung und wieder hier sind, frisch und klar und wach!"

- Suggestionen: Formulierungen, die starke Überzeugungen und Bilder transportieren.
- Metaphern: Bildhafte Sprache unterstützt das kreative Potenzial der Medianden.
- Beenden der Entspannung durch Wechsel der Inhalte (wach, klar, frisch, munter ...), sowie Lautstärke und Modulation der Stimme.

Eine weitere hilfreiche Methode, um die Medianden wieder aus der Entspannung/Trance zu geleiten, sind die drei As: *„Um wieder wach und munter zu werden, strecken Sie die Arme, atmen Sie tief ein und aus und öffnen Sie die Augen (schauen Sie im Raum herum) – und Sie sind wieder frisch und klar im Hier und Jetzt!"*

Sprachmuster, die helfen, eine positive Erwartungshaltung zu unterstützen und starke Kräfte in Richtung Lösung in Bewegung setzen können:

I. Permissive/durchlässige Redeweisen:
- *„**Es kann sein**, dass der Schlüssel für Ihre Situation schon längst gefunden ist ..."*
- *„**Es ist möglich**, das alles auch anders ist ..."*
- *„**Vielleicht** wird Sie selber überraschen, dass ..."*
- *„**Sie können** viele Wege erkunden ..."*
- *„**Wenn Sie möchten, können Sie** sich selber überraschen ..."*

II. Konjunktionen:
- ***„Und"*** kann jede Seite der Ambivalenz abholen.
- ***„Obwohl ... auch"*** holt Gegensätze ab und vereinigt diese gleichzeitig: *„Es ist möglicherweise A, obwohl es auch möglich ist, B zu erleben."*

III. Aufspalten:
- Bewusstes/Unbewusstes: *„... dass Ihr Bewusstes noch keine Idee hat und Ihr Unbewusstes schon lange weiß, was alles möglich ist."*
- Damals/Jetzt: *„... dass Ihnen jetzt vieles deutlich wird, was damals noch unklar war."*
- Das Ganze/der Teil: *„... und es ist möglich, dass das Ganze nicht verstanden wird und ein Teil schon ganz verstanden ist."*

- Klar/unklar: *„... und es ist manchmal so, dass manches klar und eindeutig und anderes unklar und unfassbar bleibt."*

IV. Gedanken lesen:

- ***„Ich weiß, dass Sie sich fragen****, ob das hier alles einen Sinn macht. Und es ist gut, sich diese Frage zu stellen und gleichzeitig offen sein zu können, für alles Neue und Überraschende, was vielleicht eintreten und Ihnen zu neuen Gedanken und Erkenntnissen verhelfen kann."*
- ***„Ich weiß, dass für Sie gerade Lösungen unmöglich scheinen*** *und diese Möglichkeit, dass gerade dann etwas in Bewegung kommt, ist eine Idee ..."*

V. Indirekte Suggestionen:

- *„Ich frage mich, ob Sie schon Antworten geben können."*
- *„Sie müssen nicht jetzt sofort mit dem Erarbeiten von Lösungen beginnen."*
- *„Sie können entscheiden, ob Sie jetzt oder später mit der Lösungssuche beginnen möchten."*
- *„Nachdem Sie sich entschieden haben, eine Mediation zu beginnen, kann jetzt auch die Lösung zu Ihnen kommen."*

VI. (Wertschätzende) Beobachtung:

- *„Sie haben viel geschafft ..."*
- *„Sie sind jetzt schon einen weiten Weg gegangen und haben manche Hürde genommen ..."*

VII. Wunderfrage:

- Die Wunderfrage aus der Lösungsorientierten Kurzzeittherapie nach Steve de Shazer lässt sich hier natürlich auch wundervoll einfügen. Gerade in einem entspannten Zustand wirkt diese Frageform (Blick vom ressourcenreichen Lösungszustand aus zurück in die Vergangenheit auf den problembeladenen Zustand) ermutigend und fördert das Denken in Richtung Lösung.

Erfahrungen/ Kommentare

Hypnotherapeutische Sprachmuster im Mediationsgespräch können neue Perspektiven eröffnen und in jeder Phase zur Entspannung der Medianden beitragen. Durch das Eröffnen eines unendlichen Lösungsraumes können auch absurde oder abwegige Vorschläge und Ideen geäußert werden. Nach meiner Erfahrung bewegen die Medianden innerlich verschiedenste Lösungen und Gedanken in ihren Köpfen hin und her, die aus den unterschiedlichsten Gründen nicht vor den Streitpartnern, vor sich selber oder den Mediatoren geäußert werden können. Hypnotherapeutische Sprache lädt ein, loszulassen und erreicht unter Umständen eine Öffnung in Richtung Vielfalt. Ich konnte immer wieder beobachten, wie dieses gezielte Abschweifen im Übergang zwischen Erhellung und Lösungsfindung zu einer Wendung im Mediationsgespräch führte.

Gleichwohl sind auch hypnotherapeutische Sprachmuster keine Zauberei und auch danach kann die Stimmung wieder in Richtung Konflikt branden. Wie Ed Watzke den Mediationsprozess als Tanz zwischen den Welten beschrieb, so sehe ich diese besonderen Spachmuster als spezielle Hintergrundmusik, zu der der Tanz der Medianden zart begleitet wird.

Technische Hinweise

Keine

Quellen/Literatur

Mein Dank gilt Godehardt Stadtmüller, Matthias Varga von Kibéd, Hans Jörg Ebell und Insa Sparrer, die mich durch ihre Art, die Dinge in Worte zu fassen, in die Trance geführt haben!

Literatur:

- Gilligan, Stephen: Therapeutische Trance. Das Prinzip Kooperation in der Ericksonschen Hypnotherapie. Carl Auer, Heidelberg 2008.
- Erickson, Milton/Rossi, Ernest L./Rossi, Sheila L.: Hypnose: Induktion. Psychotherapeutische Anwendung. Beispiele. Klett-Cotta, Stuttgart, 7. Aufl. 2009.
- de Shazer, Steve: Der Dreh. Überraschende Wendungen und Lösungen in der Kurzzeittherapie. Carl Auer, Heidelberg, 11. Aufl. 2010.
- Watzke, Ed: Äquilibristischer Tanz zwischen den Welten. Forum Verlag, Mönchengladbauch, 4. Aufl. 2011.

Weiteres Vorgehen

Dieses Tool ist als Sprachmuster universell einsetzbar. In konzentrierter Form in der Phase Lösungssuche schließe ich häufig erst einmal eine kurze Pause an und lasse die Medianden noch ein wenig ihren Gedanken nachgehen. Ich biete den Medianden Schreibunterlagen und Papier an, um erste Gedanken und Ideen schriftlich zu fixieren. Meist ist die Stimmung nach einer Entspannung gelassen, manchmal schwermütig und oftmals kommt es zu berührenden Momenten, da durch das Loslassen im Inneren Einsichten gewonnen werden. Es geht darum, diese neuen Erkenntnisse empathisch zu vermitteln und was immer es auch sei, in den Raum zu bringen.

Konsens mit Differenz

Optionen und Übereinstimmungen finden und dabei differente Interessen berücksichtigen

Von Prof. Dr. phil. Angela Mickley

Kurzbeschreibung

Konsensmethodik greift die in der Mediation gefundene Konstruktivität auf und entwickelt daraus die klar benannte Bedürfnisvielfalt aller Konfliktparteien. Dazu werden mehrere Optionen für die gemeinsame Zukunftsgestaltung identifiziert. Diese Optionen werden nicht gegeneinander abgestimmt, sondern alle Beteiligten bewerten alle Optionen. Damit entfällt der Druck, in kurzer Zeit einheitliche Gesamtlösungen zu erzwingen. Der Weg von den Positionen zu den Interessen wird dadurch ohne tiefschürfende Fragen nach Motivation u.Ä., sondern mit transparenten methodischen Mitteln gefunden, die eher Regelcharakter haben und horizontal erweitern, als vertikal in die Tiefe zu gehen.

Rahmen

- Nötig ist eine Erläuterung zu Beginn der Mediation, d.h. nach anfänglicher Konflikt- und Themenbeschreibung oder nach sozialer Fantasie/Brainstorming mit den diversen Wünschen und Bereitschaften, warum und wie Optionen identifiziert werden.
- Die Konsensmethode eignet sich für alle Gruppengrößen, seien es 2 oder 2.000. Bei Letzteren empfiehlt sich eine computergestützte Abstimmung.

Anlässe/ Anwendungsbereiche

Die Methode kann zuerst nach der einleitenden Konfliktdarstellung, Klärung des Vorgehens und Themenfindung genutzt werden und eignet sich besonders zur effizienten und schnellen Festlegung einer akzeptierten Reihenfolge der Bearbeitungsthemen. Sie kann zusätzlich nach der Ideensammlung genutzt werden, um in der gemeinsamen Bündelung und Priorisierung die geplante Umsetzung zügiger zu fokussieren, ohne die unterschiedlichen Interessen zu übergehen.

Zielsetzung/Nutzen

Die Konfliktpartner erleben mit dem Konsensverfahren einen methodisch umgesetzten Respekt gegenüber ihren Wünschen und Bedürfnissen, ohne dass die Mediatoren sie dauernd verbal und empathisch bestätigen. Das sollte in der fünften Phase (Verhandlung und Vereinbarung) nicht mehr so umfassend nötig sein wie zu Beginn, es kann gelegentlich auch die Vereinbarungsdynamik behindern.

Der Vorteil gegenüber kleinteiliger Verhandlung konsensresistenter Themenbereiche liegt darin, dass die einzelnen Optionen differenziert beschrieben werden, nebeneinander stehen bleiben und für bessere Übersicht nur inhaltlich zusammengefasst werden. Alle Klienten sehen ihre Anliegen klar benannt zur Abstimmung aufgelistet. Sie können sogar die weniger geschätzten Optionen mit ihrer genauen Rangfolge versehen. *„Das will ich alles nicht!"* wird dann, auch emotional, untergliedert in *„Das will ich überhaupt nicht – Das ist weniger schlimm – Das sehe ich mir frühestens nächsten Monat an – Das braucht noch viel Vorklärung usw."*. Der Weg zum gefundenen Konsens und das Ergebnis sind gleichermaßen differenziert und für alle transparent. Diese Schritte können die Konfliktpartner im weiteren Verlauf ihrer Beziehung auch ohne bzw. unabhängig von Mediatoren nutzen.

Da wir eine alle Parteien berücksichtigende Lösung anstreben, müssen die unterschiedlichen und häufig gegensätzlichen Interessen und Bedürfnisse klar herausgearbeitet und in den gemeinsam abgestimmten Abstufungen in die Vereinbarung integriert werden.

Ergebnis ist ein Prozess, der auf allen Seiten Differenzierung eigener Interessen, Bedürfnisse und Wünsche verlangt und dies bis in die Vereinbarung durchträgt. Damit ist nicht nur die Chance einer nachhaltigen Lösung erheblich gewachsen, sondern alle Beteiligten haben nebenher gelernt, konstruktiv mit eigenen und gegnerischen Bedürfnislandschaften umzugehen. Ein nicht zu unterschätzender Kollateralnutzen!

Beschreibung

Ein Beispiel aus der Lokalpolitik: Die 10 Mitglieder eines Unterausschusses im Bezirksparlament einer Kleinstadt wollen wieder zu einer zivilen politischen Streitkultur kommen, die in der Sache hart geführt werden kann, aber persönliche Angriffe vermeidet. Diese 10 Abgeordneten, alles gewählte Volksvertreter aus drei unterschiedlichen Parteien, hatten sich innerhalb der letzten Monate über Inhalte und Umgangsformen gründlich zerstritten und möchten die Konfliktthemen ohne Öffentlichkeit bearbeiten. Dies versuchen sie mit einer Mediation.

1. In der ersten gemeinsamen Sitzung zur Konfliktbeschreibung aller Beteiligten (zweite Phase) sehen sich einige bereits durch das Be-

nennen einzelner Themen provoziert und entgegnen heftig, teils unqualifiziert und gelegentlich grob verletzend. Mit dem Hinweis auf die Relevanz ihrer Themen, nötige Arbeitsfähigkeit und die Verantwortung als gewählte Vertreter ihrer Region gelingt es, den Fokus auf die angefragte und nun beginnende Bearbeitung zu lenken. In diesem Anfangsstadium müssen also die Interessen geklärt, die Themen identifiziert und die Verfahrensschritte erläutert werden, alles in einer Atmosphäre hitziger Debatte, spontaner Einwürfe und gegenseitiger Unterbrechungen. Mit kontinuierlichem Umformulieren der inhaltlichen Beiträge, die immer wieder mit Angriffen geäußert werden, hin zu wertschätzenden Äußerungen werden die brisanten Themen am Flipchart untereinander notiert.

2. Als alle Abgeordneten diese Liste für vollständig erklärt haben, fordern wir sie auf, die individuelle Rangfolge zu benennen, die sie als Einzelpersonen, nicht nach Parteizugehörigkeit, den Konfliktthemen geben wollen.

3. Jeder bewertet, da es fünf Themen/Optionen gibt, die einzelnen Optionen mit mindestens einem und maximal fünf Punkten und erstellt damit seine individuelle Gewichtung aller Optionen. Damit ist gewährleistet, dass jede Option, hinter der ja erörterungswürdige Interessen stehen, innerhalb der Rangdifferenzierung präzise zugeordnet wird. Üblich ist sonst in vielen Entscheidungswegen, dass Gewinner und allenfalls die nächsten beiden benannt und die restlichen schlicht ignoriert werden, auch wenn sie womöglich in der Wertung dicht an die ersten anschließen. Das britische Wahlsystem mit dem Leitsatz „First past the post" berücksichtigt in einem Wahlkreis ausschließlich den Gewinner und „verschenkt" unter Umständen die restlichen 49 Prozent. In einer multikulturellen und -sozialen Gesellschaft schafft dieses Verfahren umfassende Konfliktkonstellationen. In der Konfliktbearbeitung ist es für die Qualität des Prozesses und eine nachhaltig akzeptierte Lösung entscheidend, dass alle Beteiligten mit allen relevanten Interessen mindestens gehört und in den Optionen berücksichtigt werden, ohne dass sie unbedingt in der Vereinbarung alles davon umsetzen können.

4. Jeder der zehn Teilnehmer erstellt und notiert sichtbar eine Rangfolge der Themen für die Bearbeitungsabfolge, die den Rängen zugeordneten Punkte werden addiert und zeigen innerhalb kürzester Zeit, welche Themen von wie vielen Beteiligten in welcher Reihenfolge bearbeitet werden sollen.

- A erhält z.B. von den zehn Teilnehmern
  1 x 5, 2 x 4, 4 x 3, 1 x 2 und 2 x 1 Punkte = 29 P.
- B erhält 2 x 5, 2 x 4, 2 x 3, 2 x 2 und 1 x 1 Punkte = 29 P.
- C erhält 2 x 5, 1 x 4, 1 x 3, 1 x 2 und 5 x 1 Punkte = 25 P.
- D erhält 4 x 5, 3 x 4, 1 x 3, 1 x 2 und 1 x 1 Punkte = 38 P.
- E erhält 1 x 5, 2 x 4, 2 x 3, 5 x 2 und 1 x 1 Punkte = 30 P.

Option D erhält mit 38 Punkten die höchste Anzahl, ist somit das erste Thema der Bearbeitung, gefolgt von A und B, über deren Abfolge noch kurz abgestimmt werden kann, und schließlich E und als letztes Option C, die wegen geringerer Bedeutung oder wegen großer Bedeutung, aber keiner Notwendigkeit einer eiligen Entscheidung, als letzte in Angriff genommen wird.

Erfahrungen/ Kommentare

Was macht den besonderen Reiz der Methode aus? Alle Beteiligten der geschilderten hoch eskalierten Konfliktsituation erleben zu ihrer großen Überraschung, dass sie es trotz heftigster Auseinandersetzung schaffen, ihre nächsten Arbeitsschritte im Konsens zu planen. Es ist viel leichter, mit Streitparteien zu arbeiten, die relativ schnell ihre eigene Kompetenz wahrnehmen und einsetzen können. Der Blick darauf geht in heftigen und lang andauernden Auseinandersetzungen meist verloren und wir hören in der Konfliktdarstellung eine Fülle negativer Beschreibungen beteiligter Personen und vergangener Situationen. Hier schon am Anfang zu erleben, wie trotz deutlicher Äußerung kontroverser Einschätzungen und Interessen im Erstellen von Konfliktlandschaft und möglichen Schritten eine gemeinsame Planung möglich ist, schafft eine zuverlässige Grundlage für die folgenden Phasen. Die brauchen wir dringend für die emotional aufrührenden Beleuchtungen der gegenseitigen Verletzungen und Blockaden.

Mit jüngeren Teilnehmern in Schule, Unterrichtsgestaltung oder Jugendfreizeitbereich schafft diese Methode ein sofort verfügbares Regelwerk, das alle auf ihre akuten Entscheidungssituationen anwenden können. Dabei wird oft deutlich, wie selten gerade Kinder und Jugendliche nach ihren Interessen und Vorlieben gefragt werden, und wie noch seltener sie ihre Antworten umgehend mit transparenten Spielregeln berücksichtigen können.

Wer es erst einmal im geschützten Familien- oder Freundeskreis ausprobieren möchte, kann die nächste Essensplanung oder gemeinsame Reise zur Abwechslung konsensual entscheiden lassen.

Technische Hinweise

Tafel, Flipchart, Kreide, Stifte, einzelne Blätter für alle Beteiligten. Mit Laptop und Beamer und dem entsprechenden Programm können die Prioritätenlisten aller Teilnehmer sofort nach elektronischer Eingabe oder Übertragung der schriftlich notierten Ranglisten aller Beteiligten in die digitale Matrix für alle sichtbar projiziert werden.

Mit Tafel und Kreide oder Flipchart und Stiften kann bei bis zu 30 Teilnehmern noch relativ schnell ein Gesamtbild und Ergebnis aller Eingaben erstellt werden. Praktisch ist es hierbei, statt Punkten Striche zu setzen, die jeweils in Fünferpäckchen hinter den Optionen aufgereiht werden. Das zählt sich leichter.

Quellen/Literatur

Peter Emerson, Direktor des DeBorda Instituts in Belfast, entwickelte die ersten Modelle dieses Verfahrens für die Komplexität des nordirischen Konfliktes und erweiterte es zu einer umfassenden Methodik, die bei Entscheidungen großer Gruppen ebenso gut und übersichtlich wie in nationalen Wahlsystemen eingesetzt werden kann.

▶ Emerson, Peter (ed.): Designing an All-Inclusive Democracy. Consensual Voting Procedures for Use in Parliaments, Councils and Committees. Springer, Berlin/Heidelberg 2007.

Weiteres Vorgehen

Alle Beteiligten haben bemerkt, wie sich respektvoller Umgang methodisch niederschlagen kann und dass ein Nebeneinander unterschiedlicher Vorstellungen und Bedürfnisse möglich ist. Allein diese Erfahrung ist schon ein wertvolles Element erweiterter Konfliktkompetenz. Es lohnt sich, gleich mit den Streitparteien absehbare Situationen zu besprechen, in denen Einigung und schnelle Entscheidungsfindung unmöglich schien oder schwerfiel. Für diese Situationen kann beispielhaft ein konsensualer Weg präzise beschrieben und versuchsweise durchgespielt werden. Weihnachtsgestaltung mit einer getrennten Familie kann beispielsweise im schlimmsten Fall jede vorherige Vereinbarung sprengen oder mit Optionenentwicklung und Prioritätensetzung Bausteine für ein neu komponiertes Fest liefern. Das lässt allen Beteiligten Luft zum Atmen und bietet den Kindern eine sozio-kulturelles Erlebnis für ihre künftigen eigenen Gestaltungen von Familienfesten.

Mediation in der Mediation

Mediation mit gewählten Stellvertretern

Von Mary Cornelia Baßler

Kurzbeschreibung

Bei diesem Tool handelt es sich um eine „Mediation innerhalb einer Mediation". Die direkt Beteiligten verhandeln hierbei nicht gemeinsam an einem Tisch, sondern werden durch von ihnen gewählte Vertreter aktiv. Dies gilt ebenso für einzelne Interessengruppen, die personell nicht zu erfassen sind, wie etwa Fußgänger oder Radfahrer. Dieses Verfahren eignet sich vor allem für Mediationen im öffentlichen Raum bzw. im Gemeinwesen, wenn einzelne Beteiligte nicht persönlich erscheinen können bzw. nicht wollen oder wenn Personengruppen nicht personell greifbar sind, da sie z.B. als Besucher oder Nutzer eine anonyme Gruppe von Betroffenen bilden.

Zeitlicher Rahmen

Der Zeitrahmen zur Durchführung dieses Verfahrens entspricht dem Zeitrahmen der klassischen Mediation und bemisst sich an der Sachlage und der Anzahl der Streitparteien: z.B. drei Stunden Mediation mit den Vertretern, Pause, drei Stunden Rücksprache der Vertreter mit den eigentlich Beteiligten. Man legt beide Sequenzen entweder auf einen Tag oder man macht einen Tag Mediation mit den Vertretern und einen Tag die Rücksprache der Vertreter mit „ihrer" jeweiligen Gruppe von Betroffenen.

Anlässe/ Anwendungsbereiche

Diese Methode eignet sich besonders für höher eskalierte Konflikte. Vor allem, wenn ...

- eine direkte Begegnung mit der oder weiteren Konfliktparteien nicht – oder derzeit nicht – möglich ist bzw. als unzumutbar empfunden wird,
- eine oder mehrere Konfliktparteien ihr soziales Ansehen wahren wollen und müssen oder einzelne Beteiligte im besonderen öffentlichen Interesse stehen und deshalb nicht selbst erscheinen wollen,

- Betroffene einen Konflikt im Interesse der Allgemeinheit geregelt haben wollen, aber befürchten, dass sie danach nicht ohne Anfeindungen in der Gemeinwesenarbeit weiterarbeiten können,
- ein direkter Kontakt der Konfliktparteien untereinander oder der betroffenen Personen nicht mehr möglich ist, aber auch der Weg über die Justiz nicht in Betracht kommt,
- befürchtet wird, dass es durch die Teilnahme an einer klassischen Mediation zu einer Überschreitung der für die Rolle gebotenen Schamgrenze kommen kann.

Das Verfahren kann ab zwei Konfliktparteien angewendet werden, die Anzahl der Parteien und der jeweils beteiligten Personen spielt dabei eine eher untergeordnete Rolle und hängt von der Erfahrung des Mediators bzw. der Mediatoren ab. Falls zwei Mediatoren den Mediationsprozess leiten, eignet sich für die Zusammenarbeit die Methode „Zwei plus zwei gleich fünf" (siehe S. 68).

Die Struktur der verschiedenen Interessengruppen könnte sein:
- Personen mit Partikularinteresse
- Betroffene
- Personen mit einer Verantwortung aus ihrer (gewählten) Rolle
- Personen in der Ausübung ihres Amtes
- Personen in der Ausübung ihrer Berufes
- Personen, die nicht direkt „greifbar" sind, zum Beispiel Besucher einer Disco oder Besucher einer Region usw.

Es gilt dabei zu bedenken, dass in Gemeinwesenmediationen die Anzahl der von einem Konflikt betroffenen Personen regelmäßig größer ist als die Anzahl der Personen, die sich in einem Mediationsprozess um eine Lösung der Problematik bemühen bzw. bemühen können.

Zielsetzung/Nutzen

Ziel des Verfahrens ist die Entschärfung und die Regelung einer diffusen oder höher eskalierten Situation (ab Eskalationsstufe vier und höher, siehe Glasl) im Sozialraum mit einer nicht genau bestimmbaren Anzahl von Beteiligten oder Personengruppen.

Das Tool „Mediation in der Mediation" leistet einen Beitrag zur Verbesserung des Klimas im Sozialraum, zum Beispiel bei randalierenden oder alkoholisierten Personengruppen, beispielsweise bei Jugendlichen oder Touristengruppen im öffentlichen Raum.

Beschreibung

Auftragsklärung

Der Einstieg verläuft üblicherweise – analog der klassischen Mediation – mit der Auftragsklärung: Eine Partei erscheint bei einem Mediator und bittet um eine Klärung oder Lösung eines Konfliktes. Somit ist die Auftragsklärung klar geregelt. Möglich ist aber auch ein proaktives Herangehen durch den Mediator, indem er eine Mediation als Option zur Lösung des Konflikts vorschlägt und dazu ein Gespräch zur Auftragsklärung mit den einzelnen Gruppen führt.

Die Frage der Finanzierung ist bei dieser Herangehensweise schwierig, da sie erst in einem zweiten Schritt, also nach der Auftragsklärung angegangen werden kann. Doch hat die öffentliche Hand regelmäßig ein großes Interesse an der Klärung solcher Konflikte und wäre bei der Frage der Finanzierung der erste Ansprechpartner. Der Mediationsprozess kann allerdings auch durch eine Bürgerinitiative finanziert werden oder durch Spenden aus der sozialen Gemeinschaft.

Vorgespräche

Nachdem die Rahmenbedingungen wie Finanzierung und Räumlichkeiten geklärt sind, wird durch den bzw. die Mediatoren mit jeder Konfliktpartei mindestens ein Vorgespräch geführt. Ziel der Vorgespräche ist es, einerseits für die jeweilige Gruppe Stellvertreter für die „Mediation in der Mediation" zu finden. Wenn sich aus der Gruppe der Betroffenen niemand als Vertreter zur „Mediation in der Mediation", also zum direkten Gespräch mit den anderen Beteiligten bereit erklärt, kann diese Aufgabe auch von einem externen Vermittler (einem weiteren Mediator oder von ähnlich qualifizierten Personen) übernommen werden. Im Einzelfall kann darüber hinaus für jede Gruppe jeweils ein Rechtsanwalt des Vertrauens einbezogen werden.

Des Weiteren werden in den Vorgesprächen die einzelnen Grupppenvertreter auf den gleichen Wissens- und Kenntnisstand gebracht. Hier werden, so weit das möglich ist, alle konfliktreichen Themen und die jeweils individuellen Positionen dazu erfasst und dokumentiert. Der Mediator bzw. die Mediatoren müssen bei den Vorgesprächen mit den einzelnen Gruppen besonders kritisch und stärkend nachfragen, damit unklare Positionen und Interessen innerhalb einer Gruppe ausgeräumt und diese in die „Mediation in der Mediation" mitgeben werden können.

Bei der Frage nach den Zielen und den Visionen der Beteiligten wird die soziale Rolle zum Beispiel die als Politiker, als Bewohner, als Betroffener oder die als Gast oder Besucher des betroffenen Sozialraums besonders berücksichtigt.

Sind für alle Gruppierungen Stellvertreter gefunden und diese auf dem Kenntnisstand ihrer Gruppe angelangt, bei dem die Konfliktlage klar ist, kann die „Mediation anstatt" beginnen.

Ablauf

Ab diesem Zeitpunkt verhandeln nur noch die Vertreter der Interessengruppen mit dem Mediator bzw. den Mediatoren und werden vorerst von den Mediatoren, die den Prozess leiten, in das Verfahren eingeführt. Mediatoren und die Vertreter der Gruppen (Vermittler und ggf. Anwälte) befinden sich ab diesem Zeitpunkt im klassischen Mediationssetting und die „Mediation in der Mediation" erfolgt nun nach dem Fünf-Phasen-Modell:

- **Phase I und II:** Nach Auftragsklärung, Gesprächsregeln, Erwartungen und Zielen der Beteiligten wird zunächst der Sachverhalt der einzelnen Interessengruppen zur Kenntnis gebracht. Falls nötig, haben die Vertreter der Gruppen auch die Möglichkeit, bei Sachfragen Rücksprache mit ihren jeweiligen Gruppen zu nehmen und Nachfragen zur Faktenlage einzubringen (dazu muss vorher geklärt und organisiert werden, wer aus den jeweiligen Interessengruppen für solche Sachfragen ggf. auch telefonisch in Bereitschaft ist).

- **Phase III:** Im nächsten Schritt werden die Individualinteressen der einzelnen Gruppen und Beteiligten erörtert und die jeweiligen Bedürfnisse herausgearbeitet. Die Vertreter klären untereinander die verschiedenen Sichtweisen, Motivationen und Interessen. Besondere Beachtung haben Scham- und Schuldgefühle.

- **Phase IV:** Es folgt die Phase der Lösungssuche. Der Mediator bzw. die Mediatoren müssen die Lösungsvorschläge und Lösungsideen sehr achtsam hinterfragen und sie erst nach Zustimmung der Vertreter klar und unmissverständlich formulieren und sichern. Denn gerade diese Stelle bietet Raum für neue Missverständnisse. Zur Unterstützung dieser Phase können Methoden wie

  - systemische Fragetechniken
  - Skalierungsfragen
  - klassische Verhandlungstechniken angewendet werden.

  An dieser Stelle ist „die Mediation in der Mediation" im Grunde beendet.

- **Phase V:** Bei der Mediationsvereinbarung sollten sich möglichst alle, auch die Beteiligten – sofern formal und emotional möglich – zur Unterzeichnung der Vereinbarung treffen. Die tatsächlich Betroffenen und Beteiligten, sofern personell bekannt, nehmen die Unterzeichnung selbstständig vor und die Vertreter unterzeichnen dies lediglich im Status der Vertreter. In diesem Termin ist Raum zu schaffen, um untereinander persönliche Worte auszutauschen und sich gegenseitig Wertschätzung für das hinter ihnen liegende Mediationsverfahren und die Mediationsvereinbarung entgegenzubringen. Mit der Unterzeichnung in Anwesenheit der Streitpartei wird der Boden für eine neue gemeinsame Zukunft bereitet. Vertrauen kann neu wachsen und der alltägliche Umgang kann sich in einer neuen respektvollen Akzeptanz bis hin zum harmonischen Kontakt entwickeln.

Erfahrungen/ Kommentare

Das Besondere an dieser Mediation ist, dass sich die Beteiligten über sehr lange Verhandlungszeit nicht direkt erleben und die Mediatoren ganz anders als gewohnt gefordert sind. Sie müssen die Stimmungen, die Befindlichkeiten und die Wünsche transportieren, ohne dabei ihre Rolle zu verlassen. Das ist kein Tool für junge Mediatoren, aber für alle „alten Hasen" eine sehr schöne Erweiterung und Ergänzung des eigenen Spektrums.

Für mich ist an diesem Tool besonders wertvoll, dass in Fällen, in denen die Verletzungen schier unüberwindbar scheinen, dennoch mediativ ein Schritt auf dem Prozess der Koexistenz bis zur Versöhnung gegangen werden kann. Bisher habe ich in den Fällen, die gearbeitet werden konnten bzw. aktuell in der Vorbereitung stehen, stets erfahren, dass es von allen Beteiligten immer einen tiefen Wunsch der Beendigung der aktuell erlebten Situation gibt.

Ich setze diese Methode gern in sozialräumlichen Mediationen ein, wenn einzelne Parteien nicht direkt an den Verhandlungstisch kommen können – etwa Besucher eines Sozialraums oder Gäste einer Stadt, Menschen, die als Nichtbürger in einer Stadt leben und wenig Aufmerksamkeit haben, oder wenn im Vorgespräch deutlich wird, dass mindestens eine Partei sich persönlich nahe an einer individuellen Grenzsituation (Trauma, Trauer o.Ä.) befindet und eine Mediation sonst eher nicht geboten wäre. Häufig ist dies auch bei Mobbing der Fall oder einer anderen möglicherweise strafrechtlich relevanten Handlung, die sonst eher nicht im Bereich der Selbstverantwortung der Parteien geklärt werden würde.

Zu beachten ist auf jeden Fall, dass die Mediatoren in den Verhandlungen proaktiv und parteiisch für ihre Medianten agieren müssen und die eigentliche Mediationsarbeit in den Gesprächen dazwischen geeistet werden muss. Das verlangt von den Mediatoren großen Weitblick.

Technische Hinweise

Keine

Quellen/Literatur

Bei der Entwicklung dieses Verfahrens hat mir Frau Prof. Dr. phil. Angela Mickley mit Rat zur Seite gestanden. Dafür möchte ich mich herzlich bedanken.

Literatur:

- Besemer, Christoph: Mediation. Vermittlung in Konflikten. Stiftung Gewaltfreies Leben. Werkstatt für Gewaltfreie Aktion, Baden 1993.
- Glasl, Friedrich: Konfliktmanagement. Ein Handbuch für Führungskräfte, Beraterinnen und Berater. Haupt/Freies Geistesleben, Bern/Stuttgart/Wien, 4. aktualisierte und ergänzte Aufl. 1994.
- Simon, Fritz/Rech-Simon, Christel: Zirkuläres Fragen. Systemische Therapie in Fallbeispielen: Ein Lehrbuch. Carl Auer, Heidelberg, 4. aktualisierte und ergänzte Aufl. 2007.

Weiteres Vorgehen

Dieses Tool ist bis zu dem Augenblick anzuwenden, bis die Parteien sich am Tisch begegnen können. Regelmäßig sind zur Abschlussmediation alle Beteiligten im Raum, sofern personell bestimmbar – Gäste oder Besucher bleiben unbenommen.

Bisher war es in den von mir gearbeiteten Mediationen nur durch diese Methode möglich, die Beteiligten wieder zu einen selbst verantworteten Verhandlungsrahmen einzuladen und Situationen, die sowohl ökonomisch als auch sozial für die Beteiligten Relevanz darstellten, zu deeskalieren.

Phase 5

Vereinbarungen und Überprüfungstermin

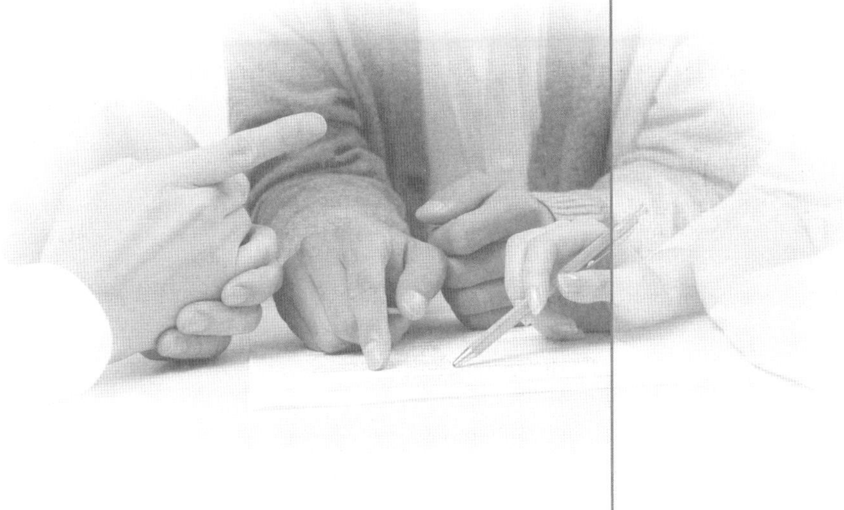

Im fünften Kapitel finden Sie folgende Tools:

In **„Six Thinking Hats“** führt *Dr. Andreas Novak* aus, wie de Bonos Kreativitätswerkzeug zur Ideenentwicklung und zur schnellen Abarbeitung von Optionen und Lösungsvorschlägen genutzt werden kann. (S. 329)

Die **„Therapeutische Praline“** von *Nadia Dörflinger-Khashman* steht für ein Ritual, mithilfe dessen die Konfliktparteien nach gelungener Konfliktbeilegung miteinander vereinbaren, wie sie die neue Ebene der Verständigung auch im Alltag beibehalten können. (S. 336)

In **„Was geht als Erstes schief?“** beschreibt *Kirsten Schroeter* einen Weg, wie die Mediatorin thematisiert, was bei der angestrebten Lösung als Erstes schief gehen könnte. Daraus können sich Korrekturen an der Vereinbarung ergeben, die diese praxistauglicher und tragfähiger macht. (S. 339)

Reflexive Aufgaben oder Beobachtungsaufgaben, die jede Konfliktpartei für sich durchführt, können dazu beitragen, dass sich Sichtweisen weiten und neue Denk- und Handlungsräume erschließen. In ihrem Tool **„Hausaufgaben“** empfiehlt *Nadia Dörflinger-Khashman*, den „Zwischenraum“, also die Zeit zwischen den Sitzungen, für Reflexion und Probehandeln zu nutzen. (S. 345)

Six Thinking Hats

Mit de Bonos Kreativitätswerkzeug tragfähige Handlungsoptionen entwickeln

Von Dr. Andreas Novak

Kurzbeschreibung

Die Six Thinking Hats nach Edward de Bono sind ein Denkwerkzeug, das sich hervorragend zur Strukturierung des eigenen Denkens und der Diskussion in Gruppen eignet. Darüber hinaus kann es zur Ideenentwicklung und zur schnellen Abarbeitung von Optionen und Lösungsvorschlägen genutzt werden.

Rahmen

- In der Kreativitätsphase so viel Zeit wie nötig, um einen Strauß von Handlungsalternativen zu entwickeln. Die Abarbeitung von Ideen benötigt pro Idee etwa 10 Minuten, darin eingeschlossen ist für jede Idee der Beginn eines Aktionsplans.
- Die optimale Gruppengröße liegt zwischen vier und acht Personen. Allerdings kann das Tool auch in Zweier-Mediationen gut genutzt werden. Ist die Gruppe größer, empfiehlt es sich, sie zu teilen und über die Ergebnisse berichten zu lassen.

Anlässe/ Anwendungsbereiche

In der Kreativitätsphase (Phase 4) und der Auswahl und Entscheidung von Optionen (Phase 5a) wird das Tool bevorzugt eingesetzt. Es eignet sich zur effizienten Abarbeitung von Ideen sowie zur Entwicklung von Ideen.

Zielsetzung/Nutzen

Einerseits geht es um die Entwicklung von Handlungsoptionen für die Zukunft. Andererseits müssen diese auf ihre Brauchbarkeit hin untersucht werden. Am Schluss muss für jede Handlungsoption entschieden werden, was weiter damit geschehen soll. Dazu eignet sich das Tool sehr gut.

Beschreibung

Edward de Bono, ein Brite mit maltesischen Wurzeln, hatte in den 1980er-Jahren, als er schon wegen seiner Kreativitätstechniken des

Lateralen Denkens in Managementkreisen bekannt geworden war, die Aufforderung bekommen, einen Artikel über die Schwierigkeiten des Brainstormings zu verfassen. Beim Brainstorming, der wohl bekannteste Kreativitätstechnik, wird als Regel zwar vorgegeben, auf den Ideen anderer aufzubauen und diese nicht zu bewerten, aber die wohlfeile Anforderung gelingt nur selten. Es musste ein System her, das positiv formuliert, was Menschen in Kreativitätsgruppen zu welchem Zeitpunkt tun und in welcher Richtung sie denken sollen. Die Aufforderung, etwas nicht zu tun – nicht zu bewerten – sagt ihnen eben nicht, was sie stattdessen tun sollen.

Six Thinking Hats ist also, wie der Name schon suggeriert, ursprünglich ein Denkwerkzeug, das sich aber auch hervorragend zur Strukturierung von Gruppendiskussionen eignet. Die Hats stehen dabei für verschiedene Denkrichtungen:

- **Der weiße Hut:** Er steht für Information, Zahlen, Daten und Fakten: Welche Informationen sind bekannt? Welche sind notwendig und noch nicht bekannt? Wie können diese gewünschten Informationen beschafft werden? Wobei Informationen hier die gesamte Bandbreite meint, von Gerüchten – also das, was einem zugetragen wurde – bis hin zu den sog. wohlinformierten Kreisen. Daher ist es auch eine Aufgabe des weißen Hutes, die Quelle der Information zu nennen. Auch die Sichtweisen anderer Betroffener können hier verarbeitet werden.

- **Der rote Hut:** Er steht für Emotionen und Intuitionen. Sowohl im Denken als auch bei Diskussionen spielen sie eine Rolle. Nur häufig werden sie, besonders in geschäftlichen Diskussionen, verbrämt als Daten und Fakten. Der rote Hut gibt die Möglichkeit, den Gefühlen den notwendigen Raum einzuräumen, ohne sie hinter vorgeschobenen Fakten verstecken zu müssen. Daher ist es wichtig, dass die Aussagen unter dem roten Hut nicht gerechtfertigt werden. Es geht um das eigene Gefühl zu einer Sache. Auch Entscheidungen werden oder müssen manchmal unter dem roten Hut getroffen werden. Immer dann, wenn wir keine Fakten zu dem Thema besitzen und uns auf unsere Intuition, die ja auf langen Jahren der Erfahrung beruhen kann, verlassen müssen, trifft der rote Hut die Entscheidung.

- **Der schwarze Hut:** Schwarz steht für die schwarze Robe eines Richters. Richter sind angehalten zu überprüfen, ob wir etwas Ungesetzliches getan haben. Insofern steht der schwarze Hut für Gefahren, Schwierigkeiten und Probleme. Der schwarze Hut ist, im Gegensatz zum roten, ein logischer Hut. Sie müssen begründen können, warum etwas eine Gefahr, eine Schwierigkeit oder ein Problem darstellt. Unter dem schwarzen Hut wird überprüft, ob eine Idee oder ein Vorgehen mit den Strategien des Unternehmens, mit Gesetzen und Vorschriften in Einklang steht. Im Allgemeinen ist uns die Denkweise unter dem schwarzen Hut sehr vertraut, weil wir darauf trainiert sind, auf Probleme und Gefahren zu achten. Das Problem ist nicht das Denken unter dem schwarzen Hut, sondern dass man ihn manchmal zu häufig oder an den falschen Stellen aufsetzt. Es wäre aber falsch, deswegen mit ihm nur halbherzig nachzudenken: Wenn er aufgesetzt wird, muss über alle Schwierigkeiten und Probleme eines Themas, eines Vorschlages nachgedacht werden.

- **Der gelbe Hut:** Als das Pendant zum schwarzen Hut beschäftigt sich der gelbe mit den positiven Aspekten einer Idee, einem Vorgehen, einer Strategie oder einer Situation. Unter dem gelben Hut wird nach Vorteilen, Nutzen und Werten gesucht. Auch er muss begründet werden. Dieser Hut ist vielleicht der schwierigste und ungewohnteste der Sechs Hüte, weil man sich bemühen muss, nach den positiven Aspekten zu suchen und sie zu begründen.

- **Der grüne Hut:** Grün steht für Wachstum und natürliche Energie. Der grüne Hut ist der Hut der Kreativität: Unter ihm werden neue Ideen entwickelt und nach neuen Wegen gesucht, ein Vorhaben auszuführen. Alternativen und neue innovative Vorschläge werden erarbeitet. Manchmal klagen Menschen, dass sie in völlig unkreativen Organisationen arbeiten und dort überhaupt kein Platz für neue kreative Ideen vorhanden ist. Der grüne Hut gibt die Möglichkeit, einen Raum zu schaffen, in dem bewusst nach neuen Wegen gesucht wird. Damit kann ein Mikroklima für Kreativität geschaffen werden. Man kann von niemandem verlangen, umwerfende neue Ideen zu entwickeln; wohl kann man aber verlangen, dass sich jemand um neue Ideen bemüht. Dazu dient der grüne Hut. Er dient auch der Fehlerkorrektur nach dem schwarzen Hut. Es wird der Frage nachgegangen, wie man die Probleme und Schwierigkeiten, die der schwarze Hut aufgezeigt hat, in den Griff bekommen kann. Der grüne Hut bedarf keinerlei Begründungen oder logischer Grundlage. Unter ihm darf alles an neuen Möglichkeiten gedacht werden. Vieles von dem, was wir heute an technischen Entwicklungen und neuen Produkten besitzen, war zu der Zeit, als es entwickelt wurde, unlogisch oder undurchführbar.

Alle Kreativitätstechniken, auch die des von Edward de Bono entwickelten Lateralen Denkens, sind Werkzeuge des grünen Hutes. So, wie sie alle dafür gedacht sind, individuell mit ihnen zu arbeiten, d.h. ohne Gruppe, sollte auch beim grünen Hut immer zuerst für einige Zeit individuell gedacht werden. Das Phänomen des Groupthink, das eine Konvergenz des Denkens beinhaltet, wird damit vermieden. Nach der individuellen Suche nach neuen Ideen und anderen Wegen werden die Ergebnisse dann in der Gruppe ausgetauscht und gegebenenfalls gemeinsam nach weiteren neuen Ideen gesucht.

- **Der blaue Hut:** Blau als kalte, klare Farbe und die Farbe des Himmels symbolisiert den emotionslosen Überblick. Der blaue Hut ist der Dirigent, der sich mit der Prozesssteuerung und dem Denken an sich beschäftigt. Unter ihm werden Tagesordnungen entwickelt, der gewünschte Output einer Sitzung festgelegt und über das Denken selbst reflektiert (die Meta-Ebene). Er dient schließlich dazu, Entscheidungen einzufordern und weitere Schritte festzulegen, wer was wann tun wird und was weiter geschehen soll. Er fordert auch die Disziplin des Fokus und des parallelen Denkens unter den Hüten ein.

Die Six Hats stehen also auch für verschiedene Haltungen, die zu einem Thema eingenommen werden können und unter denen ein Thema untersucht wird. Wenn es in Mediationen bereits gelungen ist, die Kommunikation und das gegenseitige Verständnis zwischen den Konfliktparteien wiederherzustellen, geht es in der Phase vier darum, Handlungsoptionen zu entwickeln und in Phase 5a um die Auswahl und Entscheidungsfindung. Für diese beiden Phasen sind die Six Hats geeignet.

In **Phase 4** sollen die Konfliktpartner durch einen Prozess der Ideenfindung moderiert werden – zum Einsatz kommt hier nur ein Hut, der grüne. Sinnvoll ist aber eine kurze Erläuterung der Six Hats; sie werden visualisiert mit ihren Grundfragen – beispielsweise über PowerPoint-Folien per Beamer vorgestellt. In der Phase 4 geht es darum, so viele Ideen wie möglich zu produzieren – es geht hier um Optionen, noch nicht um Lösungen. Dies sollte den Teilnehmern immer wieder verdeutlicht werden.

Ein Praxisbeispiel: Die Konfliktpartner einer innerbetrieblichen Wirtschaftsmediation haben als Themenblöcke unter anderen die folgenden gefunden:

- Verbesserung der Kommunikation untereinander.
- Wie schaffen wir es, unsere wöchentlichen Statusbesprechungen pünktlich, effizient und ohne persönliche Angriffe durchzuführen?

- Wie wird dieses Hund-und-Katze-Spiel zwischen Herrn B und Frau Z beendet – was kann auch das Team dazu beitragen?

Es wird festgelegt, zu welchem Themenblock zuerst Ideen unter dem grünen Hut entwickelt werden. Dann geht es in das individuelle Denken unter grün, und diese Einzelarbeit dauert 5 bis 10 Minuten. Die Ideen werden ausgetauscht und festgehalten (Flipchart oder auf Moderationskarten), Rückfragen gestellt und beantwortet. Eine Bewertung der Optionen findet hier noch nicht statt. Mit den anderen Themenblöcken wird entsprechend verfahren.

Im nächsten Schritt schauen sich alle Anwesenden die Themenblöcke und die entwickelten Ideen noch einmal an und es wird überprüft, ob es noch weitere Ideen gibt, die gegebenenfalls aufgeschrieben werden.

Danach geht es in die **Phase 5** – Auswahl und Entscheidungsfindung: Wir schauen uns die Themenblöcke noch einmal an und legen in einem kurzen Abstimmungsprozess fest, welcher der Themenblöcke zuerst bearbeitet werden soll. Zur Bearbeitung der Ideen müssen diese in eine Rangfolge gebracht werden, damit wir wissen, welche Idee zuerst bearbeitet werden soll. Dieser Prozess findet unter dem roten Hut statt: Was sagt mir mein Gefühl, meine Intuition, mein „Bauch“ zu der Idee? Die Kriterien, auf denen diese „Bauchentscheidung“ erfolgt, können vielfältig sein. In Mediationen verfolge ich meist das Kriterium: Welche der Ideen bringt uns möglichst schnell möglichst weit in der Verbesserung unserer Situation? Das kann, aus unserem Beispiel die Verbesserung der Kommunikation sein, oder eben die Pünktlichkeit, Effizienz und Sachlichkeit der wöchentlichen Statusbesprechungen. Sind die Ideen durch einen kurzen Abstimmungsprozess dann in eine Rangfolge gebracht, werden sie nacheinander mit folgendem Schema abgearbeitet:

Das erste Blatt ist dazu gedacht, die Idee genauer zu durchdenken. Wichtig ist hier das parallele Denken, d.h. jeder Teilnehmer denkt mit oder unter jedem der Hüte nach, also jeder trägt beispielsweise etwas zum gelben Hut bei – Vorteile, positive Aspekte, Werte und Nutzen der Idee. Es ist sehr angeraten, einen Hut nach dem anderen zu nutzen, damit das Ergebnis möglichst vielfältig wird, möglichst in der Reihenfolge, wie sie oben genannt ist: zuerst gelb, dann schwarz, dann grün – welche Ideen sind da, um die Schwierigkeiten, die unter schwarz genannt wurden, zu bewältigen? Dann weiß – welche Informationen brauchen wir noch und woher würden wir diese beziehen? Danach eine Abfrage, was uns der Bauch zu der Idee sagt. Wenn möglich, werden die Ergebnisse des Denkens in Stichworten auf dem Flipchart mitprotokolliert.

Auf dem zweiten Blatt wird notiert, was mit der Idee geschehen soll und welche Schritte unternommen werden sollen – dies entspricht der Funktion des blauen Hutes. Dabei kann herauskommen, dass die Idee, eventuell modifiziert, umgesetzt werden soll, es kann auch herauskommen, dass die Idee doch nicht so gut wie ursprünglich gedacht ist und nicht weiter verfolgt werden soll. Dieses Verfahren hilft, einen rationaleren und genaueren Blick auf die Ideen zu bekommen und sich über die nächsten Schritte zur Idee zu verständigen.

In gleicher Weise werden die anderen Ideen verarbeitet und immer mit dem blauen Hut abgeschlossen.

Das Verfahren in der Übersicht

- **Schritt 1 – Ideenfindung:** kurze Einführung in die Six Thinking Hats – Themenblöcke visualisieren – Festlegen, mit welchem Themenblock zuerst begonnen werden soll – Ideen unter dem grünen Hut in Einzelarbeit entwickeln – gemeinsam austauschen, Rückfragen zu den Ideen stellen und beantworten. Dieses Verfahren für jeden Themenblock durchführen.
- **Schritt 2 – Bearbeitung der Ideen mittels der beiden o.g. Blätter:** für jede Idee separat mit jedem Hut im parallelen Denken von allen Teilnehmern und Entscheidungsfindung, was mit der jeweiligen Idee geschehen soll; das wird auf dem zweiten Flipchart-Blatt vermerkt.

Erfahrungen/ Kommentare

Wenn man mit Teilnehmern arbeitet, die das Tool kennen, dann ist es einfach anzuwenden. Mit nicht geübten Teilnehmern ist der Mediator herausgefordert, auf die Einhaltung der Regeln zu achten, insbesondere die Konfliktbeteiligten zu bitten, bei dem jeweiligen Hut zu bleiben und nicht hin und her zu springen. Das ergibt ein wesentlich reichhaltigeres Ergebnis und Entscheidungen, die auf einer hohen Denkleistung beruhen, lassen sich leichter umsetzen, als die, bei denen man später merkt, sie sind nicht richtig durchdacht.

Sollten in einer Mediation zu diesem Zeitpunkt des Prozesses kaum oder nur zäh Ideen kommen, kann das ein Hinweis darauf sein, dass noch kein gegenseitiges Verständnis und Vertrauen herrscht. Dann empfiehlt es sich, noch mal einen Schritt zurückzugehen und am gegenseitigen Verständnis zu arbeiten.

Technische Hinweise

Alles, was zur Visualisierung hilft, kann genutzt werden. Auf jeden Fall ist ein Flipchart hilfreich, Moderationskarten können gerade auch bei der Einzelarbeit genutzt werden, damit die Teilnehmer ihre Ideen unter dem grünen Hut gleich direkt aufschreiben und auf einer Pinnwand zu den Themenblöcke visualisieren. Wichtig ist es, durch die Visualisierung den Überblick zu behalten und schrittweise vorzugehen. Die Abarbeitung der Ideen kann an einem Flipchart gemeinsam erfolgen, die von den Teilnehmern genannten Punkte werden vom Moderator direkt mitgeschrieben.

Quellen/Literatur

Zu, von und über de Bono gibt es eine reichhaltige Literatur, auch ein gerade in zweiter Auflage erschienenes Arbeitsheft des Autors dieses Beitrages: Neue Ideen mit System: Innovative Kreativitätstechniken nach Edward de Bono. Reihe Arbeitshefte Führungspsychologie, Band 39. Herausgegeben von Ekkehard Crisand und Gerhard Raab. Windmühle, Hamburg 2011.

Weiteres Vorgehen

Wir befinden uns hier in der Endphase der Mediation. Am Ende sollten Maßnahmen stehen, die den Konflikt befrieden helfen. In Unternehmenskontexten empfehle ich, sich auf wenige, aber wirkungsvolle Maßnahmen zu konzentrieren, weil der Unternehmensalltag für die meisten Teilnehmer mehr als ausgefüllt ist. In anderen Mediationen mag das anders sein.

Die „Therapeutische Praline"

Rückfallprophylaxe nach gelungener Konfliktbeilegung

Von Nadia Dörflinger-Khashman

Kurzbeschreibung

Die „Therapeutische Praline" ist ein Miniatur-Ritual. Dieses Ritual vereinbaren die Klienten nach gelungener Konfliktbeilegung miteinander, um nach dem „Wiedereintritt in die Erdatmosphäre", also der Rückkehr in den normalen Alltagswahnsinn mit all seinen Spannungsfeldern und Herausforderungen, die neue Ebene der Verständigung zu bewahren und nicht in alte Muster zurückzufallen.

Rahmen

- Benötigte Zeit zur Erklärung und Erarbeitung einer „Therapeutischen Praline" ca. 15 bis 30 Minuten.
- Die Anwendung der Intervention eignet sich für zwei bis beliebig viele Personen.

Anlässe/ Anwendungsbereiche

Am Ende der letzten Sitzung einer gelungenen Konfliktklärung kann es sehr nützlich sein, auf den gemeinsamen Weg zurückzuschauen, die veränderten Sichtweisen explizit zu würdigen und das verbesserte Miteinander wertzuschätzen. Oftmals sind diese „Errungenschaften" im (beruflichen) Alltag jedoch noch fragil und die alten Muster leicht entflammbar. Oft thematisieren die Mediananden das von sich aus, dass sie das Bedürfnis haben, das Neue, das Entspanntere zu schützen und nicht in alte Dynamiken miteinander zu geraten. Dem Thema „Rückfallprophylaxe" im Alltag kommt daher eine zentrale Bedeutung zu.

Zielsetzung/Nutzen

Die „Therapeutische Praline" ist so etwas wie eine Notfallbremse für (arbeits-)intensivere Zeiten, etwas, womit die Klienten einander auch in hektischen Momenten schnell und eindeutig signalisieren können, dass z.B. Gesprächsbedarf besteht zu einem schwierigen Thema oder dass sich wieder eine Störung anbahnt. Das Tool unterstützt die Klienten dabei, ihre wiedergefundene oder neu gestaltete Basis im Alltag vor einem Rückfall in alte Muster zu bewahren.

Das Finden der Notfallbremse kann zum Beispiel so erfolgen:

Beschreibung

Mediator: *„Sie haben hier in der Mediation intensiv miteinander gearbeitet, und es ist Ihnen gelungen, wichtige Anliegen zu klären und einen veränderten Umgang zu gestalten. Nun geht Ihre Befürchtung dahin, dass das Neue durch die Umstände und Herausforderungen, die Ihren (Arbeits-)Kontext nach wie vor prägen, also systeminhärent oder durch Sie nur bedingt oder sogar gar nicht beeinflussbar sind, schnell wieder gestört werden könnte. Oft kann es helfen, wenn man bei sich anbahnenden Störungen eine einfache und schnelle Möglichkeit hat, so etwas wie ein Symbol oder eine Geste, dem anderen Gesprächsbedarf zu signalisieren. Ich weiß nicht, ob das auch für Sie eine Möglichkeit sein könnte?*

Manche Klienten nennen das ‚die Therapeutische Praline' – sie zeigen einander damit: ‚Achtung, wir geraten da gerade wieder in alte, belastende Fahrwasser, lass uns kurz etwas für unseren Kontakt tun und das, was ansteht, in Ruhe besprechen.' Kann so etwas für Sie passen oder sehen Sie andere Möglichkeiten, die Ihnen entsprechen könnten?"

Bei Zustimmung fährt der Mediator folgendermaßen fort: *„Ich erzähle Ihnen mal, wie das Herr Anders und Herr Spezial gelöst haben: Herr Anders liebte geröstete Mandeln; Herr Spezial liebte getrocknete Feigen. Herr Anders würde also ein Päckchen getrocknete Feigen kaufen und Herr Spezial ein Päckchen geröstete Mandeln. Sollte Herr Anders Gesprächsbedarf haben oder eine Störung feststellen, würde er Herrn Spezial eine getrocknete Feige auf den Schreibtisch legen, die signalisieren würde, dass Herr Anders Herrn Spezial in ‚schwieriger' Angelegenheit sprechen möchte und beide ‚extra-sensibel' miteinander reden sollten. Umgekehrt ebenfalls. Die ‚Therapeutische Praline' ist also so etwas wie eine ritualisierte Geste, die es erlaubt, Vielschichtiges, das vorher vereinbart wurde, schnell und klar auszudrücken. Auf welche Weise möchten Sie das vielleicht miteinander festlegen?"*

Erfahrungen/ Kommentare

Der Kreativität bezüglich Ritualen oder ritualisierten Gesten sind keine Grenzen gesetzt. Den Weg, eine solche Geste oder ein solches Ritual miteinander zu entwickeln, erleben die Medianden grundsätzlich als lustvollen und verbindenden Prozess.

Technische Hinweise

Keine

Quellen/Literatur

Die Metapher „Therapeutische Praline“ stammt von Luc Isebaert (mdl. im Rahmen der Ausbildung „Hypnotherapeutische Kommunikation“ am SySt Institut, München). Dr. med. Luc Isebaert, geb. 1941, ist Chefarzt der psychiatrischen und psychosomatischen Abteilung im St. Jans Hospital in Brügge und Paris; Mitglied des Vorstandes der Europäschen Gesellschaft für Kurztherapie. Er ist Begründer des „Brügger Modells“ für eine lösungsorientierte Behandlung von Alkoholikern.

Weiteres Vorgehen

In einem Nachgespräch, ca. drei bis sechs Monate nach der Beendigung der Konfliktklärung, kann der Umgang mit diesem Ritual und die Einsatzhäufigkeit der „Therapeutischen Praline“ betrachtet und wichtige „Nachbrenner-Themen“ können abgeleitet werden.

Was geht als Erstes schief?

Lösungen tragfähig(er) machen

Von Kirsten Schroeter

Kurzbeschreibung

Diese Intervention eignet sich für den Übergang zwischen der Sammlung von Lösungsideen und dem Treffen von Vereinbarungen. Wenn sich eine endgültige Einigung abzeichnet, die Zufriedenheit der Konfliktparteien greifbar ist und alles (scheinbar) ganz leicht geht, traut sich die Mediatorin – im Grunde kontraintuitiv – danach zu fragen, was bei der favorisierten Lösung als Erstes schiefgehen wird und wie die Parteien damit umgehen würden. Möglicherweise ergeben sich daraus noch Veränderungen an der Vereinbarung, die diese realistischer und tragfähiger machen.

Rahmen

Die Intervention eignet sich für Mediationen jeglicher Größe. Die Frage *„Was geht bei dieser Lösung, die sich jetzt für Sie abzeichnet, als Erstes schief?"* zu stellen, braucht wenige Sekunden – wie lang sich der darauf folgende Austausch zwischen den Konfliktbeteiligten gestaltet, hängt maßgeblich von drei Faktoren ab: Entscheidend ist neben der Anzahl der Beteiligten, die überhaupt eine Idee über mögliche Schwachstellen äußern können, wie viele Risiken für die Umsetzung der Lösung identifiziert werden und wie komplex diese sind. Hier lassen sich vorab und abstrakt keine genauen Zeitfenster angeben. Bei Großgruppenmediationen bietet es sich an, in parallelen Kleingruppen daran zu arbeiten, wie mit den identifizierten Schwachstellen der Lösung umgegangen werden könnte.

Anlässe/ Anwendungsbereiche

Da die Frage im Ergebnis dazu dient, Vereinbarungen krisenfester und dadurch tragfähiger zu machen, lohnt sie sich im Grunde in jeder Mediation. Besonders wichtig ist sie nach meiner Erfahrung in den Konstellationen, in denen im Zuge der Lösungsfindung eine fast übergroße Erleichterung bei den Beteiligten ob des erfolgreich hinter sich gelassenen Konfliktes entsteht. Diese „Lösungseuphorie" könnte dazu führen, dass die Beteiligten im Überschwang der Gefühle zu optimistische

Annahmen über den Fortgang ihrer Lösungsbemühungen entwickeln, sodass eine Enttäuschung im gemeinsamen Alltag außerhalb der Mediation fast schon vorprogrammiert erscheint. Des Weiteren würde ich die Frage auch dann empfehlen, wenn bereits zu Beginn der Mediation klar ist, dass es (aus finanziellen oder anderen Gründen) nicht möglich sein wird, einen Termin zur gemeinsamen Überprüfung der bisherigen Umsetzung der Lösung durchzuführen.

Zielsetzung/Nutzen

Die favorisierte Lösung der Konfliktbeteiligten ist im Sinne einer Risikoabwägung auf mögliche Schwachstellen geprüft worden; die ermittelten Risiken wurden diskutiert – im Idealfall wurden entsprechende Vorkehrungen für sie getroffen. Diese können in einer Veränderung der Lösung und/oder in der gemeinsamen Entwicklung eines sogenannten „Frühwarnsystems" bestehen. Letzteres benennt Anzeichen, an denen die Beteiligten schnell erkennen werden, dass sie mit der Umsetzung ihrer Lösung nicht mehr auf dem beabsichtigten Weg sind. Diese Warnzeichen können wiederum dazu führen, dass sie erneut miteinander ins Gespräch kommen, um ein (unnötiges) Scheitern zu vermeiden. Die Intervention zielt somit darauf, Vereinbarungen auf Herz und Nieren zu prüfen und sie dadurch tragfähiger und krisenfester zu machen. Die Sicherheit der Beteiligten, eine zufriedenstellende und zugleich alltagstaugliche Lösung gefunden zu haben, wird gestärkt.

Beschreibung

Die Beteiligten an der Mediation haben zahlreiche Ideen zur Beilegung ihres Konfliktes erarbeitet. Aus der Vielzahl an Optionen haben sie ausgewählt, was genau sie miteinander vereinbaren möchten. Die Aushandlung ist sehr detailliert erfolgt; alles, was den Beteiligten an der Lösung wichtig ist, wurde genannt und berücksichtigt. Der Entwurf für eine daraus abgeleitete Vereinbarung ist greifbar oder möglicherweise schon visualisiert. Die Mediatorin formuliert nun so: *„Sie haben miteinander aus all den Ideen, die im Raum standen, ausgehandelt, wie die für Sie passende Lösung aussehen kann. Ich bin ganz beeindruckt davon, wie es Ihnen gelungen ist, eine Vielzahl von einzelnen Elementen unter einen Hut zu bekommen. Sie haben die Weichen für den Abschluss der Mediation gestellt. Bevor wir nun zur endgültigen Formulierung Ihrer Vereinbarung kommen, möchte ich Ihnen gerne noch eine Frage stellen: Was geht bei dieser Lösung als Erstes schief?"*

Sollten die Beteiligten sie irritiert anschauen, kann sie ergänzen: *„Das klingt für Sie jetzt vielleicht unnötig kritisch oder destruktiv. Aus meiner Erfahrung weiß ich jedoch, dass man manchmal am Ende einer Mediation einfach nur froh und erleichtert ist, dass der Konflikt ein gutes Ende* *gefunden hat. Gerade dieses gute Gefühl führt allerdings manchmal dazu, mögliche zukünftige Stolpersteine zu übersehen oder zu unterschätzen. Deswegen möchte ich Sie an dieser Stelle auffordern, für sich gedanklich einen Realitätstest durchzuspielen und sich gegenseitig folgende Fragen zu stellen: Wenn wir das jetzt genau so vereinbaren, was davon wird wohl am schwierigsten werden? Wo droht ein Misslingen am ehesten? Und wenn es so käme, wie wollen wir dann damit umgehen?"*

Die Beteiligten haben dann in der Regel erste Ideen, wo Schwachstellen liegen. Diese werden von der Mediatorin stichwortartig visualisiert. Wenn die Auflistung komplett ist, stellt die Mediatorin die zwei Leitfragen für den nächsten Arbeitsschritt:

- *„Für jede Schwachstelle gilt es jetzt zu schauen: Wie kann die Lösung möglicherweise so verändert oder angepasst werden, dass ihr Auftreten unwahrscheinlicher wird?*
- *Oder, wenn das nicht möglich ist: Was könnten Frühwarnzeichen für ihr Auftreten sein, die Ihnen deutlich machen, dass Sie neu aushandeln müssen, wie es von hier aus gut für Sie weitergeht?"*

Die Mediatorin visualisiert anschließend die von den Beteiligten genannten Lösungsveränderungen bzw. die Frühwarnzeichen; dabei hört sie aktiv zu, fragt präzisierend nach und fasst zusammen.

Die Bearbeitung der Schwachstellen kann bei Mediationen mit vielen Beteiligten zeitsparender in parallelen Kleingruppen erfolgen. Jede Kleingruppe bearbeitet dann einen Teil der ermittelten Risiken und trägt die Ergebnisse anschließend der gesamten Gruppe vor. Nach meiner Erfahrung kann sowohl die Gruppenbildung als auch die Auswahl der Schwachstellen, die in ihnen bearbeitet wird, zu diesem Zeitpunkt der Konfliktbearbeitung in Eigenregie der Beteiligten erfolgen. Allenfalls gebe ich einen globalen Hinweis dafür: *„Schauen Sie bei der Gruppenbildung, dass die verschiedenen Perspektiven, die hier vorhanden sind, gut vertreten sind."* Wichtig ist, dass die Kleingruppen darauf achten, ihre Ergebnisse zu visualisieren. Die genaue Zeitplanung hängt hier wieder von der Beteiligtenzahl sowie Menge und Komplexität der zu bearbeitenden Risiken ab. Erfahrungsgemäß sollten für eine Gruppenarbeit mindestens 20 Minuten zur Verfügung stehen. Im Anschluss an die Präsentation der Kleingruppenergebnisse kann es ggf. noch zu Anpassungen einzelner Punkte in der Gesamtgruppe kommen.

Abschließend kann die Mediatorin ein Fazit ziehen und auf den nun anstehenden Arbeitsschritt verweisen: *„Selbst die beste Vereinbarung, die in einer Mediation getroffen wird, kann nicht verhindern, dass es* *doch einmal wieder schwierig miteinander wird. All diese Maßnahmen werden dazu beitragen, dass Ihre Vereinbarung im Alltag besteht – und dass Sie das Gespräch suchen, wenn Sie den gemeinsamen Kurs in den Blick nehmen wollen. In der abschließenden Vereinbarung wird nun das ganze Lösungspaket festgehalten."*

Ein Beispiel: Im Rahmen einer Mediation rund um einen Konflikt am Arbeitsplatz zwischen einer alt eingesessenen Kollegin und einer neu hinzugekommenen Mitarbeiterin ist nach zwei überwiegend recht zäh verlaufenen Terminen im dritten Gespräch ein Durchbruch erzielt worden. Zunächst hatten die beiden Frauen bewusst auf den extrem schwierigen Start in der Zusammenarbeit zurückblicken wollen. Wesentliche Stichworte aus der Auseinandersetzung waren: Mangelhafter Informationsfluss, Missverständnisse, latente Konkurrenz, noch gefördert durch unklare Anweisungen und ambivalente Positionierung der gemeinsamen Vorgesetzten, verschiedene Arbeitsauffassungen und fachliche Standpunkte. Insbesondere kreisten mehrere Situationen darum, dass die Jüngere sich durch die – in ihrer Wahrnehmung belehrende – Art der Älteren in ihrer Fachlichkeit nicht ausreichend anerkannt fühlte.

Nach ausführlichem Austausch zu den jeweiligen Hintergründen sagt die Ältere mit Entschiedenheit: *„Jetzt wissen wir aber wirklich genug darüber, wie es kommen konnte, dass wir beide so einen Fehlstart miteinander hingelegt haben. Ich bedauere das sehr. Nun möchte ich aber schauen, wie wir das in Zukunft besser machen können!"* Das Entwerfen von Lösungen geht dann mit sehr großer Leichtigkeit vonstatten und beinhaltet aus meiner Sicht teilweise zu idealisierte Vorstellungen aus dem Überschwang des Moments heraus – etwa, wenn die beiden formulieren, nun sehr regelmäßig miteinander zum Mittagessen gehen zu wollen und dabei auch mehr Persönliches auszutauschen.

Auf die Frage danach, was als Erstes schiefgehen könnte, entsteht tatsächlich erst einmal ein Schweigen – aus Überraschung, aus Irritation, aus dem Gefühl heraus, in einem guten Prozess unterbrochen worden zu sein. Doch dann muss die Jüngere lachen und sagt: *„Na, ich kann mir schon lebhaft vorstellen, wie Sie dann – am besten in Hörweite unserer Chefin – beim Mittagessen, wenn wir privat miteinander plaudern, zu mir sagen: ‚Das würde ich aber ganz anders machen!'"* Auch die angesprochene Kollegin fällt in das Lachen ein; im Ergebnis vereinbaren sie, erst einmal auszuprobieren, wie ihnen ein gemeinsames Essen einmal im Monat gefällt – und modifizieren zudem noch einige weitere Aspekte ihrer Vereinbarung.

Erfahrungen/ Kommentare

Mir gefällt an dieser Intervention, dass sie bewusst einen kritischen Kontrapunkt zum konsensorientierten Moment der Vereinbarungsfindung setzt. Auch wenn die Beteiligten die Frage im allerersten Moment als eine Irritation und vielleicht sogar als eine aus ihrer Sicht ganz unnötig destruktive Herangehensweise der Mediatorin empfinden mögen, ist die Intervention im Grunde fürsorglicher Natur. Sie unterstützt die Beteiligten dabei, realistisch zu bleiben und eine Vereinbarung zu finden, die sich im Alltag, außerhalb des besonderen Raumes der Mediation bewähren kann. Beteiligte an einer Mediation haben nicht selten gemeinsam eine Erfahrung des Scheiterns, die sie überhaupt erst in die Mediation geführt hat. Die Frage nach einem möglichen nächsten Scheitern holt diese schwierige Erfahrung aus der gemeinsamen Kooperation in Erinnerung – jedoch nicht als Selbstzweck, sondern als Material, aus dem sich lernen lässt. Denn gerade diese Erfahrung schärft den gemeinsamen Blick auf mögliche zukünftige Stolpersteine.

Wichtig ist nach meiner Erfahrung die Haltung, aus der heraus ich als Mediatorin den Beteiligten die Frage stelle. Sie sollte folgende Aspekte in sich vereinen:

- eine echte Wertschätzung für die bisher von den Beteiligten erarbeitete Lösung, verbunden mit
- der Auffassung, dass beinahe jede Lösung selbstverständlich schiefgehen kann – und dass das an sich nicht problematisch ist, sondern einfach der gemeinsamen Aufmerksamkeit bedarf und
- die Gewissheit, dass es auch bei den besten Vorkehrungen, die im Rahmen einer Mediation getroffen werden, im Alltag dennoch wieder einmal schwierig werden kann zwischen den Beteiligten.

Wer angesichts der zu erwartenden Irritation der Beteiligten über die Frage und der in der Regel dadurch deutlich gebremsten, ja unterbrochenen Lösungsfreude zögert, die Intervention einzusetzen, sei darauf verwiesen, dass sich aus meiner Erfahrung nach dem „Parcours durch die Schwachstellen" durchaus wieder eine, dann begründetere Lösungszufriedenheit der Beteiligten einstellt.

Technische Hinweise

Es braucht keine technische Vorbereitung, um diese Frage zu stellen. Die Mediatorin sollte sie nur stellen, wenn sie sicher ist, dass noch genügend Zeit für die Bearbeitung möglicher Lösungsschwachstellen bleibt, damit hier kein Zeitdruck entsteht. Für das systematische Bearbeiten möglicher Risiken empfiehlt sich eine Visualisierung auf Flipcharts oder mittels Karten auf einer Pinnwand, damit sowohl die

Risiken als auch die dazu getroffenen Verabredungen für die endgültige Formulierung der Vereinbarung sichtbar sind.

Quellen/Literatur

Wie bei der Beschreibung der Intervention „Ein guter Vorschlag für mein Gegenüber" gilt mein Dank Prof. Dr. Alexander Redlich und dem von ihm geleiteten Arbeitsbereich „Beratung und Training" am Fachbereich Psychologie der Universität Hamburg, wo mein Verständnis von Konfliktbearbeitung maßgeblich geprägt wurde. Für die hier beschriebene Intervention verweise ich auf die ausführliche Beschreibung des sechsten Schrittes in Konfliktmoderationen („Umsetzung sichern – Risiken abwägen und Maßnahmen korrigieren) in folgendem Buch:

- Redlich, Alexander: KonfliktModeration in Gruppen (mit CD-ROM). Windmühle, Hamburg, 7. Aufl. 2009 (darin insbesondere die Seiten 211-218).

Wesentlich für meine eigene Sicht auf Erfolg und Scheitern in und von Mediationen war und ist für mich die Reflexion mit meiner sehr geschätzten Kollegin Regina Harms; deswegen verweise ich auch auf unsere gemeinsame Arbeit:

- Harms, Regina/Schroeter, Kirsten: Scheitern in der Mediation. Eine Herausforderung für die Mediationspraxis (S. 37-51). In: Gans, Brigitte/Hornung, Solveig/Köstler, Anja (Hrsg.): Wie managen MediatorInnen sich selbst? Concadora, Stuttgart 2010.

Weiteres Vorgehen

Die erarbeiteten Maßnahmen zum Umgang mit den Schwachstellen der bisher gefundenen Lösung fließen in die Formulierung der endgültigen Vereinbarung am Ende der Mediation ein.

Hausaufgaben

Den Zwischenraum für Reflexion und Probehandeln nutzen

Von Nadia Dörflinger-Khashman

Kurzbeschreibung

Hausaufgaben werden im „Zwischenraum“, also zwischen den Sitzungen, eingesetzt. Dieser Raum wird von den Mediandan zum Reflektieren, Probehandeln und Erleben von Selbstwirksamkeit genutzt.

Rahmen

- Die Lancierung von Hausaufgaben im Prozess nimmt meistens nicht mehr als 10 Minuten in Anspruch.
- Es gibt keine Begrenzung bezüglich Gruppengröße, um dieses Tool anzuwenden.

Anlässe/ Anwendungsbereiche

Die Hausaufgaben dienen der Prozessstärkung und -dynamisierung. Es findet eine Fortsetzung der Prozessarbeit im Alltag der Medianden statt und verbindet die Dynamik von Sitzung zu Sitzung. Ohne Hausaufgaben ist es häufig so, dass in der folgenden Sitzung Ressourcen darin gebunden werden, den Faden der letzten Sitzung wieder aufzunehmen.

Zielsetzung/Nutzen

Hausaufgaben, die jeder Mediand für sich macht (reflexive Aufgaben oder Beobachtungsaufgaben) können dazu beitragen, dass sich Sichtweisen weiten, Denk- und Handlungsräume erschließen. Hausaufgaben, die die Medianden miteinander machen, sind Probe-Interaktionen außerhalb der Mediation, die sie an das Erleben von Selbstwirksamkeit heranführen und ihre Ressourcen (re-)aktivieren, Situationen aktiv zu gestalten. Häufig erzeugt diese Interaktion auch eine gewisse Verbundenheit und das Loswerden störender Bilder voneinander.

Beschreibung

Man kann unterscheiden zwischen

- **Beobachtungsaufgaben** (jeder Mediand für sich)
  Beispiel: *„Suchen Sie sich einen halben Tag bis zur nächsten Sitzung aus, an dem Sie so tun, als ob der Konflikt gelöst wäre. Beobachten*

Sie, wie Sie sich dann verhalten, wie es Ihnen geht und was sich sonst noch verändert. Bringen Sie diese Beobachtungen das nächste Mal mit."

- **Reflexive Hausaufgaben** (jeder Mediand für sich)
  Beispiele: *„Wann war die Situation schon einmal weniger schlimm? Wie haben Sie sich da verhalten, und wie haben sich die anderen verhalten? Wer hat da was zu wem gesagt? Was war anders?"*

  „Wie könnten Sie zuverlässig erreichen, dass die Situation weiter eskaliert? Was müsste wer tun oder zu wem sagen, damit das gut gelingt?"

- **Interaktionelle Hausaufgaben** (die Mediandenmiteinander)
  Beispiel Gesprächskonferenz: Die Medianden nehmen sich bis zur nächsten Sitzung x-mal 20-30 Minuten Zeit, um nach folgendem strukturierten (Selbst-)Gespräch miteinander in Kontakt zu bleiben:

  - Wie geht es mir im Moment?
  - Was läuft gut und soll so bleiben?
  - Was braucht Aufmerksamkeit?
  - Was kann ich dafür tun?
  - Was wünsche ich mir konkret von Dir in diesem Zusammenhang?

  Die Medianden sprechen nacheinander, diskutieren die Fragen nicht, sondern hören einander nur zu. Nach der Selbstbeantwortung dieser Fragen endet diese interaktionelle Hausaufgabe mit dem Abschluss: „In welcher Stimmung verlasse ich diesen Raum?"

Erfahrungen/ Kommentare

Die interaktionellen Hausaufgaben funktionieren am besten dann, wenn zwischen den Medianden die Ebene der tatsächlichen Anliegen und Bedürfnisse bearbeitet wurde.

Häufig wird die Gesprächskonferenz von den Medianden als ein Instrument zur Aufrechterhaltung des neu gewonnenen Vertrauens zueinander über die Mediation hinaus beibehalten. Sie setzen sie insbesondere in anspruchsvollen Zeiten (z.B. Arbeitsüberlastung) gezielt ein, um den Kontakt zueinander nicht zu verlieren.

Technische Hinweise

Keine

Quellen/Literatur

Hausaufgaben sind eine typische Intervention aus der Lösungsfokussierten Kurzzeittherapie nach Steve de Shazer und Insoo Kim Berg. Die Gesprächskonferenz ist abgeleitet aus der Konzeption von Thomas Gordons (1918-2002) „Familienkonferenz".

Weiteres Vorgehen

Die Mediaden bringen ihre Reflexionen zu dem, was gut geklappt hat und welchen Stolpersteinen sie begegnet sind, mit in die nächste Mediationssitzung. Dort kann daran gearbeitet werden, die Ressourcenzugänge zu stärken und Schwieriges zu bearbeiten.

Danksagung

Ich möchte meiner Frau Bärbel und meinen Söhnen Lucas und Pablo für ihre Liebe, ihre Energie und Zuneigung danken. Ihre positiven Gedanken und ihre praktische Unterstützung haben mich immer ermutigt und mir die notwendige Ausdauer verliehen.

Besonders möchte ich meiner Mitarbeiterin Frau Kezia Bastian danken. Ihr unermüdlicher Einsatz auf allen Gebieten hat die „Konfliktlösungs-Tools" erst möglich gemacht. Sie hat die Kommunikation mit den Autoren geführt und durch viele Listen und Übersichten die Arbeit permanent strukturiert. Besonders wertvoll waren ihre linguistischen Kompetenzen im Lektorat der Beiträge und auch die Freude, mit der sie an dem Entstehen des Buches gearbeitet hat. Auch in schwierigen Momenten war sie in der Lage, das Buch mit ihrem praktischen Sinn für Lösungen voranzubringen.

Allen Autoren der Tools gilt hier noch einmal mein besonderer Dank. Sie haben durch ihr Know-how und Praxiswissen zum Gelingen und zur Qualität der „Konfliktlösungs-Tools" beigetragen. Aber auch ihre Unterstützung und Geduld waren für uns sehr wertvoll. Allen Kunden und Kollegen möchte ich für die Erfahrungen danken, die sie mir zu machen ermöglicht haben und die in die „Konfliktlösungs-Tools" mit eingeflossen sind.

Ein besonderer Dank gilt Herrn Muskatewitz von managerSeminare. Vom ersten Augenblick an war die Zusammenarbeit immer sehr angenehm und lösungsorientiert. Für alle auftauchenden Fragen und Probleme zeigte er Offenheit und Flexibilität, die ganz wesentlich zum vorliegenden Resultat geführt haben.

Die Autorinnen und Autoren

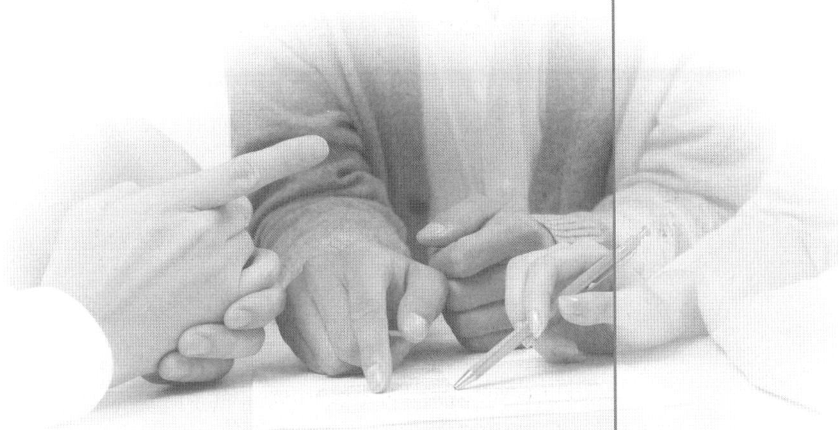

Juliane Ade
Rechtsanwältin, Mediatorin BM®, Ausbilderin BM®, Open-Space-Begleiterin
Vorstand der berlin open space cooperative, boscop eg.
Leitung der Regionalgruppe Berlin-Brandenburg des BM e.V.
Motivation: Personen und Organisationen unterstützen bei der Entfaltung von (Selbst-) Verantwortung und Selbstorganisation.
Außerdem: Bewegung und Bewusstsein (Aikido, Laufen, Ruhe), Gartenarbeit.

boscop eg
Juliane Ade
Hasenheide 9
D-10967 Berlin

Tel.: 030 – 74739622
Fax: 030 – 74739623
juliane.ade@boscop.org
www.boscop.org
www.juliane-ade.de

Christian Bähner
Diplom-Pädagoge (Erwachsenenbildung), Mediator BM® und Ausbilder® BM, Personzentrierter Berater. Autor der „Praxisbox Konfliktklärung in Teams & Gruppen" und „Praxis der Gruppen- und Teammediation". Seit 2003 Geschäftsführender Gesellschafter von Zweisicht.
Schwerpunkte: Mediation, Konfliktklärung in Teams sowie Coaching in Industrie, KMU, Öffentlicher Dienst und Sozialunternehmen, Organisationsberatung bei der Einführung und Begleitung innerbetrieblicher Konfliktmanagementsysteme/ Mediatorenpools, Ausbildung in Wirtschaftsmediation.
Außerdem: Verheiratet, eine Tochter, ein Sohn. In meiner Freizeit liebe ich das Laufen, Wandern im Schwarzwald sowie das dolce vita in der „Toskana Deutschlands".

Zweisicht. Bähner & Schwertfeger
Baslerstr. 19
D-79100 Freiburg

Tel.: 0761 – 2022200
Fax: 0761 – 2024121
christian.baehner@zweisicht.de
www.zweisicht.de

Rudi Ballreich, M.A.
Rudi Ballreich ist Gesellschafter der Trigon Entwicklungsberatung. Er arbeitet seit 1994 als Mediator, Organisationsberater und Management-Trainer. Als zertifizierter Ausbilder für Mediation (BM, BMWA) bildet er Wirtschafts- und Organisationsmediatorlnnen aus. Dazu hat er zusammen mit Friedrich Glasl zwei Lehrbücher verfasst und einen umfangreichen Lehrfilm produziert. Er ist Co-Geschäftsführer des Concadora Verlages mit den Schwerpunkten Mediation und Konfliktmanagement.

Rudi Ballreich, M.A.
Hopfauer Straße 49
D-70563 Stuttgart

Tel./Fax: 0711 – 7353559
rudi.ballreich@trigon.de
www.trigon.de
www.concadoraverlag.de

Mary Cornelia Baßler

Mary C. Baßler ist seit 1996 als Mediatorin primär in Systemen – Unternehmen, Wirtschaftskriminalität, ngo's und Gemeinwesen – aktiv. Die Autorin bestreitet eine Anlaufstelle für Konfliktfragen und Gemeinwesenmediation in Potsdam und ist als Coach für Perspektivwechsel aktiv.
Flow im Beruf und Leichtigkeit nach der Auseinandersetzung sind ihr wichtig.

McB Perspektiv Wechsel
Mary Cornelia Baßler
Jahnstraße 7
D-14482 Potsdam

Tel.: 0176 – 31171108
mcb@mcbassler.de
www.mcbassler.de
www.mcbaßler.de

Alexandra Bielecke

Diplom-Psychologin, Trainerin, Beraterin, Mediatorin in internationalen Wirtschaftsunternehmen, Hochschule, Justiz sowie im öffentlichen und sozialen Bereich, Mitglied des TrainerInnenkreises um Prof. Dr. Schulz von Thun.
Schwerpunkte: Kommunikations- und Konfliktmanagement, Coaching und Supervision, Begleitung von Veränderungs- und Partizipationsprozessen, Visual Facilitation.

Alexandra Bielecke
Görlitzer Str. 43
D-10997 Berlin

Tel.: 0176 – 64948520
post@alexandra-bielecke.de
www.alexandra-bielecke.de

Prof. Dr. Annegret Böhmer

Professorin für Psychologie, Erziehungswissenschaftlerin, Psychologische Psychotherapeutin, Coach und Trainerin (dvct), Coach Gutachterin (dvct), Supervisorin (BDP).
Schwerpunkte: Ausbildung von Studierenden in psychosozialen Berufen, Coaching-Ausbildungen. Psychotherapie, Supervision und Coaching in eigener Praxis.

Evangelische Hochschule Berlin
Prof. Dr. Annegret Böhmer
Teltower Damm 118-122
D-14167 Berlin

Tel.: 030 – 84582121
Tel.: 030 – 85962405
boehmer@eh-berlin.de

Angelika Ciesielski
Kunsttherapeutin/Lehrtherapeutin (BVAKT), Mediatorin/Ausbilderin BM, Biografieberaterin. Geboren 1952, seit 1994 Leiterin verschiedener Weiterbildungen in Mediation, Kunsttherapie und Biografiearbeit; von 2001 an Kursleitung der Weiterbildung „Mediation und Konfliktmanagement" an der FH Potsdam/Prof. Dr. A. Mickley.
Schwerpunkte: Paar- und Teammediation.
Außerdem: Verheiratet, drei Kinder.

Praxis für Kunsttherapie,
Biografiearbeit und Mediation
Angelika Ciesielski
Jägerstieg 29a
D-14532 Kleinmachnow

Tel.: 033203 - 833855
a_ciesielski@web.de
www.a-ciesielski-praxis.de

Dr. Benedikta Gräfin von Deym-Soden
Unternehmensberaterin, internationales Management 2. Ebene. Mediatorin und Ausbilderin für Mediation (BM); geschäftsführende Gesellschafterin der Desosta GbR, welche in Konflikten analysiert, berät und Mediationen durchführt sowie in Konfliktkompetenz, Mediation und Konfliktmanagement schult und ausbildet. Prominente Tätigkeiten im Bundesverband Mediation e.V., Mitherausgeberin der Fachzeitschrift „perspektive mediation".

Deym-Soden & Stanggassinger
Mediation GbR
Dr. Benedikta Gräfin von Deym-Soden
Haunprechting 2
D-84337 Schönau

Tel.: 08726 - 910103
Deymsoden@desosta.de
www.desosta.de

Nadia Dörflinger-Khashman
Nadia Dörflinger-Khashman (1967), MAS Mediation, Supervisorin für Mediation, Stv. Leiterin des Kompetenzzentrums Mediation und Konfliktmanagement der Berner Fachhochschule. Fachbuchautorin: „Nachhaltige Gewinne aus der Mediation für Individuum und Organisation", erschienen im März 2010 im Haupt Verlag, Bern. Inhaberin der Konfliktkultur GmbH, Schweiz.

Kompetenzzentrum Mediation
und Konfliktmanagement
Berner Fachhochschule
Hallerstrasse 8
CH-3012 Bern

Tel.: 0041 - 318483658
nadia.doerflinger@bfh.ch
www.mediation.bfh.ch

Andreas Eilsberger
Diplom-Sozialpädagoge, Geschäftsführung und pädagogische Leitung von BalanX, Mediator und Ausbilder für Mediation BM, Ausbildungsleitung für Mediation im Mediationsbüro Mitte Berlin, Systemischer Supervisor (DGSv), Ausbildung in Motivierender Gesprächsführung.
Schwerpunkte: Konfliktbearbeitung in beruflichen und privaten Kontexten, Supervision und Coaching mit Teams und Einzelpersonen, Konzeption und Umsetzung von Trainingsmaßnahmen für delinquente Jugendliche und Heranwachsende, Umgang mit Widerständen in Veränderungssituationen, Motivation zur Veränderung erarbeiten, Veränderungsprozesse strukturieren.
Außerdem: Verheiratet, Fußball-Afficionado, Faible für „Rock'n'Roll-Pop-Trash-Kultur".

BalanX gGmbH
Andreas Eilsberger
Weichselstraße 49
D-12045 Berlin

Tel.: 030 – 44324930
Fax: 030 – 60978340
eilsberger@balanx-berlin.de
www.balanx-berlin.de

Caspar Fröhlich
Betriebswirtschafter und Psychologe; Unternehmensberater, Executive Coach und Trainer. Redaktionsmitglied der Fachzeitschrift „OrganisationsEntwicklung".
Schwerpunkte: Personen und Teams zu unterstützen, mehr von dem zu tun, was sie gerne tun, und weniger von dem, was sie nicht so gerne tun. Deep Democracy Leadership.
Außerdem: Bewegung (Tanzen, Inlinen, Joggen, etc.) und interessiert am Zusammenspiel zwischen äußeren und inneren Welten.

Froehlich Executive Coaching
Hornbachstrasse 50
CH-8034 Zürich

Tel.: 0041 – 44 – 3898411
caspar.froehlich@froehlich-coaching.ch
www.froehlich-coaching.ch
www.deepdemocracy.ch

Prof. Dr. jur. Ulla Gläßer, LL.M.
Wissenschaftliche Leitung des Master-Studiengangs Mediation und des Instituts für Konfliktmanagement an der Europa-Universität Viadrina Frankfurt (Oder), Gründungspartnerin von TGKS Berlin. Umfangreiche Lehr- und Referententätigkeit sowie zahlreiche Publikationen im Bereich Mediation, Verhandlung und Entscheidungsfindung.
Schwerpunkte: Wirtschaftsmediation (Konflikte zwischen und innerhalb von Unternehmen und Organisationen, Gesellschafterstreitigkeiten, Unternehmensnachfolge), mediative Begleitung von Vertragsverhandlungen, Projektgestaltungen, Strategiesitzungen und Veränderungsprozessen.

TGKS – Troja Gläßer
Kirchhoff Schwarz, Berlin
Brunnenstraße 181
D-10119 Berlin

Tel.: 030 – 2809-8600 / Fax: -8420
glaesser@tgks.de / www.tgks.de
www.rewi.europa-uni.de/master-mediation
www.europa-uni.de/ikm

Prof. Dr. Dr. h.c. Friedrich Glasl
Univ. Prof. Dr. Dr. h.c., Politikwissenschaft, Psychologie; Führungsfunktionen in Druckereien. 1967-1985 am NPI-Institut für Organisationsentwicklung (NL), 1985 Rückkehr nach Salzburg, Organisationsberater, Mediator, Mediationstrainer. Mitgründer der Trigon Entwicklungsberatung (A) und des Concadora Verlags (D). Zurzeit Visiting Professor an der Staatlichen Universität Tbilissi (GE).
Außerdem: Verheiratet, drei Kinder; Marionettenspieler, Gedichte, Hörspiele.

Trigon Entwicklungsberatung
für Mensch und Organisation
Friedrich Glasl
Mettigweg 6
A-5023 Salzburg

Tel.: 0043 - 662 - 640789
Fax: 0043 - 662 - 649002
friedrich.glasl@trigon.at
www.friedrich.glasl.trigon.at

Traute Harms
Diplom-Sozialpädagogin, Mediatorin und Ausbilderin in der Mediation BM, Dialogprozessbegleiterin. Implementierte Konfliktlotsen in Schulen und Non-Profit-Organisationen, bildete Menschen mit Handycap in mediativen Kompetenzen weiter.
Schwerpunkte: Neben der langjährigen Tätigkeit als Ausbilderin als Systemische Beraterin und Mediatorin in Großunternehmen unterwegs.
Außerdem: Tango Argentino und Yoga gehören als Ausgleich dazu.

Traute Harms
Wenckstr. 43
D-64289 Darmstadt

Tel.: 0173 - 3272477
trauteharms1962@googlemail.com

Jutta Höch-Corona
Jahrgang 1952, Mediatorin und Ausbilderin für Mediation BM®, Coaching, Mediation, Teamentwicklung, Training.
Idee für die Gefühlsmonster®-Karten 1996, Umsetzung durch Christian Corona.
Schwerpunkte: Umgang mit Gefühlen, Einsatz von prozessorientierten Methoden in Coaching, Mediation und Supervision.
Außerdem: Interkulturelle Erfahrungen durch meinen sardischen Mann, drei erwachsene Kinder. Mitglied im Playbacktheater „Die Spiegelneuronen".

Mediation & Mehr
Jutta Höch-Corona
Bornholmer Straße 19
D-10439 Berlin

Tel.: 030 - 44735115
info@gefuehlsmonster.eu
www.gefuehlsmonster.eu
www.mediation-und-mehr.de

Ingrid Holler
Ich bin u.a. Mediatorin/Ausbilderin (BM). Neben meiner Tätigkeit als Seminarleiterin, Mediatorin und Coach habe ich verschiedene Bücher zu den Themen GFK und Mediation geschrieben. Ich lebe in München und freue mich, die Sinnhaftigkeit und Freude, die ich in meiner Arbeit erlebe, mit meinem Team zu teilen und an meine KlientInnen weiterzugeben.

Ingrid Holler & Team
Ingrid Holler
Fraunhoferstraße 23
D-80469 München

Tel.: 089 – 6515502
Fax: 089 – 6515507
info@lets-train.de
www.lets-train.de

Carla van Kaldenkerken
Diplom-Sozialpädagogin, Supervisorin, Lehrsupervisorin (DGSv), Mediatorin, Ausbilderin für Mediation (BM e.V.). Ausbildungen in systemischer Beratung, Psychodrama, Organisationsaufstellung, Dialog.
Schwerpunkte: Supervision und Mediation in Unternehmen, Gewerkschaften. Gesundheitscoaching bei Überlastung und Burnout. Ausbildung von Mediatoren, Organisationsberatern und Supervisoren.
Außerdem: Tanzpädagogin und -lehrerin. Verheiratet, drei erwachsene Kinder.

step Training
Supervision – Organisationsberatung
Carla van Kaldenkerken
Knesebeckstraße 74
D-10623 Berlin

Tel.: 030 – 88454535
vankaldenkerken@stepberlin.de
www.stepberlin.de

Peggy Keller
Arbeitet selbstständig als Rechtsanwältin, Mediatorin (DAA), zertifizierte Klärungshelferin und Schlichterin der Rechtsanwaltskammer Frankfurt am Main. Insbesondere als Klärungshelferin in Unternehmen und Mediatorin bei Trennung und Scheidung. Gehört zum Ausbildungsteam von Dr. Christoph Thomann am Institut für Klärungshilfe.

Kanzlei & Mediationsbüro Keller
Peggy Keller
Bolongarostraße 154
D-65929 Frankfurt am Main

Tel.: 0171 – 4716587
info@peggy-keller.de
www.peggy-keller.de

Anja Kenzler
Jg. 1964, Inhaberin/Geschäftsführerin der a.k.demie für Mediation und Training. Anerk. Mediatorin und Ausbilderin für Mediation beim Bundesverband Mediation e.V. und Leiterin der Anerkennungskommission des Bundesverbandes Mediation e.V., Zert. Trainerin für Gewaltfreie Kommunikation nach Dr. Marshall Rosenberg, Wingwave®-Coach und Wingwave®-Trainerin, Personal- und Managementtrainerin, Diplom-Sozialpädagogin. Seit 1999 Leitung von Ausbildungen in Mediation und GFK, Tätigkeit im Bereich Mediation, Coaching und Training.
Schwerpunkte: Mediationen in Organisationen und Unternehmen, Einzel- und Teamcoaching, Mitarbeiter- und Führungskräftetraining, Ausbildungen in Mediation, Gewaltfreier Kommunikation und Wingwave®-Coaching.

a.k.demie für Mediation und Training
Anja Kenzler
Nienburger Str. 3
D-28205 Bremen

Tel.: 0421 – 5578899
Fax: 0421 – 24289898
anjakenzler@a-k-demie.de
www.a-k-demie.de

Dr. Birgit Keydel
Ich bin Mediatorin mit den Schwerpunkten Familie und Arbeitswelt. Seit 2000 bilde ich Mediatoren aus, seit 2008 leite ich eine Ausbildung für systemisches Konfliktmanagement. Außerdem begleite ich Teamentwicklungen, arbeite als Coach und Supervisorin (DGSv). Seit 2009 bilde ich auch Coaches aus. Meine konzeptionelle Identität finde ich im systemischen Denkansatz. Meine berufliche Heimat ist der Bundesverband für Mediation (BM), bei dem ich als Mediatorin und Ausbilderin anerkannt bin.

Birgit-Keydel-GmbH
Mediation – Coaching – Teamentwicklung
Lietzenseeufer 3
D-14057 Berlin

Tel.: 030 – 30205939
info@birgit-keykdel.de

Dr. Doris Klappenbach
Erziehungswissenschaftlerin, Ausbilderin/Mediatorin BM/SDM-FSM, Coach/Trainerin/Gutachterin dvct, ist Direktorin des Instituts für Mediative Kommunikation und Diversity-Kompetenz (IMK) an der internationalen Akademie für innovative Pädagogik, Psychologie und Ökonomie (INA) der Freien Universität (FU) Berlin.
Schwerpunkte: Praxis, Aus- und Weiterbildung mit Schwerpunkt Mediative Kommunikation für die Anwendungsbereiche Mediation, Coaching und Training. Lehr-Lern-Optimierung zur Kompetenzentwicklung im Umgang mit Diversität.

Dr. Doris Klappenbach
Institut für Mediative Kommunikation
und Diversity Kompetenz
Intern. Akad. (INA) der FU Berlin
Malteserstr. 74-100, Haus L
D-12249 Berlin

Tel.: 030 – 83856006
office@mediative.info
www.diversity-kompetenz.com

Peter Knapp, M.A.

Ich bin Romanist und heute als Wirtschaftsmediator, Trainer und Coach in eigener Firma tätig. Ich gebe u.a. Trainings zu den Themen Führung und Kommunikation, Konfliktmanagement und effizienter Verhandlungsführung. Seit 2000 bilde ich Mediatoren aus – seit 2006 mit dem Schwerpunkt „Mediation in Unternehmen und Organisationen". Ich vermittle in Arbeitskonflikten, in Teams und Gruppen und in Konflikten zwischen Unternehmen. International bin ich in Frankreich und in der Schweiz – auch in französischer Sprache – tätig. Seit 2009 bilde ich Coachs aus. Ich bin als Mediator und Ausbilder für Mediation vom Bundesverband Mediation e.V. anerkannt.

Außerdem: Verheiratet, zwei Kinder und 1. Dan Aikido.

Peter Knapp GmbH
Peter Knapp
Savignyplatz 9/10
D-10623 Berlin

Tel.: 030 – 31102636
mail@peter-knapp.cm
www.peter-knapp.com

Anja Köstler

Ich bin selbstständig als Mediatorin BM und Ausbilderin BM mit Schwerpunkt Mediation in Teams für Wirtschaftsunternehmen, Behörden und Organisationen sowie Führungskräftecoaching, Kommunikationstrainings, Team- und Organisationsentwicklung. Berufliche Etappen: Diplom-Sozialpädagogin (FH) in Jugendarbeit, Erwachsenenbildung, Beratung, Leitung und Personalführung in Deutschland und den USA. Fachbuchautorin, u.a.: „Mediation" (utb profile).

anja köstler – mediation
– team & organisationsentwicklung
Bürkelweg 43
D-85540 Haar b. München

Tel.: 089 – 20356210
kontakt@anja-koestler.de
www.anja-koestler.de

Lisa Kosman

Geboren 1964, zwei Kinder. Juristin, Mediatorin und Ausbilderin BM e.V., Trainerin, Coach. Sechs Jahre Tätigkeit als Rechtsanwältin in Berlin/Potsdam mit Schwerpunkt im Zivil- und Arbeitsrecht, selbstständige Mediatorin in Berlin seit 2001.

Schwerpunkte: Familienmediation, Trennung & Scheidung, Mediation am Arbeitsplatz, Workshops und Seminare mit Spezialisierung auf kreative Techniken, Biografisches Coaching und Seminare.

LösungsTangente
Lisa Kosman
Teltower Damm 32
D-14169 Berlin

Tel.: 030 – 81488692
lisakosman@web.de
www.loesungstangente.de

Barbara Kramer
Ich bin Psychologin und Klärungshelferin und arbeite als Beraterin in der Wirtschaft. Meine Kernkompetenz liegt in der Klärung schwieriger Konflikte zwischen Menschen. Seit 2002 gehöre ich zum Ausbildungsteam von Dr. Christoph Thomann am Institut für Klärungshilfe. Mein tiefes Verständnis menschlichen Seins, meine Leichtigkeit und mein Humor unterstützen mich, Menschen vertrauensvoll und erfolgreich in herausfordernden Situationen zu begleiten.

Kramer Consulting Köln
Barbara Kramer
Eigelstein 128-130
D-50668 Köln

Tel.: 0160 – 1234500
dialog@consulting-kramer.com
www.consulting-kramer.com

Dr. Udo Kreggenfeld
Dr. Udo Kreggenfeld leitet die Agentur für Kommunikationsberatung „Direkt im Dialog". Der Linguist, Kommunikationspsychologe und Betriebspädagoge arbeitet als Berater, Trainer und Coach vor allem in der Führungs- und Managemententwicklung und begleitet Akteure und Organisationen in Strategie- und Veränderungsprozessen – immer mit dem Ziel, mehr Klarheit, Handlungs- und Bewältigungskompetenz zu gewinnen. Er lehrt Kommunikation und Rhetorik an der Hochschule Bremen und ist Autor der Fachbücher „Direkt im Dialog", „Verhandeln" und „Präsentorik".

Dr. Udo Kreggenfeld – Direkt im Dialog
– Kommunikationsberatung
Wippertstr. 2
D-79100 Freiburg

Tel.: 0761 – 4004410
Fax: 0761 – 4797386
info@kreggenfeld.de
www.kreggenfeld.de

Adrian Kunzmann
Organisationsberater (BSO) und zertifizierter Konfliktklärungshelfer nach Dr. Christoph Thomann. Partner der Firma KoMeT-Beratung. Ich begleite und unterstütze Einzelpersonen und Organisationen mit den Schwerpunkten: Konfliktklärung, Strategieentwicklung, Leitbildentwicklung und Umsetzung sowie Teamentwicklung. Mein Weiterbildungsangebot umfasst die Bereiche: Konfliktmanagement, Kommunikation und Führung.

KoMeT-Beratung
Adrian Kunzmann
Lärchstrasse 45
CH-8400 Winterthur

Tel.: 0041 – 522039970
kunzmann@komet-beratung.ch
www.komet-beratung.ch

Götz Liefert
Diplom-Pädagoge, Supervisor (DGSv), Mediator, Lehrsupervisor im Rahmen von Mediationsausbildungen, Coach, Psychodramaleiter, Manager und Mitglied des Playback Theater Berlin.
Schwerpunkte: Einzel- und Teamsupervision, Coaching, Konfliktmediation, Fortbildungstätigkeit mit dem Schwerpunkt Methoden- und Beratungskompetenz.

Götz Liefert
Zillestraße 65
D-10585 Berlin

Tel.: 030 – 53646076
goetzliefert@aol.com
www.goetzliefert.de

Dr. Claude-Hélène Mayer
Professorin für Interkulturelle Wirtschaftskommunikation (HAW, Hamburg), Senior Research Associate (Rhodes University, Grahamstown, South Africa), habilitiert in Psychologie mit Schwerpunkt Arbeits-, Organisations- und Kulturpsychologie. Forschungsschwerpunkte: interkulturelles Konfliktmanagement und Mediation, Identität, Werte und Gesundheit/Salutogenese in Organisationen. Regionalschwerpunkte: Südliches und östliches Afrika. Tätigkeiten als Mediatorin (BM), Ausbilderin für Mediation (BM), systemische Familien-Therapeutin (SG), Systemaufstellerin, Hypnosetherapeutin (TMI). Autorin wissenschaftlicher Bücher und Zeitschriftenbeiträge, Schriftstellerin für Kinder- und Jugendliteratur.

Institut für Interkulturelle
Praxis und Konfliktmanagement
Dr. Claude-Hélène Mayer
Senderstraße 19
D-37077 Göttingen

Tel.: 0551 – 23630
info@interkulturelle-mediation.de
info@pctm.de
www.interkulturelle-mediation.de
www.pctm.de

Tilman Metzger
Jurist, Mediator BM®, Ausbilder BM®, zertifizierter Klärungshelfer, systemischer Supervisor und Organisationsberater. Inhaber der Unternehmensberatung Tilman Metzger GmbH. Tilman Metzger ist einer der ersten ausgebildeten Mediatoren Deutschlands sowie Mitbegründer und langjähriges Vorstandsmitglied des Bundesverband Mediation e.V. (BM).
Schwerpunkte: Mediation und Training in Unternehmen.

Tilman Metzger GmbH
Tilman Metzger
Am Weiher 5
D-21339 Lüneburg

Tel.: 0177 – 4931937
tm@tilmanmetzger.de
www.tilmanmetzger.de

Prof. Dr. phil. Angela Mickley

An der FH Potsdam Lehre und Praxis Friedenserziehung, Konfliktbearbeitung/Mediation, Ökologie und wissenschaftl. Leitung der Weiterbildung Konfliktmanagement/Mediation, wissenschaftlicher Beirat Peace Support Network, Friedensarbeit und -forschung/Gewaltfreie Aktion in Nord-Irland/Deutschland, Begründung der Schulmediation. Entwicklung mediativer Verfahren für politische Vergangenheitsbelastungen (Südafrika, DDR). Krisenprävention/Mediation in Moldau, Korea, Namibia, Singapur, Georgien.

Schwerpunkte: Interventionsmodelle für hocheskalierte soziale/politische Konflikte, konsensuale Entscheidungsprozesse, Integration interkultureller und kreativer Elemente.

Fachhochschule Potsdam
Angela Mickley
Friedrich-Ebert-Str. 4
D-14467 Potsdam

Tel.: 0331 - 5801128
Fax: 0331 - 5801199
mickley@fh-potsdam.de

Hendrik Middelhof

Jahrgang 1956. Diplom-Sozialarbeiter, Mediator und Ausbilder für Mediation im Bundesverband Mediation (BM), Mediator in Strafsachen (DBH), Personalentwickler bei der Stadt Aachen.

Schwerpunkte: Mediation, Coaching, Teamentwicklung, Seminare in Konfliktmanagement für Mitarbeiter/-innen und Führungskräfte. Nebenberuflich: Seminare zum Täter-Opfer-Ausgleich.

Ehrenamtlich: Leitung der Regionalgruppe Aachen im BM.

Außerdem: Verheiratet, drei Kinder. Ich habe ein ausbalanciertes Verhältnis zu Familie und Beruf, mag den Wechsel zwischen Anspannung und Entspannung.

Stadt Aachen
Hendrik Middelhof
Bodelschwinghstraße 3
D-52078 Aachen

Tel.: 0214 - 520845
Fax: 0241 - 95789421
hmiddelhof@googlemail.com

milan

Diplom-Sozialarbeiter, Gestalttherapeut, Supervisor in freier Praxis; Mediator und Ausbilder für Mediation (BM).

Schwerpunkte: Ausbildung in Mediation & Streitschlichtung; Teamentwicklung und Vermittlung bei Teamkonflikten; Beratung/Empowerment von Einzelpersonen und Gruppen in den Sozialen Bewegungen; Stärkung der persönlichen Handlungskompetenzen.

milan
Brunnengasse 16
D-79295 Sulzburg-Laufen

Tel.: 07634 - 6949994
Fax: 03212 - 1204322
milan@rohanda.de
www.rohanda.de
www.projekt-mediation-freiburg.de

Dr. Hanna Milling
Dr. phil. Dipl.-Kulturwirtin. Mediatorin und Ausbilderin BM, freie Trainerin und Hochschul-Dozentin. Mediationsausbilderin an der ASH Berlin und für die deutsch-französische Mediationsausbildung des REGC. Lehrbeauftragte und wissenschaftliche Mitarbeiterin in internationalen Forschungsprojekten zu den Themen Mediation & interkulturelle Kommunikation.
Schwerpunkte: Mediation in Organisationen und Unternehmen, Mediation im interkulturellen Kontext, Mediation in Gruppen und Teams, Kreativmethoden, Storytelling, Kommunikation & Gesprächsführung, interkulturelle Kommunikation.
Außerdem: Playbacktheater, Tango, Wandern, Entdecken neuer Länder und Welten.

Hanna Milling
mediation. training. coaching
Bornholmer Straße 89 A
D-10439 Berlin

Tel.: 030 – 22685732
kontakt@hannamilling.de
www.hannamilling.de

Dr. Andreas Novak
Sinologe und Ethnologe (Organisationsethnologie), de Bono Master Trainer, Trainerausbildung, seit 1992 freiberuflich tätig.
Schwerpunkte: Konfliktmanagement und Mediation in Unternehmen, Verhandlungs- und Kreativitätstraining, Führungskräfte-Coaching und Begleitung von Unternehmensnachfolgen, Change-Management und Führung.
Außerdem: Draußen und Golfschläger schwingen, internationale Reisen, gute Literatur.

Andreas Novak
Isoldestraße 4
D-12159 Berlin

Tel.: 030 – 85077315
an@andreas-novak.de
www.andreas-novak.de

Consolata Peyron
Consolata Peyron ist in der Schweiz und in Deutschland tätig als Ausbilderin für Mediation (BM), Mediatorin und Supervisorin für MediatorInnen, vorwiegend im Bereich Arbeitswelt, und Trainerin im interkulturellen und pädagogischen Kontext. Sie ist international zertifizierte Trainerin (CNVC) für Gewaltfreie Kommunikation nach Marshall B. Rosenberg und Lehrbeauftragte u.a. an der Berner Fachhochschule.

be-co-me beratung-conflict
management-mediation
Consolata Peyron
Lise-Meitner-Str. 10B
D-79100 Freiburg

Tel.: 0761 – 2025186
peyron@be-co-me.de
www.be-co-me.de

Christian Prior
arbeitet seit 1996 als selbstständiger Managementtrainer, Systemberater und vor allem als Klärungshelfer in Unternehmen, Ministerien und Kliniken. Studium: Psychologie, Germanistik und Elektrotechnik. Zusatzausbildungen in systemischer Therapie & Organisationsberatung (SG) und Gendertraining (HBS). Zertifizierter Ausbilder für Klärungshilfe (IfK) und Mediation (BM). Zusammen mit Christoph Thomann Autor von „Klärungshilfe 3".

Christian Prior
Efeuweg 225
D-82216 Gernlinden

Tel.: 0176 - 22607525
kontakt@christian-prior.de
www.christian-prior.de

Dr. Christa D. Schäfer
Mediatorin und Mediationsausbilderin BM, Pädagogin, Sozialmanagerin, Supervisorin und Systemische Beraterin. Freiberuflich tätig im Spannungsfeld zwischen Schule und Mediation. Gründung und Leitung des MediationsZentrums Berlin, Trainerin verschiedener Programme zur Förderung sozial-kognitiver Kompetenzen, Lehrtätigkeit an Hochschulen, Autorin mehrerer Fachbücher.

Dr. Christa D. Schäfer
Kluckstraße 8
D-10785 Berlin

Tel.: 030 - 25797193
mail@ChSchaefer.de
www.ChSchaefer.de
www.mediation-berlin-blog.de

Kirsten Schroeter
Kirsten Schroeter (Diplom-Psychologin) ist zertifizierte Mediatorin und Ausbilderin für Mediation (Bundesverband Mediation e.V.). Sie ist selbstständig tätig. Neben der Konfliktbearbeitung in Organisationen begleitet sie als Supervisorin Einzelpersonen, Gruppen und Teams. Sie schreibt u.a. zu methodischen und wissenschaftlichen Aspekten der Mediation und ist Mitherausgeberin der Reihe „Interdisziplinäre Studien zu Mediation & Konfliktmanagement" (Nomos Verlagsgesellschaft).

Kirsten Schroeter
Nernstweg 32-34
D-22767 Hamburg

Tel.: 040 - 49297244
Fax: 040 - 41369620
info@mediationsforschung.de

Elke Schwertfeger
Diplom-Psychologin, M.A. (Mediation), Mediatorin BM® und Ausbilderin BM®, Coach. Seit 2003 Geschäftsführende Gesellschafterin von Zweisicht, spezialisiert auf die Themen Kommunikation und Konfliktmanagement.
Schwerpunkte: Tätig in den Bereichen Führungskräfteentwicklung, Coaching, Wirtschaftsmediation und Ausbildung in Wirtschaftsmediation. Unterschiedliche Branchen, Unternehmenskulturen und Unternehmensgrößen, „menschelnde" Themen.
Außerdem: Verheiratet, eine erwachsene Tochter. Ausgleich für den Körper durch Laufen, Ausgleich für die Seele durch Goldschmieden.

Zweisicht. Bähner & Schwertfeger
Elke Schwertfeger
Baslerstr. 19
D-79100 Freiburg

Tel.: 0761 – 2022200
Fax: 0761 – 2024121
elke.schwertfeger@zweisicht.de
www.zweisicht.de

Holger Specht
1967, Pädagoge und Trainer in der Jugend- und Erwachsenenbildung, geschäftsführender Gesellschafter von inmedio berlin. Mediator BM/SDM und Ausbilder für Mediation BM.
Schwerpunkte: Mediation und Konfliktmanagement in Organisationen und Teams, Kommunikation und Mediation in interkulturellen Kontexten, mediative Bearbeitung von Mobbing, Beratung von Institutionen der Kinder- und Jugendarbeit zur Prävention von und zum Umgang mit sexueller Gewalt.

inmedio Berlin
Holger Specht
Holbeinstraße 33
D-12203 Berlin

Tel.: 0172 – 6244460
Fax: 030 – 45490401
specht@inmedio.de
www.inmedio.de

Dirk Splinter
1969, Lebensmittelchemiker und Erziehungswissenschaftler. Geschäftsführender Gesellschafter von inmedio berlin. Seit 2001 Mediator und Ausbilder für Mediation (BM); systemischer Organisationsberater.
Schwerpunkte: Mediation in Organisationen und Teams, Design von Konfliktmanagementsystemen, Konfliktbearbeitung und Dialog im Kontext ethnopolitischer Konflikte.

inmedio Berlin
Dirk Splinter
Holbeinstraße 33
D-12203 Berlin

Tel.: 0172 – 6244460
Fax: 030 – 45490401
berlin@inmedio.de
www.inmedio.de

Karin Stanggassinger
Diplom-Sozialarbeiterin/Sozialpädagogin (FH); Mediatorin BM und freiberufliche Trainerin für Konfliktmanagement und Kommunikation; Ausbilderin für Mediation BM, tätig in der Ausbildung von Mediator/-innen im Südosten Deutschlands. Mediation und Konfliktberatung in Organisationen in Wirtschaft, Verwaltung und Sozialbereich; Mediation in Nachbarschaftskonflikten und bei Konflikten in Familie und Partnerschaft; langjährige Berufserfahrung als Hauptberufliche in der kirchlichen Jugendarbeit; Mutter von zwei Kindern.

Deym-Soden und Stanggassinger
Mediation GbR
Karin Stanggassinger
G.-R.-Bachmaier-Str. 7
D-84416 Taufkirchen

Tel.: 08084 - 2589766
stanggassinger@desosta.de
www.desosta.de

Dr. Christoph Thomann
Ich bin 1950 geboren, studierte Psychologe und vermittle seit 1977 als Klärungshelfer freiberuflich „Business-Konflikte" (gestörte Zusammenarbeit bei innerbetrieblichen Konflikten) und schwierige Paar- und Familiensituationen. Seit 1985 Leiter der Klärungshilfe-Ausbildung. Ausbilder für Mediation (Bundesverband Mediation e.V.) 2010. Mitglied des Arbeitskreises Kommunikation und Klärungshilfe in Hamburg. Autor mehrerer Sachbücher: Klärungshilfe 1 (zusammen mit Friedemann Schulz von Thun über private Konflikte), Klärungshilfe 2 (Konflikte im Beruf, eine Rezeptsammlung), Klärungshilfe 3 (zusammen mit Christian Prior über ein Praxisbeispiel einer Klinik in direkter Rede von A bis Z), Klärungshilfe konkret (Hrsg. mit Barbara Kramer über angewendete Konfliktklärungen im beruflichen, privaten und öffentlichen Bereich, 2013).

Praxis für Konflikt-Klärungshilfe
Dr. Christoph Thomann
Seilerstrasse 24
CH-3011 Bern

Tel.: 0041 - 318792320
info@klärungshilfe.com
www.klärungshilfe.de
www.klaerungshilfe.de

Cornelia Timm
Jg. 1955, bis 1998 Lehrerin, seitdem selbstständige Trainerin im Bereich Konfliktmanagement, Mediatorin (BM), zertifizierte Trainerin für Gewaltfreie Kommunikation nach Rosenberg (CNVC) und Trainerin für das Team-Management-System (TMS).
Schwerpunkte: Ausbildungen in Mediation und Gewaltfreier Kommunikation in Deutschland und in Postkonfliktländern in Südostasien, Mediation mit Paaren und in Organisationen.
Außerdem: verheiratet, große Patchworkfamilie, eine liebe Labradormixhündin, inspirierendes GFK-Netzwerk und immer Lust zum Reisen und Kennenlernen anderer Kulturen.

Orca-Institut für Konfliktmanagement
und Training
Cornelia Timm
Schubertstraße 9
D-32545 Bad Oeynhausen

Tel.: 05731 – 793325
und 0171 – 2436313
info@orca-institut.de
www.orca-institut.de

Dr. Ed Watzke
Dr. phil. (Sozial- u. Kulturwissenschaften) aus eigener Berufung. Poet, (See-) Fahrender, Sozionaut. Seit Anbeginn der 90er-Jahre 20 Jahre hauptberufliche Tätigkeit als Mediator im gerichtsnahen Bereich mit dem Schwerpunkt Methodenentwicklung. Im Leben wie als Autor Lehrbeauftragter, Trainer, Supervisor, Coach, Psychotherapeut und Geschichtenerzähler (ver-)sucht Ed Watzke in allerlei psycho- wie sozionautischen Aventiuren die Verbindung von Kunst/Poesie und Wissenschaft. Er liebt, lebt und arbeitet in Wien in der Überzeugung, dass Poesie, Kreativität und vor allem der Humor – welcher dort beginnt, wo der Spaß aufhört – insbesondere da Verbreitung finden sollen, wo dies am wenigsten erwartet wird.

Dr. Ed Watzke
Kromgasse 13/18
A-1050 Wien

Tel.: 0043 – 699 – 18133452
ed.watzke@chello.at

Rita Wawrzinek
Arbeitet seit 2001 leidenschaftlich im Bereich Mediation und widmet sich in freier Praxis der Ausbildung von MediatorInnen als Ausbilderin BM®. Ihre weiteren Tätigkeitsschwerpunkte liegen in der Gestaltung von Teamentwicklungsprozessen, der Moderation von Team- und Klausurtagungen, der Supervision, dem hypnosystemischen Coaching und der Beratung bei Veränderungsprozessen u.a. unter Einbeziehung von Organisations- und Strukturaufstellungen.

KAOS Consulting
Rita Wawrzinek
Skalitzer Straße 54c
D-10997 Berlin

Tel.: 030 – 44049662
info@kaosconsulting.de
www.kaosconsulting.de
www.mediation-ausbildung.me

Ljubjana Wüstehube
1961, Psychotherapeutin, Organisationsberaterin, Mediatorin und Ausbilderin für Mediation (BM, BMWA, BMJ Österreich). Gründete 1998 mit Dr. Wilfried Kerntke inmedio. Heute geschäftsführende Gesellschafterin von inmedio berlin.
Schwerpunkte: Mediation in Organisationen und Teams, Coaching, Teamentwicklung, systemische Aufstellungsarbeit im Kontext ethnopolitischer Konflikte.

inmedio berlin
Ljubjana Wüstehube
Holbeinstraße 33
D-12203 Berlin

Tel.: 030 – 45490400
Fax: 030 – 45490401
berlin@inmedio.de
www.inmedio.de